普通高等教育电子电气基础课程系列教材

电 路 理 论

孙亲锡　张新建　李海华　李爱传　编著
黄冠斌　主审

机械工业出版社

本书是为满足应用型人才培养的教学需求，依据应用型人才培养的教学特点而编写的。本书共15章，内容包括：电路的基本概念、常用的电路元件、电路的基本定律及等效分析法、电路的方程分析方法、电路的定理分析法、动态电路的时域分析、正弦交流电路和相量、单相正弦稳态电路的分析、三相电路、周期性非正弦稳态电路的分析、含有耦合电感电路的分析、动态电路的复频域分析、网络函数、电路的矩阵分析法、二端口网络。每章之前的引入介绍言简意赅，正文通俗易懂，每章讲解后附有习题，书后附有部习题的参考答案，这些都力求起到有效引导学生学习，便于学生课后练习和自学的作用。

本书概念清晰、重点突出、讲解透彻、通俗易懂、例题丰富，可作为高等院校的电气工程与自动化、电子信息工程、通信技术、机电、计算机应用等电类专业应用型人才培养的教材，也可作为职工大学、函授大学相关专业的教材，还可供相关工程技术人员参考。

图书在版编目（CIP）数据

电路理论/孙亲锡，张新建，李海华编著．—北京：机械工业出版社，2011.4（2025.7重印）
普通高等教育电子电气基础课程系列教材
ISBN 978-7-111-33719-5

Ⅰ.①电⋯ Ⅱ.①孙⋯ ②张⋯ ③李⋯ Ⅲ.①电路理论－高等学校－教材 Ⅳ.①TM13

中国版本图书馆 CIP 数据核字（2011）第 040091 号

机械工业出版社（北京市百万庄大街 22 号 邮政编码 100037）
策划编辑：闫晓宇 责任编辑：闫晓宇 王 荣 王玉鑫
责任校对：李秋荣 封面设计：张 静 责任印制：张 博
北京机工印刷厂有限公司印刷
2025 年 7 月第 1 版第 9 次印刷
184mm×260mm・16 印张・393 千字
标准书号：ISBN 978-7-111-33719-5
定价：39.80 元

电话服务　　　　　　　　　网络服务
客服电话：010-88361066　　机 工 官 网：www.cmpbook.com
　　　　　010-88379833　　机 工 官 博：weibo.com/cmp1952
　　　　　010-68326294　　金 书 网：www.golden-book.com
封底无防伪标均为盗版　　　机工教育服务网：www.cmpedu.com

前　言

　　电路理论是高等院校电气信息类专业的重要专业基础课程，既具有较强的理论性，又具有广阔的工程应用背景，是电气信息类人才专业素质培养的重要组成部分。本书在内容选材上立足于"加强基础、够用适用、突出实用"的原则，在内容编排上以学生认知规律为出发点，在文字叙述上力求做到思路清晰，语言通俗易懂，方便学生自主学习及教师授课。

　　本书涵盖了基本电路元件和电路的完整基本知识，教材内容安排上注意了与后续模拟电子、电机学、电力电子学等专业课程的衔接。在每章内容的开始都以介绍一个在电学发展历程上有重要影响力的伟人开始，希望以此来陶冶学生情操，激励学生的创新意识和勇攀科学高峰的信心。

　　本书每一章的后面都配备了适量的习题，以加强对基本概念等基础知识的掌握，并在书后给出了部分习题的答案，方便学生自学自检。此外，本书也配备了相关的电子学习资源，可登录小板凳网站（http：//www.xiaobandeng.com）获取。

　　本书由孙亲锡、张新建、李海华、李爱传编著，黄冠斌主审。第1~4、6章由张新建编写，第5章由孙亲锡编写，第7~8、11~14章由李海华编写，第9、10、15章由八一农垦大学李爱传编写。孙亲锡负责全书的统稿、修改、定稿。

　　本书的出版得到了机械工业出版社、华中科技大学文华学院教务处的大力支持，华中科技大学文华学院的范娟、鲁艳旻、唐萃、张亚兰等对本书也提出了大量宝贵的建议，在此一并表示衷心的感谢。

　　本书若有不妥和错误之处，敬请专家和读者批评指正。联系方式：孙亲锡（sqinxi1228@163.com）、张新建（zhangxinjian@xiaobandeng.com）、李海华（lihaihua_80@163.com）。

编　者

目 录

前言
第1章 电路的基本概念 1
1.1 电路概述及其解决问题的一般步骤 ... 1
1.1.1 电路概述 1
1.1.2 解决电路问题的一般步骤 ... 1
1.2 国际单位制与词头 2
1.2.1 国际单位制 2
1.2.2 词头 2
1.3 电路和电路模型 3
1.4 电压和电流 4
1.4.1 电压及其参考方向 4
1.4.2 电流及其参考方向 4
1.4.3 关联参考方向 5
1.5 功率和能量 5
1.5.1 功率 5
1.5.2 能量 5
习题1 6

第2章 常用的电路元件 7
2.1 电阻器 7
2.2 电容器和电感器 8
2.2.1 电容器 8
2.2.2 电感器 9
2.3 独立电源 10
2.3.1 独立电压源 10
2.3.2 独立电流源 11
2.4 受控源 12
2.5 集成电路运算放大器 13
习题2 15

第3章 电路的基本定律及等效分析法 17
3.1 欧姆定律 17
3.2 基尔霍夫定律 18
3.2.1 基尔霍夫电压定律 18
3.2.2 基尔霍夫电流定律 19
3.3 电路的等效 19
3.4 电阻的连接和输入电阻 20
3.4.1 电阻的串联 20
3.4.2 电阻的并联 21
3.4.3 电阻的△-Y联结及其等效变换 22
3.4.4 输入电阻 24
3.5 实际电源的两种模型及其等效变换 25
3.5.1 实际电压源模型 25
3.5.2 实际电流源模型 26
3.5.3 等效变换 26
习题3 27

第4章 电路的方程分析法 30
4.1 支路电流分析法 30
4.2 网孔电流分析法 31
4.3 节点电压分析法 34
习题4 37

第5章 电路的定理分析法 40
5.1 叠加定理 40
5.1.1 叠加定理及其证明 41
5.1.2 应用举例 42
5.1.3 应用叠加定理分析含受控源的电路 44
5.2 替代定理 44
5.3 戴维南定理 45
5.3.1 戴维南定理及其证明 45
5.3.2 应用举例 47
5.3.3 应用戴维南定理分析含受控源的电路 50
5.4 诺顿定理 51
5.5 互易定理 54
习题5 56

第6章 动态电路的时域分析 61
6.1 换路定理及初始值的计算 61
6.2 一阶电路的零输入响应 64
6.2.1 RC电路的零输入响应 64
6.2.2 RL电路的零输入响应 66
6.3 一阶电路的零状态响应 67
6.4 一阶电路的全响应 68
6.4.1 全响应的分解 69
6.4.2 一阶电路过渡过程的三要素求

解法 ·· 69
6.5　一阶电路的阶跃响应和冲激响应 ········ 70
　　6.5.1　单位阶跃响应 ···················· 70
　　6.5.2　单位冲激响应 ···················· 72
6.6　二阶电路 ·· 73
习题 6 ·· 75

第 7 章　正弦交流电路和相量 ·············· 79
7.1　正弦量的概念 ·································· 79
　　7.1.1　正弦电压和电流 ················ 79
　　7.1.2　正弦交流电的要素 ············ 80
　　7.1.3　正弦交流电的有效值 ········ 81
7.2　正弦量的相量表示 ·························· 83
　　7.2.1　相量和相量图 ···················· 83
　　7.2.2　相量式 ······························ 84
7.3　RLC 元件上电压电流的相量关系 ········ 86
　　7.3.1　电阻元件 ···························· 87
　　7.3.2　电感元件 ···························· 88
　　7.3.3　电容元件 ···························· 89
7.4　阻抗和导纳 ······································ 91
　　7.4.1　阻抗 ·································· 91
　　7.4.2　导纳 ·································· 94
　　7.4.3　阻抗和导纳的关系 ············ 97
7.5　电路的相量图 ·································· 98
7.6　电路定律的相量形式 ···················· 101
习题 7 ·· 103

第 8 章　单相正弦稳态电路的分析 ······ 106
8.1　复杂交流电路的分析 ···················· 106
　　8.1.1　网孔分析法 ······················ 106
　　8.1.2　节点电压分析法 ·············· 108
　　8.1.3　电路定理分析法 ·············· 110
8.2　正弦稳态电路的功率 ···················· 112
　　8.2.1　瞬时功率 ·························· 112
　　8.2.2　有功功率 ·························· 113
　　8.2.3　无功功率 ·························· 114
　　8.2.4　视在功率 ·························· 115
8.3　复功率及功率守恒 ······················ 118
8.4　功率因数的提高 ···························· 120
8.5　最大功率传输 ································ 122
8.6　谐振电路 ·· 124
　　8.6.1　串联谐振 ·························· 124
　　8.6.2　并联谐振 ·························· 127
习题 8 ·· 129

第 9 章　三相电路 ································ 134
9.1　三相电路的基本概念 ···················· 134
　　9.1.1　对称三相电源、对称三相负载 ··· 134
　　9.1.2　三相电路的联结方式 ······ 135
9.2　对称三相电路分析 ························ 137
　　9.2.1　对称三相电路线量与相量的关系 ··································· 137
　　9.2.2　Y-Y 联结对称三相电路的计算 ··· 140
　　9.2.3　△-△联结对称三相电路的计算 ···································· 141
　　9.2.4　复杂对称三相电路的计算 ··· 144
9.3　不对称三相电路分析 ···················· 144
9.4　三相电路的功率及其测量 ············ 148
　　9.4.1　三相电路的功率 ·············· 148
　　9.4.2　三相电路功率的测量 ······ 150
习题 9 ·· 151

第 10 章　周期性非正弦稳态电路的分析 ·· 154
10.1　周期性非正弦信号的实际存在 ······ 154
10.2　周期性非正弦信号的傅里叶分解 ··· 155
10.3　周期性非正弦量的有效值和平均功率 ·· 157
10.4　周期性非正弦稳态电路的计算 ······ 159
习题 10 ·· 161

第 11 章　含有耦合电感电路的分析 ······ 163
11.1　耦合电感 ······································ 163
11.2　含有耦合电感电路的计算 ·········· 168
11.3　空心变压器 ·································· 175
11.4　理想变压器 ·································· 177
习题 11 ·· 180

第 12 章　动态电路的复频域分析 ········ 185
12.1　拉普拉斯变换的定义 ·················· 185
12.2　拉普拉斯变换的基本性质 ·········· 187
12.3　拉普拉斯反变换 ·························· 189
12.4　运算电路 ······································ 193
12.5　线性电路的运算分析法 ·············· 196
习题 12 ·· 199

第 13 章　网络函数 ································ 202
13.1　网络函数的定义 ·························· 202
13.2　$H(s)$ 和 $h(t)$ 之间的关系 ············ 204
13.3　零点、极点与零极点图 ·············· 204
13.4　卷积定理 ······································ 205
习题 13 ·· 207

第14章 电路的矩阵分析法 …………… 209
14.1 电路的图 …………………………… 209
14.2 有向图的矩阵表示 ………………… 214
14.3 矩阵 A、B_f、Q_f 之间的关系 ……… 221
14.4 回路电流方程的矩阵形式 ………… 222
14.5 节点电压方程的矩阵形式 ………… 224
14.6 割集电压方程的矩阵形式 ………… 227
习题14 …………………………………… 229

第15章 二端口网络 ……………………… 232
15.1 二端口网络的定义 ………………… 232
15.2 二端口参数 ………………………… 233
15.3 二端口网络的互连 ………………… 237
习题15 …………………………………… 238

部分习题参考答案 ……………………… 240
参考文献 ………………………………… 248

第 1 章 电路的基本概念

历史人物小传

泰勒斯（公元前 624 年～前 547），出生于古希腊小亚细亚米利都城的一个贵族家庭，古希腊哲学家、自然科学家。

泰勒斯发现了琥珀摩擦后能够吸引小物体这一现象并把自己的观察如实记录了下来，对后人研究电和磁的关系起到了重要的启蒙作用，为开启电气时代作出了伟大贡献。

泰勒斯

1.1 电路概述及其解决问题的一般步骤

1.1.1 电路概述

走进大学的课堂会发现电气工程是一个令人非常感兴趣的专业。因为在过去的一百多年里，电气工程的发展改变了生活的一切，各种各样的电器都离不开电气工程。而电路理论是电气工程的基石之一，因此对于电气工程专业的学生来说，这门课程的学习是开始电气工程探索的第一步。

电路是电气工程各个分支的共同部分，是实际电气系统的近似数学模型，为继续深入学习电气工程提供了非常重要的基础。电路理论研究电路中发生的电磁现象，并用电压、电荷、电流、磁通等物理量描述其中的过程。这一过程的描述，如果使用电磁理论会非常复杂，而使用电路理论则主要用于计算电路中各器件的端子电流和端子间的电压，不涉及内部发生的物理过程，就可以获得简单地而足够准确的解决。这里要注意的是，用电路理论去描述的实际电路的本身尺寸要远小于其处理电信号所对应的波长，这样的电路称为集中参数电路，如果本书没有特别强调，探讨的电路均为集中参数电路。

1.1.2 解决电路问题的一般步骤

电路的主要内容就是电路分析，电路分析的基本任务是：给定某一电路结构和这一结构中的元器件参数及电源参数，求出这个电路部分支路或所有支路的电压、电流或功率。电路结构可以非常复杂，元器件参数和电源参数也可以各种各样，情况不同，求解的过程也就不同。这里首先阐述一般电路问题的分析解答步骤，以便初学者能够快速而准确地解决问题。

（1）首先明确已知条件及要求解的量　在解答问题时，首先要明确求解的对象，并找出所有已知条件。这里要特别注意，有些已知条件在题目中并没有明确给出具体的量，可能是某一常识，也可能通过上下文关系间接地表达出来，需要认真阅读找出所有已知条件。

（2）确定计算所采用的电路模型并进行适当的变换　要根据已知条件和待求量进行适当变换并画出新的等效电路，并标注清楚计算过程中所使用的各个参数。

（3）确立合适的解决方法　题目的求解方法不同，求解的难易程度可能就会差别很大。如人们走路要到达某一个目的地，选择的路不同，所走的路的长度及需要的时间或花费的成本就不同。当一种方法求解比较繁琐时，可以考虑换一种方法，采用合适的方法有助于快速而准确地解决问题。

（4）求解出待求量　按照已经确定的电路模型，选择合适的解决方法后列出正确的方程并计算出最终的正确答案。

（5）检验　做完了上面的工作后，要验证答案是否合理，是否和实际相符合、数量级是否正确、单位是否合理化等。

1.2　国际单位制与词头

1.2.1　国际单位制

研究任何问题都离不开准确的测量，而只有以与基本物理常数紧密联系的单位系统为基础的测量才是准确的。国际单位制的建立和采用，标志着计量制度的一大进步。在国际单位制中，每一种物理量只有一个主单位，物理量的物理意义明确，避免了纷繁复杂的单位换算。

目前通用的国际基本单位共有 7 个，见表 1-1。

表 1-1　国际基本单位制

量的名称	单位名称	单位符号
长度	米	m
质量	千克［公斤］	kg
时间	秒	s
电流	安［培］	A
物质的量	摩［尔］	mol
发光强度	坎［德拉］	cd
热力学温度	开［尔文］	K

基本单位的定义现在仍在发展中，人们正在探索更好的定义基本单位的方法。如准备用普朗克常数重新定义质量的单位千克（Kg），准备用基本电荷 e 重新定义电流的单位安培（A）等。也许在不久的将来，会有更加精密、准确、简便易行的定义问世。

1.2.2　词头

回顾一下日常生活中所使用的单位，如千克—克—毫克，千米—米—毫米等，它们都有一个共同规律，即都是由一个单位前面附上一个词头构成的。上面列举的这些词头是国际单位制的标准词头中的一部分。一般情况下，各个词头之间的倍数关系都是 10^3。如 1 米 = 10^3 毫米，1 毫米 = 10^3 微米。表 1-2 列出了一些常用的国际单位词头及其名称。

表 1-2 国际单位词头、表示符号及其对应的 10 的幂

国际单位词头	词头符号	10 的幂
皮	p	10^{-12}
纳	n	10^{-9}
微	μ	10^{-6}
毫	m	10^{-3}
千	k	10^{3}
兆	M	10^{6}
吉	G	10^{9}
太	T	10^{12}

1.3 电路和电路模型

实际电路是由若干电气设备或电器件按照一定方式连接起来构成的电流通路，这些电路按其应用一般可分为电力和信息两大领域。在人们日常生活和实际工程中，会遇到如发电机、变压器、输电线和用户构成的电网，进行能量传输、分配和使用电能的电力电路，也会遇到如收音机、计算机、手机等进行信号的处理、传输、储存和运算的信息电路等。

无论是复杂的电路还是简单的电路，它们都由不同的电气器件组成，这些器件一般都分为四个部分：电源、负载、连接导线和开关。实际电气器件在应用时所对应的电磁过程是比较复杂的，这样在讨论实际电气器件组成的电路时就会给电路分析带来困难。因此在对实际电路进行分析时，在一定条件下，需要把实际电气器件理想化，忽略其次要性质，用一个足以表征其主要性能的理想元件来表示。如电阻器、灯泡、电炉等，它们的电感较小，均为耗能器件，可以用一个理想电阻元件来表征所有具有耗能特征的实际电气器件。同理，对于涉及到电场储存能量的可以用一个理想电容器来表征，对于涉及储存磁场能量的，可以用一个理想电感元件来表示等。因此，理想元件可以描述为能精确定义并足以表征实际电气器件主要电磁性质的一种理想化元件。

任何一个实际电路都可抽象地由足以表征其电磁性质的理想元件所组成的电路来描述，这种由理想电路元件组成并反映实际电路主要性质的电路称为电路模型。在本文中，如没有特别说明，该电路即为电路模型。由此可以看出，电路理论分析的对象是电路模型而非实际电路。

需要说明的是，电路模型的建立与其实际应用条件相关。同一个实际电气器件在不同的应用条件下，它对应的模型可以有不同的形式。如图 1-1a 所示，如果把干电池看做理想电压源，其等效电路如图 1-1b 所示，如果考虑其内阻，则等效电路如图 1-1c 所示。

有了理想电路元件组成的电路模型，就可以利用这些理想电路元件之间的关系列出对应数学方程式。为了利用这些数学方程，必须弄清楚电路模型的基本参量，通过这些基本参量

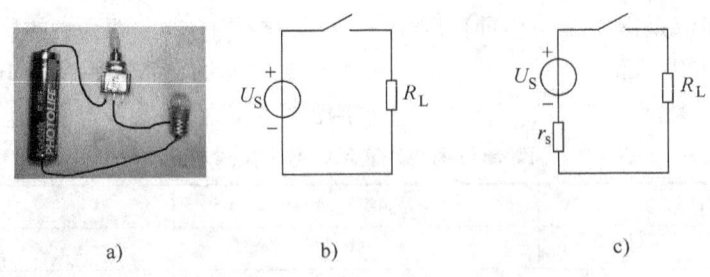

图 1-1　一个简单的电池灯泡电路
a) 实际电路　b) 等效电路（不考虑内阻）　c) 等效电路（考虑内阻）

的求解来预测实际电路的性质。这些基本参量中最常用的就是电压、电流及功率。

1.4　电压和电流

在电路中，最受关注的两个基本物理量就是电压和电流。

1.4.1　电压及其参考方向

将单位正电荷从电路中 a 点移到电路中 b 点，电场力做功的大小称为这两点之间的电压。在图 1-2 中，假设有单位正电荷 dq，在电场力作用下由 a 点移动到 b 点，若电场力作的功为 dW，则 a 点到 b 点之间的电压为

$$u_{ab} = \frac{dW}{dq} \tag{1-1}$$

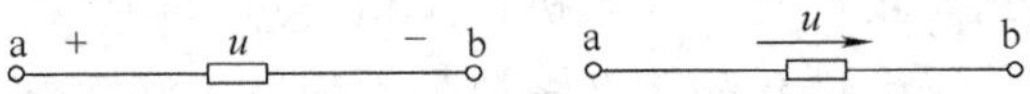

式中，u_{ab} 为电压，单位是伏特（V），工程上也会用到千伏（kV）、兆伏（MV）等单位；W 为能量，单位是焦耳（J）；q 为电荷量，单位是库伦（C）。随时间变化的电压（交流电压）一般用小写字母 u 来表示，有时也用字母 v 来表示；不随时间变化的电压（直流电压）一般用大写斜体字母 U 或 V 来表示。

图 1-2　电压的参考方向

电压的真实方向或正方向习惯上规定为从高电位指向低电位，即电位降落的方向。如当 $u_{ab}>0$，则表示电压的真实方向由 a 指向 b。在实际电路中，电压的真实方向往往难以确定，为了解决这个问题，在电路图中还需要规定电压的参考方向，一般用"+"号和"-"号来表示，也可以用箭头来表示，如图 1-2 所示，它不一定是电压的真实方向，参考方向的选取是任意的。参考方向确定后，如果电压真实方向和参考方向一致，电压值为正，否则为负。这里要注意的是，在电路图中未标明参考方向的情况下，计算电压的正负是没有任何意义的。

1.4.2　电流及其参考方向

电流是单位时间内通过导体横截面的电荷量。在图 1-3 中，若单位时间 dt 内，流过导体横截面的电荷量为 dq，在流过该导体的电流为

$$i = \frac{dq}{dt} \tag{1-2}$$

式中，i 为电流，单位是安培（A），工程上也会用到千安（kA）、兆安（MA）等单位；q

为电荷量,单位为库伦(C);t为时间,单位是秒(s)。

同电压一样,电流也必须指定参考方向,一般用箭头来表示。如果电流的真实方向和参考方向一致,则电流为正值,否则为负。

图 1-3　电流的参考方向

1.4.3　关联参考方向

由于电压和电流的参考方向选取是任意的,那么在一个电路模型中,电压和电流的参考方向就有两种可能。

当电流参考方从电压的"+"指向"-"方向时,就称其为关联参考方向,如图 1-4 所示。否则,称其为非关联参考方向,如图 1-5 所示。

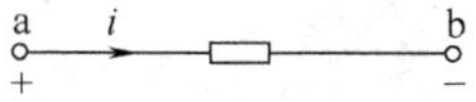

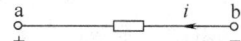

图 1-4　电压电流的关联参考方向　　　　　图 1-5　电压电流的非关联参考方向

1.5　功率和能量

1.5.1　功率

各种各样的电器设备铭牌上面除了电压、电流外,还标有一个量,那就是功率。功率表明了在一个规定时间内,这个电器设备做了多少功。能量是做功的能力,而功率是能量传递的速率。在电路分析和设计中,功率和能量是非常重要的,因为在实际中,各种设备及连接线都有功率限制。

根据电压和电流的定义,可以得出

$$dq = idt \text{ 及 } dW = udq$$

由此可得

$$dW = uidt$$

这就是单位时间内此电路所吸收的电能量,功率的定义是

$$p = ui \tag{1-3}$$

式中,p 为功率,单位是瓦特(W),工程上也会用到千瓦(kW)、兆瓦(MW)等单位。

在推导上面公式时要注意电压和电流的参考方向,如图 1-4 所示,电流是从电压的"+"流向"-",为关联参考方向。此时的功率的计算结果若为正值,则表明该电路吸收功率,如果计算结果为负,则表明该电路为发出功率。

当电压和电流的参考方向是非关联时,如图 1-5 所示,则其功率表达式为

$$p = -ui \tag{1-4}$$

此时,其所表示的意义和式(1-3)完全一致。

1.5.2　能量

相对于功率,能量反映的是做功的能力,即在一段时间内做了多少功。功率再大,但如果做功时间非常短,相对于负载来说,做功也为 0。比如一个电动机,功率 p 很大,但是作用于负载的时间为 0,那么它对于负载传递的能量为 0,作用时间越长,传递的能量越大。

$$W = pt \tag{1-5}$$

式中，W 的单位是焦耳（J），工程上也会用到千焦（kJ）、兆焦（MJ）等单位。

习 题 1

1-1　5毫安的电流正确表示是（　　），最好表示成（　　）
A. 5MA　　　　　　B. 0.005A　　　　　　C. 5kA　　　　　　D. 5mA

1-2　电压的单位是（　　）
A. 伏特　　　　　　B. 欧姆　　　　　　　C. 安培　　　　　　D. 秒

1-3　电流的单位是（　　）
A. 亨利　　　　　　B. 焦耳　　　　　　　C. 瓦特　　　　　　D. 安培

1-4　10000瓦正确表示是（　　），最好表示为（　　）
A. 10μW　　　　　B. 10mW　　　　　　C. 10kW　　　　　D. 0.001MW

1-5　能量的单位是（　　）
A. 焦耳　　　　　　B. 赫兹　　　　　　　C. 欧姆　　　　　　D. 开尔文

1-6　下列哪种情况可能导致电路中没有电流？（　　）
A. 开关断开　　　　B. 导线上的电压为零　C. 开关闭合

1-7　下列情况中不可能发生的是？（　　）
A. 有电压有电流　　B. 有电压无电流　　　C. 无电压无电流　　D. 无电压有电流

1-8　下列情况中，哪一个不可能是能量源？（　　）
A. 干电池　　　　　B. 水轮发电机　　　　C. 导线　　　　　　D. 风力发电机

1-9　某元件在10s之内消耗了200J的能量，求该元件的功率。

1-10　家里的一盏灯泡，额定功率为60W，按每天亮8小时计算，求其一个月（30天）消耗的能量是多少？

1-11　图1-4中，如果电压和电流参考方向都反向，那么电压和电流是关联还是非关联？

1-12　对电流参考方向或电压参考极性假设的任意性是否影响计算结果的正确性？

1-13　如图1-6所示，若已知通过元件的电流 $i(t) = 50e^{-5t}$ A，$t > 0$；且 $q(t) = 0$，$t < 0$，则电荷 $q(t)$ 的表达式应为_____C。

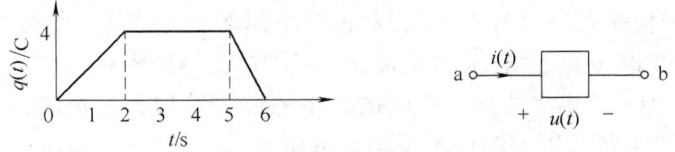

图1-6　题1-13图

1-14　设通过某元件的电荷波形如图1-7所示。若单位正电荷由a移至b时失去的能量为5J，求流过元件的电流 $i(t)$ 及元件的功率 $p(t)$，并画出 $i(t)$ 与 $p(t)$ 的波形。

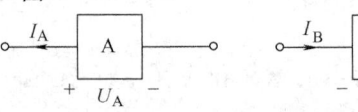

图1-7　题1-14图

1-15　如图1-8所示，已知元件A的电压 $U_A = -5V$，提供功率10W，元件B的电流 $I_B = 2A$，吸收功率10W，试求出 I_A 与 U_B 的值。

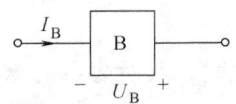

图1-8　题1-15图

第 2 章 常用的电路元件

历史人物小传

欧姆（1787~1854），出生于德国巴伐利亚州，电学家。

欧姆在 1826 年专攻物理学，并于同年 5 月提出了欧姆定律，为电学的研究做出了卓越的贡献。1841 年被伦敦皇家学会授予欧姆科普利奖章。人们为了纪念欧姆，把电阻的单位以欧姆命名。

欧姆

各种各样的电路，其组成离不开一些基本电路元件，常用的电路元件包括电阻、电感、电容、电压源、电流源和集成运算放大器等。

2.1 电阻器

从实际生活中知道电流必须有一定的闭合路径才可以流动，很多物质对电流是起阻碍作用的，比如空气、干燥的木棒等，物质对电流的阻碍作用就称之为电阻，利用这种阻碍性质制作而成的电路元件就称之为电阻器，其表示符号如图 2-1 所示，电阻由两根引线端引出，因此也可以看做一个二端元件。

电阻器是最常见且应用最广的一种电路元件，其最基本的作用是进行电压、电流的转换，分压和限流，并产生能量的消耗。这种能量的消耗在很多场合是非常有益的，比如很多的加热器、电炉等就是利用电阻器会发热的性质制作而成的。

图 2-1 电阻元件的表示符号

电阻元件种类很多，根据其两端的电压电流关系，可以分为线性和非线性，也可以根据其特性是否随时间变化分为时变和时不变，如没有特别交代，本文中所讨论的电路元件均指线性时不变元件。按照这个分类方法，电阻也可以分为线性时不变电阻和线性时变电阻，此外也可以根据其阻值是否固定分为定值电阻和可调电阻，如碳膜电阻、线绕电阻、贴片电阻等是具有固定数值大小的电阻，又有如滑行变阻器、电位器等是数值大小可调的电阻器。

为了对电阻所组成的电路进行分析，要首先确定电阻上电压和电流的参考方向，这里有两种可能性，如图 2-2 所示。如果选择图 2-2a，则电阻上电压和电流的关系为关联参考方向，此时有

$$u = iR \tag{2-1}$$

如果选择图 2-2b，则电阻上电压和电流的关系为非关联参考方向，此时有

$$u = -iR \quad (2-2)$$

式（2-1）、式（2-2）就是著名的欧姆定律，欧姆定律描述了电阻的电压和电流之间的代数关系，其中 u 为电阻两端的电压（V），i 为流过电阻的电流（A），R 的单位为欧姆（Ω）。

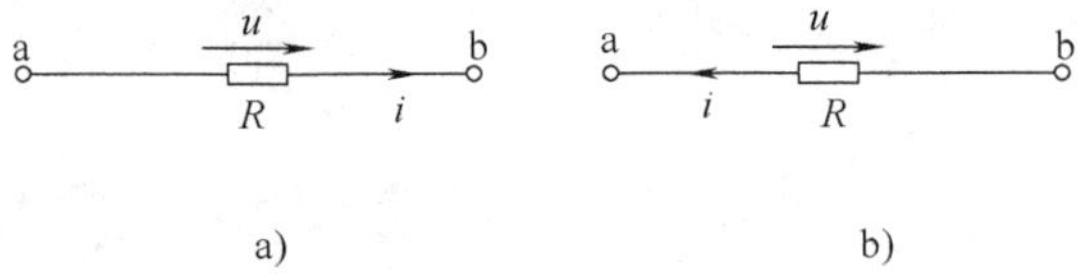

图 2-2 电阻元件端电压和电流参考方向的选择

电阻的倒数称之为电导，用符号 G 来表示，单位为西门子（S），电阻和电导是反映同一电阻元件的特性性能并互为倒数的两个参数。同电阻的定义相对应，电导描述的是一个电阻元件导电能力的强弱，显然，G 越大，导电能力越强，G 越小，导电能力越弱，这与电阻的特性是一致的。

在电路分析中，很多时候也关心电阻所消耗的功率，在图 2-2a 所示的关联参考方向下，电阻器上的功率计算公式为

$$p = ui \quad (2-3)$$

如果参考方向选择图 2-2b 的非关联参考方向，则电阻器上的功率计算公式为

$$p = -ui \quad (2-4)$$

分别将式（2-1）代入式（2-3），式（2-2）代入式（2-4），得到

$$p = i^2 R = \frac{u^2}{R} \quad (2-5)$$

由式（2-5）可知，无论电阻的电压和电流参考方向如何选取，电阻上消耗的功率均为正值，即电阻总是用来消耗功率的，这类器件也称之为无源器件。反之，能够对外提供功率的称之为有源器件。

例 2-1 如图 2-2a 所示，若流过电阻的电流大小为 3A，电阻两端的电压为 6V，求该电阻的大小。

解：由欧姆定律可得，$R = U/I = 6/3 \Omega = 2\Omega$

2.2 电容器和电感器

一旦进入讨论电压与电流变化的范围，就离不开两个非常有用的元件：电容器和电感器。

2.2.1 电容器

简单地理解，电容器就是一种储存电能的容器，最基本的电容器就是由两个平行的金属板中间夹有绝缘物质构成的。本文提到的电容器是一种理想化的模型，用来模拟实际电容器或其他实际器件的电容特性。电容器的图形符号如图 2-3 所示。

电容器最基本的特性就是储存电荷。当电容器两个极板上的电荷量为 q（单位是 C），两端的电压为 u（单位是 V）时，电容的大小可以用式（2-6）来表示：

$$C = \frac{q}{u} \quad (2-6)$$

式（2-6）中，C 指电容元件的参数，单位为 F（法拉，简称法）。法这个单位很大，实际应用中，电容器的电容常介于皮法（pF）和微法（μF）之间，$1F = 10^6 \mu F = 10^9 nF = 10^{12} pF$。

在对电路进行分析时，要用到电容的电压和电流关系（u–i 特性），如果电容的电压电流取关联参考方向，如图 2-4 所示。当电容极板上电压发生变化时，其极板上的电荷量随之也发生改变，从而电荷的位移也随时间改变，产生位移电流。

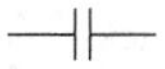

图 2-3　电容器的图形符号 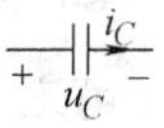　　　　图 2-4　电容指定电压和电流的参考方向

在电容两端位移电流不同于传导电流，电流大小为

$$i_C = \frac{dq}{dt} \tag{2-7}$$

把式（2-6）代入式（2-7）得可得线性时不变电容（电容大小不随时间变化）两端电压和电流的关系：

$$i_C = C \frac{du_C}{dt} \tag{2-8}$$

当电容的电压和电流参考方向为非关联参考方向时，C 前要加负号。式（2-8）中，i 的单位为 A，C 的单位为 F，u 的单位为 V，t 的单位为 s。式（2-8）表明：电容的电流 i 与电压的变化率 $\frac{du_C}{dt}$ 成正比，这个特性称之为电容的动态特性，因此电容 C 是一种动态元件。当电容两端的电压没有变化，如所加电压为直流电压时，则电流 i 为零，相当于开路，因此电容具有通交流隔直流的功能。通过今后的学习还将了解，电容具有滤波、稳压、储能、信号转换及无功补偿等功能。

对式（2-8）两端进行积分，可以得到电容两端电压和电流关系的另外一种表达方式

$$u_C(t) = u_C(t_0) + \frac{1}{C} \int_{t_0}^{t} i_C dt \tag{2-9}$$

由此可以看出，电容的电压不仅与 t_0 时刻以后的电容电流 i_C 有关系，还与其初始电压有关，因此电容 C 是一种记忆性元件。电容上的电压与其电流在很多实际应用中，初始时间为 0，即 $t_0 = 0$，则式（2-9）可变为

$$u_C(t) = u_C(0) + \frac{1}{C} \int_{t_0}^{t} i_C dt \tag{2-10}$$

式中，$u_C(0)$ 为电容的初始电压，由此可得到电容的功率和能量之间的关系

$$W = \int_{-\infty}^{t} p dt = \int_{-\infty}^{t} u_C i_C dt = \int_{-\infty}^{t} u_C C \frac{du_C}{dt} dt = \frac{1}{2} C u_C^2(t) \tag{2-11}$$

2.2.2　电感器

简单地理解，电感器就是由导线绕制而成的线圈，也称为电感线圈，简称电感。本文讲到的电感器是一种理想化的电路模型，用来模拟实际电感器和其他实际器件的电感特性，电感的图形符号如图 2-5 所示。

电感最基本的特性就是储存磁场能量，当电感线圈中通过时变电流时，电流就会在其周围建立磁场，以磁场的形式储存能量，在电感两端产生一个正比于电流对时间变化量的电压，采用关联参考方向如图 2-6 所示。

图 2-5　电感的图形符号 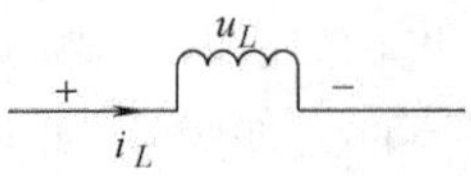　　　　　图 2-6　电感指定电压和电流的参考方向

电感两端的电压可表示为

$$u_L = L \frac{\mathrm{d}i_L}{\mathrm{d}t} \tag{2-12}$$

式中，L 为电感的大小，单位是亨利（H，典型值为 μH）。从式中可以看出，电感线圈两端的电压 u 正比于电流对时间的变化量 $\frac{\mathrm{d}i_L}{\mathrm{d}t}$，这个特性称之为电感的动态特性，因此电感也是一种动态元件。当通过电感线圈的电流是直流时，电感两端的电压为 0，相当于短路，因此电感具有通直流扼制交流的功能。通过今后的学习，还将了解电感具有滤波、稳流、储能、信号转换、机电能量转换及无功补偿等功能。

对式（2-12）进行积分可得

$$i_L = i_L(t_0) + \frac{1}{L}\int_{t_0}^{t} u_L \mathrm{d}t \tag{2-13}$$

由式（2-13）可以看出，电感的电流不仅与 t_0 时刻以后的电感电压 u_L 有关系，还与其初始电流有关，因此电感 L 也是一种记忆性元件。电感上的电压与其电流在很多实际应用中，初始时间为 0，即 $t_0 = 0$，则式（2-13）可变为

$$i_L(t) = i_L(0) + \frac{1}{L}\int_0^t u_L \mathrm{d}t \tag{2-14}$$

式中，$i_L(0)$ 为电感的初始电流。由此可得到电感的功率和能量之间的关系

$$W = \int_{-\infty}^{t} p\mathrm{d}t = \int_{-\infty}^{t} u_L i_L \mathrm{d}t = \int_{-\infty}^{t} L \frac{\mathrm{d}i}{\mathrm{d}t} i_L \mathrm{d}t = \frac{1}{2}Li_L^2(t) \tag{2-15}$$

2.3　独立电源

在任何实际电路中，各种用电设备都需要电源向其提供能量。实际的电源种类很多，内部机理也很复杂，本书所提到的电源在没有特别说明时，均指独立电源。

独立电源是从某些实际电路抽象出来的一种理想模型，能够提供与外接电路无关的特定电压或电流的一种有源二端元件。独立电源包括两种类型：独立电压源和独立电流源。

2.3.1　独立电压源

独立电压源是具有两个引出端的黑匣子，不论外接负载大小如何，其总能保持两端电压为特定值，且与流过负载电流的大小无关，其图形符号如图 2-7a 所示。当 $u_s(t)$ 为一恒定值 U_s 时，就为直流电压源，当其值为正弦函数时，就是交流电压源。当其为直流电压源时，其两端电压电流关系（u-i 特性曲线，即伏安特性曲线）如图 2-7b 所示。

由独立电压源的定义及其伏安特性可知,直流电压源具有以下性质:
1)独立电压源的输出电压为给定值,与外电路无关;
2)流过电压源的电流大小由外电路决定,理论上可等于任意值。

例 2-2 如图 2-8 所示,$U_s = 10\text{V}$,当电阻 $R = 1\Omega$ 时,求电流 I 及电压 U;当 $R = 10\Omega$,求电流 I 及电压 U。

解:电阻 R 与电压源 U_s 并联,$U = U_s$,由欧姆定律得

当 $R = 1\Omega$ 时,$I = U_s/R = 10\text{A}$

当 $R = 10\Omega$ 时,$I = U_s/R = 1\text{A}$

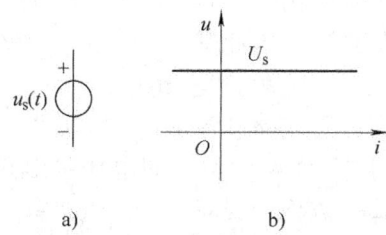
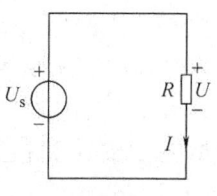

图 2-7 独立电压源
a) 图形符号 b) u-i 特性曲线

图 2-8 例 2-2 电路图

2.3.2 独立电流源

独立电流源是具有两个引出端的黑匣子,不论外接负载大小如何,其总能保持输出电流为特定值,且与负载两端的电压大小无关,图形符号如图 2-9a 所示,箭头代表了电流的方向。当 $i_s(t)$ 为一恒定值 I_s 时,就是直流电流源,当其值为正弦函数时,就是交流电流源。当其为直流电流源时,其两端电压电流关系(u-i 特性曲线,即伏安特性曲线),如图 2-9b 所示。

由独立电流源的定义及其伏安特性可知,直流电流源具有以下性质:
(1)独立电流源的输出电流为给定值,与外电路无关;
(2)电流源两端的电压大小由外电路决定,理论上可等于任意值。

例 2-3 如图 2-10 所示,$I_s = 1\text{A}$,当电阻 $R = 1\Omega$ 时,求电流 I 及电压 U,当 $R = 10\Omega$,求电流 I 及电压 U。

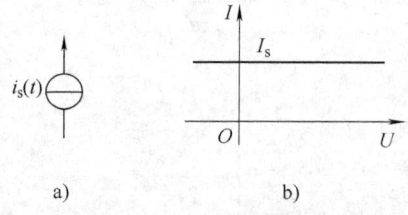
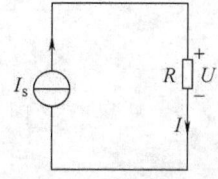

图 2-9 独立电流源
a) 图形符号 b) u-i 特性曲线

图 2-10 例 2-3 电路图

解:由电流源的性质可知,R 上流过的电流大小 I 与电流源电流 I_s 始终相等,即 $I = I_s = 1\text{A}$,由欧姆定律得

当 $R = 1\Omega$ 时,$U = IR = 1\text{V}$

当 $R=10\Omega$ 时，$U=IR=10\text{V}$

2.4 受控源

受控源又称非独立源，在很多实际电路中，某支路的电压或电流的大小受另一支路电压或电流的控制。如图 2-11 所示的晶体管电路，当其处于放大工作状态时，其支路电流 i_c 的大小受控于支路电流 i_b 的大小即 $i_c=\beta i_b$（β 为常数），这种控制特性可以用受控源来定义。

当某电源向外电路提供的电压或电流大小受控于该电路中其他支路电压或电流大小时，该电源即为受控源。从图 2-11 可以看出，支路电流 i_c 的大小受控于支路电流 i_b 的大小，符合受控源的定义，因此其等效电路模型为受控源。从受控源的定义及图 2-12 可知，受控源必是包含两条支路具有 4 个端子的元件，其两条支路分别为控制支路和被控制支路。依据控制支路和被控制支路量的不同，受控源分为 4 类，即电压控制电压源（Voltage Controlled Voltage Source，VCVS）、电压控制电流源（Voltage Controlled Current Source，VCCS）、电流控制电压源（Current Controlled Voltage Source，CCVS）、电流控制电流源（Current Controlled Current Source，CCCS），如图 2-12 所示。

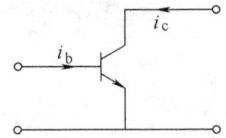

图 2-11 晶体管

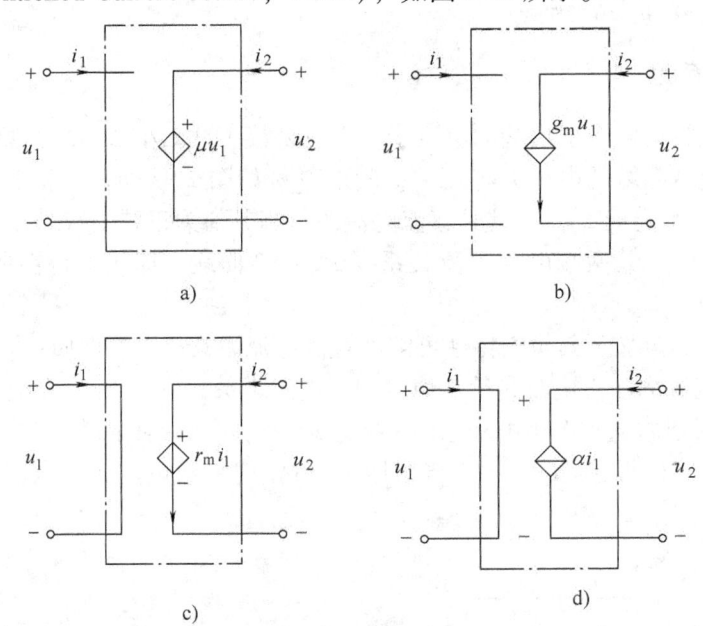

图 2-12 4 种受控源类型及其电路符号
a) VCVS b) VCCS c) CCVS d) CCCS

图中，α 称为转移电流比，r_m 称为转移电阻，g_m 称为转移电导，μ 称为转移电压比。

例 2-4 求图 2-13 所示受控电流源的功率。

解：先求控制量 I，因 3Ω 电阻所在支路与 1A 电流源支路串联在同一回路中，因此，$I=1\text{A}$ $P=U\times 3I=(-3\times 4)\times 3\text{W}=-36\text{W}$

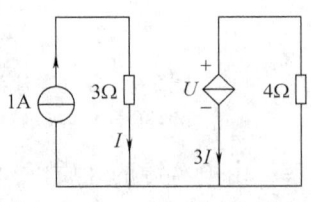

图 2-13 例 2-3 的电路图

即受控源发出功率 36W。

2.5 集成电路运算放大器

集成电路运算放大器，简称运算放大器，是目前获得广泛应用的一种半导体多端器件。其最初的功能是实现模拟信号运算，如比例、求和、求差、微分、积分等。现在这种器件的应用已经扩展到信号的产生、处理、变换、测量及开关电路等，远远超出了运算的范围。

运算放大器的种类繁多，其内部结构也不尽相同，一般由大量晶体管、电阻、电容等元件组成，但从电路分析的角度，只需掌握运算放大器的外部特性及其电路模型。运算放大器的图形符号如图 2-14 所示。左边的两个端子称为输入端，右边端子称为输出端；∞ 代表运算放大器的输出对输入的放大倍数为无穷大，也可以用 A 表示运算放大器的开环放大倍数（开环增益）；▷表示信号的传输方向即从输入端到输出端；"－"号所在的端子称为反相输入端，"＋"所在端子称为同相输入端，这里的"＋"、"－"号不代表输入端电压参考方向的正负，而是用于区别两个输入端与输出端的极性关系。

运算放大器要想正常工作，需给其提供直流电源供电，因此运算放大器还有电源端子等，如图 2-15 所示，$+V_{CC}$ 表示该电源端子接正电压，$-V_{CC}$ 表示该电源端子接负电压以保持运算放大器的正常工作，GND 为接地端。实际工作中，运算放大器的输出电压要低于电源电压 V_{CC}。

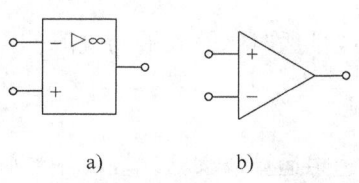

图 2-14 运算放大器的表示符号
　　a) 国标符号　b) 国内外常用符号

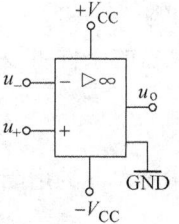

图 2-15 运算放大器的电源端子

当运算放大器接上电源正常工作后，理想运算放大器输出与输入的电压关系有两条重要的结论：

（1）$|A(u_+ - u_-)| < V_{CC}$，此时输出与输入成线性关系为

$$u_o = A(u_+ - u_-) \tag{2-16}$$

（2）$|A(u_+ - u_-)| > V_{CC}$，此时输出与输入成非线性关系

$$|u_o| = V_{CC} \tag{2-17}$$

其中的原理分析将会在模拟电子技术中学习到，这里先记住上述两条重要的结论。由这两条结论，可以得出运算放大器的电压传输特性如图 2-16 所示。在正饱和与负饱和之间的斜线称为运算放大器的线性区，在此区间，运算放大器的输出与输入电压关系由式（2-16）确定。正饱和与负饱和所在区间称为运算放大器的非线性工作区，在此区间，运算放大器的输出电压由式（2-17）确定。

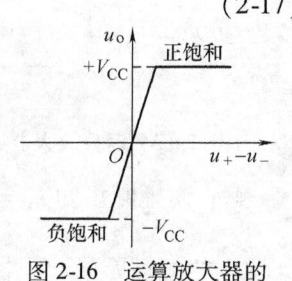

图 2-16 运算放大器的
电压传输特性图

当运算放大器工作在线性区时，运算放大器的输出受式（2-16）约束。运算放大器的电源电压一般在 20V 以下，而运算放大器的开环增益 A 一般超过 10^4，这就使运算放大器的输入电压的差 $|u_+ - u_-|$ 的值必须小于 2mV。当运算放大器的增益进一步增大时，其输入端的电压的差进一步接近于零，即

$$u_+ = u_- \qquad (2\text{-}18)$$

式（2-18）称为运算放大器的虚短条件，由此得到理想运算放大器的第一个条件，开环增益 A 无穷大。

运算放大器工作于线性区域时，可以很方便地对运算放大器进行分析，但如何使运算放大器工作于线性区？可以通过引入负反馈的方法实现，即把运算放大器输出端信号引回到信号的反相输入端，使得输入端的电压差 $|u_+ - u_-|$ 减小，由于运算放大器的输出电压与输入电压成比例，输出电压也减小，可使运算放大器工作于线性区。至于引入负反馈的分类和给电路性能带来的影响，这里暂不讨论。

下面再来讨论一下理想运算放大器的输入端电流的情况。当运算放大器工作于线性区时，从运算放大器的输入端口看进去的等效输入电阻 R_in 非常大，通常为 $10^6\Omega$，甚至更高。与之对应，从运算放大器的输出端口看进去的等效输出电阻 R_o 非常小，通常在 100Ω 以下。这样可以得到运算放大器的理想条件：

（1）开环增益 $A \to \infty$；
（2）输入电阻 $R_\text{in} \to \infty$；
（3）输出电阻 $R_\text{o} \to 0$。

由理想运算放大器的条件可以得到，运算放大器工作于线性区时，输入端的电流：

$$i_+ = i_- = \frac{u_+ - u_-}{R_\text{in}} \approx 0 \qquad (2\text{-}19)$$

这称为理想运算放大器的虚断，与虚短一起构成了分析理想运算放大器线性应用的两条重要法则。

运算放大器工作于线性区时，其输出电压的大小由输入电压来控制，可以视为一个受控电压源，输入电阻为 R_in，输出电阻为 R_o，这样可以得到运算放大器的简化电路模型如图 2-17 所示。

例 2-5 如图 2-18 所示，求输出电压与输入电压的关系。

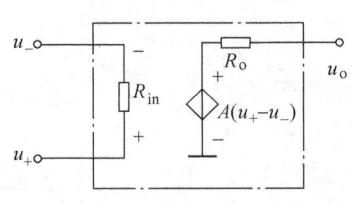

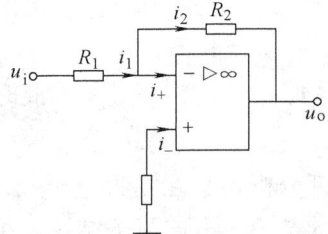

图 2-17 运算放大器的简化电路模型   图 2-18 反相比例运算电路图

解：由虚断可知 $i_+ = i_- = 0$，则 R_1 和 R_2 为串联关系，$i_1 = i_2$，即 $\dfrac{u_\text{i} - u_-}{R_1} = \dfrac{u_- - u_\text{o}}{R_2}$

又由虚短，$u_+ = u_- = 0$

联立 $u_o = -\dfrac{R_2}{R_1}u_i$

输出电压与输入电压成比例，且反相，因此该电路称为反相比例运算电路。

例 2-6 如图 2-19 所示，求输出与输入的电压关系。

解：由虚断可得 $i_1 + i_2 = i_3$，即

$$\dfrac{u_{i1} - u_-}{R_1} + \dfrac{u_{i2} - u_-}{R_2} = \dfrac{u_- - u_o}{R_3}$$

由虚短可得 $u_+ = u_- = 0$

联立 $u_o = -\left(\dfrac{R_3}{R_1}u_{i1} + \dfrac{R_3}{R_2}u_{i2}\right)$

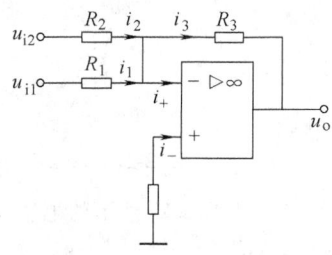

图 2-19 反相求和运算电路图

如果 $R_1 = R_2 = R_3 = R$，则得 $u_o = -(u_{i1} + u_{i2})$

输出电压是输入电压的和并且反相，因此该电路称为反相求和电路。这里只讨论了两个信号的求和，如果需要多个信号的求和，只需增加输入端的数目即可。

习 题 2

2-1 如图 2-2b 所示，电阻 $R = 3\Omega$，电流 $I = 6A$，求电压 U。

2-2 在某 $5k\Omega$ 大小的电阻上加上 $5kV$ 的电压，求流过其电流的大小。

2-3 某电阻上电压及电流取关联参考方向，电压大小为 $15V$，电流大小为 $10mA$，求该电阻的大小。

2-4 某电阻两端的电压加倍时，其阻值如何变化？电流呢？

2-5 灯泡在使用过程中烧毁，其电流如何变化？

2-6 把下列数值转换为 μF。
(1) $0.1 \times 10^{-7}F$ (2) $0.0000056F$ (3) $4700000pF$

2-7 电感的单位是什么？电感元件两端加上交流电源，如果交流电的频率提高，则流过电感的电流如何变化？

2-8 把下列数值转换为 μH。
(1) $0.1 \times 10^{-2}H$ (2) $100mH$ (3) $0.0000470mH$

2-9 某 $5V$ 理想电压源与 7Ω 电阻并联，现在把其阻值提升为 $7M\Omega$，则该电阻两端电压增加多少？

2-10 某 $1A$ 理想电流源与 7Ω 电阻串联，现在把其阻值提升为 70Ω，则该电阻上电流减小多少？

2-11 某理想集成运算放大器采用单电源供电，$V_{cc} = 12V$，放大倍数是 2×10^6，输入端电压为 $1mV$，求其输出电压大小。

2-12 电路如图 2-20 所示，若电流源的电流 $I_s > 1A$，则电路的功率情况为（　　）
A. 电阻吸收功率，电流源与电压源提供功率
B. 电阻与电流源吸收功率，电压源提供功率
C. 电阻与电压源吸收功率，电流源提供功率
D. 电阻无作用，电压源吸收功率，电流源提供功率

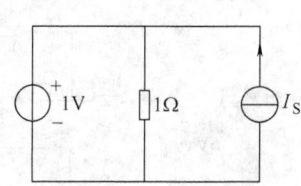

图 2-20 题 2-12 图

2-13 某电阻电路如图 2-21 所示，求电阻 R_1、R_2、R_3 和 R_4 的大小。

2-14 电路如图 2-22 所示，按所标参考方向，求此处 U 与 I 的大小

2-15 某电容元件充电到 $12V$，其电荷为 $600pC$，求电容 C 的大小及其储能。

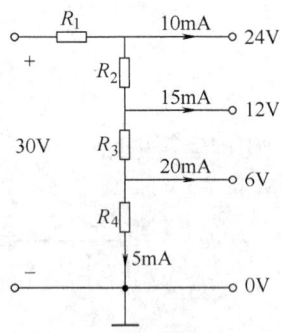
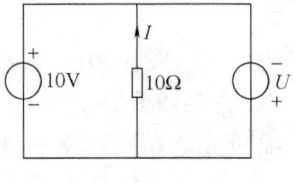

图 2-21 题 2-13 图　　　　　图 2-22 题 2-14 图

2-16　如图 2-23 所示的电感元件的磁链 ψ 与电流 i 取右手螺旋参考方向，若电感 $L = 2\text{H}$，$\psi(t) = 5\cos100t\text{Wb}$，则 $i = $ _____ A。

2-17　如图 2-24 所示，电容元件的 $u(0) = 0$，$i(t) = 2\sin2t\text{A}$，求 $u(t)$。

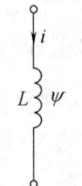

图 2-23 题 2-16 图　　　　　图 2-24 题 2-17 图

2-18　求如图 2-25 所示理想运算放大器电路的输出电压 U_o。

2-19　电路如图 2-26 所示，$R_1 = 10\text{k}\Omega$，$R_2 = 20\text{k}\Omega$，$R_\text{f} = 100\text{k}\Omega$，$u_{i1} = 0.2\text{V}$，$u_{i2} = -0.5\text{V}$，求输出电压 u_o。

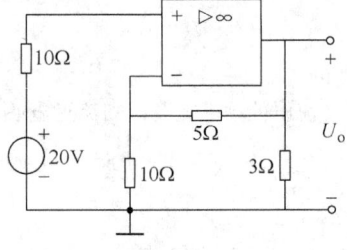
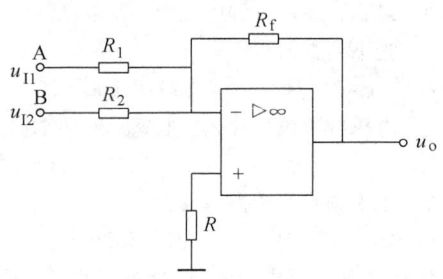

图 2-25 题 2-18 图　　　　　图 2-26 题 2-19 图

2-20　求图 2-27 所示电路的输出电压 u_o。

2-21　已知如图 2-28 所示电路中，电压源 $u_\text{s}(t) = 3\sin4t\text{V}$，电阻 $R_2 = 2R_1 = 1\text{k}\Omega$。求电流 $i(t)$。

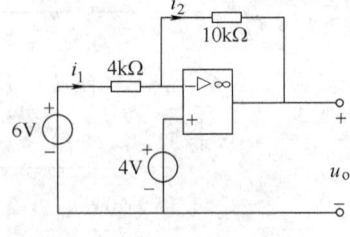
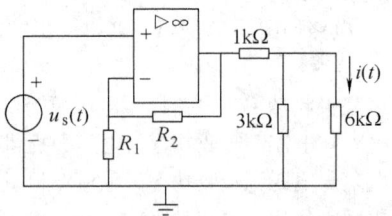

图 2-27 题 2-20 图　　　　　图 2-28 题 2-21 图

第 3 章 电路的基本定律及等效分析法

历史人物小传

基尔霍夫（1824~1887），出生于普鲁士柯尼斯堡（今俄罗斯加里宁格勒），德国物理学家。

基尔霍夫在 1845 年提出了著名的基尔霍夫电流定律（KCL）和基尔霍夫电压定律（KVL），为电路分析计算奠定了基础。他随后将 KCL 和 KVL 用矩阵式表述，为数年后的矩阵分析（CAA）奠定了理论基础。

基尔霍夫

前两章介绍了电压、电流、功率等基本概念及电阻、电容、电感和电压源等常用元件的基本特性，但要对一个复杂电路的各支路电压、电流进行分析，必须还要掌握一些电路的基本定律：欧姆定律和基尔霍夫定律。此外本章也会讨论电路分析中一种常用的分析方法：等效分析法。

3.1 欧姆定律

欧姆定律描述了如图 3-1 所示电路中电压、电流和电阻的数值关系，可以用式（3-1）来描述：

$$i = \frac{u}{R} \tag{3-1}$$

欧姆定律表明，若电阻不变，当电阻两端电压增加时，电流也会增加，当电阻两端电压减小时，电流也会减小；若电压不变，当电阻增加时，电流会减小，当电阻减小时，电流会增加；若电流不变，当电阻增加时，电压会增加，当电阻减小时，电压会减小。将式（3-1）进行简单变换，就可以得到欧姆定律的另外两种表达式：

图 3-1 欧姆定律

$$u = iR \tag{3-2}$$

$$R = \frac{u}{i} \tag{3-3}$$

式（3-1）~式（3-3）是等价的，只是不同的表达式，依次称为欧姆定律的电流公式、电压公式和电阻公式,用来求解不同的物理量。

3.2 基尔霍夫定律

如果在一个电路中,每一个元件上的电压和电流已经确定,那么这个电路的求解已经完成。在电路分析中,欧姆定律是非常重要的一个定律,但只有欧姆定律还不能使电路完全被求解分析。如图 3-2 所示,仅用欧姆定律是无法对电路进行求解的。元件之间的相互连接使各元件的电压和电流之间的关系受到了约束。基尔霍夫定律揭示了这些约束关系:对于电路中的任一"回路"受基尔霍夫电压定律(Kirchhoff's Voltage Law,KVL)的约束,电路中的任一"节点"受基尔霍夫电流定律(Kirchhoff's Current Law,KCL)的约束。

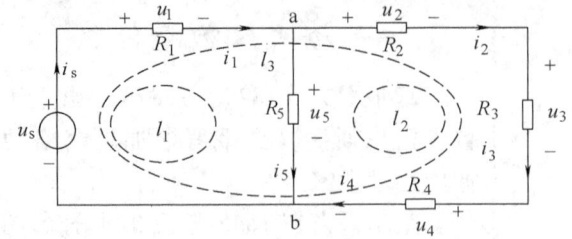

图 3-2 支路、节点、回路概念的说明图

为了更好的理解基尔霍夫定律,这里先说明几个基本概念:

(1) 支路(branch,b):每一个二端元件构成一条支路,一条支路上流过的电流相同,称为支路电流,支路两端的电压称为支路电压。

电压源和电阻串联的支路可以看做一条支路;电流源和电阻并联的支路可以看做一条支路;首尾顺次连接的几个二端元件,且没有分叉的也可以看做一条支路。由此规定看出图 3-2 中的支路数 $b=3$。

(2) 节点(node,n) 支路与支路的连接点构成一个节点。

为了简化电路的分析计算,本书中统一约定,3 个或 3 个支路以上的连接点看做一个节点。图 3-2 中共有两个节点,即 $n=2$,两个节点分别是 a,b。

(3) 回路(loop,l) 由支路构成的闭合路径。

回路一般用 l 表示,图 3-2 中共 3 条回路,即 $l=3$,3 条回路分别是 l_1,l_2,l_3。

(4) 独立回路(independent loop,l) 一个电路中可以有多条回路,如果选取的每一回路中至少有一条未被其他回路用过的新支路,这样选取的回路就称为独立回路。图 3-2 中共有 3 条回路,但独立回路数只有两个。

(5) 网孔(mesh,m) 一条回路中如果不包含其他任何支路则称其为一个网孔,网孔一定是独立回路。图 3-2 中共有两个网孔,即 $m=2$。

3.2.1 基尔霍夫电压定律

在集中参数电路中,沿任一回路,在任一时间,所有支路电压的代数和恒等于零,其数学表达式如下:

$$\sum u = 0 \tag{3-4}$$

在采用式(3-4)进行计算时,需要规定回路的参考方向及每一个元件或支路的电压参考方向。回路参考方向和支路电压参考方向一致的,支路电压在代数和中取正号,相反的取负号。对于图 3-3 中,回路 l_1,l_2 均取顺时针方向为参考方向,则两回路的 KVL 方程分

别为

对 l_1: $u_1 + u_5 - u_s = 0$

对 l_2: $u_2 + u_3 + u_4 - u_5 = 0$

3.2.2 基尔霍夫电流定律

在集中参数电路中，在任一节点，任一时间，所有流出节点电流的代数和恒等于零，其数学表达式如下：

$$\sum i = 0 \tag{3-5}$$

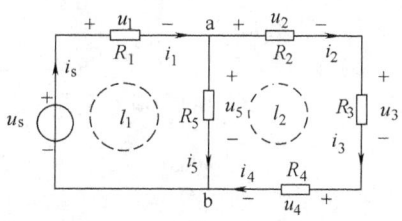

图 3-3 电路回路示意图

采用式（3-5）计算时，需要规定电流的正负，如规定流入节点的电流为正，流出为负，实际上可以任意选取。

在图 3-2 中，对节点 a 应用 KCL，则 $i_1 - i_2 - i_5 = 0$，可改写为 $i_1 = i_2 + i_5$，这说明流入节点 a 的电流等于流出节点 a 的电流，即流入流出节点的电流相等。事实上，基尔霍夫电流定律可以适用于类似的任何一个闭合面，这种由假想的闭合面包围的节点和支路的集合也称作广义节点（super node），如图 3-4 所示。

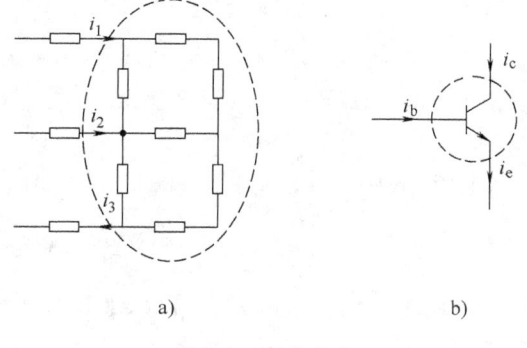

a)   b)

图 3-4 广义节点

在图 3-4a 中，选虚线闭合部分为一个广义节点，由 KCL 得 $i_3 = i_1 + i_2$，在图 3-4b 中为一个晶体管电路，选虚线闭合部分为一个广义节点，由 KCL 得 $i_e = i_b + i_c$。

3.3 电路的等效

在电路的分析计算中，为简化电路，常把电路中的某一部分用一个更加简单的电路来替代原电路，如果未被替代的电路（也称为外电路）的电压和电流保持不变，则称这种替代为等效变换，简称等效。

为了更好地理解等效，这里先介绍二端网络或一端口网络的概念。如图 3-5 所示，无论 N 内部电路结构多复杂，只要其向外引出两个端子，这样的网络就称为二端网络或一端口网络。如果二端网络 N 内含有独立源就称为有源二端网络，反之称为无源二端网络。如果二端网络 N 内只含有线性元件和独立源，称为有源线性二端网络，电路理论主要讨论的就是这种情况。根据等效的概念，端口内的网络 N 为内电路，端口外的网络为外电路。无论内电路结构如何变换，都要满足端口电压和电流保持不变。因此，等效是对外电路等效，对内变换部分不等效。

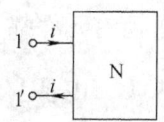

图 3-5 二端网络图

由等效电路的概念可以看出等效具有传递性，如果一个二端网络 N_1 和 N_2 等效，而 N_2 又和 N_3 等效，显然 N_1 也可以用 N_3 来替代。应用等效可以将一个复杂的电路逐步转换为一个较为简单的电路，使一个电路的分析过程变得更为简单。

例 3-1 如图 3-6a、b 所示，若分别在一端口 a-b 上接上 3Ω 大小的电阻，求该电阻上的

电流 i 和电压 u。

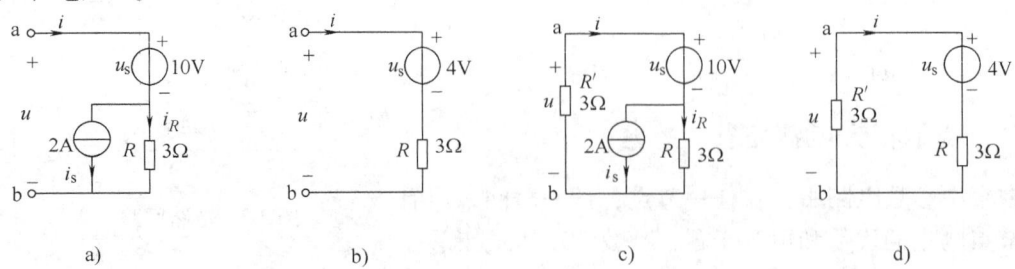

图3-6 例3-1 图

解：对图3-6c 由 KCL 和 KVL 得：

$$i_R + i_s = i$$
$$i_R R + iR' = -u_s$$

由 $i_s = 2\text{A}$，$u_s = 10\text{V}$，$R = R' = 3\Omega$，联立方程可得 $i = -0.67\text{A}$，$i_R = -2.67\text{A}$，易得 $u = iR' = 2\text{V}$。

在图3-6d 中，显然有

$$i = -\frac{u_s}{R + R'} = -\frac{4}{3+3}\text{A} = -0.67\text{A}, \text{易得 } u = iR' = 2\text{V}$$

两者计算结果一致，说明两者端口 a、b 对外是等效的，但图3-6d 分析起来相对于图3-6c 要简单得多。

3.4 电阻的连接和输入电阻

任何一个电路都是由不同的元件连接而成，串联和并联最为普遍。

串联是指组成电路的两个或两个以上的二端元件首尾顺次连接起来，且连接点上没有分叉，串联支路上流过同一电流。需要注意的是：串联电路的两点之间只有一条电流的通路，因此流过这条通路上的每一个元件的电流都相同。

并联是指组成电路的两个或两个以上的二端元件的两个端子分别连接在相同两个节点上，所有元件都承受同一电压，即两节点间的电压。

3.4.1 电阻的串联

如图3-7 所示，两个电阻首尾顺次连接，没有分叉，是串联关系，流过每一个电阻的电流都相等。由欧姆定律可得

$$u_1 = iR_1, \ u_2 = iR_2$$

对图3-7 的闭合回路，取顺时针方向为参考方向，由 KVL 可得

$$u_1 + u_2 - u = 0$$

联立求解有

$$u = i(R_1 + R_2) = iR_{\text{eq}}$$

$$R_{\text{eq}} = \frac{u}{i} = R_1 + R_2 \tag{3-6}$$

两个电阻串联电路的等效电路如图 3-8 所示，等效之后，端口的电压和电流保持不变。由此可以得到一个结论：两个电阻的串联可等效为一个电阻，等效电阻的大小等于各串联电阻元件的电阻之和。

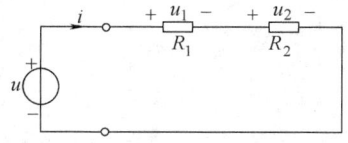

图 3-7 两个电阻串联电路

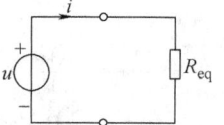

图 3-8 两个电阻串联的等效电路

由式（3-6）可得到每一个电阻上的电压：

$$u_1 = \frac{R_1}{R_1 + R_2} u \tag{3-7}$$

$$u_2 = \frac{R_2}{R_1 + R_2} u \tag{3-8}$$

可以看出，各电阻上的电压与各电阻的大小成正比，电阻越大，分担的电压越大，这个公式也称作分压定理，利用此性质可以进行分压。收音机的音量调节功能就是利用分压定理，采用如图 3-9 所示具有滑动接触端的三端电阻器，实现音量调节的目的。

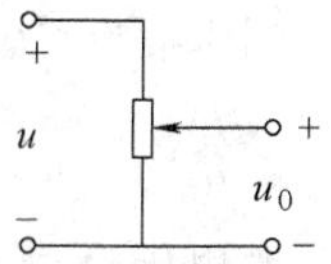

图 3-9 简单的分压电路

如果有 n 个电阻串联，则等效电阻为

$$R_{eq} = R_1 + R_2 + \cdots + R_n = \sum_{k=1}^{n} R_k \tag{3-9}$$

第 k 个电阻 R_k 分担的电压 u_k 为

$$u_k = \frac{R_k}{\sum_{k=1}^{n} R_k} \tag{3-10}$$

3.4.2 电阻的并联

如图 3-10 所示，两个电阻的两个端子连接上相同的两个节点上，是并联关系。由欧姆定律可得：

$$i_1 = \frac{u}{R_1}, \quad i_2 = \frac{u}{R_2}$$

对节点①应用 KCL 可得端口电流

$$i = i_1 + i_2$$

代入可得

$$i = \frac{u}{R_1} + \frac{u}{R_2} = \left(\frac{1}{R_1} + \frac{1}{R_2}\right) u = \frac{1}{R_{eq}} u$$

即有

$$R_{eq} = \frac{u}{i} = \frac{R_1 R_2}{R_1 + R_2} \tag{3-11}$$

两个电阻并联的等效电路如图 3-11 所示。

R_1、R_2 的电导分别为 G_1，G_2，因此两电阻并联的总电导为

$$G_{eq} = G_1 + G_2 \tag{3-12}$$

由式（3-11）得 $u = R_{eq}i$，可得

$$i_1 = \frac{R_2}{R_1+R_2}i, \quad i_2 = \frac{R_1}{R_1+R_2}i \tag{3-13}$$

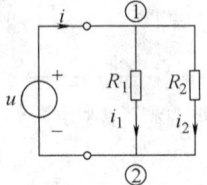
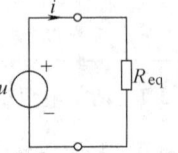

图 3-10　两个电阻并联电路　　　　图 3-11　两个电阻并联的等效电路

可以看出，各电阻上的电流与各电阻的大小成反比，电阻越大，分得的电流越小，这个公式也称作分流定理，利用此性质可以进行分流。

如果有 n 个电阻并联，则等效电阻为

$$\frac{1}{R_{eq}} = \frac{1}{R_1} + \frac{1}{R_2} + \cdots + \frac{1}{R_n} \tag{3-14}$$

如果用电导来表示，则等效电导为

$$G_{eq} = G_1 + G_2 + \cdots + G_n \tag{3-15}$$

并联电路与串联电路相比具有的最大优势是：当一条支路出现故障断开后，其余支路不受影响，可以继续正常工作。这在实际应用中非常有益，如家庭住宅供电就是一个经常使用并联电路的系统，在家庭里面，基本上所有的电器设备的连接都是并联的。

例 3-2　如图 3-12 所示，$u_s = 12\text{V}$，$R = 6\Omega$，求端口电流 i。

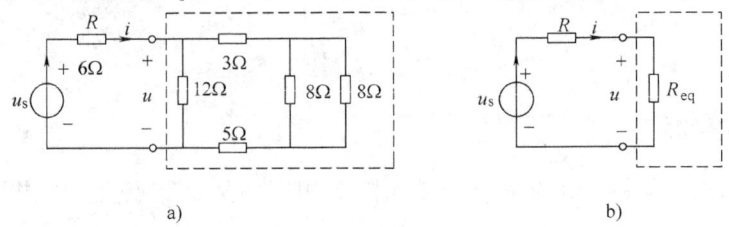

图 3-12　例 3-2 电路图
a）电路图　b）等效电路

解：虚线包围的端口内部为纯电阻结构，电阻之间的连接方式为基本的串并联关系，易得 $R_{eq} = 6\Omega$，其等效电路如图 3-12b 所示。由电流形式的欧姆定律得：

$$i = \frac{u}{R + R_{eq}} = \frac{12}{6+6}\text{A} = 1\text{A}$$

3.4.3　电阻的 △-Y 联结及其等效变换

电阻之间的连接方式除基本的串联、并联外还有其他连接方式。如图 3-13 所示，是一种常用的 H 桥测量电路，其中的电阻既没有串联关系，也没有并联关系，很难用已学的串、并联知识对电路进行分析和计算。

在图 3-13 中，电阻 R_1、R_2 和 R_3 构成了一个△联结结构，电阻 R_2、R_3 和 R_5 构成了一

个 Y 联结结构，当然这里面还有其他的△和 Y 联结结构。如图 3-14 所示，其共同特点是都向外引出 3 个端子。对图 3-13 进一步研究发现，如果将 R_1、R_2 和 R_3 构成的如图 3-14b 所示△结构等效变换为如图 3-14a 所示的 Y 结构，则在图 3-13 里面就会出现简单的串并联关系。因此，要想对电路图 3-13 进行简化，需要找出图 3-14 中△-Y 之间的等效变换条件：△-Y 之间进行等效变换后，任意两个端子之间的电压电流关系保持不变。

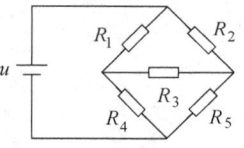

图 3-13 H 桥电路

为了把图 3-14 里面的电阻区分开来，重新画图如图 3-15 所示。要使△-Y 等效条件成立，只要使从相应端口之间的电阻相等就可满足。即无论采用△还是 Y 联结，相同端子和端子之间的电阻都要相等，则可得到如下条件：

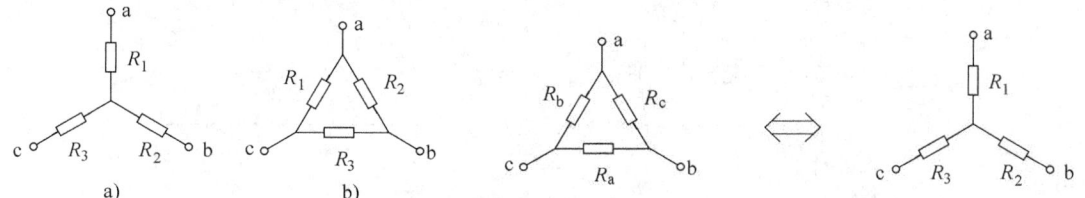

图 3-14 电阻的△-Y 结构
a) Y 结构　b) △结构

图 3-15 △-Y 变换示意图

$$R_{ab} = \frac{R_c(R_a + R_b)}{R_a + R_b + R_c} = R_1 + R_2$$

$$R_{bc} = \frac{R_a(R_b + R_c)}{R_a + R_b + R_c} = R_2 + R_3$$

$$R_{ca} = \frac{R_b(R_c + R_a)}{R_a + R_b + R_c} = R_3 + R_1$$

联立求解上面三式，可得用 Y 联结取代△联结的 Y 联结电阻阻值大小：

$$R_1 = \frac{R_b R_c}{R_a + R_b + R_c} \tag{3-16}$$

$$R_2 = \frac{R_c R_a}{R_a + R_b + R_c} \tag{3-17}$$

$$R_3 = \frac{R_a R_b}{R_a + R_b + R_c} \tag{3-18}$$

同理，如果采用△联结来替代 Y 联结，则△联结的电阻阻值的大小：

$$R_a = \frac{R_1 R_2 + R_2 R_3 + R_3 R_1}{R_1} \tag{3-19}$$

$$R_b = \frac{R_1 R_2 + R_2 R_3 + R_3 R_1}{R_2} \tag{3-20}$$

$$R_c = \frac{R_1 R_2 + R_2 R_3 + R_3 R_1}{R_3} \tag{3-21}$$

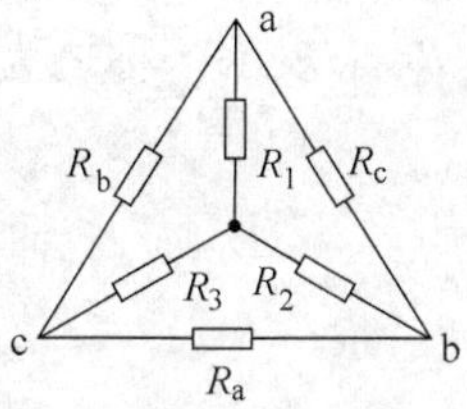

图 3-16 △-Y 的等效条件示意图

式（3-16）~式（3-21）△-Y 等效变换规规可利用下式和图 3-

16 来描述：

$$Y 电阻 = \frac{\triangle 相邻电阻的乘积}{\triangle 电阻的和} \tag{3-22}$$

$$\triangle 电阻 = \frac{Y 电阻两两乘积之和}{Y 不相邻电阻} \tag{3-23}$$

如果 $R_1 = R_2 = R_3 = R_Y$，$R_a = R_b = R_c = R_\triangle$，则 △-Y 的等效条件为

$$R_Y = \frac{R_\triangle}{3} 或 R_\triangle = 3R_Y \tag{3-24}$$

例 3-3 对如图 3-17 所示的电路，应用 △-Y 变换求出支路电压 u。

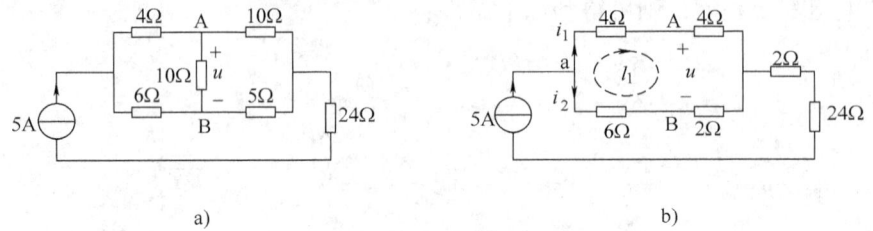

图 3-17 例 3-3 电路图
a）电路图 b）等效电路

解：对图 3-17a 中，AB 右边的 △ 电阻网络转换为 Y 电阻网络，等效电路如图 3-17b 所示。等效变换后 aA 支路和 aB 支路为并联关系，由分流定理可得：

$$i_1 = \frac{2+6}{4+4+2+6} \times 5\text{A} = 2.5\text{A}$$

对节点 a 由 KCL 可得 $i_2 = 2.5\text{A}$。

对回路 l_1 取顺时针方向为参考方向，列出 KVL 方程

$$4 \times 2.5\text{V} + u - 6 \times 2.5\text{V} = 0$$

解之得 $u = 5\text{V}$。

3.4.4 输入电阻

如图 3-18 所示，常见的网络是一种二端网络，又称一端口网络，根据基尔霍夫电流定律（KCL），流入端子的电流等于流出端子的电流。如果一端口网络 N 内部仅含电阻，则可以用电阻的串并联关系及 △-Y 变换的方法求出端口内的等效电阻。如果一端口网络 N 内除含电阻外，还有受控源，但不含独立源，则端口电压和电流的比值也为一个常数，用一个电阻 R_{in} 来表示，称之为一端口网络的输入电阻。

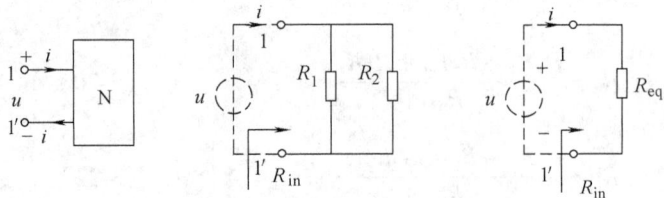

图 3-18 二端网络的输入电阻

$$R_{in} = \frac{u}{i} \quad (3\text{-}25)$$

计算一端口网络输入电阻的方法一般是在端口加一个电压源 u，然后求出端口电流 i，两者的比值即为输入电阻。

例 3-4 如图 3-19a 所示，求一端口网络的输入电阻 R_{in}。

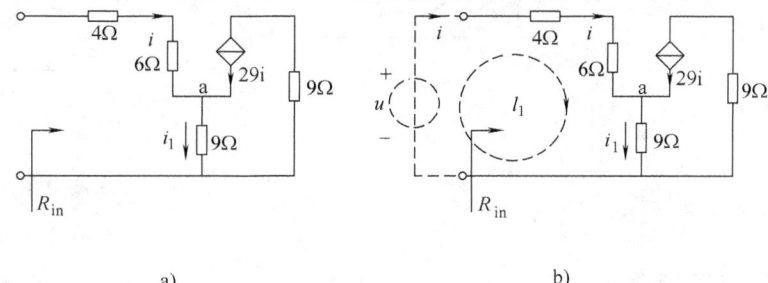

图 3-19　例 3-4 电路图

解：如图 3-19b 所示，在端口加上一电压源 u。对节点 a，由 KCL 可得

$$i_1 = i + 29i = 30i$$

对回路 l_1，由 KVL 可得

$$(4+6)i + 9i_1 - u = 0$$

联立可得 $u = 280i$，则输入电阻为

$$R_{in} = \frac{u}{i} = 280\Omega$$

3.5　实际电源的两种模型及其等效变换

所有的电路都由电压源或电流源来驱动，理想电压源或电流源在对负载进行驱动时，不论外接什么样的负载，都能够输出恒定的电压或电流，这就需要理想电源能够提供无穷大的功率，这种电源在现实中是不存在的。任何实际电源能够输出的功率都是有限的，且其自身也存在能量损耗。这种特性可以用两种实际电源模型来描述。

3.5.1　实际电压源模型

实际电压源输出的电压会随输出电流的增加而下降，这种特性可以用一个理想电压源和电阻（称作电源内阻）的串联组合来模拟，称为实际电压源。电压源和电阻的串联组合在电路中也称作戴维南等效电路。其电路模型和电源外特性如图 3-20 所示。

由图 3-20a 实际电压源模型可得端口 a-b 的电压电流关系：

$$u = u_s - iR_s \quad (3\text{-}26)$$

由式（3-26）可以看出，当端口开路时，端口电流 $i = 0$，输出电压 $u = u_{oc} = u_s$，u_{oc} 表示端口开路电压；当端口短路时，输出电压 $u = 0$，输出电流达到最大值 $i = u_s/R_s = i_{sc}$，i_{sc} 表示端口短路电流。

当端口外接某一负载 R_L 时，如图 3-21 所示，可以看出负载电阻 R_L 和电源内阻 R_s 是串联关系，因此一部分电压加到了电源内阻上。要想使该电源接近理想电源，必须使负载电阻

R_L 远大于电源内阻 R_s，这样负载电阻在一定范围内变化（满足 R_L 远大于电源内阻 R_s），输出端电压就基本不变，接近理想电压源。

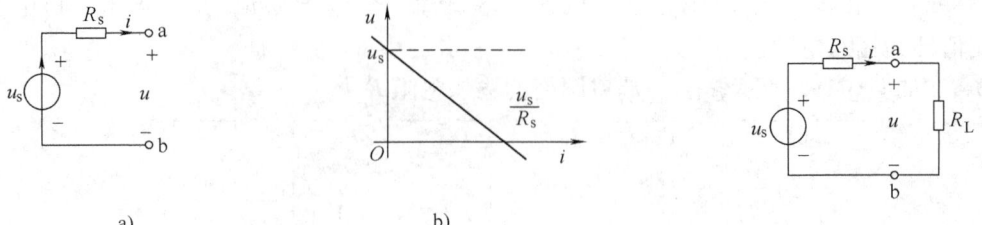

图 3-20　实际电压源
a) 电路模型　b) 电压源外特性

图 3-21　实际电压源端口接负载

3.5.2　实际电流源模型

实际电流源输出的电流会随输出电压的增加而下降，这种特性可以用一个理想电流源和电阻（称作电源内阻）的并联组合来模拟，称为实际电流源。电流源和电阻的并联组合在电路中也称作诺顿等效电路，其电路模型和电源外特性如图 3-22 所示。

由图 3-22a 的实际电流源模型可得端口 a-b 的电压—电流关系：

$$i = i_s - \frac{u}{R_s} \tag{3-27}$$

由式（3-27）可以看出，当端口开路时，端口电流 $i = 0$，输出电压 $u = u_{oc} = i_s R_s$；当端口短路时，输出电压 $u = 0$，输出电流 达到最大值 $i = i_s = i_{sc}$。

当端口外接某一负载 R_L 时，如图 3-23 所示，可以看出负载电阻 R_L 和电源内阻 R_s 是并联关系，因此一部分电流分到了电源内阻上。要想使该电源接近理想电流源，必须使负载电阻 R_L 远小于电源内阻 R_s，这样负载电阻在一定范围内变化（满足 R_L 远小于电源内阻 R_s），输出端电流就基本不变，接近理想电流源。

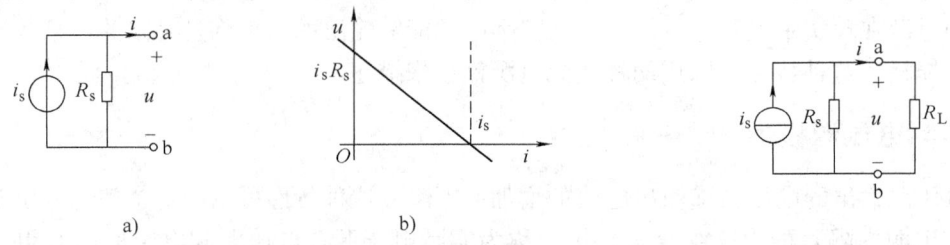

图 3-22　实际电流源
a) 电路模型　b) 端口外特性

图 3-23　实际电流源端口接负载

3.5.3　等效变换

在进行电路分析时，有时候需要将实际电源的戴维南等效电路转换为诺顿等效电路，反之亦然。要想使两者等效，只要其端口电压—电流关系相同即可。由式（3-26）、式（3-27）可以得到：

$$u_s - iR_s = i_s R_s - iR_s$$

由此即可得到两种实际电源的等效变换条件：

$$u_s = i_s R_s \tag{3-28}$$

$$i_s = \frac{u_s}{R_s} \tag{3-29}$$

在对两种实际电源进行等效变换时，除注意满足上述参数外，还需要注意电压源和电流源的参考方向，电流源电流的箭头方向是从电压源的负极指向正极。在一些电路分析中，适当的引入电源等效变换可以达到简化电路和方便计算的目的。

例 3-5 电路如图 3-24a 所示，求电流 i。

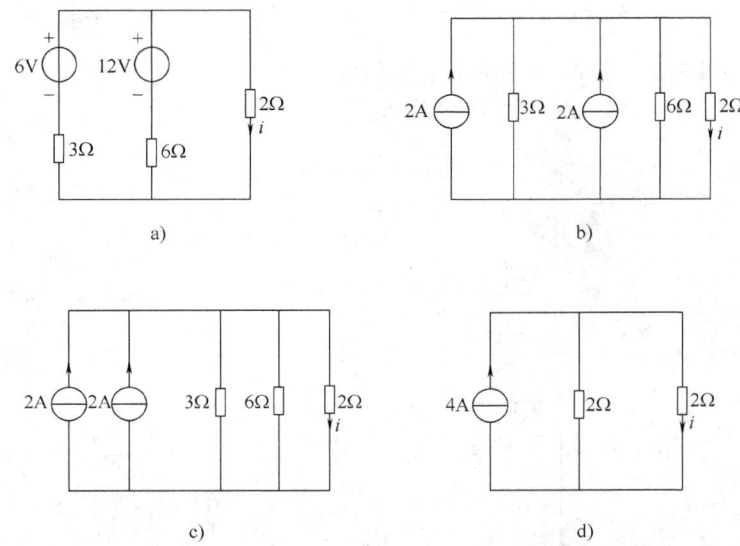

图 3-24 例 3-5 电路图
a）电路图 b）第一步化简 c）第二步化简 d）第三步化简

解：由图 3-24a 应用电源等效变换可化为图 3-24d 所示简单并联电路。电路简化过程如图 3-24b、c、d 所示。电路简化后，由两电阻并联的分流公式可得电流 i 为

$$i = \frac{2}{2+2} \times 4\text{A} = 2\text{A}$$

习 题 3

3-1 如图 3-25 所示电路中，已知各支路的电流、电阻和电压源电压，试写出各支路电压的表达式。

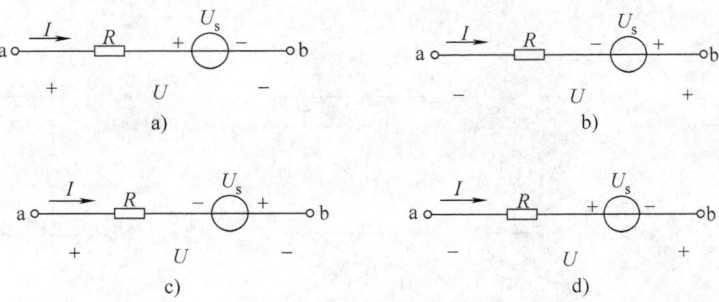

图 3-25 题 3-1 图

3-2 电路如图 3-26 所示，各点对地的电压：$U_a = 12V$，$U_b = -8V$，$U_c = -15V$，求元件 A、B、C 吸收的功率。

3-3 电路如图 3-27 所示，求支路电流 I_{AB} 与支路电压 U_{AB} 的大小。

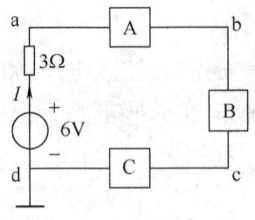

图 3-26 题 3-2 图

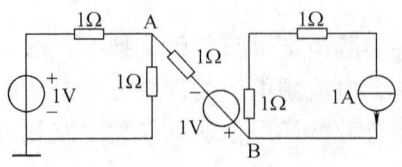

图 3-27 题 3-3 图

3-4 电路如图 3-28 所示，求 A、B 两点间的电压 U_{AB}。

3-5 求图 3-29 所示各电路中 a-b 端的等效电阻 R_{ab}。

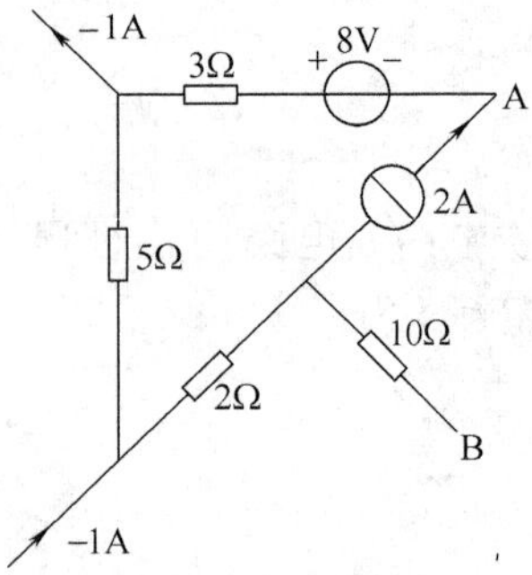

图 3-28 题 3-4 图

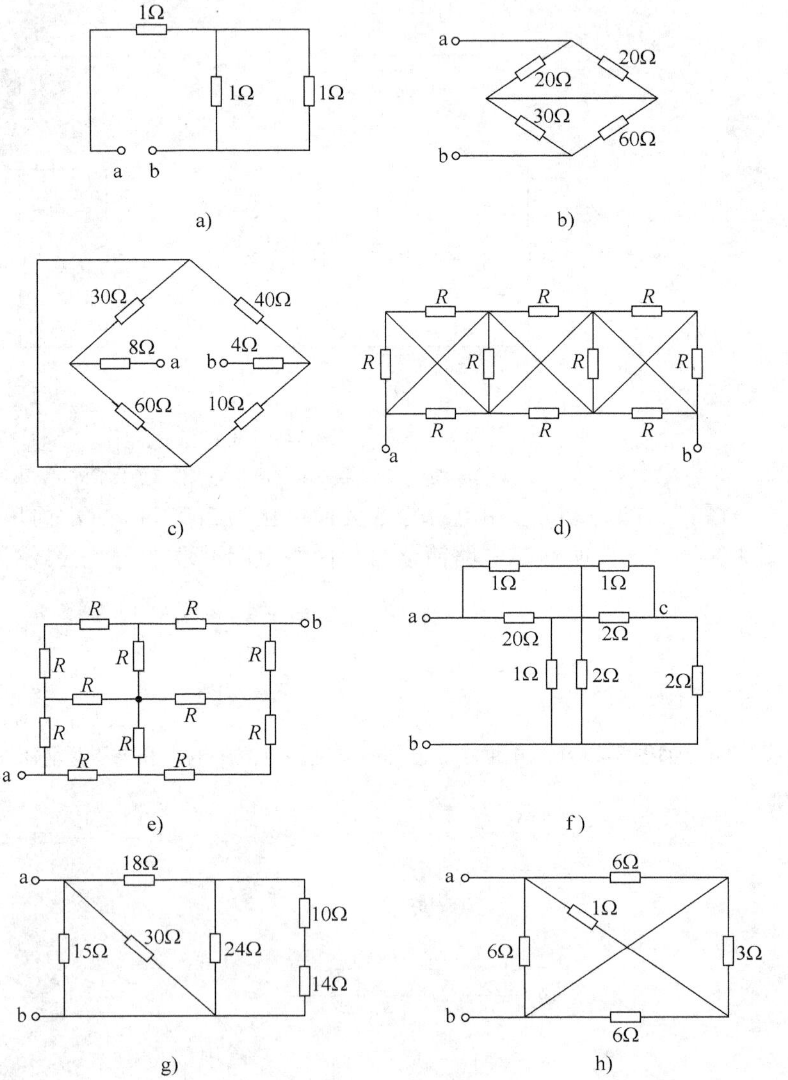

图 3-29 题 3-5 图

3-6 求题 3-30 所示 a-b 端口输入电阻。

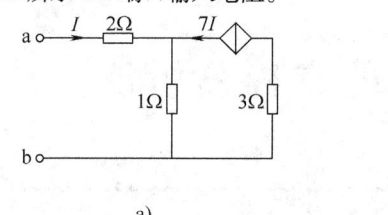
a)

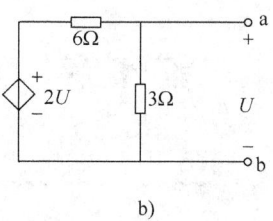
b)

图 3-30 题 3-6 图

3-7 试将图 3-31 中各电路化成最简单形式。

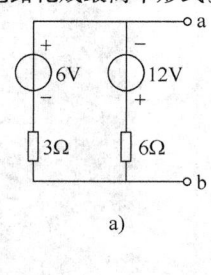
a)

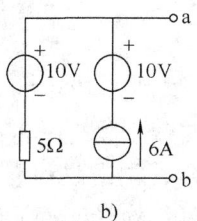
b)

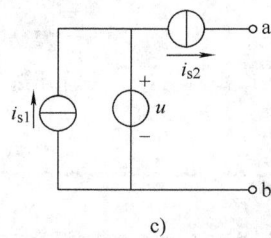
c)

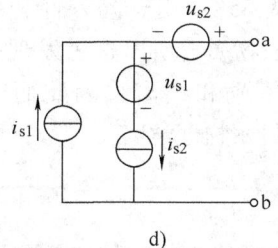
d)

图 3-31 题 3-7 图

3-8 利用电源的等效变换，求图 3-32 所示电路的电流 i。

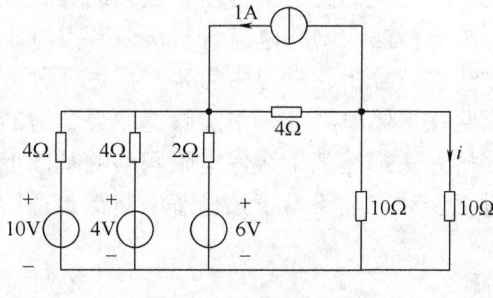

图 3-32 题 3-8 图

第 4 章 电路的方程分析法

历史人物小传

柏诺兹（1950～），生于德国威斯特瓦，物理学家。

柏诺兹1982年进入IBM的苏黎世研究实验室工作，与瑞士物理学家缪勒一起研究超导。1986年，柏诺兹和缪勒发现了一种陶瓷性金属氧化物（LaBa）$_2$CuO$_4$，其临界温度约为35K。由于陶瓷性金属氧化物通常是绝缘物质，所以这个发现的意义非常重大，缪勒和柏诺兹因此而荣获了1987年度诺贝尔物理学奖。

柏诺兹

第3章讨论的电路结构相对比较简单，采用欧姆定律、基尔霍夫定律及等效的思想就可以对电路进行有效的分析。但当电路结构变得复杂时，就需要采用更加系统化、条理化的分析方法。电路理论发展到今天，已经提出了多种复杂电路的分析方法，这些方法都将在本章讨论，它们分别是：支路电流分析法、网孔电流分析法及节点电压分析法。每一个电路基本上都可以同时采用这3种方法进行分析，学习中需要掌握每一种方法的优缺点并通过大量的练习积累起一定的经验，以便在具体电路分析中能够选取最合适的方法对电路进行快速准确的分析计算。本章讨论的分析方法都是基于线性电阻网络的基础上，但由此得出的一些结论及列写方程的规则对线性时不变动态电路及正弦稳态电路都是适用的。

4.1 支路电流分析法

电路分析的任务是在给定电路结构和元件参数的情况下，求解电路中部分元件或所有元件的电压、电流或功率等。电路是由不同的元件组成的，也是由不同的支路组成的。元件上的电压、电流关系同样会反映到支路上的电压和电流关系中去，只要求解了各支路电流，也就确定了各元件的电压、电流及功率等。

支路电流法的步骤如下：

1）假设出 b 条支路电流大小，并确定其参考方向；
2）对 $(n-1)$ 个节点列 KCL 方程；
3）对其中的 $(b-n+1)$ 个网孔列 KVL 方程；

4）联立2）、3）步骤所列方程，求解支路电流，确定其他待求量。

如图4-1所示，共有6条支路，4个节点，3个网孔，即$b=6$，$n=4$，$m=3$。根据支路电流法，需要假设6条支路电流的大小，共6个未知变量，要求解出各支路电流，需要列出6个方程。该电路共有4个节点，可列出4个KCL方程，但其中的一个KCL方程可以由其他3个推导出来，因此只要对其中任意3个节点（$n-1=4-1=3$）列KCL方程即可。这里选定④为参考节点，对①~③3个节点列KCL方程，则方程如下：

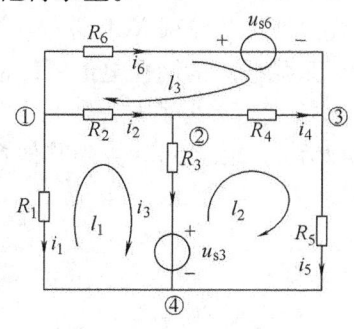

图4-1 支路电流法示例图

节点①：$i_1 + i_2 + i_6 = 0$
节点②：$-i_2 + i_3 + i_4 = 0$
节点③：$-i_4 + i_5 - i_6 = 0$

对3条回路l_1到l_3列KVL方程如下：

回路l_1：$-i_1 R_1 + i_2 R_2 + i_3 R_3 + u_{s3} = 0$
回路l_2：$-i_3 R_3 + i_4 R_4 + i_5 R_5 - u_{s3} = 0$
回路l_3：$-i_2 R_2 - i_4 R_4 + i_6 R_6 + u_{s6} = 0$

联立6个方程即可求解出电路所有支路电流。这种以支路电流为未知变量，用支路电流表示支路电压，直接对节点列KCL方程，对回路列KVL方程的分析方法就称为支路电流法。支路电流法的方程数就是支路数，显然对于支路数比较少的电路，采用这种方法进行分析是非常直观方便的。

例4-1 如图4-2所示，试用支路电流法求解各支路电流。

解：各支路电流及参考方向如图4-2所示，选网孔为独立回路，其参考方向如图4-2所示。对节点①列KCL方程及回路l_1、l_2列KVL方程如下：

$$\begin{cases} i_1 - i_2 + i_3 = 0 \\ 2i_1 + 4i_2 - 2 = 0 \\ -4i_2 - i_3 + 6 = 0 \end{cases}$$

求解得：$i_1 = -1\text{A}$，$i_2 = 1\text{A}$，$i_3 = 2\text{A}$。

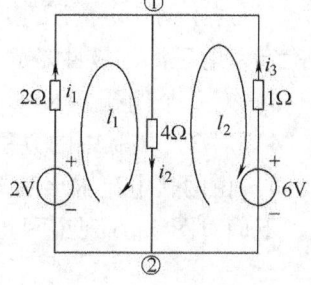

图4-2 例4-1电路图

4.2 网孔电流分析法

网孔是一个最小的闭合回路，里面不包含任何支路或回路。网孔电流不同于支路电流，支路电流是可以用电流表测量出来的，而网孔电流只是为了使所列方程比支路电流法少而假想出来的用于电路分析的数学量。如图4-3a所示，假想有两个网孔电流i_{m1}和i_{m2}沿此平面电路的两个网孔流动。可以看到网孔电流i_{m1}和i_{m2}从节点流入，又从节点流出，自动满足KCL。在左边网孔中，R_1所在支路只有网孔电流i_{m1}流过，且与支路电流方向一致，因此$i_1 = i_{m1}$。右边网孔中，R_3所在支路只有网孔电流i_{m2}流过，但支路电流参考方向和网孔电流方向不一致，因此$i_3 = -i_{m2}$。对于R_2所在支路，其支路上有左右两个网孔电流同时流过，支路电流是两个网孔电流的代数和 $i_2 = i_{m1} - i_{m2}$。把用假想的网孔电流表示的支路电流 i_1、i_2、i_3 代入任一节点列 KCL 方程，也会验证刚才网孔电流自动满足 KCL 的结论。由分析可以看出，采用假想的网孔电流可以使电路分析不需再对节点列 KCL 方程，而仅仅只需对网孔列 KVL 方程，减少了方程数目，简化了电路分析计算。一旦确定了网孔电流，支路电流也就可以确定，由此可计算出其他希望求出的量，如电压、功率等。

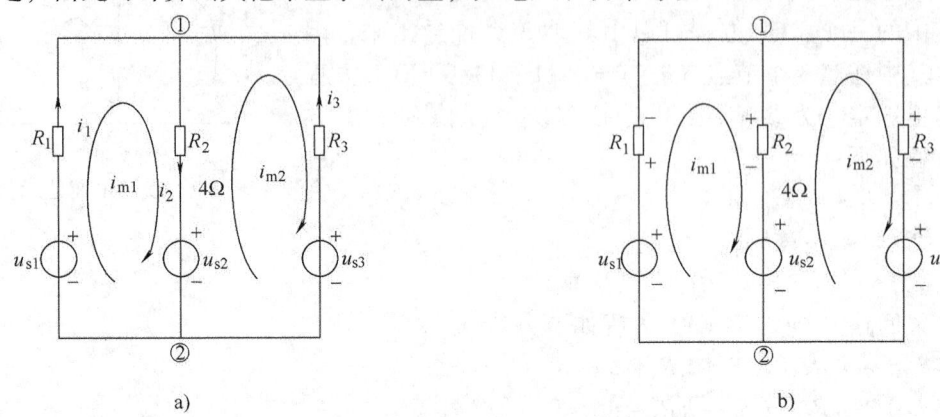

图 4-3　网孔电流法示例图

网孔电流法的步骤如下：

1）假设出每一个网孔电流的大小和方向，一般选取顺时针方向为网孔电流参考方向。理论上网孔电流的参考方向选取可以任意，但统一顺时针参考方向的选取，会使方程的列写更加快捷和规范；

2）对于网孔电流所经过的电阻元件，其电压极性由关联参考方向的电压形式的欧姆定律确定，电压源的极性是固定的，不受网孔电流影响；

3）对每个网孔列 KVL 方程；

4）对 3）步骤中的方程进行求解，解出网孔电流；

5）由网孔电流求出其他待求量。

下面对图 4-1b 列出网孔 KVL 方程如下：

$$\begin{cases} i_{m1}R_1 + (i_{m1} - i_{m2})R_2 = u_{s1} - u_{s2} \\ (i_{m2} - i_{m1})R_2 + i_{m2}R_3 = u_{s2} - u_{s3} \end{cases} \tag{4-1}$$

整理得

$$\begin{cases} i_{m1}(R_1 + R_2) - i_{m2}R_2 = u_{s1} - u_{s2} \\ -i_{m1}R_2 + i_{m2}(R_2 + R_3) = u_{s2} - u_{s3} \end{cases} \tag{4-2}$$

由式（4-2）即可求解出网孔电流，进而确定其他希望求出的量。分析式（4-2），$R_1 + R_2$ 为网孔 1 所有电阻的代数和，其值为正；$R_2 + R_3$ 为网孔 2 所有电阻的代数和，其值为正；R_2 为网孔 1 和网孔 2 的共用电阻，在选取统一参考方向时，其值为负。

若令 $R_1 + R_2 = R_{11}$，$R_2 + R_3 = R_{22}$，称为网孔 1 和网孔的 2 的自阻，为正值；$R_{12} = -R_2$，$R_{21} = -R_2$，称为网孔 1 和网孔 2 的互阻，参考方向统一时，为负值；$u_{s11} = u_{s1} - u_{s2}$，$u_{s22} = u_{s2} - u_{s3}$，称为各网孔电流所经电压源电压的代数和，网孔电流方向和电压源方向关联时，取负号，非关联时取正号，则式（4-2）可转换为

$$\begin{cases} i_{m1}R_{11} + i_{m2}R_{12} = u_{s11} \\ i_{m1}R_{21} + i_{m2}R_{22} = u_{s22} \end{cases} \quad (4\text{-}3)$$

对于存在两个网孔以上的电路，求解方法和两个网孔的电路是完全一样的，下面针对两网孔以上电路及网孔法中一些特殊情况进行举例说明。

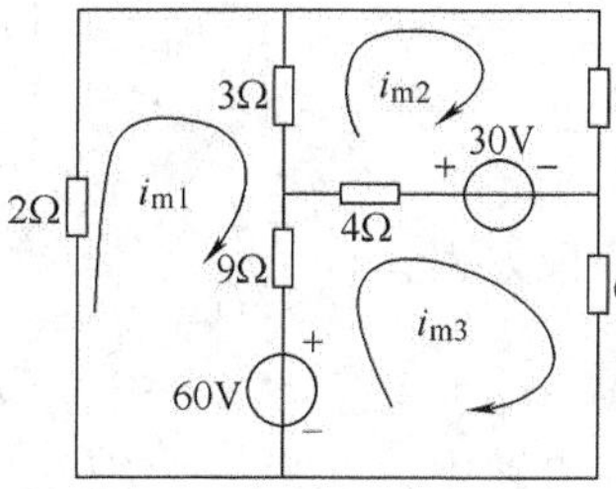

例 4-2 电路如图 4-4 所示，求出网孔电流。

解：设 3 个网孔回路电流的参考方向为顺时针，其大小分别为 i_{m1}、i_{m2} 和 i_{m3}，则 3 个网孔的 KVL 方程如下所示：

$$\begin{cases} (2+3+9)i_{m1} - 3i_{m2} - 9i_{m3} = -60 \\ -3i_{m1} + (2+3+4)i_{m2} - 4i_{m3} = 30 \\ -9i_{m1} - 4i_{m2} + (4+6+9)i_{m3} = 60-30 \end{cases}$$

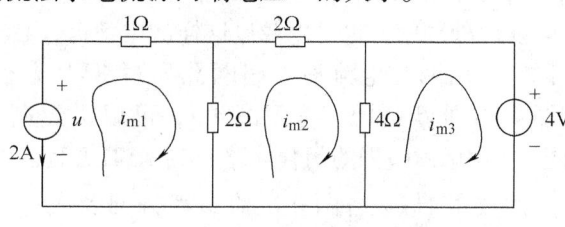

图 4-4　例 4-2 电路图

解之得 $i_{m1} = -8.8235\text{A}$，$i_{m2} = -2.3909\text{A}$，$i_{m3} = -6.2619\text{A}$。

例 4-3 电路如图 4-5 所示，试用网孔电流法求电流源两端电压 u 的大小。

解：设 3 个网孔电流的大小分别为 i_{m1}、i_{m2} 和 i_{m3}，参考方向为顺时针方向，如图 4-5 所示，则 3 个网孔的 KVL 方程如下所示：

$$\begin{cases} i_{m1} = -2 \\ -2i_{m1} + (2+2+4)i_{m2} - 4i_{m3} = 0 \\ -4i_{m2} + 4i_{m3} = -4 \end{cases}$$

又有

$$u = i_{m1} + 2(i_{m1} - i_{m2})$$

联立得 $u = -2\text{V}$。

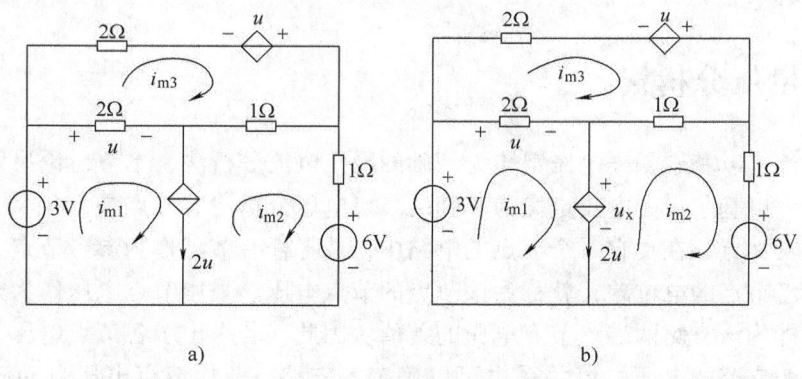

图 4-5　例 4-3 电路图

当独立电流源出现在网孔中时，如果其属于单一网孔，可以直接假设该网孔电流即为电流源电流，减少未知变量。在对网孔列 KVL 方程时，要确定网孔回路所经过的每一个元件两端的电压，与电压源并联的电阻两端的电压是确定的，因此在列写 KVL 方程时，可以直接把其开路，不影响计算结果。读者可以针对图 4-5 进行练习。

例 4-4 电路如图 4-6a 所示，试用网孔分析法求电压 u。

图 4-6　例 4-4 电路图

解法 1：设 3 个网孔电流的参考方向为顺时针，其大小分别为 i_{m1}、i_{m2} 和 i_{m3}，把受控电流源看做独立电流源，并假设受控电流源两端电压为 u_x，如图 4-6b 所示，则 3 个网孔的

KVL 方程如下所示：

$$\begin{cases} 2i_{m1} - 2i_{m3} = 3 - u_x \\ (1+1)i_{m1} - i_{m3} = -6 + u_x \\ -2i_{m1} - i_{m3} + (2+1+2)i_{m3} = u \end{cases}$$

增加约束方程：$\begin{cases} u = 2(i_{m1} - i_{m3}) \\ 2u = i_{m1} - i_{m2} \end{cases}$

联立得：$i_{m1} = 2A$，$i_{m2} = -2A$，$i_{m3} = 1A$，$u = 2V$。

在电路中，如果一个独立电流源或受控电流源属于网孔共有时，在列 KVL 方程时，必须假设出其两端电压，这样增加了未知变量，于是要增加约束方程，即用网孔电流表示电流源电流。对于受控电压源，控制量也是未知变量，增加的约束方程是用网孔电流表示受控电压源电压。

实际处理中，也可以绕过这样的电流源，创建超网孔，用网孔电流沿着超网孔列写 KVL 方程。把图 4-6b 重新画图，得到图 4-7，可以沿超网孔（图 4-7 中虚线包围的闭合回路）列 KVL 方程。

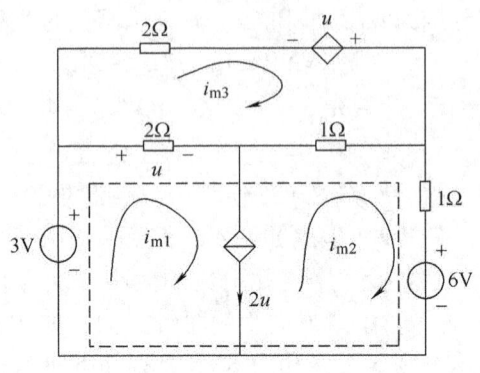

图 4-7　例 4-3 超网孔解题示意图

解法 2：假设各网孔电流参考方向及大小 i_{m1}、i_{m2} 和 i_{m3}，如图 4-7 所示，建立超网孔，如图中虚线包围部分。对网孔列 KVL 方程如下：

$2i_{m1} + (1+1)i_{m2} - (2+1)i_{m3} = -6 + 3$　　　；对超网孔回路列 KVL 方程

$-2i_{m1} - i_{m2} + (2+2+1)i_{m3} = u$　　　；对网孔 3 列 KVL 方程

$i_{m1} - i_{m2} = 2u$　　　；增加约束方程

$2(i_{m1} - i_{m3}) = u$　　　；用网孔电流表示控制量

联立求解得：$i_{m1} = 2A$，$i_{m2} = -2A$，$i_{m3} = 1A$，$u = 2V$。

与解法 1 相比，解法 2 不需要假设出电流源两端电压也可以求出各网孔电流，减少了未知变量，求解起来会更加方便。

4.3　节点电压分析法

上一节讨论了以基尔霍夫电压定律为基础的网孔电流分析法，本节讨论另外一种电路的系统分析方法：以基尔霍夫电流定律为基础的节点电压分析法。节点是指 3 个或 3 条支路以上的连接点或交叉点。在具有 n 个节点的电路中，选择任一节点作为参考节点，那么从非参考节点指向参考节点的电位差，就称为该节点的节点电压。采用节点电压作为电路待求变量后，支路电压即为该支路两端点节点电压的差值。因此，若求出了各节点电压，各支路电压也是确定的，由支路的电压电流关系也可以确定各支路电流。节点电压自动满足 KVL，因此只需要对 $(n-1)$ 个节点列 KCL 方程即可。节点电压分析法即是以节点电压为未知变量，以基尔霍夫电流定律为基础建立 KCL 方程的电路分析方法。

节点电压分析法的步骤如下：

1）选择合适参考节点；
2）标出各未知节点处的节点电压名称；
3）各支路电流利用欧姆定律或KVL用节点电压来表示，然后对参考节点外的（$n-1$）个节点列KCL方程；
4）对步骤3）进行整理得到标准的节点电压方程；
5）解方程，求解出节点电压，并由节点电压求出各支路电流或其他待求量。

下面结合图4-8来阐述电路分析中采用节点电压法的过程。首先选择参考节点。

这里需要注意，参考节点的选取理论上是任意的，但实际操作过程中，一般选择连接支路较多的节点作为参考节点，在遇到无伴电压源时，常选用其一个端点作为参考节点。其次，标出其余节点的节点电压 u_1、u_2。最后，利用欧姆定律或KVL把各个支路电流用节点电压 u_1、u_2 来表示，如下所示：

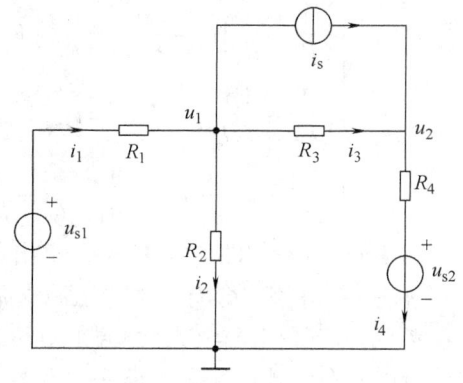

图4-8 节点电压法示例图

$$i_1 = \frac{u_{s1} - u_1}{R_1}, \quad i_2 = \frac{u_1}{R_2}, \quad i_3 = \frac{u_1 - u_2}{R_3}, \quad i_4 = \frac{u_2 - u_{s2}}{R_1}$$

把这些项代入两个节点的KCL方程得

$$\begin{cases} i_1 - i_2 - i_s - i_3 = \dfrac{u_{s1} - u_1}{R_1} - \dfrac{u_1}{R_2} - i_s - \dfrac{u_1 - u_2}{R_3} = 0 \\ i_s + i_3 - i_4 = i_s + \dfrac{u_1 - u_2}{R_3} - \dfrac{u_2 - u_{s2}}{R_1} = 0 \end{cases}$$

整理得

$$\begin{cases} \left(\dfrac{1}{R_1} + \dfrac{1}{R_2} + \dfrac{1}{R_3}\right) u_1 - \dfrac{1}{R_3} u_2 = -i_s + \dfrac{u_{s1}}{R_1} \\ -\dfrac{u_1}{R_3} + \left(\dfrac{1}{R_3} + \dfrac{1}{R_4}\right) u_2 = \dfrac{u_{s2}}{R_4} + i_s \end{cases} \quad (4\text{-}4)$$

式（4-4）是节点电压法的标准方程形式，对其参数说明如下：

$\dfrac{1}{R_1} + \dfrac{1}{R_2} + \dfrac{1}{R_3}$ 是与节点 u_1 相连支路电阻的倒数和，称自电导，其值为正；

$\dfrac{1}{R_3} + \dfrac{1}{R_4}$ 是与节点 u_2 相连支路电阻的倒数和，也称为自电导，其值为正；

$-\dfrac{1}{R_3}$ 是两节点之间共用电阻的倒数，称为互电导，其值为负，如果两个节点之间没有电阻，则其互导为0；

$-i_s + \dfrac{u_{s1}}{R_1}$ 和 $\dfrac{u_{s2}}{R_4} + i_s$ 是电流源流入节点电流的代数和，规定流入为正，流出为负，如果电源是电压源与电阻的串联的戴维南支路，在列写KCL方程时，把其等效为诺顿支路即可（不需要在电路图中作等效变换）。

下面对节点法中一些特殊情况进行举例说明。

例4-5 如图4-9所示，列出节点电压方程。

解：电路中含有与电流源 i_s（或受控电流源）串联的电阻 R_2，节点电压分析法是以基尔霍夫电流定律为基础建立 KCL 方程的电路分析方法，R_2 所在支路电流唯一由电流源 i_s（或受控电流源）确定，与电阻 R_2 无关，所以其电导 $\dfrac{1}{R_2}$ 不应出现在节点方程中，则节点电压方程如下所示：

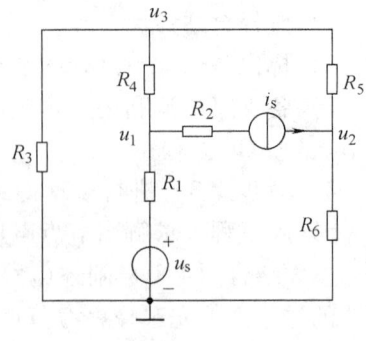

图 4-9 例 4-5 电路图

$$\begin{cases} \left(\dfrac{1}{R_1}+\dfrac{1}{R_4}\right)u_1 - \dfrac{1}{R_4}u_3 = \dfrac{u_s}{R_1} - i_s \\ \left(\dfrac{1}{R_5}+\dfrac{1}{R_6}\right)u_2 - \dfrac{1}{R_5}u_3 = i_s \\ -\dfrac{1}{R_4}u_1 - \dfrac{1}{R_5}u_2 + \left(\dfrac{1}{R_3}+\dfrac{1}{R_4}+\dfrac{1}{R_5}\right)u_3 = 0 \end{cases}$$

例 4-6 电路如图 4-10 所示，求出节点电压 u_1、u_2、u_3。

解法 1：电路中含有无伴电压源支路和受控源，首先选择无伴电压源支路的一个端点作为参考点，把受控源当做独立源来对待，控制量用节点电压表示。本例有两条无伴电压源支路，所以需在无伴电压源支路——受控电压源 $10i_1$ 增设未知变量 i 为流过受控电压源的电流，对各节点列标准节点电压方程如下：

$$\begin{cases} u_1 = 50 \\ -\dfrac{1}{5}u_1 + \left(\dfrac{1}{5}+\dfrac{1}{50}\right)u_2 = -i \\ \dfrac{1}{100}u_3 = i + 4 \\ i_1 = \dfrac{u_2 - u_1}{5} \quad ;\text{用节点电压表示控制量}\\ 10i_1 = u_3 - u_2 \quad ;\text{增加约束方程} \end{cases}$$

解之得：$u_1 = 50\text{V}$，$u_2 = 60\text{V}$，$u_3 = 80\text{V}$，$i_1 = 2\text{A}$，$i = -3.2\text{A}$。

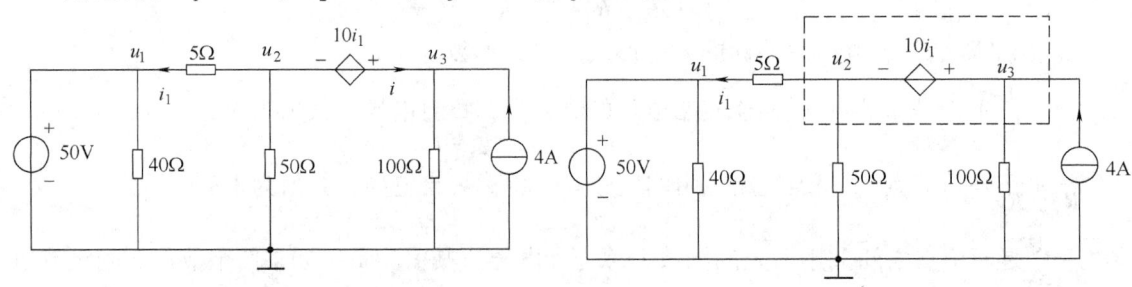

图 4-10 例 4-6 电路图 　　　　　图 4-11 例 4-6 超节点解法示例图

解法 2：把受控电压源看做独立源，作包含的无伴电压源的两个节点 2、3 的封闭面（一般称该封闭面为超节点），如图 4-11 所示。对超节点列 KCL 方程：

$$\dfrac{u_2 - u_1}{5} + \dfrac{u_2}{50} + \dfrac{u_3}{100} = 4$$

整理得

$$-\dfrac{1}{5}u_1 + \left(\dfrac{1}{5}+\dfrac{1}{50}\right)u_2 + \dfrac{1}{100}u_3 = 4$$

对节点1 $\quad u_1 = 50\text{V}$

增加约束方程： $\quad u_3 - u_2 = 10i_1$

用节点电压来表示控制量： $\quad i_1 = (u_2 - u_1)/5$

联立求解得： $\quad u_1 = 50\text{V}, u_2 = 60\text{V}, u_3 = 80\text{V}, i_1 = 2\text{A}$。

与解法1相比，解法2不需要假设出电压源上流过的电流，也可以求出节点电压，减少了未知变量，求解起来会更加方便。

习 题 4

4-1 如图4-12所示，用支路电流法求各支路电流。

4-2 如图4-13所示的电路中，$R_1 = R_2 = 10\Omega$, $R_3 = 4\Omega$, $R_4 = R_5 = 8\Omega$, $R_6 = 2\Omega$, $u_{s3} = 20\text{V}$, $u_{s6} = 40\text{V}$，用支路电流法求解电流 i_s。

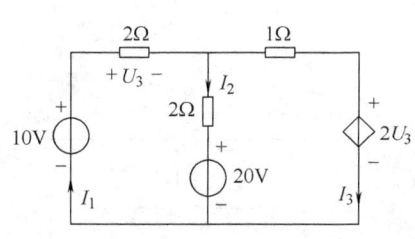
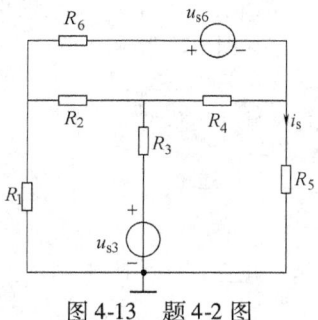

图4-12 题4-1图　　　　　　　　图4-13 题4-2图

4-3 用节点电压分析法求图4-14所示电路中电流 I_1 和 I_2。

4-4 用节点电压法求图4-15各独立源发出的功率。

4-5 电路如图4-16，试列写网孔方程，并求解电流 I 和 I_0。

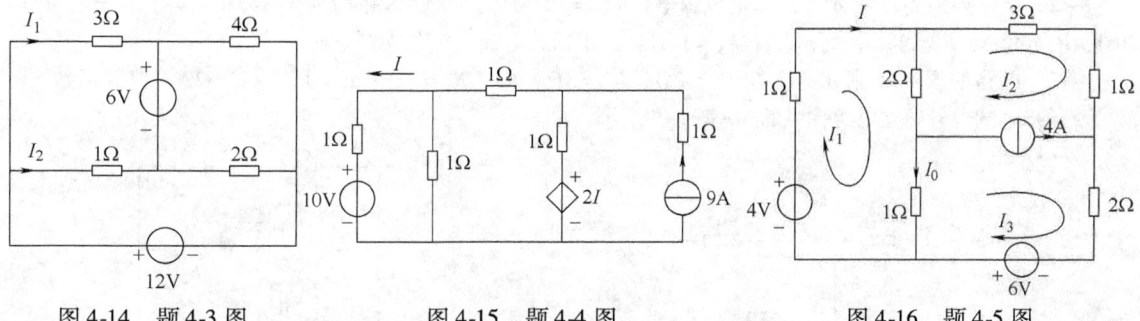

图4-14 题4-3图　　　　图4-15 题4-4图　　　　图4-16 题4-5图

4-6 用支路分析法求图4-17所示电路的各支路电流。

4-7 分别用网孔分析法和回路分析法求图4-18所示电路中的电流 I。

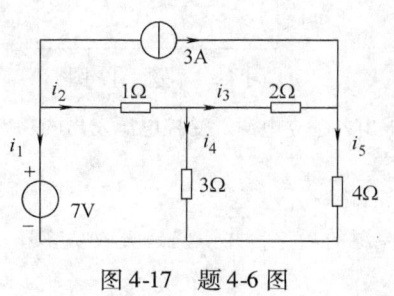
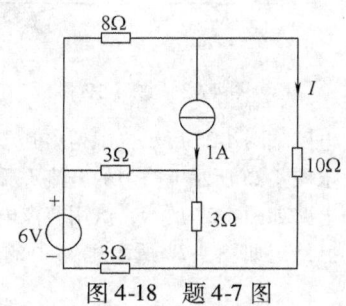

图4-17 题4-6图　　　　　　　　图4-18 题4-7图

4-8 用节点电压法求图 4-19 所示电路中的电流 I。

4-9 电路如图 4-20 所示，分别用节点法和回路电流法求支路电流 I_1。

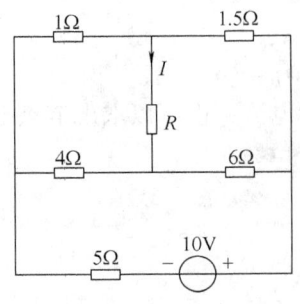

图 4-19 题 4-8 图

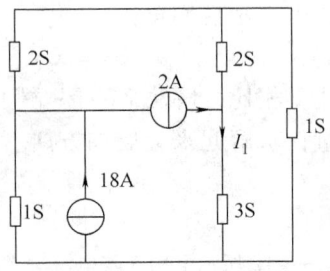

图 4-20 题 4-9 图

4-10 电路如图 4-21 所示，试用网孔法求解负载电流 I_L。

4-11 电路如图 4-22 所示。

1）用节点分析法求 U_{12}；

2）求受控源发出的功率。

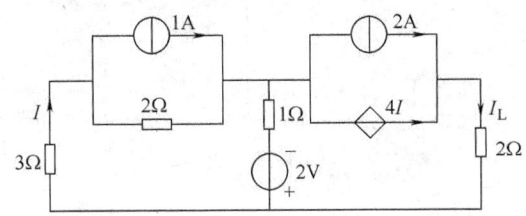

图 4-21 题 4-10 图

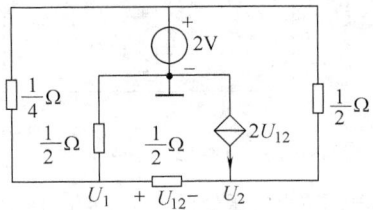

图 4-22 题 4-11 图

4-12 电路如图 4-23 所示，已知电压源电压 $U_{s1} = 12V$，$U_{s2} = 8V$，内阻 $R_{s1} = 4\Omega$，$R_{s2} = 4\Omega$；电阻 $R_1 = 20\Omega$，$R_2 = 40\Omega$，$R_3 = 28\Omega$，$R_4 = 8\Omega$，$R_5 = 16\Omega$。试用回路电流法求各支路电流。

4-13 电路如图 4-24 所示，已知 $R_1 = 2\Omega$，$R_2 = 3\Omega$，$R_3 = R_4 = 4\Omega$，$u_s = 15V$，$I_s = 2A$，控制系数 $r = 3\Omega$，$g = 4S$。试求各独立电源提供的功率。

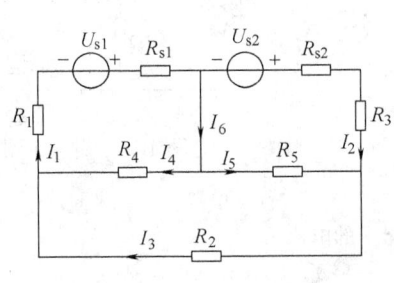

图 4-23 题 4-12 图

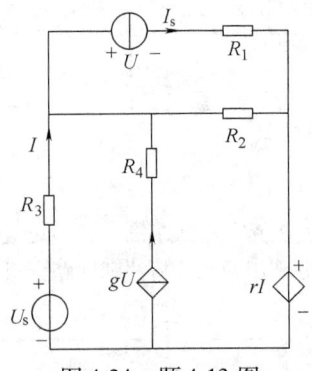

图 4-24 题 4-13 图

4-14 电路如图 4-25 所示，试列出其节点电位方程，并求出各独立电源、受控电源发出的功率。

4-15 求图 4-26 所示电路中的电流 I 及电流源提供的功率。

4-16 电路如图 4-27 所示，试用节点电压法求电压 U_3。

4-17 已给定如图 4-28 所示电路中的各参数，试求受控源的功率，并说明是吸收功率还是发出功率。

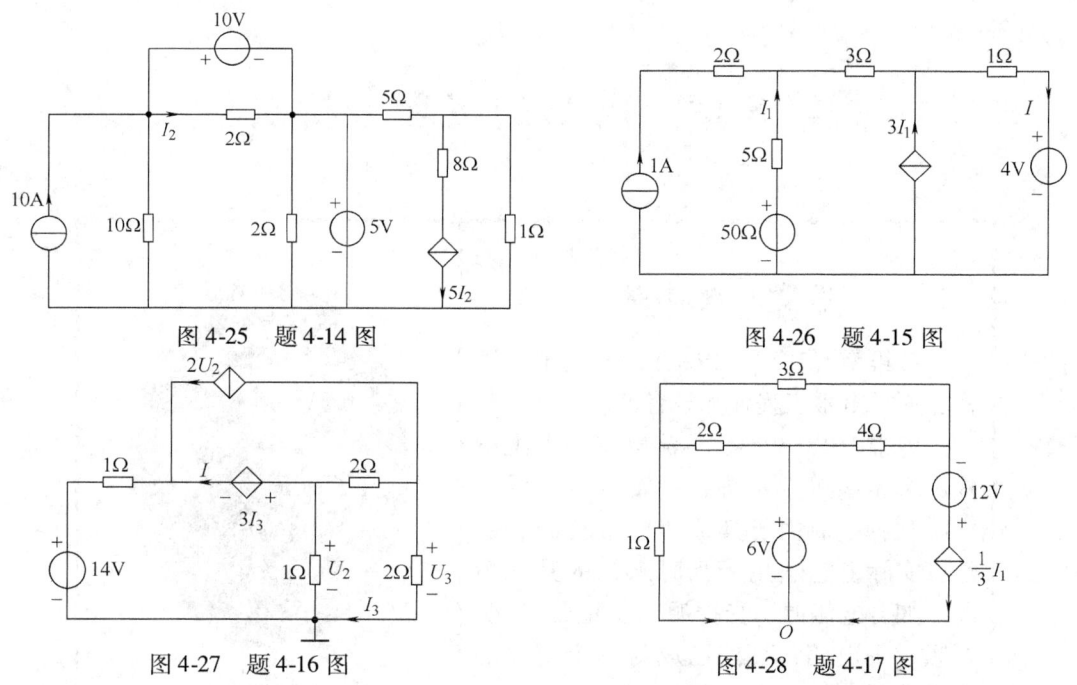

图 4-25　题 4-14 图　　　　　　　　图 4-26　题 4-15 图

图 4-27　题 4-16 图　　　　　　　　图 4-28　题 4-17 图

4-18　已给定如图 4-29 所示电路的各参数，试求 6A 电流源的功率，并说明是吸收功率还是发出功率？

4-19　如图 4-30 所示的直流电路，各参数如图中标注，试求受控源发出的功率 P。

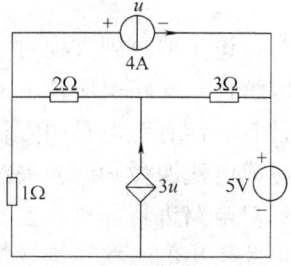

图 4-29　题 4-18 图　　　　　　　　图 4-30　题 4-19 图

4-20　求如图 4-31 所示电路中各独立电源提供的功率。

4-21　如图 4-32 所示的电路中，已知：$R_1 = 5\Omega$，$R_2 = 6\Omega$，$R_3 = R_4 = 6\Omega$，$r = 5\Omega$，$I_s = 2A$，$U_s = 4V$，求电压源和电流源的功率。

4-22　求如图 4-33 所示电路的节点电压 u_1 和 u_2。

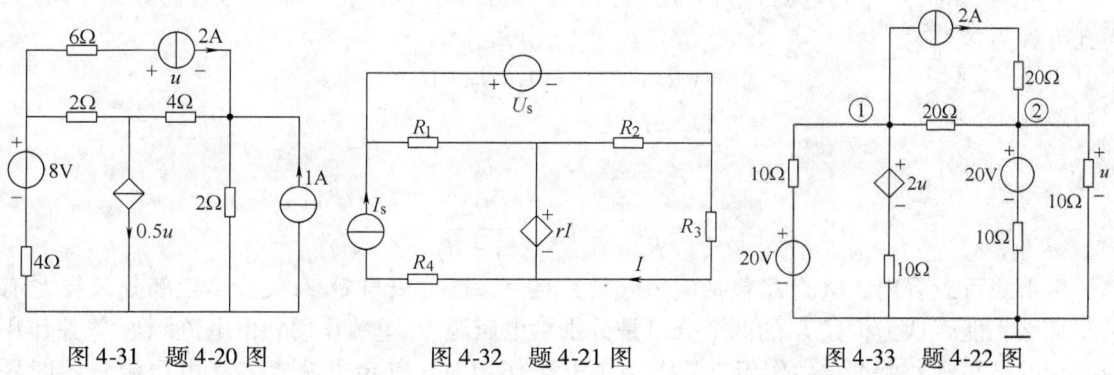

图 4-31　题 4-20 图　　　　图 4-32　题 4-21 图　　　　图 4-33　题 4-22 图

第 5 章 电路的定理分析法

历史人物小传

戴维南（1857~1926），出生于法国密克斯，电报工程师和教育家。

戴维南1883年在直流电源和电阻下提出戴维南等效定理，并发表在法国科学院刊物上。由于其证明所带有的普遍性，实际上它适用于当时未知的其他情况，如含电流源、受控源以及正弦交流、复频域等电路，目前已成为一个重要的电路定理。

戴维南

第4章讨论了通过列方程对电路进行系统化分析的方法，这虽然能够准确地对电路进行分析，并求解任一支路电压及电流。但在实际中，很多情况下并不需要求解所有支路电压或电流，而且有时候有些电路用方程分析法是非常困难的，需要其他的分析方法。所有电路都是由电压源或电流源激励的，关注电源及由此推导出的叠加、戴维南定理，再结合前面章节的相关知识对电路进行分析，会使电路分析起来更容易。本章讨论的定理都是基于线性电阻网络，但由此得出的一些结论及规则对线性时不变动态电路及正弦稳态电路都是适用的。

5.1 叠加定理

叠加性是线性网络最基本的性质，为了便于理解，下面先来看一个简单的例子。如图5-1a所示电路，通过 R_1 的电流 I_1 可以用网孔分析法求出。设网孔电流参考方向如图中所示，网孔方程为

$$\begin{cases}(R_1+R_2)I_1+R_2I_2=U_s \\ I_2=I_s\end{cases}$$

解得

$$I_1=\frac{1}{R_1+R_2}U_s-\frac{R_2}{R_1+R_2}I_s$$

由上式可以看出，电流 I_1 包括两个分量，且第一部分只与 U_s 有关，第二部分只与 I_s 有关。那么，能否认为构成 I_1 的两个分量是分别由电压源 U_s 单独作用和由电流源 I_s 单独作用时产生的结果呢？所谓单独作用，是指一个电源作用时，其余电源置零（电压源置零时用

短路线替代，电流源置零用开路表示）。

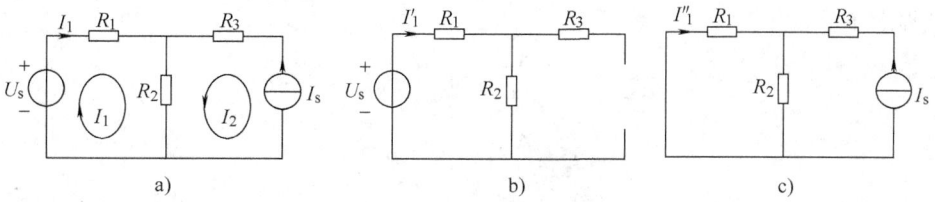

图 5-1 叠加定理说明

为了回答这个问题，将原电路分解成为两个电路，分别如图 5-1b、c 所示。在图 5-1b 的电路中，电流源 $I_s=0$，电压源 U_s 单独作用于电路；在图 5-1c 的电路中，电压源 $U_s=0$，电流源 I_s 单独作用于电路。容易求出：

图 5-1b 中电压源单独作用产生的电流分量为

$$I'_1 = \frac{1}{R_1+R_2}U_s$$

图 5-1c 中电流源单独作用产生的电流分量为

$$I''_1 = -\frac{R_2}{R_1+R_2}I_s$$

两式相加，得

$$I'_1 + I''_1 = \frac{1}{R_1+R_2}U_s - \frac{R_2}{R_1+R_2}I_s$$

不难看出，$I_1 = I'_1 + I''_1$ 即通过 R_1 的电流 I_1 等于电压源 U_s 和电流源 I_s 分别作用时，在 R_1 中所产生的电流的叠加。

5.1.1 叠加定理及其证明

将上面的结论推广到一般线性网络，就得到一个极为重要的定理——叠加定理：对于任一线性网络，所有独立电源共同作用引起的任一响应（支路电流或支路电压或它们的线性组合），等于这些独立电源分别作用时，所引起的响应的代数和。

图 5-2 所示为一线性电阻网络，为了讨论方便又不失一般性，假定电路只含有两个独立的电源，且一个为电压源，一个为电流源，图中已经把含独立电源的两条支路与电路的其他

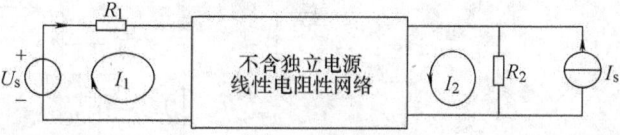

图 5-2 叠加定理证明

部分分离开了。设电路有 l 个回路，并且在选择回路时，有意使含独立电源的两条支路分别只属于一个回路，于是电路的回路方程为

$$R_{11}I_1 + R_{12}I_2 + \cdots + R_{1l}I_l = U_s$$
$$R_{21}I_1 + R_{22}I_2 + \cdots + R_{2l}I_l = R_2I_s$$
$$R_{31}I_1 + R_{32}I_2 + \cdots + R_{3l}I_l = 0$$
$$\vdots$$
$$R_{l1}I_1 + R_{l2}I_2 + \cdots + R_{ll}I_l = 0$$

显然，除回路 1 和回路 2 的方程外，其余的回路方程的右端均为零。根据解线性方程的克莱姆法则，有

$$I_1 = \frac{\Delta_{11}}{\Delta}U_s + \frac{\Delta_{21}}{\Delta}R_2 I_s$$

$$I_2 = \frac{\Delta_{12}}{\Delta}U_s + \frac{\Delta_{22}}{\Delta}R_2 I_s$$

$$\vdots$$

$$I_l = \frac{\Delta_{1l}}{\Delta}U_s + \frac{\Delta_{2l}}{\Delta}R_2 I_s$$

式中，Δ 为回路方程的系数行列式，Δ_{ij} 为此行列式的 i 行 j 列的余子式，任意回路电流 I_k 可表示为

$$I_k = \frac{\Delta_{1k}}{\Delta}U_s + \frac{\Delta_{2k}}{\Delta}R_2 I_s$$

式中，系数 $\frac{\Delta_{1k}}{\Delta}$，$\frac{\Delta_{2k}}{\Delta}$ 只与电路结构和元件参数有关，是不依赖 U_s 和 I_s 的常量，分别记为 A 和 B，于是上式可表示为

$$I_k = AU_s + BI_s \tag{5-1}$$

对于含有多个独立电压源和独立电流源的线性电阻性网络，任一支路电流总可以写成

$$I_k = A_1 U_{s1} + A_2 U_{s2} + \cdots + B_1 I_{s1} + B_2 I_{s2} + \cdots$$

$$= \sum_{i=1}^{n} A_i U_{si} + \sum_{j=1}^{m} B_j I_{sj} \tag{5-2}$$

式（5-2）就是叠加定理的数学表达式。因任一支路电流等于流经该支路的电流回路的代数和，所以支路电流、支路电压也一定满足叠加性。

5.1.2 应用举例

例 5-1 电路如图 5-3a 所示，试用叠加定理求电流 I，并求 2Ω 电阻消耗的功率。

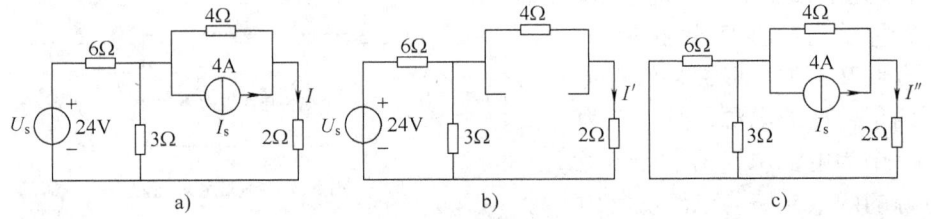

图 5-3 例 5-1 图

解：先计算电压源 U_s 单独作用时在 2Ω 电阻上产生的电流分量 I'，这时令电流源 I_s 为零，即用开路代替，如图 5-3b 所示，支路电流 I' 应为

$$I' = \frac{24}{6 + \frac{3 \times 6}{3 + 6}} \times \frac{3}{3 + 6} = 3 \times \frac{1}{3} = 1\text{A}$$

其次考虑电流源 I_s 单独作用的情况，令 $U_s = 0$，即为短路代替，如图 5-3c 所示，此时支路电压 I'' 应为

$$I'' = \frac{4 \times 4}{2 + 4 + \frac{6 \times 3}{6 + 3}} = \frac{16}{8} = 2\text{A}$$

$$I = I' + I'' = 1 + 2 = 3\text{A}$$

电阻消耗的功率为

$$P = I^2 R = 3^2 \times 2 = 18\text{W}$$

很明显

$$P \neq I'^2 R + I''^2 R$$

应用叠加定理时需注意下面几点：

1) 叠加定理适用于具有唯一解的线性网络，一般来说，叠加定理不适用于非线性网络。

2) 应用叠加定理时，需保持除独立电源以外的电路参数及连接方式不变。在计算某个独立电源单独作用的响应时，其他独立电源均置零值，即独立电压源用短路代替，独立电流源用开路代替，但用以模拟实际电源性质的内阻必须保留。

3) 总的响应是各个响应分量的代数和，因此必须注意电压和电流的参数方向，求代数和时注意电压或电流分量的正负。凡响应分量与总响应的参考方向一致者，取正号，反之，取负号。

4) 叠加定理只能用于计算电压或电流。功率一般不满足叠加性。因为功率与电压或电流之间不是线性关系，所以电路中所有独立电源同时作用时对某元件提供的功率，并不等于每个电源单独作用时对该元件提供的功率的叠加。例 4-1 说明，在计算功率时，可先用叠加定理求出总电流或总电压，然后由总电流或总电压来计算功率。

例 5-2 在图 5-4 所示电路中，线性无源网络的内部结构未知。当 $I_s = 2\text{A}$，$U_s = 18\text{V}$ 时，$I = 0$；当 $I_s = -1\text{A}$，$U_s = -15\text{V}$ 时，$I = -0.6\text{A}$，求当 $I_s = 1\text{A}$，$U_s = 1\text{V}$ 时，$I = ?$

解：这是应用叠加定理研究一个线性网络激励与响应关系的实验测试方法。根据叠加定理的数学表达式 (5-1)，可令

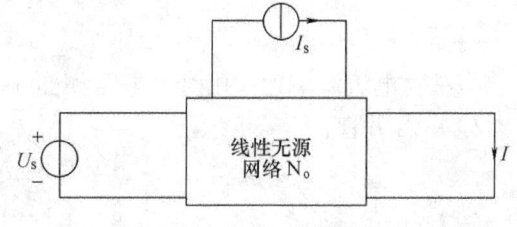

图 5-4 例 5-2 图

$$I = K_1 U_s + K_2 I_s$$

式中，系数 K_1 与 K_2 都是常数，将实验测试的数据带入上式，得

$$\begin{cases} 0 = K_1 \times 18 + K_2 \times 2 \\ -0.6 = K_1 \times (-15) + K_2 \times (-1) \end{cases}$$

解方程组可得

$$K_1 = 0.1, \quad K_2 = -0.9$$

于是

$$I = 0.1 U_s - 0.9 I_s$$

按题要求，当 $I_s = 1\text{A}$，$U_s = 1\text{V}$ 时，则

$$I = 0.1 \times 1 - 0.9 \times 1 = 0.8\text{A}$$

5.1.3 应用叠加定理分析含受控源的电路

第2章曾指出，独立电源与受控源在本质上是有区别的，前者代表电路的输入，体现外界对电路的"激励"作用，其电压或电流是规定的时间函数；后者是用来表征在电子器件中所发生的物理现象的一个模型，仅反映电路中支路间电压或电流的控制关系，正如电阻元件是表征导体对电流呈现阻力的模型一样。因此，在应用叠加定理分析含受控源的电路时，通常不能像独立源那样令受控源单独作用于电路，而应把受控源作为电阻等元件一样对待。当某一独立电源单独作用，其他独立电源置零时，受控源必须保留在电路中，除非它的受控量为零。

例 5-3 电路如图 5-5a 所示，试用叠加定理求 U_0 和 I_0。

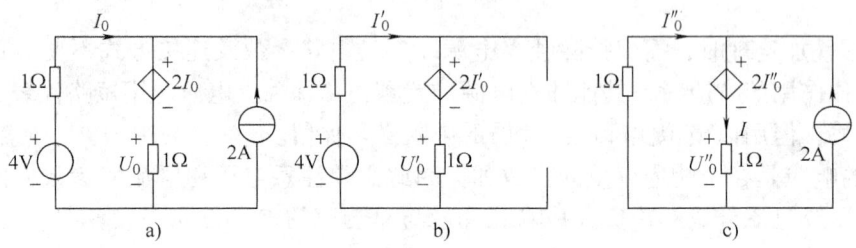

图 5-5 例 5-3 图

解： 当独立电压源单独作用时，电路如图 5-5b 所示，需要注意控制量也要用分量 I_0' 表示。

$$I_0' = \frac{4 - 2I_0'}{1 + 1}, \quad I_0' = 1\text{A}$$

$$U_0' = 1 \times I_0' = 1\text{V}$$

当独立电流源单独作用时，电路如图 5-5c 所示，控制量也要用分量 I_0'' 表示。

列 KCL 方程：
$$I = 2 + I_0''$$

列 KVL 方程：
$$1 \times I_0'' + 2I_0'' + 1 \times I = 0$$

$$4I_0'' + 2 = 0, \quad I_0'' = -0.5\text{A}$$

$$U_0'' = 1 \times I = 1.5\text{V}$$

所以
$$I_0 = I_0' + I_0'' = 0.5\text{A}$$
$$U_0 = U_0' + U_0'' = 2.5\text{V}$$

5.2 替代定理

根据电路的等效性，当某一支路电流确知为零值时，可以将其断开，即用开路替代这条支路，相当于一个电流恒为零的电流源；而当某一支路的电压等于零时，可以用理想导线替代这条支路，相当于一个电压恒为零的电压源。这种替代不会改变电路其他部分的工作状态。

一般来说，在任一具有唯一解的网络中，若其中第 k 条支路的电流为 I_k，电压为 U_k，那么用一个电流等于 I_k 的独立电流源（方向与原支路电流参考方向相同），或者用一个电压等于 U_k 的独立电压源（极性与原支路电压极性相同）替代该支路，若替代后网络仍有唯一解，则替代后网络中全部支路电压和电流均与原网络相同。这一陈述，称为电路的替代定理。

图 5-6a 所示为具有唯一解的网络，图中已把支路 k 分离出来，设流过该支路的电流为 I_k，两端的电压为 U_k，现在支路 k 中串入两个电压都等于 U_k，而方向相反的电压源，如图 5-11b 所示，显然，这不会改变原电路各部分的电压和电流。在图 5-6b 中，

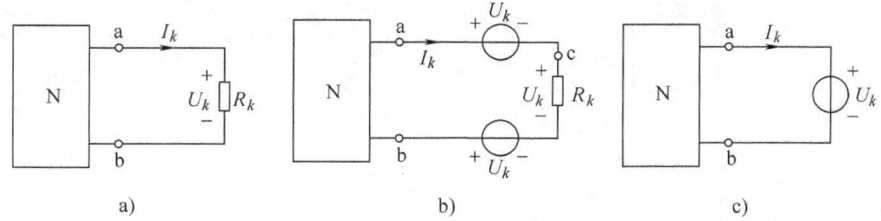

图 5-6　替代定理的证明（一）

$$U_{cb} = R_k I_k - U_k$$
$$\because U_k = R_k I_k$$
$$\therefore U_{cb} = R_k I_k - U_k = 0$$

可见，将端口 c、b 短接起来，不会影响其他部分的工作状态，于是得到图 5-11c 所示的用电压源 U_k 来代替的电路。替代定理的证明（二）如图 5-7 所示。

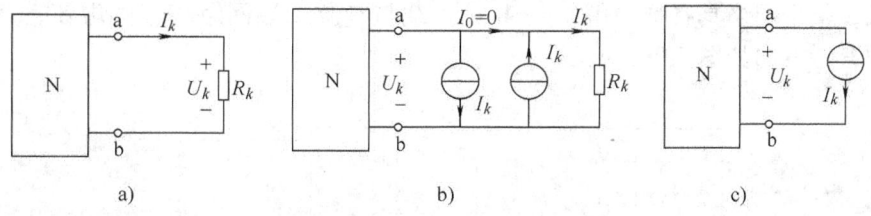

图 5-7　替代定理的证明（二）

替代定理对线性网络或非线性网络都是成立的，网络中的非线性元件，也可以用电压为其端电压的独立电压源或电流为其通过的电流的独立电流源来替代。

5.3　戴维南定理

在网络分析中，有时只需研究一个复杂网络的某一部分电路，或个别支路的电流或电压。在这种情况下，虽然可以用前面学过的网络分析的一般方法列出一组方程并求解，但用这种方法来求解往往计算较繁琐。那么如何使这类问题的求解较为简单呢？对于图 5-8a 所示电路，若感兴趣的仅仅是 R_k 上的电压 U 和电流 I（已将支路 R_k 从网络中分离出来），要进行求解的那部分电路统称为负载电路，a-b 端钮左边的电路没有待求量，这部分电路统称为有源二端网络。根据前面已学过的知识，如果能保持 a-b 端口电压、电流关系不变，那么不论对有源二端网络进行怎样地变换，对负载来说都是等效的。这样引出了一个非常有用的定理——戴维南定理。

5.3.1　戴维南定理及其证明

戴维南定理指出，任何一个线性有源二端网络 N，如图 5-8a 所示，就其对负载电路的

作用而言，总可以用一个电压源和一个线性电阻串联的支路来代替，如图5-8b所示。电压源的电压等于负载电路开路时有源二端网络 N 的端口电压 U_{oc}，如图4-8c所示；电阻 R_0 等于将 N 中所有独立电源置零后端口的入端电阻，如图5-8d所示。

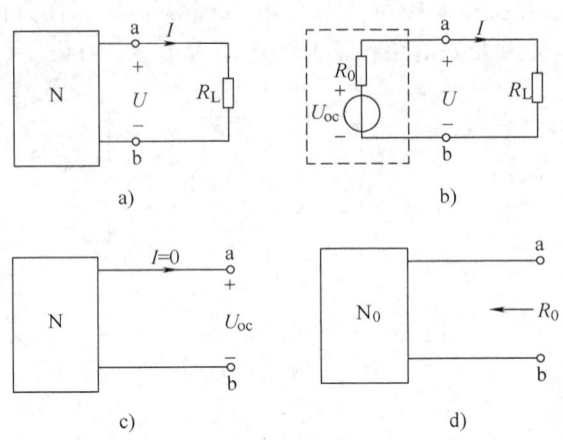

图 5-8 戴维南定理

定理证明 设图5-9a所示的为给定的任意网络，左边的 N 表示一个有源二端网络，右边的是负载，整个网络具有唯一解，a、b 是负载与有源二端网络相连的端钮，负载的电流及端电压的参考方向如图5-9所示。

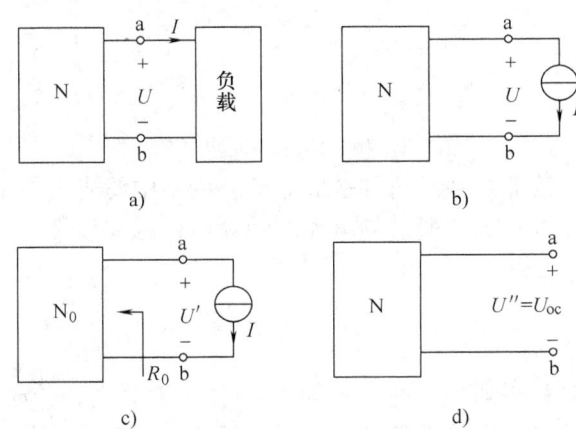

图 5-9 戴维南定理的证明

根据替代定理，用电流为 I 的电流源替代负载，则替代后整个网络的工作状态不变，如图 5-9b 所示。于是应用叠加定理，a-b 端钮间电压 U 可看成是两个分量的叠加，即

$$U = U' + U''$$

式中，U' 为外部电流源 I 单独作用引起的电压（此时有源二端网络 N 内所有独立电源置零），如图5-9c 所示；U'' 为有源二端网络 N 内部所有独立电源作用引起的电压（外部电流源此时置零），如图5-9d 所示。

对于图5-9c 所示电流源单独作用的电路，令端口 a-b 的入端电阻为 R_0，则在图示参考

方向下，有

$$U' = -IR_0$$

对于图 5-9d 所示有源二端网络 N 内部所有独立电源作用的电路，由于 a-b 端呈开路状态，其开路电压用 U_{oc} 表示，有 $U'' = U_{oc}$

所以

$$U = U_{oc} - IR_0 \qquad (5\text{-}3)$$

式（5-3）表征了有源二端网络端口的 $U-I$ 特性，由此方程可以构造出一个简单电路，使它的端口特性方程满足式（5-3），这个等效电路就是图 5-8b 中虚线框内的独立电压源 U_{oc} 与电阻 R_0 的串联电路。将负载电路代回，成为图 5-10 所示电路。至此戴维南定理得到了证明。

图 5-10　替代电路

定理的叙述及证明都应用了等效变换的概念，应当明确：①等效是对网络的未变换的部分负载而言的；②变换是对网络不感兴趣部分的有源二端网络进行的；③等效电路参数为有源二端网络的端口开路电压 U_{oc} 和端口输入电阻 R_0。由于定理的证明应用了叠加定理，因此要求有源二端网络是线性的，但并不涉及负载电路的性质，所以戴维南定理对负载电路并无限制，它可以是线性的，也可以是非线性的；可以是一个元件，也可以是一个无源或有源的网络。

5.3.2　应用举例

下面用具体例题来说明戴维南定理在网络分析中的应用。

例 5-4　用戴维南定理求例 5-1 中的电流 I。电路如图 5-11 所示。

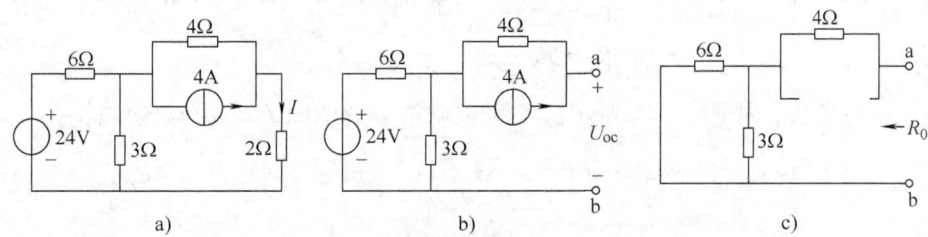

图 5-11　例 5-4 图

解：（1）断开待求 2Ω 电阻支路，求开路电压 U_{oc}，如图 5-11b 所示。容易求得

$$U_{oc} = 4 \times 4 + \frac{24}{6+3} \times 3 = 24\text{V}$$

（2）求对应无源网络的等效电阻 R_0，作出无源网络，如图 5-11c 所示。用串并联法求得

$$R_0 = \frac{6 \times 3}{6+3} + 4 = 6\Omega$$

（3）作出戴维南等效电路，并将 2Ω 电阻支路连接在等效电路上，如图 5-12 所示，求得

$$I = \frac{24\text{V}}{(6+2)\Omega} = 3\text{A}$$

例 5-5　电路如图 5-13a 所示，试用戴维南定理求 R_4 支路的电流 I。

解：断开 R_4 支路，用网孔法求开路电压 U_{oc}，如图 5-13b 所示，网孔方程为

$$\begin{cases} I_1(R_1+R_2) - I_2R_2 = U_s \\ I_2 = I_s \end{cases}$$

解得

$$I_1 = \frac{U_s + R_2 I_s}{R_1 + R_1} = 3.5\text{mA}$$

于是

$$U_{oc} = (I_1 - I_s)R_2 - R_3 I_s = -3\text{V}$$

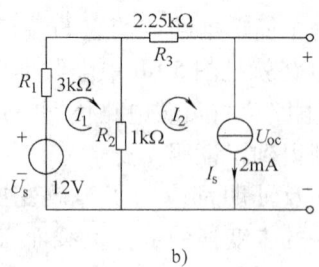

图 5-12 例 5-4 图

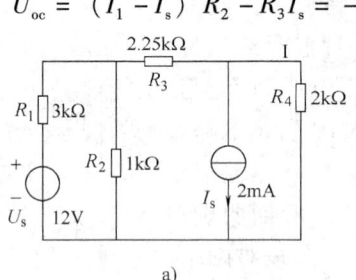

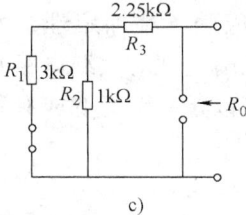

图 5-13 例 5-5 图

做出对应的无源网络，如图 5-13c 所示，用串并联方法求入等效电阻 R_0，有

$$R_0 = R_3 + \frac{R_2 R_1}{R_1 + R_1} = 3\text{k}\Omega$$

若用外加电源法，如图 5-14a 所示，亦可以求解等效电阻 R_0。由欧姆定律，

$$I = \frac{U}{\dfrac{R_1 R_2}{R_1 + R_2} + R_3} = \frac{U}{R_0}$$

图 5-14 例 5-5 图

$$R_0 = \frac{U}{I} = R_3 + \frac{R_2 R_1}{R_1 + R_1} = 3\text{k}\Omega$$

若用短路电流法，则需在图 5-14b 所示电路中，求出短路电流 I_{sc}，运用叠加定理，其计算过程如图 5-15 所示。需要注意的是，I_s 作用时，R_1、R_2、R_3 均被短路。

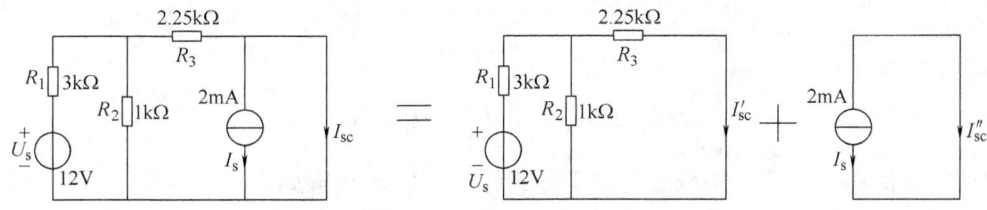

图 5-15 例 5-5 图

因为

$$I_{sc} = I'_{sc} + I''_{sc} = \frac{U_s}{R_1 + \frac{R_2 R_3}{R_2 + R_3}}\left(\frac{R_2}{R_2 + R_3}\right) - I_s = -1\text{mA}$$

所以

$$R_0 = \frac{U_{oc}}{I_{sc}} = \frac{-3\text{V}}{-1 \times 10^{-3}\text{A}} = 3\text{k}\Omega$$

不言而喻，运用这 3 种求等效电阻的方法，其计算结果是一样的，但应根据电路的特点选择较简单的方法进行计算。

最后，根据已求出的参数 U_{oc} 和 R_0 作出戴维南等效电路，并接上 R_4 支路，解出电流 I，如图 5-16 所示。

$$I = \frac{U_{oc}}{R_0 + R_1} = -0.6\text{mA}$$

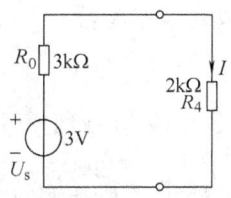

图 5-16 例 5-5 图

例 5-6 图 5-17a 所示电路中，U_s、I_s 均为恒定的独立电源，其数值未知，电阻 R 是可调的。已知：当 $R = 3\Omega$ 时，$I_R = 5\text{A}$。求 $R = 5\Omega$ 时，$I_R = ?$

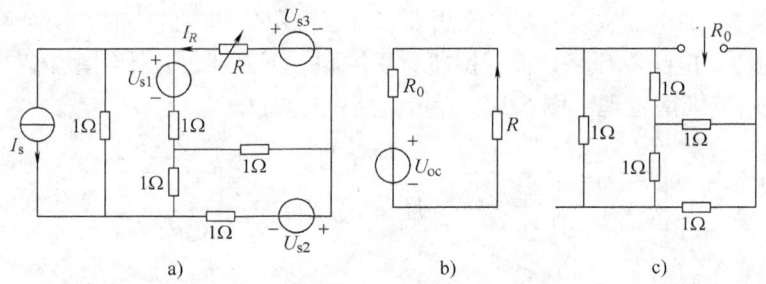

图 5-17 例 5-6 图

解：这是从另一个角度应用戴维南定理分析问题。前面两个例题是给定电路的结构和参数先求出戴维南等效电路的两个参数 U_{oc} 和 R_0，然后作出等效电路求解，属正面问题。本例电路中各电压源未知，无法直接求出 U_{oc}，可先假设 U_{oc}，设计出戴维南等效电路，然后，根据已知的实验数据，反过来确定 U_{oc}，属反面问题。

对于图 5-17a 所示的电路，从可调电阻 R 两端看进去的有源二端网络的戴维南等效电路如图 5-17b 所示，开路电压 U_{oc} 是设定的，等效电阻 R_0 则可以从对应的无源二端网络中求解，在图 5-17c 中几个 1Ω 电阻连接对于端口形成一个平衡电桥，所以

$$R_0 = 1\Omega$$

对于图 5-17b 所示的戴维南电路的各参数，代入已知的实验数据，有

$$U_{oc} = -I_R(R_0 + R) = -5\text{A} \times (1+3)\Omega = -20\text{V}$$

所以，当 $R = 5\Omega$ 时，

$$I_R = -\frac{-20\text{V}}{(1+5)\Omega} = 3.33\text{A}$$

归纳以上例题的计算，用戴维南定理分析计算电路的步骤如下：

（1）把待求支路以外的部分作为有源二端网络，求出开路电压 U_{oc}，求解 U_{oc} 的方法可用上章网络分析的一般方法或其他网络定理。

（2）将有源二端网络中的电压源用短路代替，电流源用开路代替，然后求出该无源二端网络的输入电阻 R_0，它的求解方法有以下3种：

1) 串、并联法：用电阻串、并联或星形与三角形等效变换加以简化，求出端口的等效电阻。这一方法仅适用于不含受控源的网络。

2) 外加电源法：在无源二端网络端口接一电压源 U（或电流源 I），应用一般的分析方法计算出端口输入电流 I（或端口电压 U），根据定义 $R_0 = U/I$ 算出入端电阻。

3) 短路电流法：用实验方法测出或用计算机方法求出该有源二端网络的开路电压 U_{oc} 和短路电流 I_{sc}，由图4-16所示的等效电路可见，$R_0 = U_{oc}/I_{sc}$。

4) 根据参数 U_{oc}、R_0，作出电压源 U_{oc} 与电阻 R_0 串联的戴维南等等效电路代替有源二端网络，然后求解电路。

5.3.3 应用戴维南定理分析含受控源的电路

当线性有源二端网络中含有受控源，并且控制量也在二端网络的内部时，仍然可以作出其戴维南等效电路。但应注意的是：在求开路电压 U_{oc} 时，若采用叠加定理，则仍需按5.1.3节所讲述的方法进行求解；在求等效电阻 R_0 时，一般来说不能用电阻的串、并联方法简化，而应采用更为一般的外加电源法或短路电流法求解。在应用外加电源法时，应令网络内部独立源为零（电压源短路，电流源开路）而保留所有受控源。下面通过具体例题予以说明。

例 5-7 试用戴维南定理求图5-18a所示电路中电流 I。

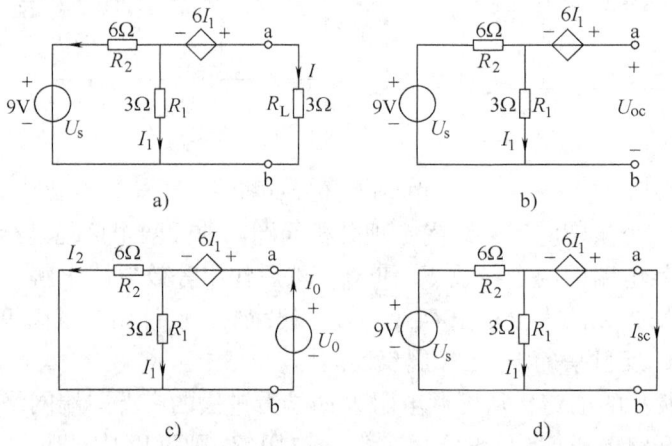

图 5-18 例 5-7 图

解：(1) 断开待求支路 R_L，保留端口，标明开路电压 U_{oc}，如图5-18b所示，由于a、b端开路，所以有

$$U_{oc} = 6I_1 + 3I_1 = 9I_1$$

因为
$$I_1 = \frac{9}{3+6} = 1\text{A}$$

故
$$U_{oc} = 9I_1 = 9\text{V}$$

(2) 求入端电阻 R_0

① 应用外加电源法，将原电路中的独立电压源短接，在 a-b 端加一电压 U_0，如图 5-17b 所示，由 KCL，得
$$I_0 = I_1 + I_2$$

根据并联电阻反比分流规律，有
$$I_2 = \frac{1}{2}I_1$$

所以
$$I_1 = \frac{2}{3}I_0 \text{ 或 } I_0 = \frac{3}{2}I_1$$

由 KVL，得
$$U_0 = 6I_1 + 3I_1 = 9I_1 = 9 \times \frac{2}{3}I_0 = 6I_0$$

故可求得
$$R_0 = \frac{U_0}{I_0} = 6\Omega$$

② 应用短路电流法，将原电路 a-b 端短接，如图 5-17c 所示。
由 KVL，得
$$3I_1 = -6I_1$$
$$I_1 = 0$$

解得
$$I_{sc} = \frac{9}{6} = 1.5\text{A}$$

故可求得
$$R_0 = \frac{U_{oc}}{I_{sc}} = \frac{9}{1.5} = 6\Omega$$

(3) 作出戴维南等效电路，并接入负载 R_L，如图 5-19 所示，求解电流 I。

$$I = \frac{9}{6+3} = 1\text{A}$$

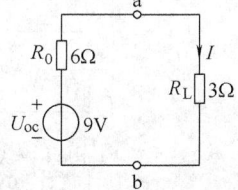

图 5-19 例 5-7 的等效图

以上示例限于受控源及控制量同在有源二端网络内部的情况。这样当断开待求支路时，受控电源和控制支路之间的约束关系没有改变。

5.4 诺顿定理

在第 2 章中已经讨论过由一个电压源和电阻串联的电路，可以与一个由电流源和电阻并

联的电路进行等效变换，因此可以推论，任何一个有源二端网络，对外部电路来说，也可以用诺顿等效电路来替代。于是可以这样叙述诺顿定理：

对于如图 5-20a 所示的任何一个线性有源二端网络 N，就其对外部电路作用效果来说，可以用一个电流源和线性电阻的并联电路来替代，如图 5-20b 所示，该电流源的电流等于二端网络 N 的端口短路电流 I_{sc}，如图 5-20c 所示，并联电阻 R_0 等于将网络 N 中所有独立源置零后网络的入端电阻，如图 5-20d 所示。

图 5-20 诺顿定理

用类似于戴维南定理的证明方法可以证明诺顿定理。这个证明留给读者去完成。

例 5-8 用诺顿定理求图 5-21 所示电路中的电流 I。

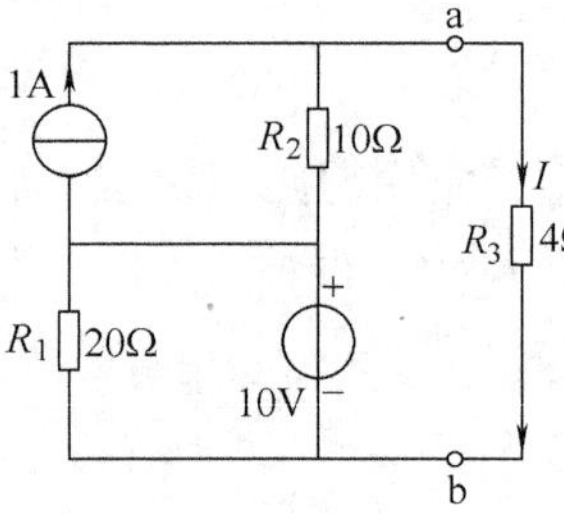

解： 将端口短路，用叠加定理求端口短路电流 I_{sc}，如图 5-22 所示。显然有

$$I_{sc} = I'_{sc} + I''_{sc} = \frac{10}{10} + 1 = 2\text{A}$$

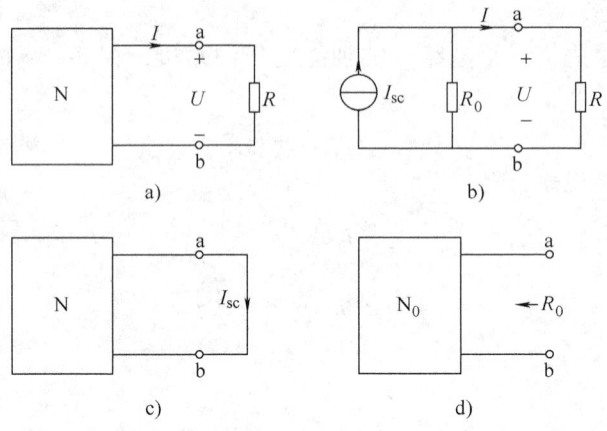

图 5-21 例 5-8 图

由图 5-22d，可得等效电阻 $R_0 = 10\Omega$

由上述所求参数作出诺顿等效电路，并将 R_3 支路连上，如图 5-23 所示，根据并联电阻反比分流规律，得

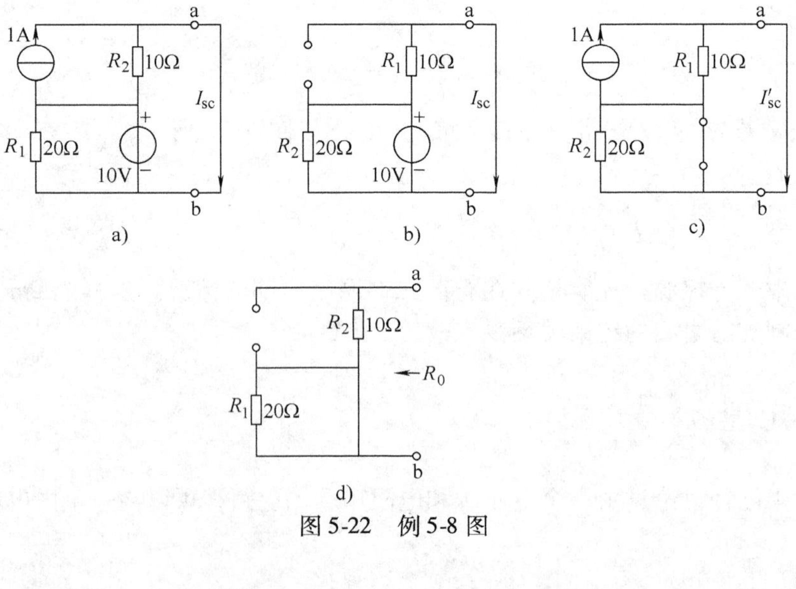

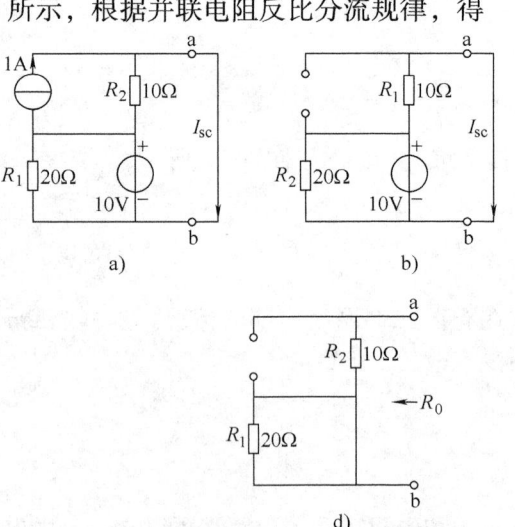

图 5-22 例 5-8 图

$$I = \frac{R_0}{R_0 + R_3} I_{sc} = \frac{10}{14} \times 2 = 1.43\text{A}$$

例 5-9 试求图 5-24a 所示电路关于端口 a-b 的诺顿等效电路。

解：将 a-b 端短路，如图 5-24b 所示，有

列 KCL 方程 $\quad 1 + I = 2I + I_{sc}$

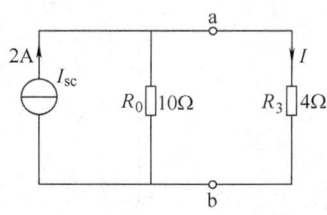

图 5-23 例 5-8 图

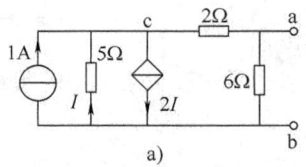

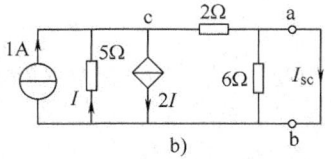

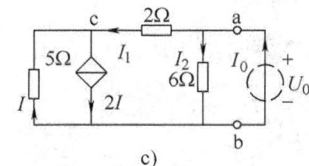

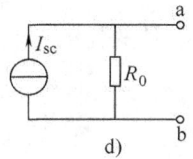

图 5-24 例 5-9 图

$$I_{sc} = 1 - I$$

列 KVL 方程 $\quad 5I + 2I_{sc} = 0$

$$I = -\frac{2}{3}\text{A}$$

$$I_{sc} = \frac{5}{3} = 1.67\text{A}$$

为了求等效电阻 R_0，将原电路中的电流源开路，在 a-b 端施加一电压 U_0，如图 5-24c 所示。

因 $\quad I_1 = I, \quad I_2 = \dfrac{U_0}{6}$

列 KCL 方程 $\quad I_0 = I_1 + I_2 = I + \dfrac{U_0}{6}$

$$I = I_0 - \frac{U_0}{6}$$

列 KVL 方程 $\quad U_0 + 5I - 2I = 0$

所以 $\quad R_0 = \dfrac{U_0}{I_0} = -6\Omega$

其诺顿等效电路如图 5-24d 所示。

应当注意的是，电流源电流 I_{sc} 的方向必须与短路电流的方向保持一致。如在图 5-24b 中端口短路电流 I_{sc} 是由 a 端流向 b 端，那么在图 5-24d 的诺顿等效电路中，电流源电流的参考方向必须保证，若将 a、b 短路，则 I_{sc} 仍应由 a 端流向 b 端。

例 5-10 图 5-25a 所示电路中，负载电阻 R_L 可调，当开关 S 置 1 时，电压表读数为 6V，开关 S 置 2 时，调节 R_L，使 $R_L = 2\Omega$，此时电压表读数为 1V。问 R_L 取何值可获得最大功率？并求此最大功率。

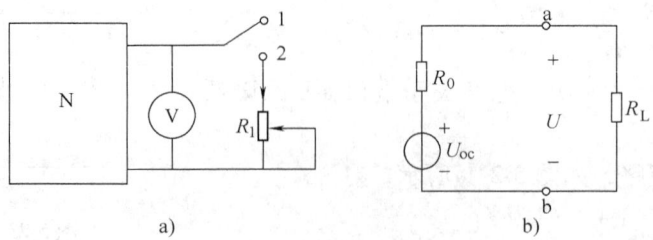

图 5-25 例 5-10 图

解：负载 R_L 吸收功率 $P = I^2 R_L$，为求电流 I 作出含源二端网络 N 的戴维南等效电路，如图 5-25b 所示，于是有

$$P = \left(\frac{U_{oc}}{R_0 + R_L}\right)^2 R_L$$

依题意，负载电阻 R_L 是变化的，将 P 对 R_L 求导，并令之为零，有

$$\frac{dP}{dR_L} = \frac{R_0 - R_L}{(R_0 + R_L)^2} U_{oc}^2 = 0$$

则

$$R_L = R_0 \tag{5-4}$$

式 (5-4) 表明当负载电阻等于含源二端网络的戴维南等效电路之等效电阻时，负载电阻可以获得最大功率 P_m，且有

$$P_m = \frac{U_{oc}^2}{4R_0} \tag{5-5}$$

式 (5-4)、(5-5) 给出了直流电路的最大功率定理，其实质是戴维南定理的应用。$R_L = R_0$ 称为匹配负载，在此条件下，它能获得最大功率。

在图 5-25a 电路中，由已知条件可求得 $U_{oc} = 6V$，在图 5-25b 的电路中，电压表读数可表示为

$$U = \frac{U_{oc}}{R_0 + R_L} R_L$$

代入数值，求得

$$R_0 = \frac{U_{oc} - U}{U} R_L = \frac{6-1}{1} \times 2 = 10\Omega$$

当 $R_L = R_0 = 10\Omega$ 时可获得最大功率，其值为

$$R_m = \frac{U_{oc}^2}{4R_0} = \frac{36}{40} = 0.9W$$

5.5 互易定理

为了便于理解，先用一个具体例题的分析加以说明，然后再作一般性讨论。在图 5-26a 所示电路中，左边 1-1′ 端接一个电流源，右边 2-2′ 端接一个理想电压表。

R_2 的端电压为

$$U_2 = R_2 \frac{R_1}{R_1 + R_2 + R_3} I_s = \frac{R_1 R_2 I_s}{R_1 + R_2 + R_3}$$

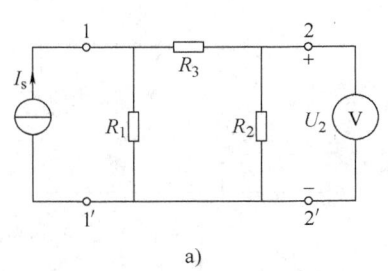
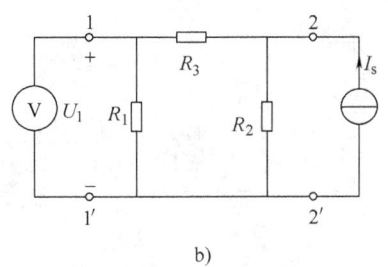

图 5-26 互易性示例之一

U_2 也就是电压表所测得的电压。如果将电流源移到 2 - 2′端，电压表接到 1 - 1′端，如图 5-37b 所示，则 R_1 两端的电压为

$$U_1 = R_1 \frac{R_2}{R_1 + R_2 + R_3} I_s = \frac{R_1 R_2 I_s}{R_1 + R_2 + R_3}$$

U_1 亦是电压表所测得的电压。

比较前后两种情况可知：

（1）两个电压表的读数是相等的，即 $U_1 = U_2$；

（2）两个电路的响应与激励的比值保持不变，有 $U_1/I_s = U_2/I_s$。

这是线性无源网络中互易性的一种表现形式。对于图 5-27a、b 所示的两个电路，电压源和电流表的位置互换后，电流表的读数也不变。这是线性无源网络中互易性的另一种表现形式。因此，互易定理可陈述如下：

在线性无源网络中，若只有一个独立电源作用，则在一定激励与响应的定义（电压源激励时，响应是电流；电流源激励时，响应是电压）下，两者的位置互易后，响应与激励的比值不变。

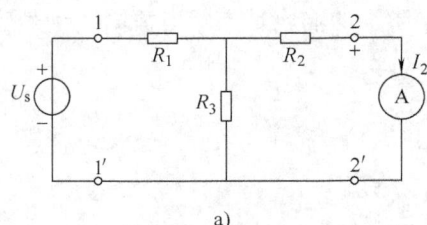
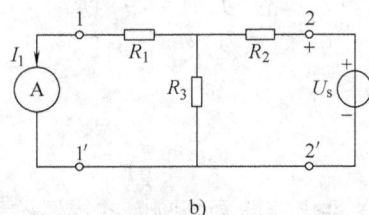

图 5-27 互易性示例之二

以上讨论了互易的两种情况，即一种是互易前后激励均为电压源，响应是支路电流的情况；另一种是互易前后激励均为电流源，响应是支路电压的情况。需要强调指出，如果网络中含有受控源，则一般情况下，互易定理不成立。另外，激励和响应的参考方向在端口要一致。图 5-26 所示电路中，互易前 1 - 1′端的电流源箭头指向 1 端，响应电压的极性在 2 端为正极性；位置互换后 2 - 2′端的电流源箭头指向 2 端，响应电压的极性在 1 端为正极性。在图 5-28 所示激励和响应的参考方向下，应有 $U_1 = -U_2$，而不是 $U_1 = U_2$。因此，为了避免出错，一定要注意激励和响应互换位置前后的参考方向。

例 5-11 图 5-29a 所示的为互易网络，已知 $U_s = 100\text{V}$，$U_2 = 20\text{V}$，$R_1 = 10\Omega$，$R_2 = 5\Omega$，

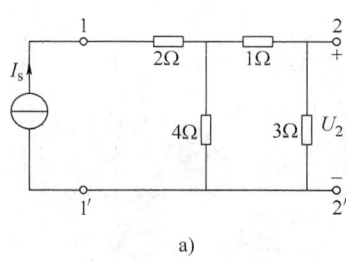
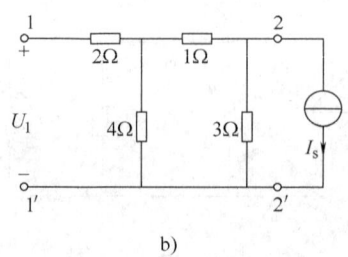

图 5-28 互易定理中变量的参考方向

现将电压源置零,并在 R_2 两端并联一电流源 $I_s = 5\text{A}$,成为图 5-29b 所示的电路,试求其中电流 I_1。

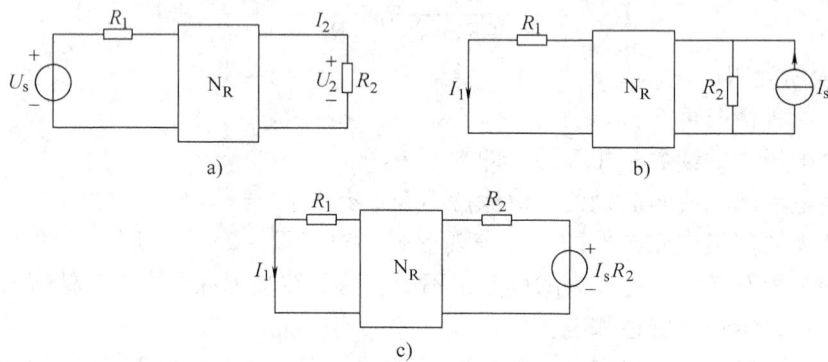

图 5-29 例 5-11 图

解:初看起来激励与响应不同于上述情况,但如果将图 5-29b 所示电路左边的诺顿支路变换为戴维南支路,如图 5-29c 所示,电压源 $I_s R_2$ 激励的响应是支路电流 I_1',于是应用互易定理,图 5-29a 所示电路中,有

$$I_2 = \frac{U_2}{R_2} = \frac{20}{5}\text{A}$$
$$= 4\text{A}$$

根据线性电路激励与响应的线性关系,有

$$\frac{U_s}{I_2} = \frac{I_s R_2}{I_1'}$$

则

$$I_1' = \frac{I_2 I_s R_2}{U_s} = \frac{4 \times 5 \times 5}{100}\text{A}$$
$$= 1\text{A}$$

习 题 5

5-1 用叠加定理求图 5-30 所示电路的 U。

5-2 用叠加定理求图 5-31 所示电路的 I。

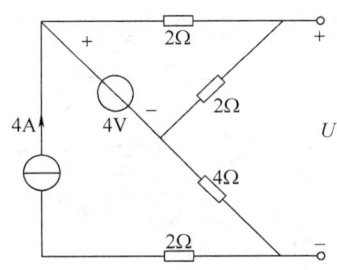

图 5-30　题 5-1 图

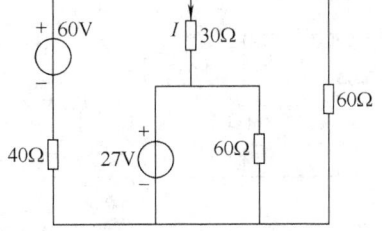

图 5-31　题 5-2 图

5-3　如图 5-32 所示，用叠加定理求电压 U_X。

5-4　在图 5-33 所示电路中，$R_1 = 1\Omega$，$R_2 = 2\Omega$，$R_3 = 3\Omega$，$U_s = 1V$，欲使 $I_0 = 0$，试用叠加定理求电流源 I_s 的值。

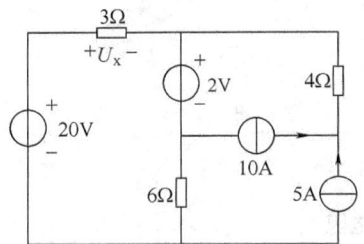

图 5-32　题 5-3 图

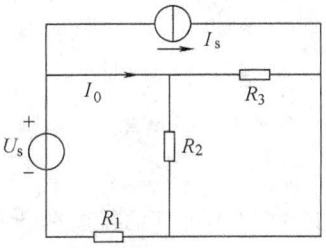

图 5-33　题 5-4 图

5-5　一线性网络如图 5-34 所示，已知当 $U_{s1} = 0$，$I_{s1} = 0$ 时，$U_3 = -10V$；当 $U_{s1} = 18V$，$I_{s1} = 2A$ 时，$U_3 = 0V$；当 $U_{s1} = 18V$，$I_{s1} = 0A$ 时，$U_3 = -6V$。试求当 $U_{s1} = 30V$，$I_{s1} = 4A$ 时，$U_3 = ?$

5-6　电路如图 5-35 所示，开关 S 合在 1 时电流表读数为 40mA，S 合在 2 时电流表读数为 -60mA，求 K 合在 3 时的电流表读数。

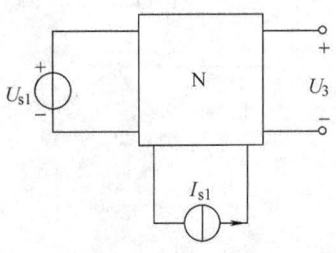

图 5-34　题 5-5 图

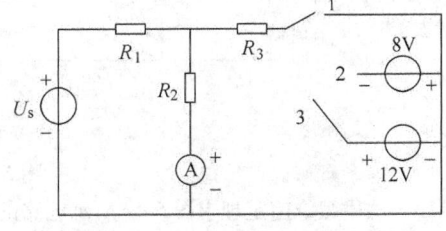

图 5-35　题 5-6 图

5-7　电路如图 5-36 所示，用叠加定理求电流 I。

5-8　用叠加定理求图 5-37 所示电路中的 I_0 和 U_0。

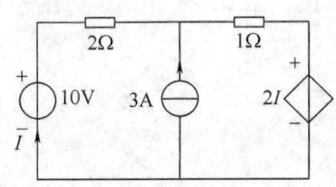

图 5-36　题 5-7 图

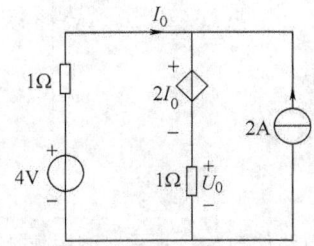

图 5-37　题 5-8 图

5-9　试用叠加定理求图 5-38 所示电路的电压 U，并计算独立电源和受控源的功率。

5-10　在图 5-39 所示电路中，欲使 R_x 支路电流为电源支路的 1/8，R_x 应取何值？

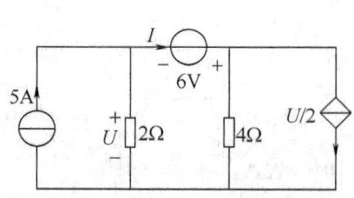
图 5-38　题 5-9 图

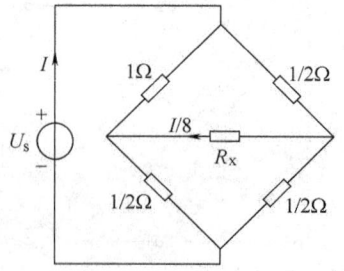
图 5-39　题 5-10 图

5-11　试用替代定理求解图 5-40 所示电路中 R_x 为多少时，25V 电压源中电流为零。

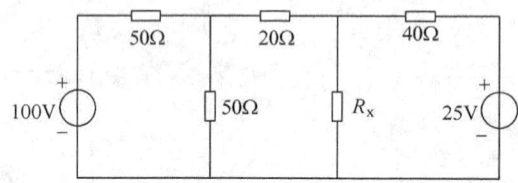
图 5-40　题 5-11 图

5-12　试求图 5-41 所示的各电路 a-b 端开路电压 U_{oc} 和入端电阻 R_0。

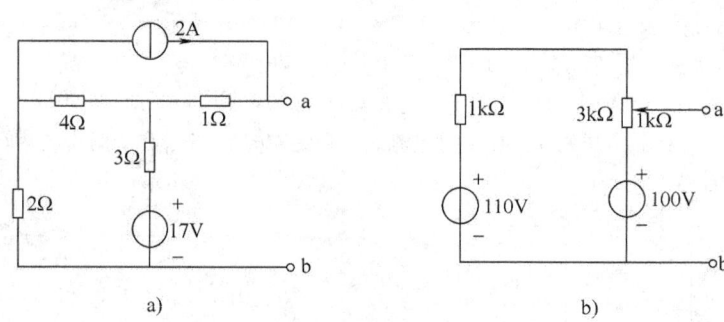
图 5-41　题 5-12 图

5-13　试用戴维南定理求图 5-42 所示电路的电流 I。

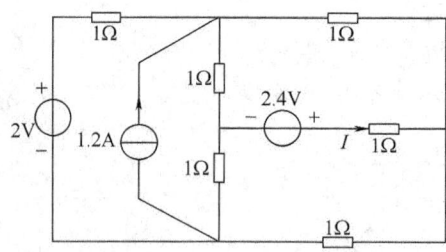
图 5-42　题 5-13 图

5-14　电路如图 5-43 所示，试用戴维南定理求 I。提示：先分别作出 a-b 端左侧及 c-d 端右侧的戴维南等效电路。

5-15　在一些电子线路中，测试有源二端网络 N 两个端子的短路电流是不允许的，这是因为端子短路时会损坏器件。但可采用图 5-44 所示的电路做测试。当开关 S 置 1 时，电压小表读数为 U_{oc}，开关 S 置 2

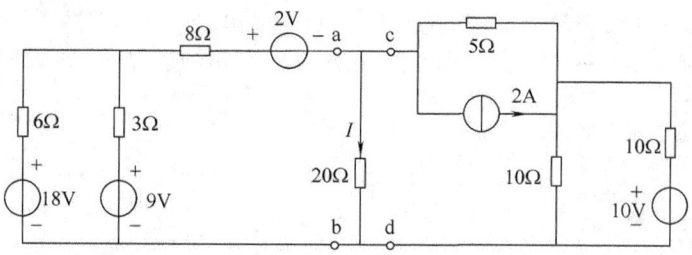

图 5-43　题 5-14 图

时，电压表读数为 U_1。求证：网络 N 对 a、b 端子戴维南等效电路的等效电阻为 $R_0 = \left(\dfrac{U_{oc}}{U_1} - 1\right)R_L$。

5-16　用戴维南定理求图 5-16 所示电路中负载电阻 $R_L = 20\Omega$ 所消耗的功率。

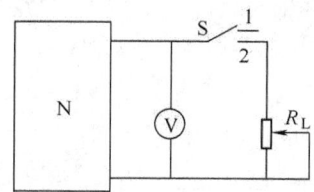

图 5-44　题 5-15 图

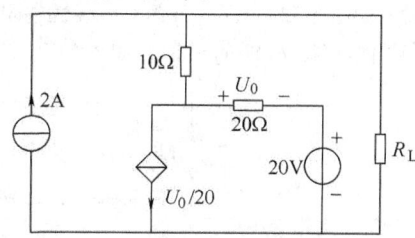

图 5-45　题 5-16 图

5-17　用戴维南定理求图 5-46 所示电路中的电流 I。

5-18　用诺顿定理求图 5-47 所示电路中的电流 I。

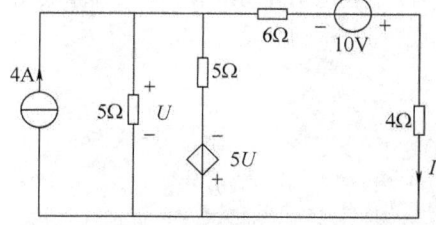

图 5-46　题 5-17 图

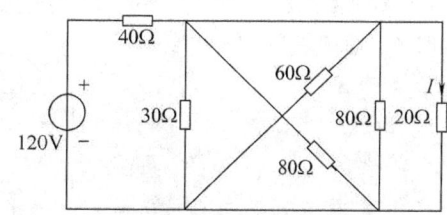

图 5-47　题 5-18 图

5-19　互易网络如图 5-19 所示，图中 $U_{s_1} = 1V$，$I_2 = 2A$，$U_{s_2} = -2V$，试求电流 I_1。

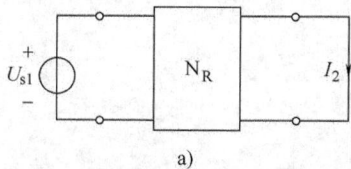

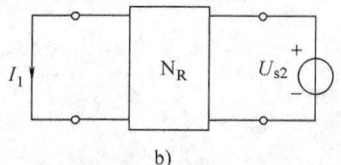

图 5-48　题 5-19 图

5-20　在图 5-49 所示电路中，N_R 为互易网络，已知有电流源 I_s 作用时，R_2 上电压为 U_2，如图 5-49a 所示，现将 I_s 开路，在 R_2 支路串接电压源 U_s，如图 5-49b 所示，试求 R_1 中电流 I_1。

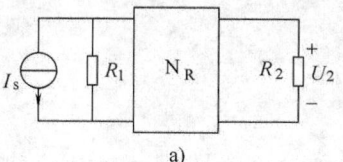

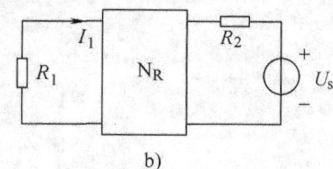

图 5-49　题 5-20 图

5-21 已知电路如图5-50所示，试用互易定理求8Ω支路的电流 I。

5-22 在图5-51所示电路中，N_R 为互易网络，已知当 $U_{s_1}=10V$ 时，$I_1=2A$，$I_2=1A$，当接入 $U_{s_2}=5V$ 后，求流经 U_{s_1} 的电流。

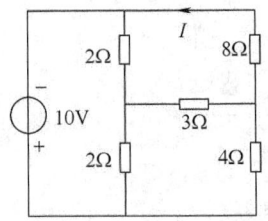
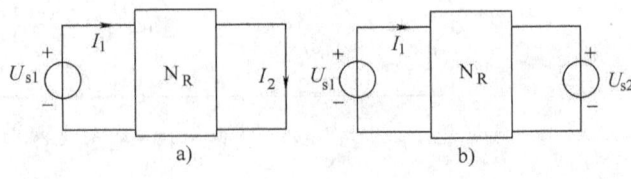

图 5-50 题 5-21 图　　　　　　　　　图 5-51 题 5-22 图

5-23 如图5-52a所示，N为有源线性电阻网络，已知当 $I_s=0$ 时，$U_1=2V$，$I_2=1A$；当 $I_s=4A$ 时，$I_2=3A$；现将电流源 I_s 与 R_2 并联，如图5-52b所示，当 $I_s=2A$ 时，求 R_1 上的电压 U_1。

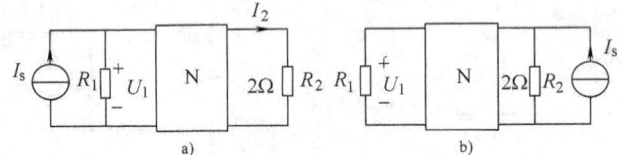

图 5-52 题 5-23 图

5-24 题图5-53所示电路中，N_R 为互易网络，$1-1'$ 端电流源 I_{S1} 单独激励时，网络消耗功率为28W，测得 $2-2'$ 端开路电压为8V，又当 $2-2'$ 端电流源 I_{S2} 单独激励时，网络消耗功率为54W，计算 I_{S1} 和 I_{S2} 同时激励时两电流源各产生的功率。

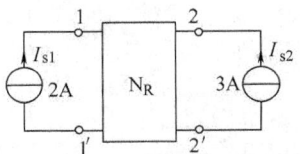

图 5-53 题 5-24 图

第6章 动态电路的时域分析

历史人物小传

亨利（1797～1878），出生于美国纽约州奥尔巴尼，物理学家。

亨利在1832年，成为新泽西学院（即现今的普林斯顿大学）的自然哲学教授。亨利发现电磁感应比法拉第早一年，第一个发现自感现象，在电报、电动机等领域也做出了巨大的贡献，是公认的著名电学家。为了纪念他，电感的国际单位以亨利命名。

亨利

前面章节讨论的电路基本是电阻电路，电阻是耗能性元件，受欧姆定律约束，其电压与电流之间是代数关系，因此描述电阻电路的特性方程均为代数方程。从本章开始讨论的电路中，其组成元件除电源、电阻外，还将包括电容、电感。电容和电感元件的电压、电流关系是对时间变量的微分或积分关系，因此，电容和电感是动态元件，含有动态元件的电路称为动态电路。当电路中包含电容或电感时，根据KCL、KVL及元件的伏安关系所建立起来的方程是以电压或电流为变量的微分或积分方程，这完全不同于前面几章讨论的电路。

6.1 换路定理及初始值的计算

在电路分析中，常把电路中电源的输入称为对电路的激励，而在电源作用下电路产生的电压和电流称为电路的响应。也常把电路与电源的断开与接入，电路元件参数的突然改变称为换路，且认为换路是瞬时完成的，不需要时间。

电路的分析一般以换路发生的时刻为计算时间的起点，认为换路是在 $t=0$ 时刻发生的，并把换路前的时刻记为 $t=0_-$，它和 $t=0$ 之间的时间间隔趋于零；把换路之后的时刻记为 $t=0_+$，它和 $t=0$ 之间的时间间隔也趋于零。

如图6-1所示电路，U 为直流激励。在开关S闭合前，电路处于稳定状态，3盏灯均是熄灭的。在 $t=0$ 时，开关闭合，电路发生了换路，通过实验可以看到电阻所在支路灯泡立即发亮，而且此后灯泡亮度保持不变，在换路后没有经过过渡过程立即进入了新的稳定状态。电感所在支路灯泡在换路后一瞬间灯泡不亮，然后亮度逐渐增强，经过一段时间后，亮度不再发生变化，保持稳定。电容所在支路在换路后的一瞬间灯泡亮度最亮，然后亮度逐渐减弱,经过一段时间后熄灭,然后一直保持熄灭状态。

从以上分析可以看出,当电路中含有动态元件电感或电容时,电路换路前的稳定工作状态在换路后不可能在瞬间处于新的稳定工作状态,需要一个过程,这个过程在工程上称为过渡过程,在电路上称为暂态。暂态是一种不稳定的工作状态,是电路从一种稳定状态到另一种稳定状态的过渡过程。产生暂态的内因是电路中含有动态元件电感或电容,外因是电路发生了换路。在发生换路的瞬间,电阻上的电压、电流,电压源中的电流或电流源两端的电压都发生了跃变,但电容电压和电感电流没有发生跃变。

由第2章的知识可以知道,电容电压和电感电流一般不会发生跃变,也可以把其称为惯性量。换路的瞬间,如果电容电流和电感电压为有限值,则换路前后瞬间电容电压和电感电流均不能发生跃变,这就是换路定理或换路定则。换路前,即 $t=0_-$ 时,为电路的原始状态,电路的储能用 $u_C(0_-)$ 或 $q_C(0_-)$、$i_L(0_-)$ 或 $\psi_L(0_-)$ 来表示。换路后,即 $t=0_+$ 时,为电路的初始状态,电路的储能用 $u_C(0_+)$ 或 $q_C(0_+)$、$i_L(0_+)$ 或 $\psi_L(0_+)$ 来表示。则换路定理可以写为

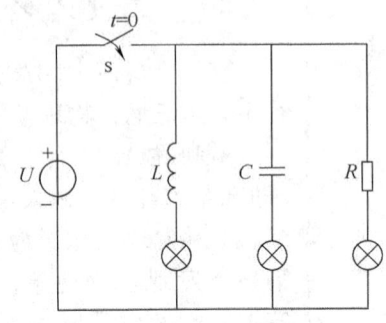

图 6-1 暂态过程实验电路

$$u_C(0_+) = u_C(0_-) \text{ 或 } q_C(0_+) = q_C(0_-) \tag{6-1}$$
$$i_L(0_+) = i_L(0_-) \text{ 或 } \psi_L(0_+) = \psi_L(0_-) \tag{6-2}$$

对于一个在 $t=0_-$ 时刻,电容电压为 $u_C(0_-)=U_0$ 的电容,在换路后的一瞬间由换路定理,$u_C(0_+)=u_C(0_-)=U_0$,其值在换路前后不变,可以把其视为一个电压值为 U_0 的电压源。如果其电容原始储能为0,即 $u_C(0_-)=0$,则由换路定理,$u_C(0_+)=u_C(0_-)=0$,在换路瞬间,电容可以视作短路。同理,原始储能为0的电感,$i_L(0_+)=i_L(0_-)=0$,在换路瞬间,电感可以视作开路。

分析动态电路暂态过程的方法有时域分析法、复频域分析法及状态变量分析法三种,本章只讨论时域变量分析法。时域分析法是以 KCL、KVL 及支路伏安关系为基础建立电路换路后以时间为自变量的线性常微分方程,通过求解微分方程,得到电路待求的变量,如电压、电流等。

动态电路的时域分析主要是建立和求解以电容电压 $u_C(t)$ 或以电感电流 $i_L(t)$ 为变量的微分方程,求解微分方程需要根据电路的初始条件确定求解过程中的待定积分常数,因此研究初始值有着极为重要的物理意义。

例 6-1 如图 6-2a 所示,$R_1=2\Omega$,$R_2=5\Omega$,$I_s=1A$,开关闭合前,电路处于稳定状态。求开关闭合瞬间各元件的电压和电流初始值及换路后电路处于新的稳定状态时各元件上的电压、电流稳态值。

解:开关闭合前,电路处于稳定状态时,电容 C 等效开路,等效电路如图 6-2b 所示,R_1、R_2 和电流源 I_s 为串联关系,$i_1(0_-)=i_2(0_-)=I_s=1A$,$u_1(0_-)=i_1 \times R_1=2V$,$R_2$ 和电容 C 并联,$u_C(0_-)=u_2(0_-)=I_s R_2=5V$,$i_C(0_-)=0A$。

在 $t=0$ 时刻,开关 S 闭合,电流源被短路,换路后 $t=0_+$ 时刻的等效电路如图 6-2c 所示。由换路定理,$u_C(0_+)=u_C(0_-)=5V$,由于其换路前后电容电压保持不变,可以等效其

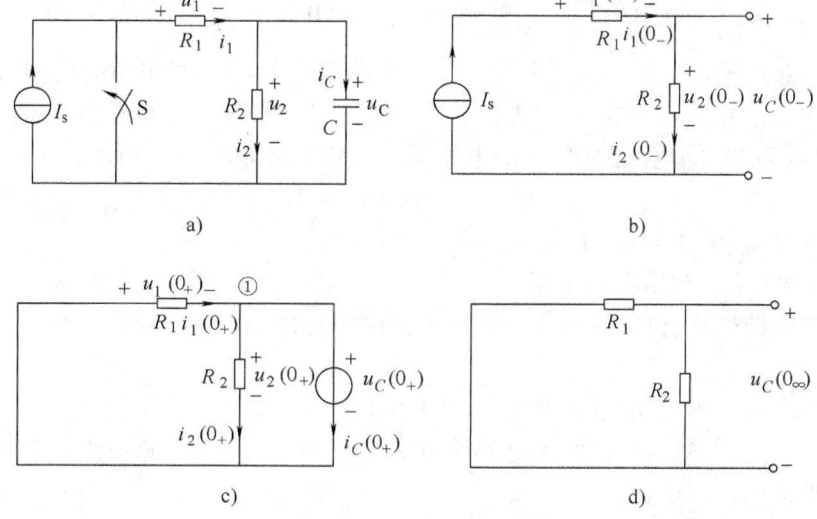

图 6-2 例 6-1 图

为 5V 的电压源，R_1、R_2 和 5V 电压源为并联关系，则 $i_1(0_+) = -\frac{5}{2}\text{A} = -2.5\text{A}$，$i_2(0_+) = \frac{5}{5}\text{A} = 1\text{A}$，对节点①由 KCL 得：$i_C(0_+) = i_1(0_+) - i_2(0_+) = (-2.5\text{A}) - (-1\text{A}) = -1.5\text{A}$。

当换路后达到新的稳定状态时，等效电路如图 6-2d 所示，显然各元件电压、电流均为 0。

例 6-2 如图 6-3a 所示，$U_0 = 10\text{V}$，$R_1 = R_2 = 5\Omega$，开关 S 闭合前，电路处于稳定状态，求开关 S 闭合后的瞬间电感和电容的初始电压和电流。

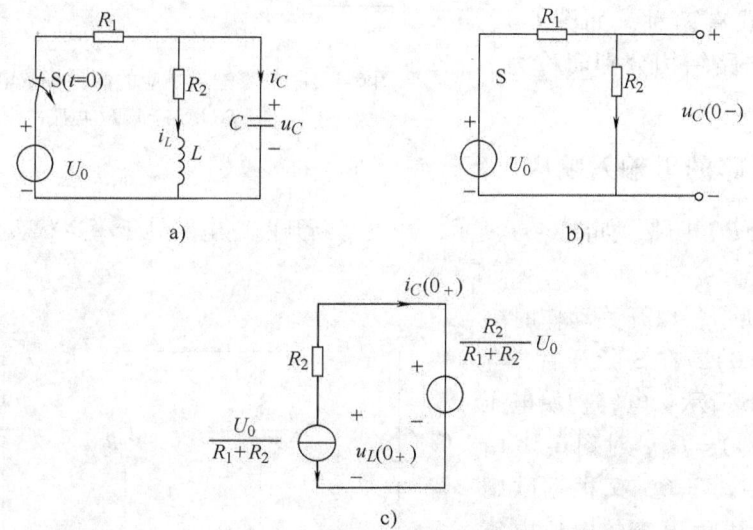

图 6-3 例 6-2 图

解：开关 S 断开前，电路处于稳定状态时，电感等效短路，电容等效开路。等效电路如图 6-3b 所示，则

$$i_L(0_-) = i_{R2}(0_-) = \frac{10}{5+5}\text{A} = 1\text{A}, u_C(0_-) = i_{R2}(0_-)R_2 = 5\text{V}$$

在 $t=0$ 时刻，开关断开，电压源被开路，换路后在 $t=0_+$ 时刻，由换路定理，$u_C(0_+) = u_C(0_-) = 5\text{V}$，$i_L(0_+) = i_L(0_-) = 1\text{A}$。由于其换路前后电容电压和电感电流保持不变，可以将其分别等效为 5V 的电压源和 1A 的电流源，等效电路如图 6-3c 所示，则

$$i_C(0_+) = i_L(0_+) = 1\text{A}$$

由 KVL 可得 $u_L(0_+) = u_{R2}(0_+) - u_C(0_+) = 0\text{V}$。

现在来归纳一下求初始值的步骤：

1) 由换路前的电路（开关未动作，电容器开路，电感器短路）确定 $u_C(0_-)$ 和 $i_L(0_-)$ 的值；

2) 由换路定理，确定 $u_C(0_+)$ 和 $i_L(0_+)$ 的值；

3) 画出 t_{0_+} 时刻等效电路，注意电容用电压为 $u_C(0_+)$ 的电压源替代，电感用电流为 $i_L(0_+)$ 的电流源替代；

4) 由步骤 3) 的 0_+ 时刻等效电路求出所待求的各元件的 $u(0_+)$、$i(0_+)$。

6.2 一阶电路的零输入响应

一阶是指描述电路微分方程的阶次为 1，也可认为是待分析的电路中只含有一个独立的动态元件（电容或电感）。零输入响应是指动态电路在电源突然断开后，仅由动态元件的初始储能所引起的响应，强调的是电路本身的固有状态下的响应。一阶零输入响应的可能等效电路形式有两种，如图 6-4 所示，这样的电路结构分别简称为 RC 电路和 RL 电路。

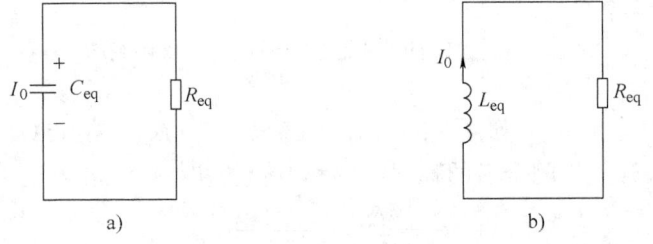

图 6-4 一阶零输入响应的两种等效电路形式

a) RC 电路 b) RL 电路

6.2.1 RC 电路的零输入响应

这里先讨论 RC 电路，如图 6-5a 所示，开关 S 断开前，电路处于稳定状态，显然换路前电容电压为 $u_C = U_0$。

如图 6-5a 所示，以开关动作时刻为计时起点（$t=0$），在 S 断开后，等效电路如图 6-5b 所示，电容初始电压 $U_C(0_+) = U_C(0_-) = U_0$。对图 6-5b 由 KVL 可得：$u_R - u_C = 0$，又根据欧姆定律，$u_R = iR$，再由电容的电压电流关系得 $i = -C\dfrac{du_C}{dt}$，代入 KVL 方程整理可得：

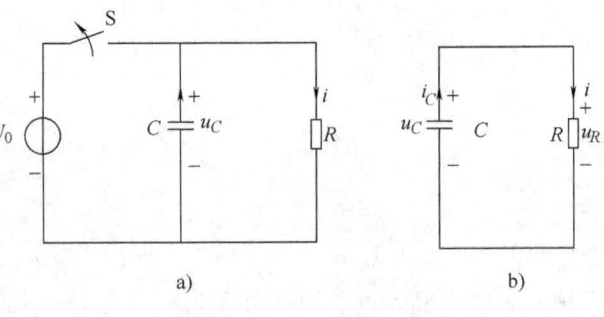

图 6-5 RC 电路

$$RC\frac{du_C}{dt} + u_C = 0 \qquad (6\text{-}3)$$

式(6-3)就是描述 RC 电路换路后暂态过程的微分方程，方程中的最高阶数为1，因此称之为一阶微分方程，其初始条件 $U_C(0_+) = U_0$。下面来讨论式(6-3)微分方程的解法。

式(6-3)为一阶常微分方程，R、C 均为常量，将方程两边同时乘以微分时间 dt，可得

$$RC\frac{du_C}{dt}dt + u_C dt = 0$$

两边再同时除以 u_C，整理得

$$\frac{du_C}{u_C} = -\frac{1}{RC}dt$$

上式两边同时积分可得

$$\int_{u_C(t_0)}^{u_C(t)} \frac{du_C}{u_C} = -\frac{1}{RC}\int_0^t dt$$

显然，上式积分下限的 $t_0 = 0$，积分得

$$\ln\frac{u_C(t)}{u_C(0_+)} = -\frac{1}{RC}t$$

根据自然对数定义可得

$$u_C(t) = U_0 e^{-t/RC}, \qquad t \geq 0 \qquad (6\text{-}4)$$

需要注意的是，式(6-4)求出的响应 $u_C(t)$ 仅是 $t > 0$ 的时间域内的解，因为该微分方程及初始条件是换路后($t > 0$)建立的。只有当响应的值在 $t = 0$ 连续时，才能写成 $t \geq 0$ 的形式，否则只能写 $t > 0$ 的形式。

上面的求解方法虽然直观，但实际求解中，不是很方便，也容易出错。为此，给出另外一种一阶常微分方程的通解方法。令式(6-3)的通解形式为 $u_C(t) = Ae^{pt}$，再代入式(6-3)得

$$(RCs + 1)Ae^{pt} = 0$$

其对应的特征方程为 $RCp + 1 = 0$，解之得其特征根为：$p = -\frac{1}{RC}$，代入通解得 $u_C(t) = Ae^{-t/RC}$，在 $t = 0^+$ 时，$U_C(0_+) = U_0$，代入整理得

$$u_C(t) = U_0 e^{-t/RC}, \qquad t \geq 0$$

这和式(6-4)是一致的。

由图 6-5b 可以看出，电容 C 和电阻 R 并联，因此电阻 R 上的电压 $u_R(t) = u_C(t) = U_0 e^{-t/RC}$。再来研究一下电路中的电流 i，由电容两端的电压和电流关系得

$$i = -C\frac{du_C}{dt} = -C\frac{d(U_0 e^{-t/RC})}{dt} = \frac{U_0}{RC}e^{-t/RC}, \qquad t > 0 \qquad (6\text{-}5)$$

由式(6-4)和式(6-5)可以看出，换路后，电压 u_C、u_R 和电流 i 都是按同样的指数规律衰减，衰减的快慢取决于指数中的 $1/(RC)$ 的大小。令 $\tau = RC$，它的量纲是秒，也称其为时间常数，$s = -1/(RC)$ 称为电路固有频率。u_C 和 i 的变化规律如图 6-6 所示。

时间常数 τ 对于一阶电路是一个非常重要的参数，时间常数越大，衰减越慢，放电过程越长；时间常数越小，衰减越快，放电时间越短。每经过一个时间常数 τ，零输入响应衰减到起始值的 e^{-1}（大约 0.368）倍，具体见表 6-1。理论上，当时间趋于无限长后，零输入响应

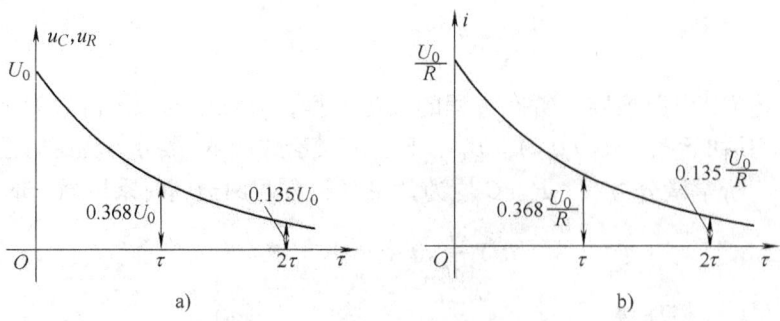

图 6-6 RC 电路零输入响应波形
a) u_C 的变化规律 b) i 的变化规律

才衰减到 0，电路处于新的稳定状态。但在工程实际中，换路后经过 $4\tau \sim 5\tau$ 的时间，已经接近于 0，可以认为电路已经到达新的稳态。

表 6-1 t 为 τ 整数倍时的 $e^{-t/\tau}$ 值

t	$e^{-t/\tau}$	t	$e^{-t/\tau}$
τ	3.678×10^{-1}	5τ	6.7379×10^{-3}
2τ	1.3534×10^{-1}	6τ	2.4788×10^{-3}
3τ	4.9787×10^{-2}	7τ	9.1188×10^{-4}
4τ	1.8316×10^{-2}	8τ	3.3546×10^{-4}

6.2.2 RL 电路的零输入响应

如图 6-7a 所示，开关 S 断开前电路处于稳定状态，直流电流源电流大小为 I_0，内阻 R_s 无穷大，因此电感中有恒定直流电流 I_0 存在，$i_L = I_0$，电感等效为短路。

如图 6-7a 所示，以开关动作时刻为计时起点 ($t = 0$)，在 S 断开后，等效电路如图 6-7b 所示，电感换路后初始电流 $i_{L(0_+)} = i_{L(0_-)} = I_0$。对图 6-7b 由 KVL 可得：$u - u_L = 0$，又根据欧姆定律，$u = iR$，再由电感的电压电流关系得 $u_L = -L\dfrac{di_L}{dt}$，代入 KVL 方程整理可得

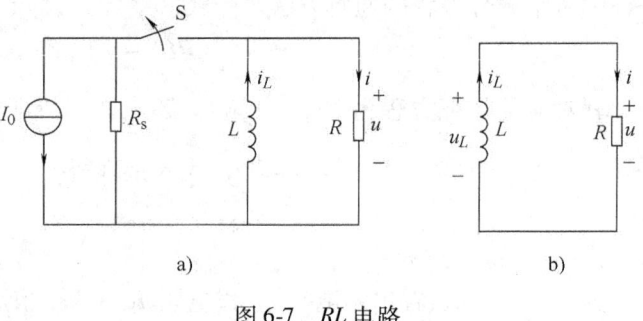

图 6-7 RL 电路

$$L\frac{di_L}{dt} + Ri_L = 0 \tag{6-6}$$

式(6-6)就是述描述 RL 电路换路后暂态过程的微分方程，方程中的最高阶数为 1，因此称之为一阶微分方程，其初始条件 $i_{L(0_+)} = i_{L(0_-)} = I_0$。

对比式(6-3)和式(6-6)，两者具有同样的形式，其解的形式也是一样的，读者可以根据式(6-3)解的过程自行证明。

$$i(t) = I_0 e^{-tR/L}, \quad t \geq 0 \tag{6-7}$$

由图 6-7b 可以看出，对电阻 R，由欧姆定律得到电阻 R 上的电压。

$$u(t) = I_0 R e^{-tR/L} \quad (t > 0) \tag{6-8}$$

由式(6-7)和式(6-8)可以看出，换路后，电感电流 i 及电阻电压都是按同样的指数规律衰减，衰减的快慢取决于指数中的 L/R 的大小。令 $\tau = L/R$，它的量纲是秒，也称其为时间常数。u 和 i 的变化规律如图 6-8 所示。

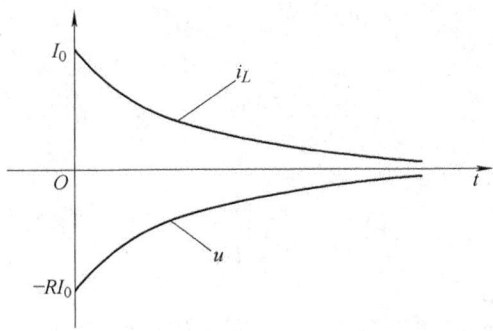

图 6-8 RL 电路零输入响应波形

6.3 一阶电路的零状态响应

零状态响应是指电路在零初始状态(动态元件初始储能为0)下，仅由外加激励所引起的响应，强调的是电路在外加激励作用下的响应。

如图 6-9a 所示，开关 S 闭合前，电路处于稳定状态，电容初始储能为 0，显然换路前 $u_C = 0$。

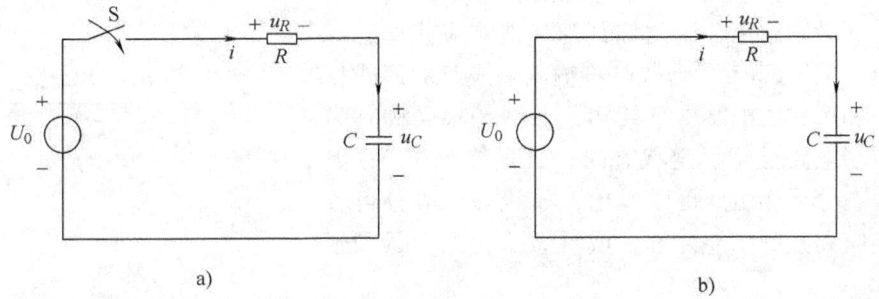

图 6-9 RC 电路

如图 6-9a 所示，以开关动作时刻为计时起点($t=0$)，在 S 断开后，等效电路如图 6-9b 所示，电容初始电压 $U_C(0_+) = U_C(0_-) = 0$。对图 6-9b 由 KVL 可得：$u_R + u_C = U_0$，又根据欧姆定律，$u_R = iR$，再由电容的电压电流关系得 $i = C\dfrac{du_C}{dt}$，代入 KVL 方程整理可得

$$RC\frac{du_C}{dt} + u_C = U_0 \tag{6-9}$$

式(6-9)就是描述零状态 RC 电路换路后暂态过程的微分方程，方程中的最高阶数为 1，也为一阶微分方程，其初始条件 $U_C(0_+) = 0$。下面来讨论式(6-9)微分方程的解法。

式(6-9)为一阶常系数非齐次常微分方程，方程右边常数不为 0，R、C 均为常量，由高等数学知识将方程进行等效变换，可得

$$RC\frac{\mathrm{d}(u_C - U_0)}{\mathrm{d}t}\mathrm{d}t + (u_C - U_0) = 0$$

两边再同时除以$(u_C - U_0)$，整理得

$$\frac{\mathrm{d}(u_C - U_0)}{u_C - U_0} = -\frac{1}{RC}\mathrm{d}t$$

两边同时积分可得

$$\int_{u_C(t_0)}^{u_C(t)} \frac{\mathrm{d}(u_C - U_0)}{u_C - U_0} = -\frac{1}{RC}\int_0^t \mathrm{d}t$$

显然上式积分下限的$t_0 = 0$，积分得

$$\ln\frac{u_C(t) - U_0}{u_C(0_+) - U_0} = -\frac{1}{RC}t$$

根据自然对数定义可得

$$u_C(t) = U_0 + (u_{C(0+)} - U_0)\mathrm{e}^{-t/RC}, \qquad t \geq 0 \tag{6-10}$$

式(6-10)就是图6-9a所示的 RC 电路换路后在外加直流电源激励作用下零状态响应的解。又将$u_C(0_+) = 0$代入式(6-20)得

$$u_C(t) = U_0(1 - \mathrm{e}^{-t/\tau}), \qquad t \geq 0 \tag{6-11}$$

$$i = C\frac{\mathrm{d}u_C}{\mathrm{d}t} = -\frac{U_0}{R}\mathrm{e}^{-t/\tau}, \qquad t > 0 \tag{6-12}$$

两者都是按指数规律变化，其波形如图6-10所示。

式(6-11)解的右边的第一项U_0是换路后电路处于稳定状态时($t \to \infty$)电容C两端电压的稳态值，其大小和形式受外加激励约束，因此称其为强迫响应或稳态响应。解的第二项$-U_0\mathrm{e}^{-t/RC}$形式与零输入响应解的形式相同，其大小和形式由电路本身结构或参数约束，称其为自由响应，当电路处于稳定状态时，其最终趋于0，因此也称为暂态分量。由此可以看出，零状态响应分可看做是自由响应和强制响应之和，或看做是稳态分量和暂态分量之和。

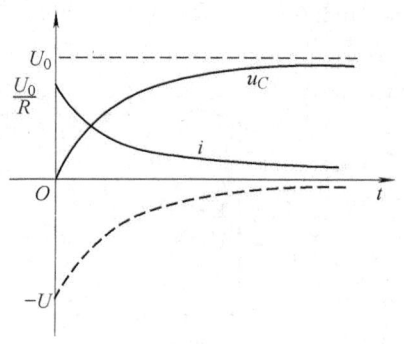

图6-10 RC 电路的零状态响应波形

RL 电路零状态响应变换规律和 RC 电路零状态响应的分析过程是一样的，读者可以自行研究，这里就不再详细地进行讨论。

6.4 一阶电路的全响应

由电路原始储能及外加激励共同作用下引起的响应称为全响应，由此也可把全响应看做为零输入和零状态的叠加。

如图6-11所示，开关S闭合前，电容C上已经具有初始储能，设电容电压为$u_C = U_0$，则开关闭合后的KVL方程为

$$RC\frac{\mathrm{d}u_C}{\mathrm{d}t} + u_C = U_s \tag{6-13}$$

其初始条件为 $u_C(0_+) = u_C(0_-) = U_0$。

仔细观察会发现式(6-13)与式(6-9)基本是一致的，因此进行简单的变换，就可以得出式(6-13)的解为

$$u_C(t) = U_s + (u_{C(0+)} - U_s)e^{-t/RC}, \quad t \geq 0$$

即

$$u_C(t) = U_s + (U_0 - U_s)e^{-t/RC}, \quad t \geq 0 \quad (6\text{-}14)$$

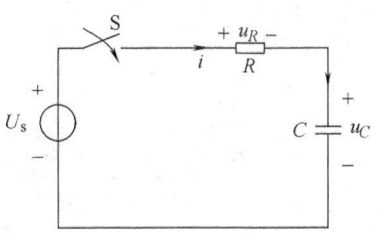

图 6-11 RC 电路全响应

6.4.1 全响应的分解

把式(6-14)进行分解改写如下：

$$u_C(t) = U_0 e^{-t/RC} + U_s(1 - e^{-t/RC}) \tag{6-15}$$

式(6-15)右边第一项是电路的零输入响应，第二项是电路的零状态响应，由此可以把全响应看做零输入响应和零状态响应之和，这恰好反映了线性时不变电路的叠加性质。运用这种观点去分析电路，可以看出零输入响应与初始状态之间具有线性关系，以及零状态响应与外加激励之间具有线性关系的特点。

此外，从式(6-14)又可以看出，右边第一项是稳态分量，等于外加激励。第二项是暂态分量，按指数规律随时间的增长而逐渐衰减至零，由此可把全响应看做为稳态分量和暂态分量之和。运用这种观点来分析电路，可以比较方便地分析换路后电路过渡过程的物理现象。

6.4.2 一阶电路过渡过程的三要素求解法

从前面的讨论可以看出，无论把全响应分解为零状态响应和零输入响应之和，还是分解为稳态响应和暂态响应之和，其全响应表达式都含有三个分量：变量初值和变量终值、时间常数，若将全响应表达式用文字形式表示，则可以表示如下：

全响应 = 变量终值 + (变量初值 - 变量终值) × $e^{-t/\tau}$

若全响应用 $f(t)$ 表示，变量初值用 $f(0+)$ 表示，变量终值用 $f(\infty)$ 表示，则

$$f(t) = f(\infty) + [f(0+) - f(\infty)] \times e^{-t/\tau} \tag{6-16}$$

式(6-16)就是在外加直流激励作用下，运用三要素法求解一阶电路过渡过程的公式。只要牢记公式，再用电路理论的基本概念求出变量初值、变量终值和时间常数三要素，即可求解出一阶电路过渡过程中全响应的解。在计算三要素时，可以参考下面的步骤：

1）确定待求元件响应换路后的变量初值；
2）确定待求元件响应换路后的变量终值；
3）把电路独立源全部置零，再把电容或电感断开形成一个端口，求出该电容端口或电感端口的输入电阻 R，如果是 RC 电路，则时间常数 $\tau = RC$；如果是 RL 电路，则时间常数 $\tau = L/R$。

例 6-3 如图 6-12 所示电路中，开关开始处于 1 位置且电路处于稳定状态，在 $t = 0$ 时合向 2 位置，求换路后电流 $i(t)$、$i_L(t)$。

解：画出换路前 $t = 0_-$ 时刻电路处于稳定状态时等效电路，如图 6-13a 所示。

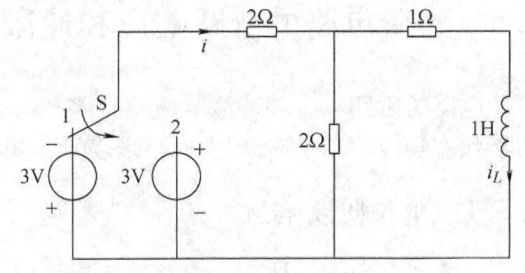

图 6-12 例 6-3 图

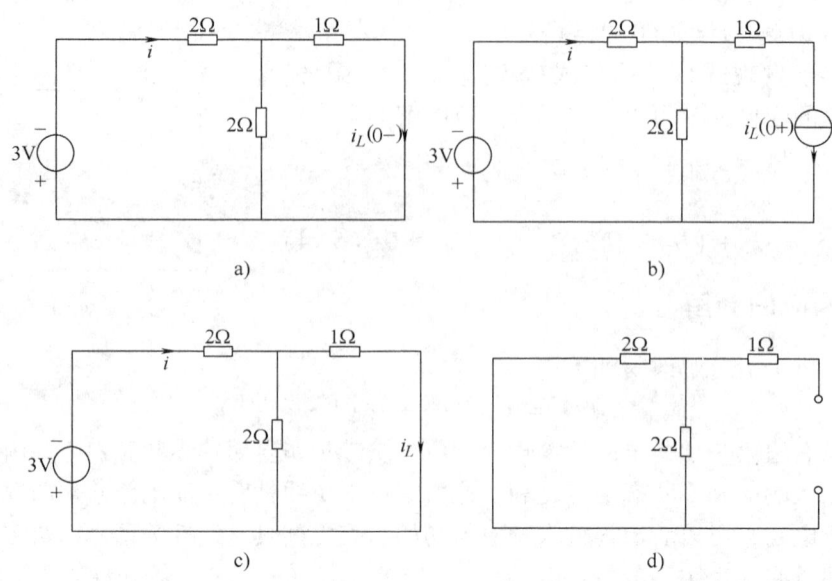

图 6-13 例 6-3 图

则节点电压 $u = \dfrac{-\dfrac{2}{3}}{1 + \dfrac{1}{2} + \dfrac{1}{2}} = -0.75\text{V}$,电流 $i_L(0_-) = -0.75\text{A}$。在 $t = 0$ 换路时,电路中没有冲激电压,根据换路定理,$i_L(0_+) = i_L(0_-) = -0.75\text{A}$,换路后 $t = 0_+$ 时刻等效电路如图 6-13b 所示。由 KVL 可得

$$2i(0_+) + 2[i(0_+) - i_L(0_+)] = 3$$

解之得
$$i(0_+) = 0.375\text{A}$$

换路后,当时间 $t \to \infty$ 时,电路处于新的稳定状态,等效电路如图 6-13c 所示,可求得 $i(\infty) = 1.125\text{A}$,$i_L(\infty) = 0.75\text{A}$。

把独立源置零,电感断开,求电感端口等效电阻,等效电路如图 6-13d 所示,则等效电阻 $R_{\text{eq}} = \left(1 + \dfrac{2 \times 2}{2 + 1}\right) = 2\Omega$,时间常数 $\tau = \dfrac{L}{R_{\text{eq}}} = 0.5\text{s}$。

因此
$$i(t) = i(\infty) + [i(0_+) - i(\infty)]e^{-t/\tau} = (0.75 - 1.5e^{-2t})\text{A}, \quad t > 0$$
$$i_L(t) = i_L(\infty) + [i_L(0_+) - i_L(\infty)]e^{-t/\tau} = (0.75 - 1.5e^{-2t})\text{A}, \quad t \geq 0$$

6.5 一阶电路的阶跃响应和冲激响应

电路的阶跃响应和冲激响应是指零状态下由单位阶跃电源及单位冲激电源作用电路产生的零状态响应。单位阶跃用 $\varepsilon(t)$ 来表示,单位冲激用 $\delta(t)$ 来表示。

6.5.1 单位阶跃响应

在本章前面,描述一个电源接入电路时,是通过开关在特定时刻的闭合来体现的,现在则可以直接通过阶跃函数来体现这种电源的接入作用。

单位阶跃函数的定义是

$$\varepsilon(t) = \begin{cases} 0, & t < 0 \\ 1, & t > 0 \end{cases} \tag{6-17}$$

其波形如图 6-14 所示。从图 6-14a 可以看到，单位阶跃函数在 $t=0$ 发生了跳变，也可以延迟到时间 t_0 发生跳变，称为延迟的单位阶跃函数，如图 6-14b 所示。

如果把单位阶跃函数和延迟函数乘以常数 K，就表示在 $t=0$ 跳跃了 K 个单位，分别记作 $K\varepsilon(t)$、$K\varepsilon(t-t_0)$，称之为阶跃函数及延迟的阶跃函数。现在来看一下用阶跃函数来描述电路中开关动作接入电源的实际应用。如图 6-15 所示，若在 $t=0$ 时，开关 S 从 1 位置切换到 2 位置，则任意一端口的端口电流可直接看做是 $i(t)=\varepsilon(t)$，端口电压可直接看做是 $u(t)=\varepsilon(t)$。用阶跃函数表示的等效电路如图 6-16 所示，因此阶跃函数也常被看为开关函数。

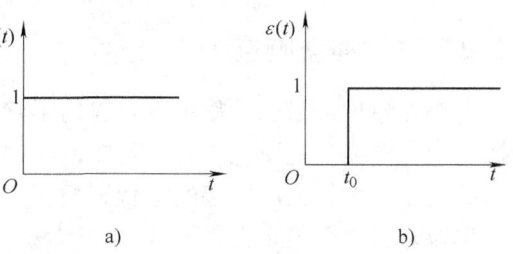

图 6-14 单位阶跃函数和延迟的单位阶跃函数

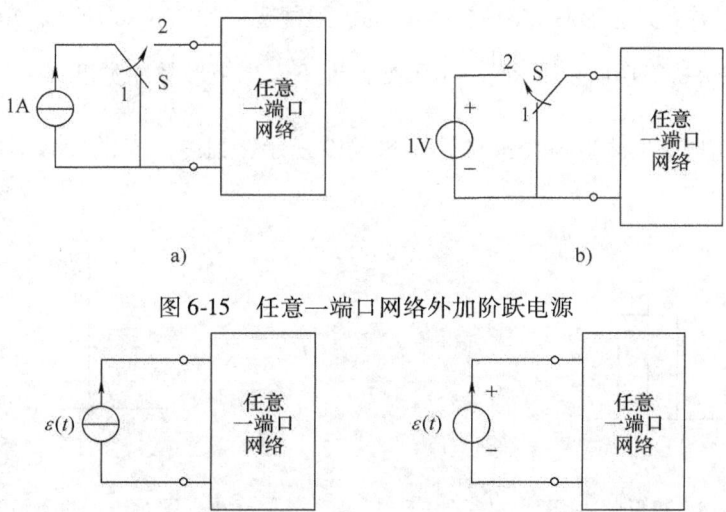

图 6-15 任意一端口网络外加阶跃电源

图 6-16 用阶跃函数替代开关表示开关动作接入电源

当电路的外加激励是单位阶跃 $\varepsilon(t)$A 或 $\varepsilon(t)$V 时，可以直接把其看做是 1A 的直流电流源或 1V 的直流电压源，单位阶跃响应属于零状态响应范畴，可以采用前面介绍的各种方法进行求解。

例 6-4 如图 6-17 所示，电容大小为 0.5F，电阻大小为 1Ω，求阶跃响应 $u_C(t)$。

解：采用三要素法。在 $t<0$ 时，外加激励为 0，电路的原始状态均为零，则 $u_C(0_-)=0$。在 $t>0$ 时，外加激励为单位直流电流源，根据换路定理，$u_C(0_+)=u_C(0_-)=0$。在 $t\to\infty$ 时，电路处于新的稳态，$u_C(\infty)=u_R=1$V，时间常数 $\tau=RC=0.5$s，则

$$u_C(t) = u_C(\infty) + [u_C(0_+) - u_C(\infty)]e^{-t/\tau}$$
$$= (1 - e^{-2t})V, \quad t>0$$

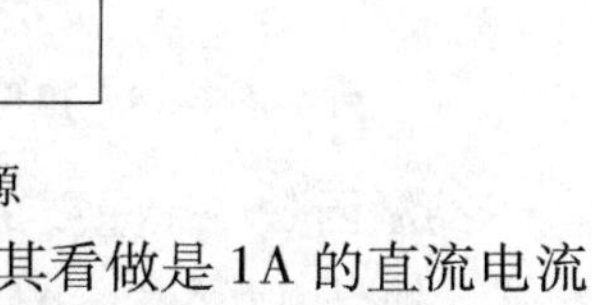

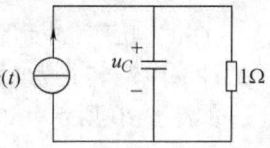

图 6-17 例 6-4 图

在 $t<0$ 时，$u_C(t)=0$，综合考虑可得

$$u_C(t) = (1-e^{-2t})\varepsilon(t)$$

这里需要特别说明的是，例 6-4 的结果的表达式中函数的定义域不是用分段函数表示，而是借助阶跃函数 $\varepsilon(t)$ 用一个函数表达式就给出了在所有时间域内电路的响应，这方便对它们进行微分和积分运算。

6.5.2 单位冲激响应

电路在单位冲激函数作用下引起的零状态响应称为单位冲激响应，也简称为冲激响应。冲激响应在电路理论研究中非常重要，原则上，只要确定了电路的冲激响应，就基本上知道了电路对于任意输入所引起的零状态响应。

单位冲激函数的定义是

$$\delta(t) = \begin{cases} 0, & t \neq 0 \\ \infty, & t = 0 \end{cases}$$

$$\int_{-\infty}^{\infty} \delta(t)\,dt = 1 \tag{6-18}$$

$\delta(t)$ 函数可以看做是矩形脉冲函数 $P_\Delta(t)$ 的极限情况，如图 6-18 所示，矩形脉冲的宽度为 Δ，高度为 $\frac{1}{\Delta}$。在保持矩形面积 $\Delta \times \frac{1}{\Delta} = 1$ 不变情况下，当矩形脉冲宽度 $\Delta \to 0$ 时，矩形脉冲的高度 $\frac{1}{\Delta} \to \infty$，这就是单位冲激函数 $\delta(t)$，如图 6-19 所示，强度为 K 的冲激函数记为 $K\delta(t)$。

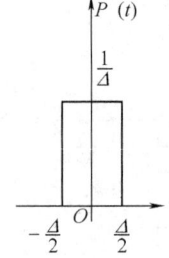
图 6-18　矩形脉冲函数

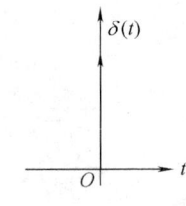
图 6-19　冲激函数

冲激函数一个重要的性质就是筛分性。当 $t \neq 0$ 时，$\delta(t)=0$，因此对于任意连续函数 $f(t)$，均有 $f(t)\delta(t)=f(0)\delta(t)$ 成立，两边同时积分得

$$\int_{-\infty}^{+\infty} f(t)\delta(t)\,dt = f(0)\int_{-\infty}^{+\infty}\delta(t)\,dt = f(0) \tag{6-19}$$

同理，对于任一时刻 $t=t_0$ 为连续函数的 $f(t)$，有

$$\int_{-\infty}^{+\infty} f(t)\delta(t-t_0)\,dt = f(t_0)\int_{-\infty}^{+\infty}\delta(t-t_0)\,dt = f(t_0) \tag{6-20}$$

冲激响应亦属于零状态响应范畴，由于冲激电压仅在 $t=0$ 的时刻作用于电路，因此可以把冲激响应转化为 $t>0$ 后的零输入响应。

如图 6-20 所示，以 u_C 为变量，对节点列 KCL 方程得

$$C\frac{du_C}{dt} + \frac{u_C}{R} = \delta(t) \tag{6-21}$$

其初始值 $u_C(0_-) = 0$，要求出其 $u_C(0_+)$ 的值，对式(6-29)两边同时积分

$$C\int_{0_-}^{0_+} \frac{du_C}{dt}dt + \frac{1}{R}\int_{0_-}^{0_+} u_C dt = \int_{0_-}^{0_+} \delta(t)dt \quad (6-22)$$

$$C[u_C(0_+) - u_C(0_-)] = 1，得 u_C(0_+) = 1\text{V}$$

对式(6-22)进行观察，可以看出电容电压 u_C 应该为有限值而非冲激函数，否则方程左边将出现 $\delta'(t)$，方程两边无法平衡，因此在式(6-22)中，$\frac{1}{R}\int_{0_-}^{0_+} u_C dt$ 积分结果为零。

在 $t > 0$ 后，等效电路如图 6-21 所示，为零输入响应电路。根据零输入响应求解方法可得

$$u_C(t) = u_C(0_+)e^{-t/\tau} = e^{-t}$$

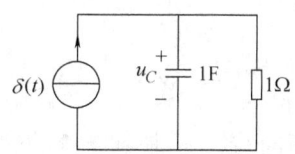
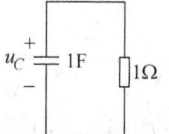

图 6-20 冲激电源作用于 RC 电路　　　图 6-21 $t>0$ 的零输入响应等效电路

6.6 二阶电路

二阶电路是指描述电路的方程是二阶微分方程，或者说电路中含有两个独立的储能元件。本文仅对二阶电路分析方法进行简单的介绍。

如图 6-22 所示，电容电压的初始值为 $u_C(0_+) = u_C(0_-) = U_0$，电感电流的初始值为 $i_L(0_+) = i_L(0_-) = 0$，如果要求出换路后电容元件的电压瞬时值，必须对回路列 KVL 方程。由 KVL 可得

$$-u_C + u_R + u_L = 0$$

又

$$i = -C\frac{du_C}{dt}, \quad u_R = Ri = -RC\frac{du_C}{dt}, \quad u_L = L\frac{di}{dt} = -LC\frac{d^2u_C}{dt^2}$$

因此，电路方程为

$$LC\frac{d^2u_C}{dt^2} + RC\frac{du_C}{dt} + u_C = 0 \quad (6-23)$$

式(6-23)的特征方程为 $LCp^2 + RCp + 1 = 0$，特征根为

$$p_1 = -\frac{R}{2L} + \sqrt{\left(\frac{R}{2L}\right)^2 - \frac{1}{LC}} = -\alpha + \sqrt{\alpha^2 - \omega_0^2} \quad (6-24)$$

$$p_2 = -\frac{R}{2L} - \sqrt{\left(\frac{R}{2L}\right)^2 - \frac{1}{LC}} = -\alpha - \sqrt{\alpha^2 - \omega_0^2} \quad (6-25)$$

图 6-22 RLC 串联电路

式中，$\alpha = \dfrac{R}{2L}$，称为电路阻尼系数；$\omega_0 = \dfrac{1}{\sqrt{LC}}$，称为电路的固有频率。

由特征根的性质（不等的实数、相等的实数或共轭的复数）就可以确定通解的具体形式，再根据电路的初始条件即可得出通解中的待定系数。

(1) 当电路在过阻尼条件时，$\left(\dfrac{R}{2L}\right)^2 > \dfrac{1}{LC}$，即当 $\alpha > \omega_0 (R^2 > \dfrac{4L}{C})$ 时，特征根 p_1、p_2 为不相等的负实数。式(6-23)的通解为

$$u_C(t) = A_1 e^{p_1 t} + A_2 e^{p_2 t} \qquad (6\text{-}26)$$

代入电路的初始条件 $u_C(0_+) = U_0$，$\left.\dfrac{du_C}{dt}\right|_{t=0_+} = 0$ 即可确定 A_1、A_2，从而确定方程的解。

$$u_C(t) = \dfrac{U_0}{p_1 - p_2}(p_1 e^{p_2 t} - p_2 e^{p_1 t})$$

$$i_L(t) = -C\dfrac{du_C}{dt} = \dfrac{CU_0 p_1 p_2}{p_1 - p_2}(e^{p_1 t} - e^{p_2 t}) = \dfrac{U_0}{L(p_1 - p_2)}(e^{p_1 t} - e^{p_2 t})$$

其响应曲线如图 6-23 所示，其电压、电流都是非振荡曲线，其中当电流的变化率为零的时刻 t_m 时电流达到最大值。

(2) 当电路在临界阻尼条件时，$\left(\dfrac{R}{2L}\right)^2 = \dfrac{1}{LC}$，即当 $\alpha = \omega_0 (R^2 = \dfrac{4L}{C})$ 时，特征根 p_1、p_2 为相等的负实数。式(6-23)的通解为

$$u_C(t) = (A_1 + A_2 t)e^{pt} \qquad (6\text{-}27)$$

代入电路的初始条件即可确定 A_1、A_2，从而确定方程的解。

$$u_C(t) = U_0 e^{-\alpha t}(1 + \alpha t)$$

$$i_L(t) = -C\dfrac{du_C}{dt} = \dfrac{U_0}{L}t e^{-\alpha t}$$

其响应曲线如图 6-24 所示，其电压、电流同样都是非振荡曲线，其中当电流的变化率为零的时刻 $t_m = 1/\alpha$ 时电流达到最大值。

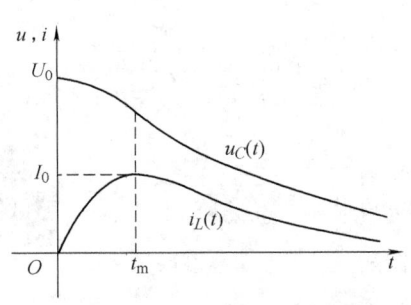

图 6-23 过阻尼电路的响应

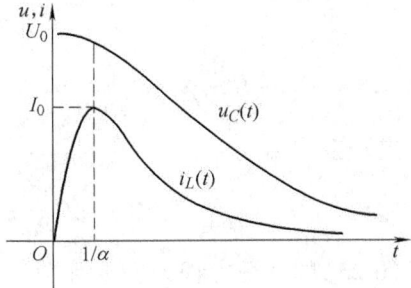

图 6-24 临界阻尼电路的响应

(3) 当电路在欠阻尼条件时，$\left(\dfrac{R}{2L}\right)^2 < \dfrac{1}{LC}$，即当 $\alpha < \omega_0 (R^2 < \dfrac{4L}{C})$ 时，特征根 p_1、p_2 为不相等的复数。令 $\omega^2 = \dfrac{1}{LC} - \left(\dfrac{R}{2L}\right)^2$，则特征方程的根为

$$p_1 = -\alpha + j\omega, \qquad p_2 = -\alpha - j\omega$$

ω 与 α 及 ω_0 之间存在三角关系，如图 6-25 所示，则 $\omega_0 = \sqrt{\delta^2 + \omega^2}$，$\beta = \arctan\dfrac{\omega}{\alpha}$，由此得 $\alpha = \omega_0\cos\beta$，$\omega = \omega_0\sin\beta$。

根据欧拉公式 $e^{j\beta} = \cos\beta + j\sin\beta$，$e^{-j\beta} = \cos\beta - j\sin\beta$，可将特征根改写为 $p_1 = -\omega_0 e^{-j\beta}$，$p_2 = -\omega_0 e^{j\beta}$，当 p_1 和 p_2 为共轭复数根时，其解的形式符合式(6-26)，代入得

$$\begin{aligned}
u_C(t) &= \frac{U_0}{p_1 - p_2}(p_1 e^{p_2 t} - p_2 e^{p_1 t}) \\
&= \frac{U_0}{-j2\omega}\left[-\omega_0 e^{j\beta} e^{(-\alpha + j\omega)t} + \omega_0 e^{-j\beta} e^{(-\alpha - j\omega)t}\right] \\
&= \frac{U_0 \omega_0}{\omega} e^{-\alpha t}\left[\frac{e^{j(\omega t + \beta)} - e^{-j(\omega t + \beta)}}{j2}\right] \\
&= \frac{U_0 \omega_0}{\omega} e^{-\alpha t}\sin(\omega t + \beta)
\end{aligned}$$

$$i_L(t) = i_C(t) = -C\frac{du_C(t)}{dt} = \frac{U_0}{\omega L}e^{-\alpha t}\sin\omega t$$

电路在欠阻尼条件下的响应曲线如图 6-26 所示，由图可以看出欠阻尼是一种减幅振荡的放电过程。

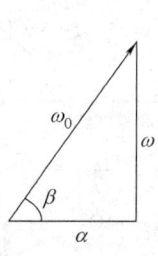

图 6-25　欠阻尼条件下 α、ω_0 和 ω 的关系

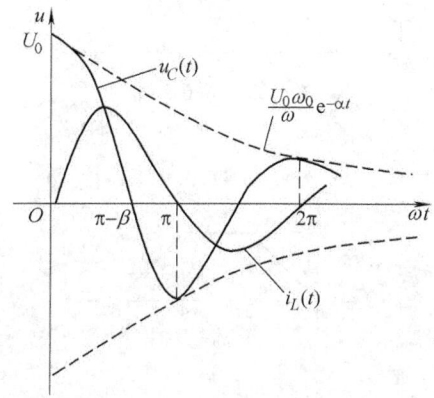

图 6-26　欠阻尼电路的响应曲线

习　题　6

6-1　如图 6-27 所示，电路在 $t=0$ 时开关动作。画出 $t=0^+$ 的等效电路图，并求出图中所标电压、电流在 $t=0^+$ 时的值。

6-2　如图 6-28 所示，电路在换路前已达稳定。试求 $i_L(0_+)$，$u_C(0_-)$ 和 $\left.\dfrac{di_L}{dt}\right|_{0_+}$，$\left.\dfrac{du_C}{dt}\right|_{0_+}$。

6-3　已知图 6-29 所示电容元件电流 $i(t)$ 的波形如图 6-29b 所示，且 $u(0)=0$，求 $u(t)$ 的波形。

6-4　通过 3H 电感元件的电流波形如图 6-30 所示，试画出其电压波形。

6-5　图 6-31 所示电路原已稳定，在 $t=0$ 时开关打开，求 $i_L(0_+)$、$u_C(0_+)$。

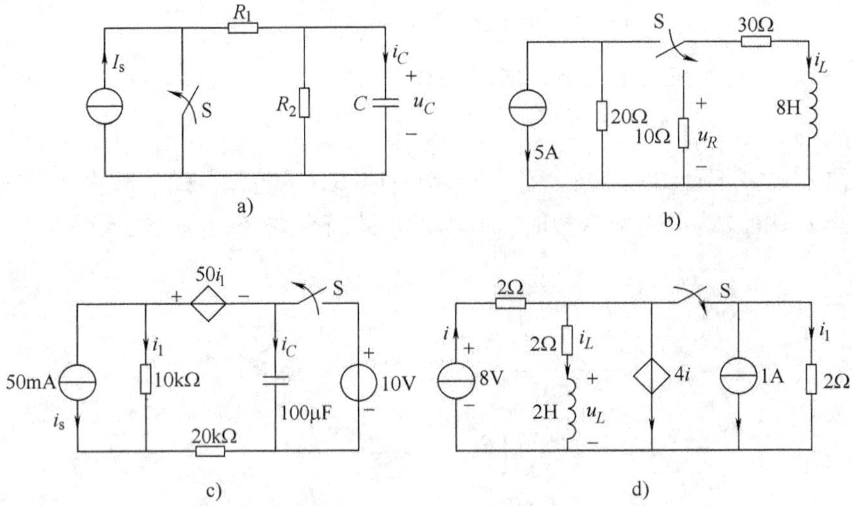

图 6-27 题 6-1 图

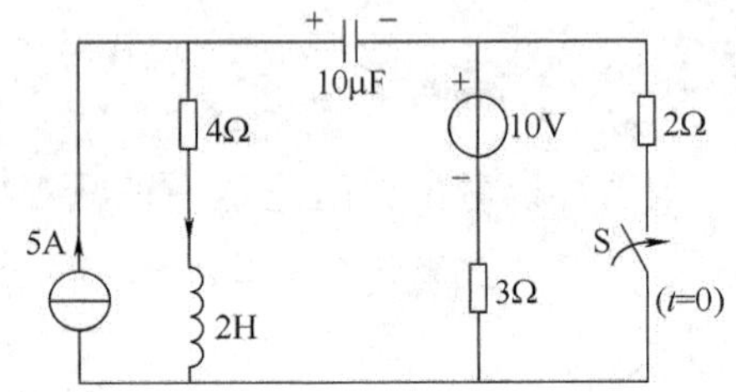

图 6-28 题 6-2 图

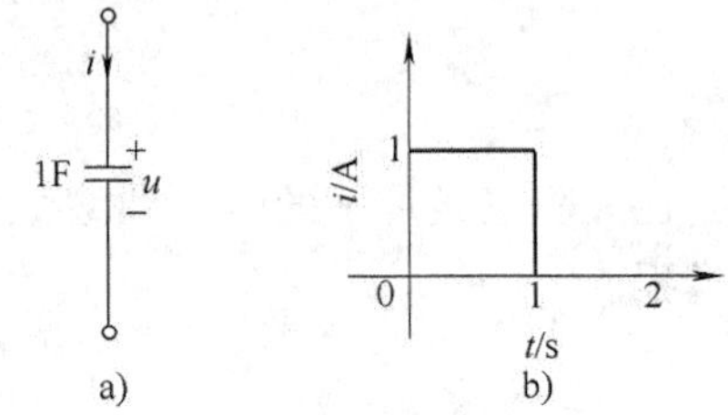

图 6-29 题 6-3 图

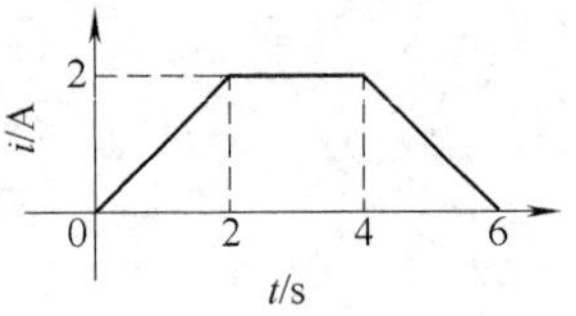

图 6-30 题 6-4 图

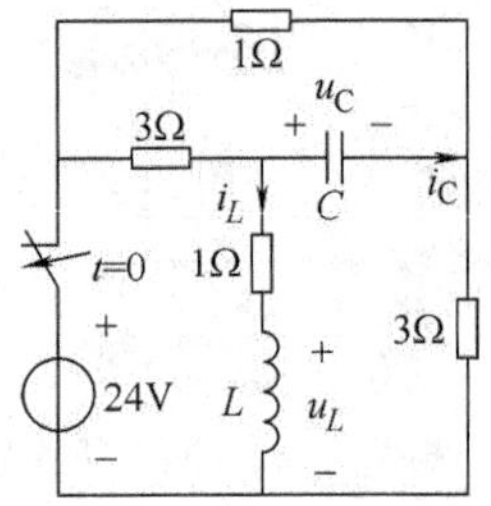

图 6-31 题 6-5 图

6-6 如图 6-32 所示电路，已知 $u_s(t) = 2\sin 2t\,\text{V}$，$t=0$ 时开关 S 闭合，且开关 S 闭合前电路已达稳态，试求换路后电感电流 $i_L(t)$。

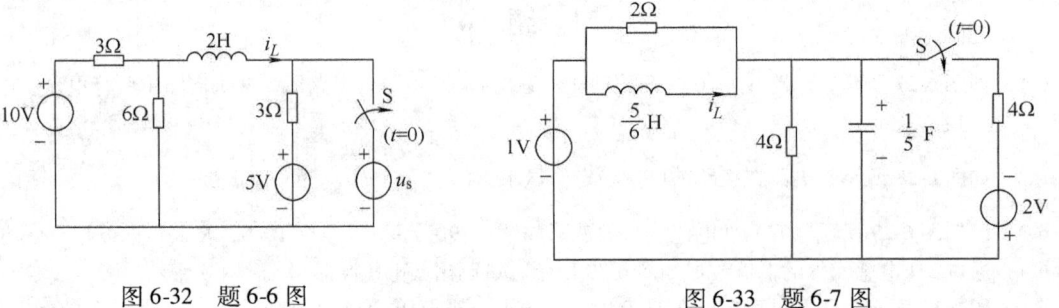

图 6-32 题 6-6 图

图 6-33 题 6-7 图

6-7 如图 6-33 所示电路原已处于稳态，求开关 S 闭合后，电容两端电压 $u_C(t)$。

6-8 如图 6-34 所示电路，已知当 $u_s(t)=1\text{V}$，$i_s(t)=0$ 时，$u_C(t)=\left(2\text{e}^{-2t}+\dfrac{1}{2}\right)\text{V}$，$t\geqslant 0$；当 $i_s(t)=1\text{A}$，$u_s(t)=0$ 时，$u_C(t)=\left(\dfrac{1}{2}\times 2\text{e}^{-2t}+2\right)\text{V}$，$t\geqslant 0$。电源在 $t=0$ 时作用于电路。

(1) 求 R_1、R_2 和 C；
(2) 当 $u_s(t)=1\text{V}$，$i_s(t)=1\text{A}$ 时，求电路的响应 $u_C(t)$ 及其暂态分量。

6-9 如图 6-35 所示电路，已知 $u_C(0)=2\text{V}$，求 $u_C(t)$。

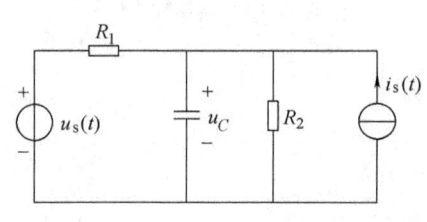

图 6-34 题 6-8 图

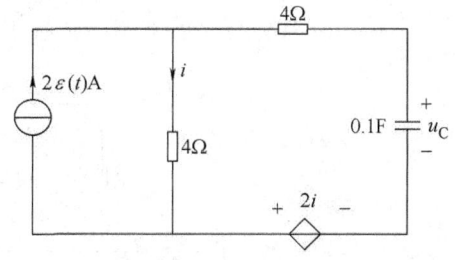

图 6-35 题 6-9 图

6-10 求图 6-36 所示含理想运算放大器电路的零状态响应 $i_0(t)$。提示：先求电容电压。

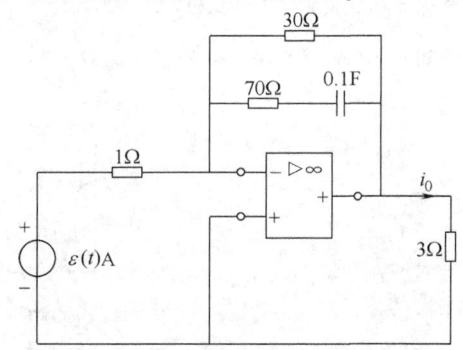

图 6-36 题 6-10 图

6-11 电路如图 6-37 所示，当 $t=0$ 时开关打开，打开前电路已处稳态，试求当 $t\geqslant 0$ 时的 $i(t)$、$u(t)$。

6-12 电路如图 6-38 所示，当 $t=0$ 时开关接通，若 $u_s=20\text{V}$，$u=(20-6\text{e}^{-10t})\text{V}$，$t>0$；若 $u_s=30\cos 10t\text{V}$，$u=[3\sqrt{58}\cos(10t-23.2°)-3\text{e}^{-10t}]\text{V}$，$t>0$。求 u 的零输入响应。

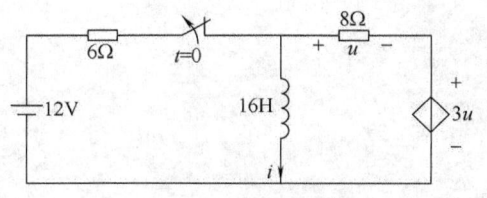

图 6-37 题 6-11 图

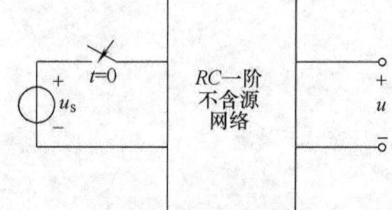

图 6-38 题 6-12 图

6-13 电路如图 6-39 所示，试用三要素法求当 $t\geqslant 0$ 时的 i_1、i_2 及 i_L。换路前电路处于稳态。

6-14 图 6-40 所示电路中，开关 S 闭合前，电容电压 u_C 为零。$t=0$ 时 S 闭合，求当 $t>0$ 时的 $u_C(t)$ 和 $i_C(t)$。

6-15 一矩形脉冲电压如图 6-41b 所示，作用于图 6-41a 所示的电路，已知 $u_C(0)=0$。求 $u_C(t)$ 并定性画出其波形。

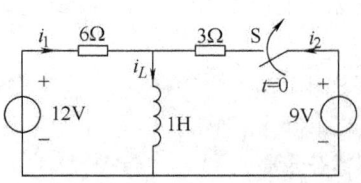

图 6-39　题 6-13 图

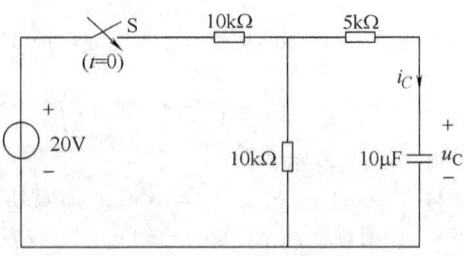

图 6-40　题 6-14 图

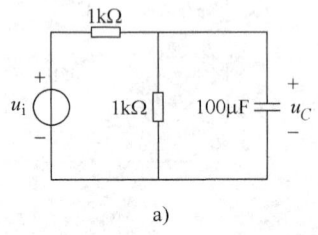

a)　　　　　　　　　b)

图 6-41　题 6-15 图

6-16　电路如图 6-42 所示。电感无初始储能，$i_s = 2\delta(t)$ A。求 i_L。

6-17　电路如图 6-43 所示，已知 $i_{s1} = 5$ A，$i_{s2} = 4\varepsilon(t)$ A，$R = 30\Omega$，$L = 3$ H，$C = \dfrac{1}{27}$ F。求 $u_C(t)$。

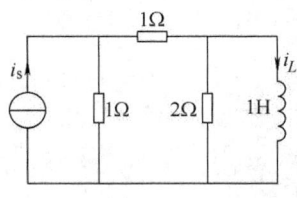

图 6-42　题 6-16 图

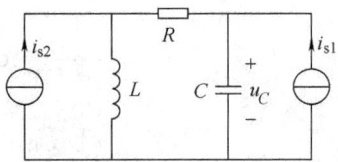

图 6-43　题 6-17 图

第 7 章 正弦交流电路和相量

历史人物小传

莱昂哈德·欧拉

欧拉（1707~1783），出生于瑞士的巴塞尔城。18 世纪最优秀的数学家，也是历史上最伟大的数学家之一，被称为"分析的化身"。

欧拉的一生，是为数学发展而奋斗的一生。他在微积分、微分方程、几何、数论、变分学等领域均做出了巨大贡献。在数学的各个领域，常常见到以欧拉命名的公式、定理和重要常数。世纪伟大数学家高斯曾说："研究欧拉的著作永远是了解数学的最好方法。"

前面章节讨论的是在直流电源作用下的电路，但在实际生产生活中，人们会遇到非常多的交流信号及交流电源。本章首先介绍单相正弦稳态交流电路的基本概念及其相量表示方法。然后，分析了常用电路元件的相量关系，引入阻抗、导纳的概念和电路的相量图。最后，通过实例介绍电路方程的相量形式和线性电路定理的相量描述和应用。

7.1 正弦量的概念

7.1.1 正弦电压和电流

正弦交流电是指大小和方向都随时间按正弦规律作周期性变化的电信号，包括电压、电流和电动势。正弦电压和电流可分别用三角函数表示为

$$u = U_m \sin(\omega t + \varphi_u)$$
$$i = I_m \sin(\omega t + \varphi_i)$$
(7-1)

式中，u、i 为正弦交流电的瞬时值；U_m、I_m 为正弦交流电的最大值，或称为幅值；ω 为角频率，表示正弦交流电变化的快慢；φ_u、φ_i 为初相位，表示正弦量的起始位置。

正弦量也可以用波形图来表示，其波形如图 7-1 所示。

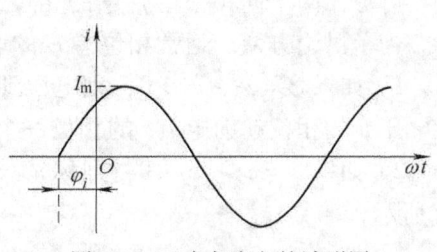

图 7-1 正弦交流电的波形图

7.1.2 正弦交流电的要素

由式（7-1）可知，正弦交流电主要与幅值、角频率和初相位三个参数有关，若这三个参数已知，该正弦交流电就可以唯一确定了。人们把幅值、角频率和初相位称为正弦交流电的三要素。

1. 瞬时值和最大值

（1）瞬时值 正弦量在某一瞬间的值称为瞬时值，可分别用小写字母 u、i 来表示。

（2）最大值或幅值 正弦量在一个周期内，最大的瞬时值称为最大值或幅值，分别用 U_m、I_m 来表示。

2. 周期和频率

（1）周期 正弦信号往复变化一次所需要的时间称为周期，用字母 T 表示，其单位是秒（s），或者毫秒（ms）。它是正弦波形再次重复出现所需要的最短时间间隔。

（2）频率 正弦信号在每秒时间内重复出现的周期数称为频率，用字母 f 表示，其单位是赫兹（Hz）。当信号频率较高时，可用千赫兹（kHz）或兆赫兹（MHz）作为单位。

频率与周期之间的关系为

$$f = \frac{1}{T} \tag{7-2}$$

（3）角频率 正弦信号变化一个周期相当于变化了 2π 弧度，因此，也可以用角频率来反映正弦信号变化的快慢。角频率用字母 ω 表示，其单位是弧度/秒（rad/s）。

角频率与周期和频率三者之间的关系为

$$\omega = \frac{2\pi}{T} = 2\pi f \tag{7-3}$$

角频率和频率与周期成反比关系，三者都可以反映正弦信号变化的快慢。频率越高，周期越短，角频率也越大，说明交流信号变化得越快。

3. 相位

$\omega t + \varphi$ 称为正弦量的相位角，简称相位。不同的相位对应着正弦量不同的瞬时值，因此，相位表示正弦量变化的进程。当 $t=0$ 时的相位角 φ 称为初相位角，简称初相。如式（7-1）中，正弦电压和电流的初相可分别用 φ_u 和 φ_i 来表示。

初相的大小与计时起点有关，通常情况下，$|\varphi| \leq \pi$。

在正弦稳态电路分析中，经常要比较同频率正弦量的相位关系。任意两个同频率的电压和电流之间的相位之差称为相位差（phase difference），用 φ 来表示，即

$$\varphi = (\omega t + \varphi_u) - (\omega t + \varphi_i) = \varphi_u - \varphi_i \tag{7-4}$$

可见，两个同频率正弦量的相位差在任意时刻都是一个常数，并且等于它们的初相之差。为了讨论方便，通常相位差 φ 的取值范围为 $|\varphi| \leq \pi$。

1) 如果 $\varphi = \varphi_u - \varphi_i > 0$，则电压到达最大值的时间比电流到达最大值的时间要早些，常说电压 u 的相位超前电流 i 的相位一个角度 φ，简称 u 超前 i 角度 φ，或者称 i 滞后 u 角度 φ；

2) 如果 $\varphi = \varphi_u - \varphi_i < 0$，则称 u 滞后 i 角度 $|\varphi|$，或者称 i 超前 u 角度 $|\varphi|$，如图 7-2a 所示；

3) 如果 $\varphi = \varphi_u - \varphi_i = 0$，则 $\varphi_u = \varphi_i$，称 u、i 同相，如图 7-2b 所示；

4）如果 $\varphi = \varphi_u - \varphi_i = \pm\pi$，则称 u、i 反相，如图 7-2c 所示；

5）如果 $\varphi = \varphi_u - \varphi_i = \pm\dfrac{\pi}{2}$，则称 u、i 正交，如图 7-2d 所示。

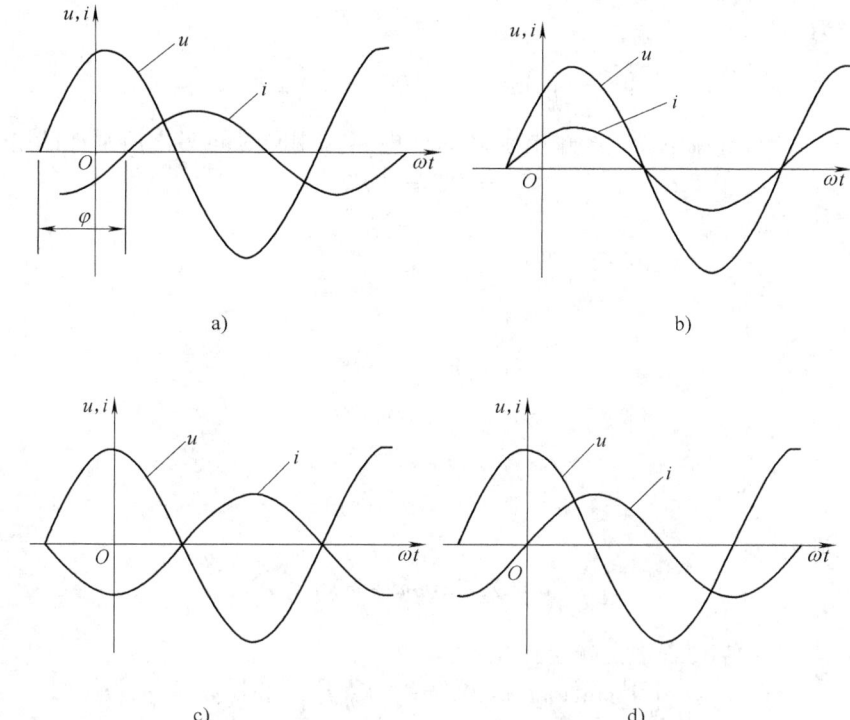

图 7-2 正弦量的相位关系

a）u 超前 i 角度 φ　b）u、i 同相　c）u、i 反相　d）u、i 正交

例 7-1 已知两个正弦量分别为

$$u = 220\sqrt{2}\sin(\omega t + 60°)\,\text{V}$$

$$i = 10\sqrt{2}\sin(\omega t - 30°)\,\text{A}$$

求电压 u 与电流 i 的相位差，并说明其相位关系。

解： 由表达式可知，电压 u 的初相位 $\varphi_u = 60°$，电流 i 的初相位 $\varphi_i = -30°$，所以，u 与 i 的相位差为

$$\varphi = \varphi_u - \varphi_i = 60° - (-30°) = 90°$$

故电压 u 超前于电流 i 90°，或电流 i 滞后电压 u 90°，即电压 u 与电流 i 正交。

7.1.3 正弦交流电的有效值

有效值是根据交流电流和直流电流具有相等的热效应来定义的。如图 7-3 所示，将交流电源和直流电源分别与两个阻值相同的电阻 R 连接，设电阻上的电流分别为 i 和 I。若在相同时间（如正弦交流电的一个周期 T）内，两个电阻上所消耗的电能相等，即发热量相等，则把该直流电流 I 的数值定

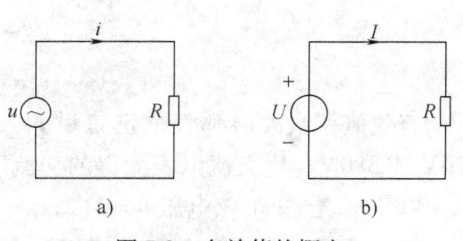

图 7-3 有效值的概念

a）交流电路　b）直流电路

义为该交流电流的有效值，用大写字母 I 来表示。同样的，交流电压和交流电动势的有效值分别用 U 和 E 表示。

在图 7-3a 中，当交流电流 i 经过电阻 R 时，电阻在一个周期 T 内消耗的电能，即电流所产生的热量为

$$W_a = \int_0^T p\,dt = \int_0^T i^2 R\,dt = R\int_0^T i^2\,dt$$

在图 7-3b 中，当直流电流 I 经过电阻 R 时，电阻在相同时间 T 内所消耗的电能为

$$W_b = PT = I^2 RT$$

由以上定义可得

$$W_a = W_b$$

即

$$R\int_0^T i^2\,dt = I^2 RT$$

所以

$$I = \sqrt{\frac{1}{T}\int_0^T i^2\,dt} \tag{7-5}$$

若正弦交流电流

$$i = I_m \sin(\omega t + \varphi)$$

则

$$I = \sqrt{\frac{1}{T}\int_0^T I_m^2 \sin^2(\omega t + \varphi)\,dt} = \sqrt{\frac{1}{T}I_m^2 \int_0^T \sin^2(\omega t + \varphi)\,dt}$$

$$= \sqrt{\frac{1}{T}I_m^2 \int_0^T \frac{1-\cos(2\omega t + \varphi)}{2}\,dt}$$

$$= \frac{1}{\sqrt{2}}I_m = 0.707 I_m \tag{7-6}$$

即正弦电流的有效值等于其最大值的 $1/\sqrt{2}$。同理，正弦电压、正弦电动势的有效值与其最大值之间的关系为

$$U = \frac{U_m}{\sqrt{2}} = 0.707 U_m$$

$$E = \frac{E_m}{\sqrt{2}} = 0.707 E_m \tag{7-7}$$

利用正弦交流电的有效值，正弦电压和正弦电流通常也可以表示为

$$u = \sqrt{2}U\sin(\omega t + \varphi_u)$$

$$i = \sqrt{2}I\sin(\omega t + \varphi_i) \tag{7-8}$$

有效值和最大值都表示正弦量的大小，人们通常所说的交流电的数值都是有效值，如 220V 或 380V；用交流电表测得的交流电压或者交流电流值也都是有效值。

例 7-2 已知正弦电压 $u = 311\sin(314t + 60°)$ V，试求：

（1）角频率 ω、频率 f、周期 T、最大值 U_m 和初相位 φ_u；

（2）在 $t=0$s 和 $t=0.001$s 时，电压的瞬时值；

(3) 用交流电压表去测量电压时,电压表的读数应为多少?

解:(1) $\omega = 314\,\text{rad/s}$,$f = \dfrac{\omega}{2\pi} = 50\,\text{Hz}$,$T = \dfrac{1}{f} = 0.02\,\text{s}$,$U_m = 311\,\text{V}$,$\varphi_u = 60°$。

(2) 当 $t = 0\,\text{s}$ 时,$u = 311\sin 60° \approx 269.3\,\text{V}$

当 $t = 0.001\,\text{s}$ 时,$u = 311\sin\left(100\pi \times 0.001 + \dfrac{\pi}{3}\right) = 311\sin 78° \approx 304.2\,\text{V}$

(3) 用交流电压表去测量电压时,电压表的读数应为有效值,即 $U = \dfrac{U_m}{\sqrt{2}} = 220\,\text{V}$。

7.2　正弦量的相量表示

在对正弦交流电路进行分析计算时,经常会涉及同频率的正弦量的计算。例如,已知正弦电流 $i_1 = \sqrt{2}I_1\sin(\omega t + \varphi_1)$ 和 $i_2 = \sqrt{2}I_2\sin(\omega t + \varphi_2)$,若要求 i_1、i_2 的和 $i = i_1 + i_2$ 的值,最直接的方法是将两个正弦函数相加,利用三角函数的和差公式来进行化简计算。也可以利用波形图法,在同一个坐标系中分别画出 i_1 和 i_2 的波形,然后将这两个波形逐点相加,即可得到总电流 i 的波形,如图7-4所示。

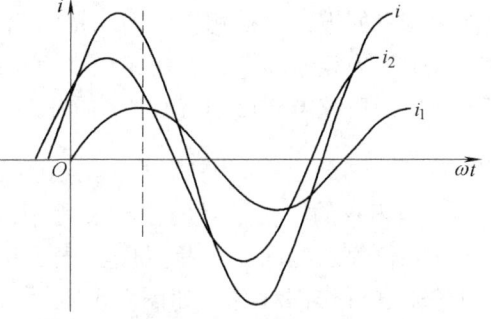

图 7-4　波形图的叠加

直接进行三角函数的计算较繁琐;波形图法可以将几个正弦量的关系用波形清楚地表示出来,但作图比较麻烦,也不够精确。显然,这两种方法都不太合适。下面介绍相量图法和用复数表示的相量式法。

7.2.1　相量和相量图

在正弦稳态电路中,电源以及各支路的电压和电流都是同频率的正弦量,不同的是它们的幅值(最大值或有效值)和初相位,即在同一个电路中,频率已知时,每个正弦量都由幅值和相位这两个要素来决定。从而让人们联想到相量,由于相量具有模和辐角两个参数,正好跟正弦量对应起来。

正弦量 $u = U_m\sin(\omega t + \varphi)$ 可以认为是长度为 U_m、与 x 轴正方向夹角为 φ 的有向线段绕原点以角速度 ω 逆时针旋转得到的,如图7-5所示。旋转相量任意时刻在 y 轴上的投影等于该正弦量在同一时刻的瞬时值。

用一个有向线段来表示正弦量的方法叫做相量法。相量的长度等于正弦量的幅值 U_m,相量与 x 轴正方向的夹角等于正弦量的初相位 φ。该正弦电压与电压相量之间的对应关系可表示为

$$u = U_m\sin(\omega t + \varphi) \Leftrightarrow \dot{U}_m = U_m \underline{/\varphi} \tag{7-9}$$

式中,u 为时间 t 的函数,属于时域;而 $\dot{U}_m$ 是一个与时间无关的复值常数,属于复数域,其模为该正弦电压的振幅,辐角为该正弦电压的初相。给定频率的正弦时间函数和复数(相

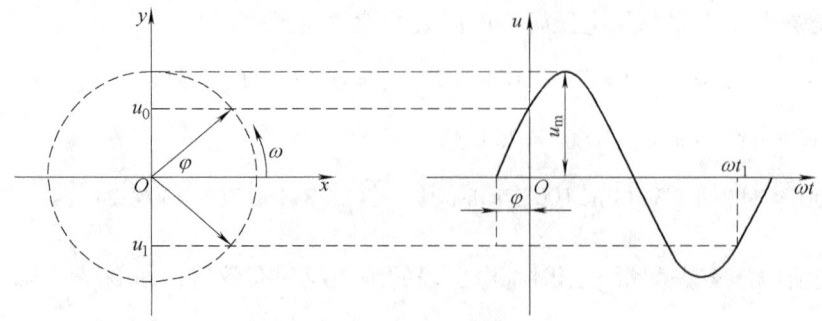

图 7-5 相量的旋转与正弦波

量）之间有着一一对应的关系，但应注意，相量是正弦量的一种表示方法，相量不等于正弦量。

对于任何一个正弦交流电，都可以用相量形式来表示。式（7-9）中，用正弦量的最大值作为相量的模，以初相位作为相量的辐角，所构成的相量称为最大值相量。如果用正弦量的有效值作为相量的模，以初相位作为相量的辐角，所构成的相量则称为有效值相量。如式（7-9）中的正弦电压可用有效值相量表示为

$$u = \sqrt{2}U\sin(\omega t + \varphi) \Leftrightarrow \dot{U} = U \underline{/\varphi} \tag{7-10}$$

在同频率的正弦信号的分析过程中，可以将各个正弦信号的大小和相位关系在同一个相量图上表示出来，然后利用作矢量图的方法来进行作图计算。如图 7-6 所示，可利用平行四边形法则作图计算两个相量的和。

相量图法把三角函数的运算转换为几何运算，使问题简化，较适用于对一些特殊角度的相量进行分析计算。但当相量较多时，相量图变得复杂，运算也很麻烦。下面引入相量式来分析和计算正弦量，相量式以复数运算为基础，将三角函数的运算转变为精确、方便的复数运算。

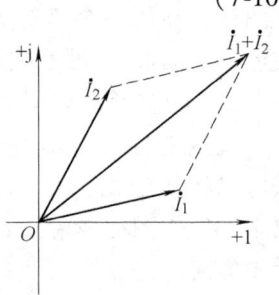

图 7-6 相量图的计算

7.2.2 相量式

通过前面介绍的相量及其具有的模和辐角两个参数，很容易联想到复数。复数由实部和虚部组成，实部的单位为 ± 1，虚部的单位为 $\pm i$。在电路理论中，为了避免与电流 i 相混淆，虚数单位用字母 j 来表示，即 $j^2 = -1$。

设 A 为一复数，其实部为 a，虚部为 b，如图 7-7 所示，则复数 A 可用以下几种形式来表示。

（1）复数的直角坐标形式

$$A = a + jb \tag{7-11}$$

$$r = \sqrt{a^2 + b^2} \tag{7-12}$$

$$\varphi = \arctan\frac{b}{a} \tag{7-13}$$

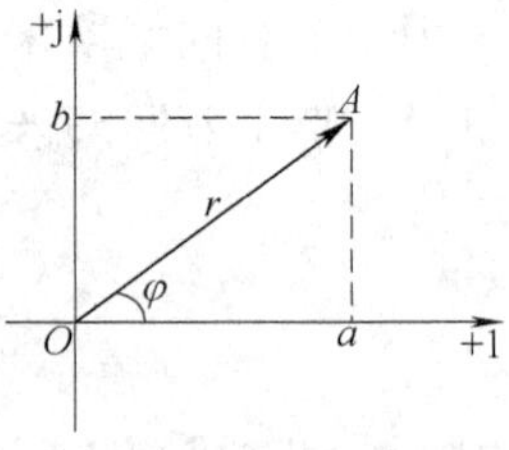

式中，r 为复数的模，即相量的长度，可代表正弦量的幅值或有效

图 7-7 复数 A

值；φ 为复数的辐角，与正弦量的初相位相对应。

（2）复数的三角形式　由图 7-7 可知，$a = r\cos\varphi$，$b = r\sin\varphi$，所以

$$A = a + jb = r\cos\varphi + jr\sin\varphi = r(\cos\varphi + j\sin\varphi) \tag{7-14}$$

（3）复数的指数形式　根据欧拉公式

$$e^{j\varphi} = \cos\varphi + j\sin\varphi \tag{7-15}$$

复数 A 还可以写成指数形式，即

$$A = r(\cos\varphi + j\sin\varphi) = re^{j\varphi} \tag{7-16}$$

（4）复数的极坐标形式　通常把复数的指数形式简记为另一种形式，称之为极坐标形式，表达式如下

$$A = r\underline{/\varphi} \tag{7-17}$$

式（7-16）可以最简便、最直观地反映出正弦信号的幅值和初相位，是电路分析中最常用的一种表示方法。

在分析正弦电路时，只需要将各正弦信号用复数来表示，即可利用复数的四则运算来进行分析和计算，下面对复数运算做些简单回顾。

设有复数

$$A_1 = a_1 + jb_1, \quad A_2 = a_2 + jb_2$$

则

$$A_1 \pm A_2 = (a_1 + jb_1) \pm (a_2 + jb_2) = (a_1 + a_2) + j(b_1 \pm b_2)$$

$$A_1 \cdot A_2 = (a_1 + jb_1)(a_2 + jb_2) = (a_1a_2 - b_1b_2) + j(a_1b_2 + a_2b_1)$$

$$\frac{A_1}{A_2} = \frac{a_1 + jb_1}{a_2 + jb_2} = \frac{(a_1 + jb_1)(a_2 - jb_2)}{(a_2 + jb_2)(a_2 - jb_2)} = \frac{a_1a_2 + b_1b_2}{a_2^2 + b_2^2} + j\frac{a_2b_1 - a_1b_2}{a_2^2 + b_2^2}$$

在电路理论中，两个复数的乘除运算通常采用指数形式或极坐标形式来进行，即

$$A_1 \cdot A_2 = r_1 e^{j\varphi_1} \cdot r_2 e^{j\varphi_2} = r_1 r_2 e^{j(\varphi_1 + \varphi_2)}$$

或

$$A_1 \cdot A_2 = r_1\underline{/\varphi_1} \cdot r_2\underline{/\varphi_2} = r_1 r_2 \underline{/\varphi_1 + \varphi_2} \tag{7-18}$$

$$\frac{A_1}{A_2} = \frac{r_1 e^{j\varphi_1}}{r_2 e^{j\varphi_2}} = \frac{r_1}{r_2} e^{j(\varphi_1 - \varphi_2)}$$

或

$$\frac{A_1}{A_2} = \frac{r_1\underline{/\varphi_1}}{r_2\underline{/\varphi_2}} = \frac{r_1}{r_2}\underline{/\varphi_1 - \varphi_2} \tag{7-19}$$

显然，复数 A_1 乘（或除）以 A_2，相当于把 A_1 所对应的相量的模伸长（或缩短）为原来的 r_2（或 $1/r_2$）倍，同时将相量沿逆时针（或顺时针）方向旋转 φ_2 角度。

特殊的，由于 $\pm j = e^{\pm j90°} = 1\underline{/\pm 90°}$，任何一个相量乘以 $+j$ 就相当于将该相量在复平面上逆时针方向旋转 90°，乘以 $-j$ 就相当于将该相量顺时针旋转 90°，模保持不变。所以，j 通常被称为 90°的旋转因子。

例 7-3　已知 $A = -3 + j4$，$B = 4 - j4$，求 $A + B$、$A - B$、$A \cdot B$ 及 A/B 的值。

解：$A + B = (-3 + j4) + (4 - j4) = 1$

$A - B = (-3 + j4) - (4 - j4) = -7 + j8$

$$A \cdot B = (-3+j4) \times (4-j4) = 5\underline{/126.9°} \times 4\sqrt{2}\underline{/-45°} = 28.28\underline{/81.9°}$$

$$\frac{A}{B} = \frac{-3+j4}{4-j4} = \frac{5\underline{/126.9°}}{4\sqrt{2}\underline{/-45°}} = 0.88\underline{/171.9°}$$

例 7-4 电路如图 7-8a 所示，已知电流 i_1 和 i_2 分别为

$$i_1(t) = 5\cos(\omega t + 36.9°)\,\mathrm{A}$$
$$i_2(t) = 10\cos(\omega t - 53.1°)\,\mathrm{A}$$

求总电流 i，并作出相量图。

解： 先用最大值相量表示各支路电流，则有

$$\dot{I}_{1m} = 5\underline{/36.9°} = (4+j3)\,\mathrm{A}$$

$$\dot{I}_{2m} = 10\underline{/-53.1°} = (6-j8)\,\mathrm{A}$$

所以，$\dot{I} = \dot{I}_{1m} + \dot{I}_{2m} = (4+j3) + (6-j8) = 10 - j5 = 11.18\underline{/-26.6°}\,\mathrm{A}$

总电流 i 的正弦函数表达式为

$$i = 11.18\cos(\omega t - 26.6°)\,\mathrm{A}$$

画出相量图如图 7-8b 所示。

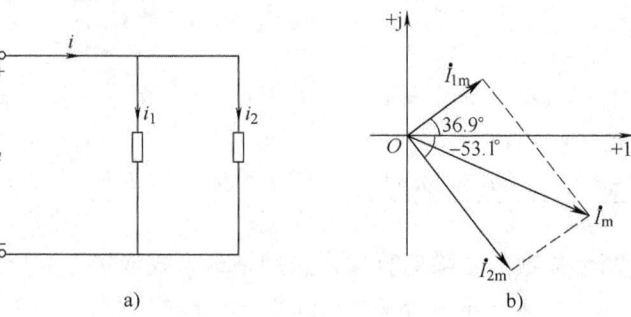

图 7-8　例 7-4 图

7.3 RLC 元件上电压电流的相量关系

本节介绍电阻、电感、电容这三种电路元件上的电压和电流关系的相量形式，它们是用相量法分析正弦交流电路的基础。

电阻、电感、电容这三种元件上的电压和电流为关联参考方向时，元件上的 VCR（电压与电流的关系）分别为

$$\begin{aligned}u_R &= Ri_R \\ u_L &= L\frac{di_L}{dt} \\ i_C &= C\frac{du_C}{dt}\end{aligned} \tag{7-20}$$

在正弦交流电路中，这三种元件的电压与电流都是同频率的正弦波，可以用相量来表示，下面将导出这三种基本元件的 VCR 的相量形式。

7.3.1 电阻元件

电阻元件如图7-9所示,电阻上的电压与电流取关联参考方向,且都为正弦量。设

$$i_R = \sqrt{2}I_R\sin(\omega t + \varphi_i)$$

根据欧姆定理有

$$u_R = Ri_R = \sqrt{2}RI_R\sin(\omega t + \varphi_i) = \sqrt{2}U_R\sin(\omega t + \varphi_u) \quad (7\text{-}21)$$

可见,电阻上的电压和电流频率相同,且 $\varphi_u = \varphi_i$,即电压与电流同相位。它们的有效值和最大值均满足欧姆定理,即

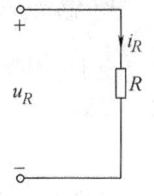

图7-9 电阻元件

$$U_R = RI_R, \quad U_{Rm} = RI_{Rm}$$

电阻上的正弦电压和电流可分别用相量形式表示为

$$\dot{U}_R = U_R \underline{/\varphi_u}, \quad \dot{I}_R = I_R \underline{/\varphi_i}$$

所以,由式(7-21)可得电阻元件上电压与电流关系的相量形式为

$$\dot{U}_R = R\dot{I}_R \quad \text{或} \quad \dot{I}_R = G\dot{U}_R \tag{7-22}$$

也可用最大值相量表示为

$$\dot{U}_{Rm} = R\dot{I}_{Rm} \quad \text{或} \quad \dot{I}_{Rm} = G\dot{U}_{Rm}$$

图7-10a、b、c分别为电阻的相量模型、电阻元件上电压与电流的波形图及相量图。电阻元件的电压相量与电流相量方向一致。

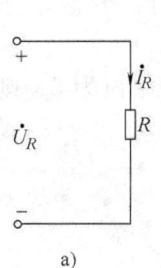 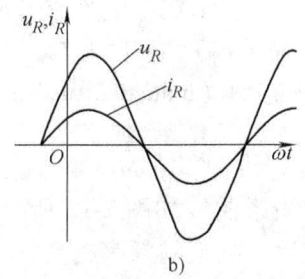 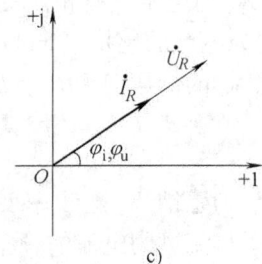

图7-10 电阻元件的电压、电流波形及相量图
a) 相量模型 b) 波形图 c) 相量图

例7-5 已知 20Ω 电阻两端的电压为 $u = 220\sqrt{2}\cos(314t + 30°)$ V,求电流 i。

解法一:直接用时域内的VCR关系式可得

$$i = \frac{u}{R} = \frac{220\sqrt{2}\cos(314t + 30°)}{20} = 11\sqrt{2}\cos(314t + 30°)\text{A}$$

解法二:用电阻元件VCR的相量形式式(7-22)求解,可分为三步来完成。

(1) 将已知正弦信号用相量来表示

$$\dot{U} = 220\underline{/30°}\text{V}$$

(2) 利用相量式进行计算

$$\dot{I} = \frac{\dot{U}}{R} = \frac{220\underline{/30°}}{20} = 11\underline{/30°}\text{A}$$

(3) 根据计算出的相量形式的结果，写出对应的正弦量

$$i = 11\sqrt{2}\cos(314t + 30°)\text{A}$$

7.3.2 电感元件

电感元件如图 7-11 所示，电感上的电压与电流取关联参考方向，且都为正弦量。设

$$i_L = \sqrt{2}I_L\sin(\omega t + \varphi_i)$$

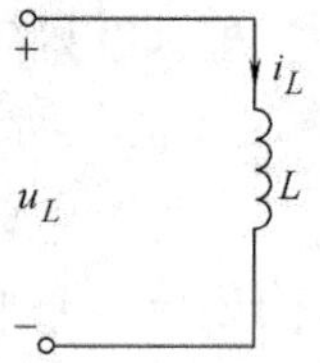

根据电感元件的 VCR 可得

$$u_L = L\frac{\mathrm{d}i_L}{\mathrm{d}t} = L\frac{\mathrm{d}[\sqrt{2}I_L\sin(\omega t + \varphi_i)]}{\mathrm{d}t} = \sqrt{2}\omega LI_L\cos(\omega t + \varphi_i)$$

$$= \sqrt{2}\omega LI_L\sin(\omega t + \varphi_i + 90°) = \sqrt{2}U_L\sin(\omega t + \varphi_u) \quad (7\text{-}23)$$

图 7-11 电感元件

可见，电感两端的电压与流过的电流是同频率的正弦量，电感电压 u_L 超前电流 i_L 90°。它们的相位、有效值和最大值分别满足下列关系：

$$\varphi_u = \varphi_i + 90°$$
$$U_L = \omega LI_L$$
$$U_{Lm} = \omega LI_{Lm}$$

令 $X_L = \omega L = 2\pi fL$，则

$$X_L = \frac{U_L}{I_L} = \frac{U_{Lm}}{I_{Lm}}$$

显然，X_L 与电阻具有相同的量纲，它表示正弦电流流过电感 L 时，电感 L 对电流的阻碍作用，称为电感的感抗（inductive reactance），单位为 Ω。

把感抗 X_L 的倒数记为 B_L，B_L 称为感纳（inductive susceptance），单位为 S，则

$$B_L = \frac{1}{X_L} = \frac{1}{\omega L}$$

感抗 X_L 和感纳 B_L 随频率变化的关系曲线如图 7-12 所示。感抗 X_L 与流过的电流的频率成正比，电流的频率越高，电感对电流的阻碍作用就越大。当频率 $\omega \to \infty$ 时，感抗 $X_L \to \infty$；当 $\omega = 0$ 时，$X_L = 0$。可见，电感对高频电流的阻碍作用很大，当 $\omega \to \infty$ 时，电流几乎不能通过电感，但是低频电流特别是直流电流可以很容易通过电感，即电感具有通直流隔交流的作用。

引入感抗和感纳，并将式（7-23）中的正弦信号用相量来表示，可得电感上电压与电流的相量关系为

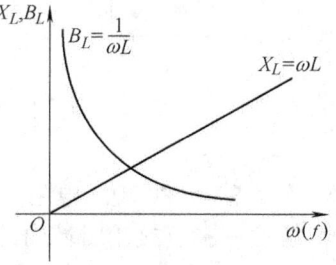

图 7-12 感抗和感纳与频率之间的关系曲线

$$\dot{U}_L = \mathrm{j}\omega L\dot{I}_L = \mathrm{j}X_L\dot{I}_L \quad (7\text{-}24)$$

或

$$\dot{I}_L = \frac{\dot{U}_L}{\mathrm{j}\omega L} = -\mathrm{j}\frac{1}{\omega L}\dot{U}_L = -\mathrm{j}B_L\dot{U}_L$$

也可用最大值相量表示为

$$\dot{U}_{Lm} = j\omega L \dot{I}_{Lm} \quad \text{或} \quad \dot{I}_{Lm} = \frac{\dot{U}_{Lm}}{j\omega L} = -j\frac{1}{\omega L}\dot{U}_{Lm}$$

图 7-13a、b、c 分别为电感的相量模型、电感元件上电压与电流的波形图及相量图。电感元件的电压相量超前于电流相量 90°，所以电压相量 $\dot{U}_L$ 应该画在电流相量 $\dot{I}_L$ 逆时针旋转 90° 后所在的方向上。

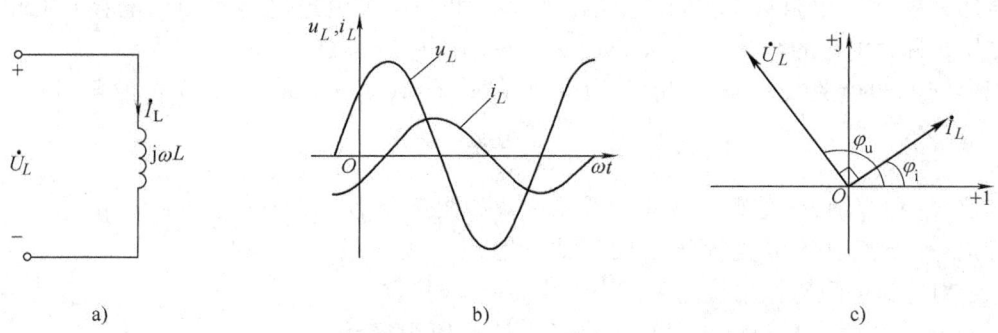

图 7-13 电感元件的电压、电流波形及相量图
a) 相量模型　b) 波形图　c) 相量图

例 7-6　将 $L=1H$ 的电感分别接在 50Hz 和 5kHz 的正弦交流电路中，电路工作时，其感抗各为多少？

解：当 $f_1 = 50Hz$ 时，
$$X_{L1} = \omega_1 L = 2\pi f_1 L = 2 \times 3.14 \times 50 \times 1\Omega = 314\Omega$$
当 $f_2 = 5kHz$ 时，
$$X_{L2} = \omega_2 L = 2\pi f_2 L = 2 \times 3.14 \times 5 \times 10^3 \times 1\Omega = 3.14 \times 10^4\Omega$$

可见，同一个电感元件在不同频率的电路中，所呈现的感抗是不同的。电路频率越高，电感的感抗值越大，它对电流的阻碍作用也就越大，反之亦然。

7.3.3　电容元件

电容元件如图 7-14 所示，电容上的电压与电流取关联参考方向，且都为正弦量。
设
$$u_C = \sqrt{2}U_C \sin(\omega t + \varphi_u)$$
根据电容元件的 VCR 可得
$$i_C = C\frac{du_C}{dt} = C\frac{d\sqrt{2}U_C\sin(\omega t + \varphi_u)}{dt} = \sqrt{2}\omega C U_C\cos(\omega t + \varphi_u)$$
$$= \sqrt{2}\omega C U_C \sin(\omega t + \varphi_u + 90°) = \sqrt{2}I_C\sin(\omega t + \varphi_i) \quad (7-25)$$

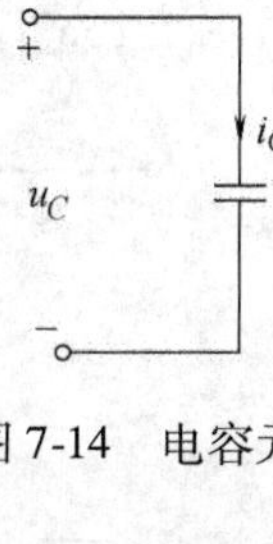

图 7-14　电容元件

可见，电容两端的电压与流过的电流是同频率的正弦量，电容上的电压 u_C 滞后电流 i_C 90°。它们的相位、有效值和最大值分别满足下列关系：
$$\varphi_i = \varphi_u + 90°, \quad \varphi_u = \varphi_i - 90°$$
$$I_C = \omega C U_C, \quad U_C = \frac{I_C}{\omega C}$$

$$I_{Cm} = \omega C U_{Cm}, \quad U_{Cm} = \frac{I_{Cm}}{\omega C}$$

令 $X_C = \dfrac{1}{\omega C} = \dfrac{1}{2\pi fC}$，则

$$X_C = \frac{U_C}{I_C} = \frac{U_{Cm}}{I_{Cm}}$$

显然，X_C 也与电阻具有相同的量纲，它表示正弦电流流过电容 C 时，电容 C 对电流的阻碍作用，称为电容的容抗（capacitive reactance），单位为 Ω。

把容抗 X_C 的倒数记为 B_C，B_C 称为容纳（capacitive susceptance），单位为 S，则

$$B_C = \frac{1}{X_C} = \omega C$$

容抗 X_C 和容纳 B_C 随频率变化的关系曲线如图 7-15 所示。容抗 X_C 与流过的电流的频率成反比，电流的频率越低，电容对电流的阻碍作用就越大。当频率 $\omega \to \infty$ 时，容抗 $X_C \to 0$；当 $\omega \to 0$ 时，$X_L \to \infty$。可见，高频电流可以很容易地通过电容，但是电容对低频电流特别是直流电流的阻碍作用很大，当 $\omega \to 0$ 时，电流几乎不能通过电容，即电容具有通交流隔直流的作用。

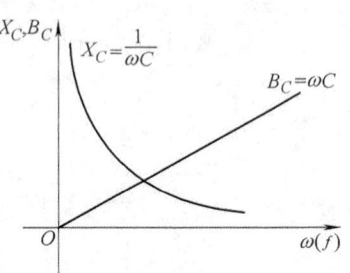

图 7-15　容抗和容纳与频率之间的关系曲线

引入容抗和容纳，并将式（7-25）中的正弦信号用相量来表示，可得电容上电压与电流的相量关系为

$$\dot{I}_C = \mathrm{j}\omega C \dot{U}_C = \mathrm{j} B_C \dot{U}_C \tag{7-26}$$

或

$$\dot{U}_C = \frac{\dot{I}_C}{\mathrm{j}\omega C} = -\mathrm{j}\frac{1}{\omega C}\dot{I}_C = -\mathrm{j}X_C \dot{I}_C$$

也可用最大值相量表示为

$$\dot{I}_{Cm} = \mathrm{j}\omega C \dot{U}_{Cm} \quad 或 \quad \dot{U}_{Cm} = \frac{\dot{I}_{Cm}}{\mathrm{j}\omega C} = -\mathrm{j}\frac{1}{\omega C}\dot{I}_{Cm}$$

图 7-16a、b、c 分别为电容的相量模型、电容元件上电压与电流的波形图及相量图。电

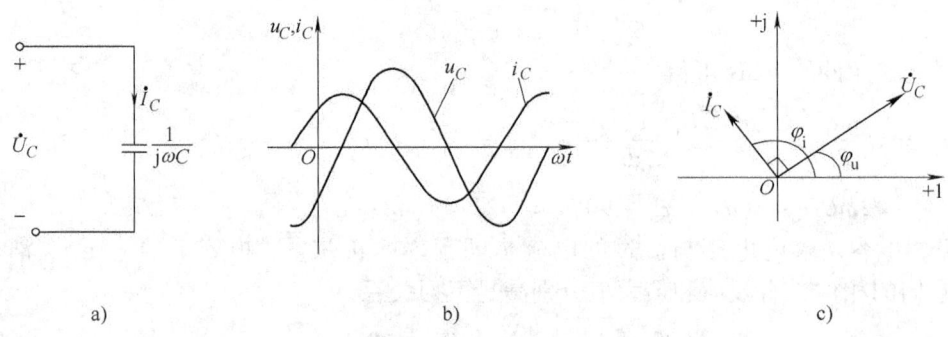

图 7-16　电容元件的电压、电流波形及相量图
a）相量模型　b）波形图　c）相量图

容元件的电压相量滞后于电流相量 90°，所以电压相量 $\dot{U}_C$ 应该画在电流相量 $\dot{I}_C$ 顺时针旋转 90° 后所在的方向上。

例 7-7 已知 1000μF 的电容两端的电压为 $u(t) = 20\sqrt{2}\cos(100t - 30°)$ V，求电容上的电流 $i(t)$，并作出相量图。

解： 分析电感与电容元件上的电压或电流时，若利用时域内的 VCR 关系式求解，会涉及到微分或积分，计算比较麻烦，通常采用相量式求解。

（1）将已知正弦信号用相量来表示

$$\dot{U} = 20 \angle{-30°} \text{V}$$

（2）利用相量式进行计算

$$\dot{I} = j\omega C\dot{U} = j \times 100 \times 1000 \times 10^{-6} \times 20 \angle{-30°}$$
$$= 2 \angle{90° - 30°}$$
$$= 2 \angle{60°} \text{A}$$

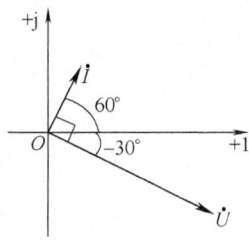

图 7-17 例 7-7 图

（3）根据计算出的相量形式的结果，写出对应的正弦量

$$i = 2\sqrt{2}\cos(100t + 60°) \text{A}$$

相量图如图 7-17 所示，可见，电容上的电流超前于电压 90°。

7.4 阻抗和导纳

上节讨论了三种基本电路元件上电压与电流的相量关系，在关联参考方向下，各元件上 VCR 的相量形式为

$$\dot{U}_R = R\dot{I}_R$$

$$\dot{U}_L = j\omega L\dot{I}_L$$

$$\dot{U}_C = \frac{1}{j\omega C}\dot{I}_C = -j\frac{1}{\omega C}\dot{I}_C$$

二端元件的电压相量与电流相量之比，对 R 元件是实数，而对 L、C 元件则为虚数。正弦稳态电路中，大多数二端网络都是由 R、L、C 三种基本元件组成的，讨论各元件及端口电压与电流相量的关系是分析正弦稳态电路的重点。

7.4.1 阻抗

1. *RLC* 串联电路

在图 7-18a 中，由 *RLC* 元件串联组成正弦稳态电路，其相量模型如图 7-18b 所示。

根据 KVL，得

$$u = u_R + u_L + u_C$$

用相量表示正弦量，并将各元件的 VCR 关系代入上式，有

$$\dot{U} = \dot{U}_R + \dot{U}_L + \dot{U}_C = R\dot{I} + j\omega L\dot{I} - j\frac{1}{\omega C}\dot{I}$$

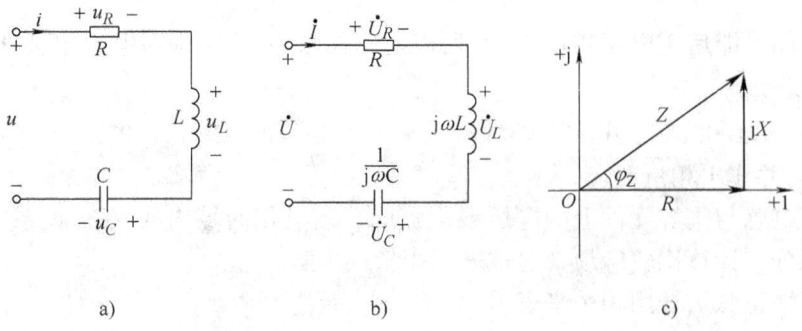

图 7-18 *RLC* 串联电路的阻抗
a) *RLC* 串联电路 b) 电路的相量模型 c) 阻抗三角形

$$= \left[R + j\left(\omega L - \frac{1}{\omega C}\right)\right]\dot{I}$$

$$= [R + j(X_L - X_C)]\dot{I}$$

$$= (R + jX)\dot{I}$$

式中，$X = X_L - X_C$，由电路中的感抗和容抗组成，合称为电抗，单位是 Ω。

在无源线性网络中，端口的电压相量 $\dot{U}$ 与电流相量 $\dot{I}$ 的比值定义为该一端口的复数阻抗（complex impedance），简称复阻抗或阻抗（impedance），用大写字母 Z 来表示，单位是 Ω，即

$$Z = \frac{\dot{U}}{\dot{I}} = R + jX = |Z| \underline{/\varphi_Z} \tag{7-27}$$

式中，Z 的模值 $|Z|$ 称为阻抗模（impedance modulus）；它的辐角 φ_Z 称为阻抗角（impedance angle）。

虽然阻抗 Z 是复数，但它不代表正弦量，不能称为相量，因此字母 Z 上面不加圆点。

阻抗可在复平面上用图形来表示，如图 7-18c 所示，称为阻抗三角形。该图形是在虚部 $X > 0$，即 $X_L > X_C$ 时所作；若 $X < 0$，则阻抗三角形在第四象限。

阻抗的实部 R、虚部 X、阻抗模 $|Z|$ 以及阻抗角 φ_Z 之间的关系分别为

$$R = \text{Re}[Z] = |Z|\cos\varphi_Z, \quad X = \text{Im}[Z] = |Z|\sin\varphi_Z$$

$$|Z| = \sqrt{R^2 + X^2} = \sqrt{R^2 + (X_L - X_C)^2}$$

$$\varphi_Z = \arctan\frac{X}{R} = \arctan\frac{X_L - X_C}{R}$$

由于 $\dot{U} = U\underline{/\varphi_u}$，$\dot{I} = I\underline{/\varphi_i}$，所以阻抗还可以表示为

$$Z = \frac{\dot{U}}{\dot{I}} = \frac{U\underline{/\varphi_u}}{I\underline{/\varphi_i}} = \frac{U}{I}\underline{/\varphi_u - \phi_i} \tag{7-28}$$

比较式（7-27）与式（7-28）可得

$$\begin{cases} |Z| = U/I \\ \varphi_Z = \varphi_u - \varphi_i \end{cases} \tag{7-29}$$

式（7-29）表明：

1）阻抗模 |Z| 等于端口电压有效值与支路电流有效值之比，当电压一定时，|Z| 越大，则电流越小，支路对电流的阻碍作用越大。

2）阻抗角 φ_Z 等于端口电压与支路电流的相位差，即电压超前于电流的角度。

当 $X_L > X_C$，即 $X > 0$ 时，阻抗虚部为正数，$\varphi_Z > 0$，电压超前于电流，这时支路呈现电感性，简称感性，相当于电阻与一等值电感串联的电路。

当 $X_L < X_C$，即 $X < 0$ 时，阻抗虚部为负数，$\varphi_Z < 0$，电压滞后于电流（或电流超前于电压），这时支路呈现电容性，简称容性，相当于电阻与一等值电容串联的电路。

当 $X_L = X_C$，即 $X = 0$ 时，阻抗虚部为零（即为实数），$\varphi_Z = 0$，电压与电流同相位，这时支路处于串联谐振状态，相当于纯电阻电路。

2. 二端网络的阻抗

阻抗的定义可以推广到无源线性网络中，如图 7-19a 所示，二端网络 N_0 不含独立电源，仅由线性时不变元件组成。

二端网络的端口阻抗（又称驱动点阻抗）Z 为端口电压相量与电流相量之比，即

$$Z = \frac{\dot{U}}{\dot{I}} = R + jX \qquad (7\text{-}30)$$

由阻抗 Z 的代数形式，可以将图 7-19a 所示的二端网络用图 7-19b 来等效。R、X 分别称为该二端网络的等效电阻和等效电抗。

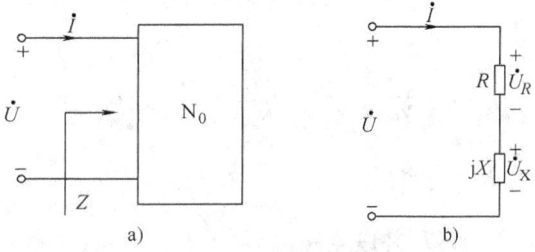

图 7-19 二端网络的阻抗及串联等效电路
a）二端网络的阻抗　b）串联等效电路

二端元件 R、L、C 是最基本的二端网络，它们的阻抗分别为

$$Z_R = R，\quad Z_L = j\omega L = jX_L，\quad Z_C = \frac{1}{j\omega C} = -j\frac{1}{\omega C} = -jX_C \qquad (7\text{-}31)$$

在图 7-19b 所示电路中，由式（7-30）可得

$$\dot{U} = (R + jX)\dot{I} = R\dot{I} + jX\dot{I} = \dot{U}_R + \dot{U}_X$$

式中，$\dot{U}_R$、$\dot{U}_X$ 分别称为端口电压的电阻分量和电抗分量。$\dot{U}_R$、$\dot{U}_X$ 与 $\dot{U}$ 可以构成三角形，称为电压三角形，如图 7-20 所示。

可见，电压三角形与阻抗三角形构成相似三角形，相当于把阻抗三角形放大 I 倍，便可得到电压三角形，且满足

$$U = \sqrt{U_R^2 + U_X^2}$$

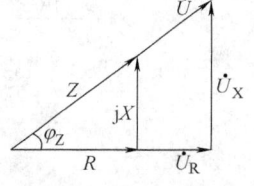

图 7-20 电压三角形与阻抗三角形的关系

3. 阻抗的串联

图 7-19b 所示电路中，该二端网络总的阻抗为

$$Z = \frac{\dot{U}}{\dot{I}} = \frac{\dot{U}_R + \dot{U}_L + \dot{U}_C}{\dot{I}} = R + j\omega L + \frac{1}{j\omega C}$$

即

$$Z = Z_R + Z_L + Z_C$$

依此类推，对于图 7-21 所示的 n 个阻抗串联的电路，其等效阻抗为

$$Z = Z_1 + Z_2 + \cdots + Z_n = \sum_{k=1}^{n} Z_k$$
$$= (R_1 + jX_1) + (R_2 + jX_2) + \cdots + (R_n + jX_n)$$
$$= (R_1 + R_2 + \cdots + R_n) + j(X_1 + X_2 + \cdots + X_n)$$
$$= \sum_{k=1}^{n} R_k + j\sum_{k=1}^{n} X_k = R + jX$$

式中，$R = \sum_{k=1}^{n} R_k$，$X = \sum_{k=1}^{n} X_k$。

各个阻抗上的电压可以利用下面的分压公式进行计算

$$\dot{U}_k = \frac{Z_k}{Z}\dot{U}, \quad k = 1, 2, \cdots, n$$

当两个阻抗串联分压时，各阻抗上的电压分别为

$$\dot{U}_1 = \frac{Z_1}{Z_1 + Z_2}\dot{U}, \quad \dot{U}_2 = \frac{Z_2}{Z_1 + Z_2}\dot{U}$$

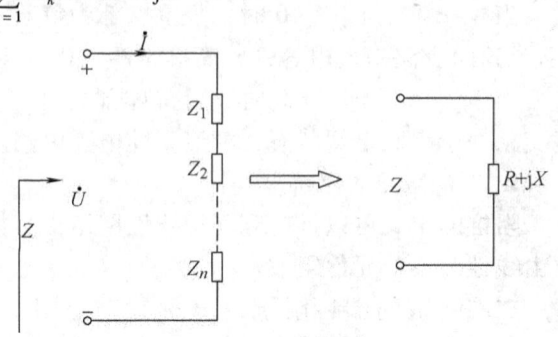

图 7-21　阻抗的串联

7.4.2　导纳

1. GCL 并联电路

在图 7-22a 中，由 GCL 元件并联组成正弦稳态电路，其相量模型如图 7-22b 所示。

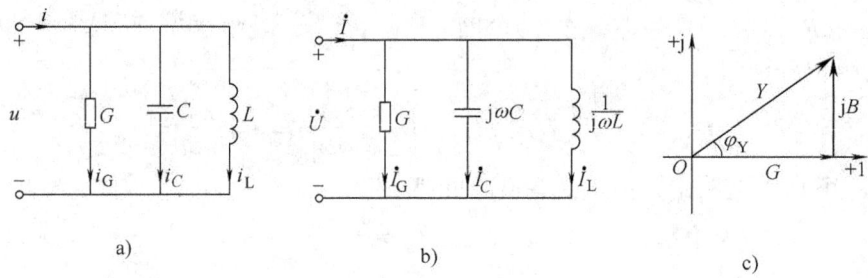

图 7-22　GCL 并联电路的导纳

a) GCL 并联电路　b) 电路的相量模型　c) 导纳三角形

根据 KCL，得

$$i = i_G + i_C + i_L$$

用相量表示正弦量，并将各元件的 VCR 关系代入上式，有

$$\dot{I} = \dot{I}_G + \dot{I}_C + \dot{I}_L = G\dot{U} + j\omega C\dot{U} - j\frac{1}{\omega L}\dot{U}$$
$$= \left[G + j\left(\omega C - \frac{1}{\omega L}\right)\right]\dot{U}$$
$$= [G + j(B_C - B_L)]\dot{U}$$
$$= (G + jB)\dot{U}$$

式中，$B = B_C - B_L$，由电路中的容纳和感纳组成，合称为电纳，单位是 S。

在无源线性网络中，端口的电流相量 $\dot{I}$ 与电压相量 $\dot{U}$ 的比值定义为该一端口的复数导纳（complex admittance），简称导纳（admittance），用大写字母 Y 来表示，单位是 S，即

$$Y = \frac{1}{Z} = \frac{\dot{I}}{\dot{U}} = G + jB = |Y| \underline{/\varphi_Y} \tag{7-32}$$

式中，Y 的模值 $|Y|$ 称为导纳模（admittance modulus）；它的辐角 φ_Y 称为导纳角（admittance angle）。与阻抗类似，导纳 Y 的字母上面也不加圆点。

导纳也可以在复平面上用图形来表示，如图 7-22c 所示，称为导纳三角形。该图形是在虚部 $B > 0$，即 $B_C > B_L$ 时所作；若 $B < 0$，则导纳三角形在第四象限。

导纳的实部 G、虚部 B、导纳模 $|Y|$ 以及导纳角 φ_Y 之间的关系分别为

$$G = \text{Re}[Y] = |Y|\cos\varphi_Y, \quad B = \text{Im}[Y] = |Y|\sin\varphi_Y$$

$$|Y| = \sqrt{G^2 + B^2} = \sqrt{G^2 + (B_C - B_L)^2}$$

$$\varphi_Y = \arctan\frac{B}{G} = \arctan\frac{B_C - B_L}{G}$$

又因为

$$Y = \frac{1}{Z} = \frac{\dot{I}}{\dot{U}} = \frac{I\underline{/\varphi_i}}{U\underline{/\varphi_u}} = \frac{I}{U}\underline{/\varphi_i - \varphi_u} \tag{7-33}$$

所以，由式（7-32）和式（7-33）可得

$$\begin{cases} |Y| = I/U \\ \varphi_Y = \varphi_i - \varphi_u \end{cases} \tag{7-34}$$

式（7-34）表明导纳模 $|Y|$ 等于端口电流与电压有效值之比，导纳角 φ_Y 等于端口电流与电压的相位差，即电流超前于电压的角度。

当 $B_C > B_L$，即 $B > 0$ 时，导纳虚部为正数，$\varphi_Y > 0$，电流超前于电压，支路呈现容性，相当于电阻与一等值电容并联的电路。

当 $B_C < B_L$，即 $B < 0$ 时，导纳虚部为负数，$\varphi_Y < 0$，电流滞后于电压，支路呈现感性，相当于电阻与一等值电感并联的电路。

当 $B_C = B_L$，即 $B = 0$ 时，导纳虚部为零（即为实数），$\varphi_Y = 0$，电流与电压同相位，电感和电容的作用相互抵消，支路处于并联谐振状态。

2. 二端网络的导纳

导纳的定义也可以推广到无源线性网络中，如图 7-23a 所示。N_0 为无源线性二端网络，其端口电流相量与电压相量之比称为该端口的导纳，又称驱动点导纳，即

$$Y = \frac{\dot{I}}{\dot{U}} = G + jB \tag{7-35}$$

由式（7-35）中 Y 的代数形式，可将图 7-23a 所示的二端网络用图 7-23b 来等效。G 和 B 分别称为该二端网络的等效电导和电纳。

三种最基本的二端元件 R、L、C 的导纳分别为

$$Y_R = \frac{1}{R} = G, \quad Y_L = \frac{1}{j\omega L} = -j\frac{1}{\omega L} = -jB_L, \quad Y_C = j\omega C = jB_C \qquad (7\text{-}36)$$

在图 7-23b 所示电路中，由式（7-35）可得

$$\dot{I} = (G + jB)\dot{U} = G\dot{U} + jB\dot{U} = \dot{I}_G + \dot{I}_B$$

式中，$\dot{I}_G$，$\dot{I}_B$ 分别称为电流 $\dot{I}$ 的电导分量和电纳分量。$\dot{I}_G$，$\dot{I}_B$ 与 $\dot{I}$ 可以构成三角形，称为电流三角形，如图 7-24 所示。

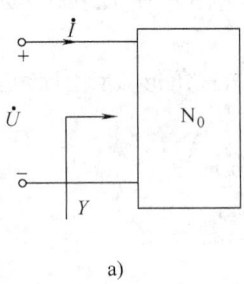
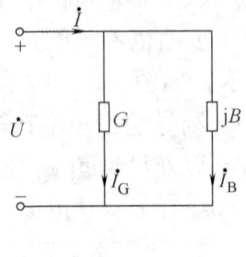
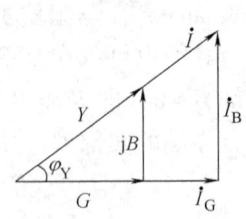

图 7-23　二端网络的导纳及并联等效电路
　　a）二端网络的导纳　b）并联等效电路

图 7-24　电流三角形
与导纳三角形的关系

可见，电流三角形相当于把导纳三角形放大 U 倍后得到的，它们之间也构成相似三角形，且满足

$$I = \sqrt{I_G^2 + I_B^2}$$

3. 导纳的并联

图 7-22b 所示电路中，该二端网络总的导纳为

$$Y = \frac{\dot{I}}{\dot{U}} = \frac{\dot{I}_G + \dot{I}_C + \dot{I}_L}{\dot{U}} = G + j\omega C + \frac{1}{j\omega L}$$

即

$$Y = Y_R + Y_C + Y_L$$

依此类推，对于图 7-25 所示的 n 个导纳并联（阻抗串联）的电路，其等效导纳为

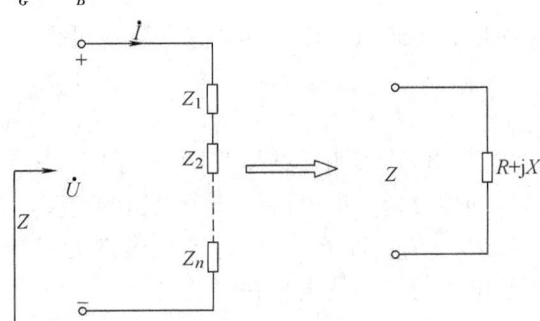

图 7-25　阻抗的串联

$$\begin{aligned}Y &= Y_1 + Y_2 + \cdots + Y_n = \sum_{k=1}^{n} Y_k \\ &= (G_1 + jB_1) + (G_2 + jB_2) + \cdots + (G_n + jB_n) \\ &= (G_1 + G_2 + \cdots + G_n) + j(B_1 + B_2 + \cdots + B_n) \\ &= \sum_{k=1}^{n} G_k + j\sum_{k=1}^{n} B_k = G + jB\end{aligned}$$

式中，$G = \sum_{k=1}^{n} G_k$，$B = \sum_{k=1}^{n} B_k$。

各个导纳上的电流可以利用分流公式进行计算

$$\dot{I}_k = \frac{Y_k}{Y}\dot{I}, \quad k = 1, 2, \cdots, n$$

当两个导纳并联分流时,各导纳上的电流分别为

$$\dot{I}_1 = \frac{Y_1}{Y_1 + Y_2}\dot{I} = \frac{Z_2}{Z_1 + Z_2}\dot{I}, \qquad \dot{I}_2 = \frac{Y_2}{Y_1 + Y_2}\dot{I} = \frac{Z_1}{Z_1 + Z_2}\dot{I}$$

7.4.3 阻抗和导纳的关系

阻抗和导纳是用于反映二端网络或支路特性的两个重要参数。对于无源线性二端网络 N_0,既可以利用 $Z = R + jX$,将电路等效为 R 和 jX 的串联;也可以利用 $Y = G + jB$,将电路等效为 G 和 jB 的并联形式。如图 7-26 所示,根据等效的概念,二端网络 N_0 的阻抗与导纳之间可以进行转换。

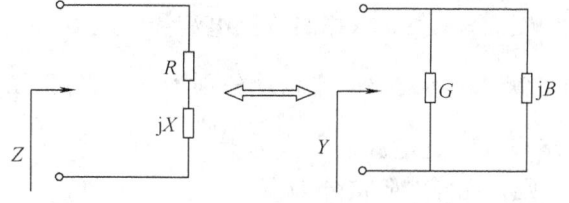

图 7-26 阻抗与导纳的换算

对于任意二端口,阻抗与导纳的关系为

$$Y = \frac{1}{Z}$$

即

$$|Y| = \frac{1}{|Z|}, \text{ 且 } \varphi_Y = -\varphi_Z$$

(1)若已知 $Z = R + jX$,则

$$Y = \frac{1}{Z} = \frac{1}{R + jX} = \frac{R}{R^2 + X^2} + j\frac{-X}{R^2 + X^2} = G + jB$$

即

$$G = \frac{R}{R^2 + X^2}, \qquad B = \frac{-X}{R^2 + X^2}$$

(2)若已知 $Y = G + jB$,则

$$Z = \frac{1}{Y} = \frac{1}{G + jB} = \frac{G}{G^2 + B^2} + j\frac{-B}{G^2 + B^2} = R + jX$$

即

$$R = \frac{G}{G^2 + B^2}, \qquad X = \frac{-B}{G^2 + B^2}$$

可见,复数 Y 和 Z 互为倒数,它们之间进行转换时,要利用复数求倒数的方法,而不是简单的把实部与虚部分别求倒数,即一般情况下,$G \neq \frac{1}{R}$,$B \neq \frac{1}{X}$。

例 7-8 电路如图 7-27a 所示,已知 $R = 5\Omega$,$X_{L1} = 10\Omega$,$X_{L2} = 20\Omega$,$X_{C1} = 5\Omega$,$X_{C2} =$

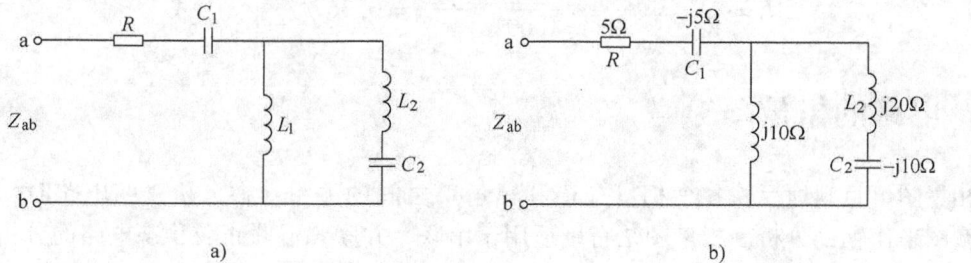

图 7-27 例 7-8 图

10Ω，求电路总的阻抗 Z_{ab}，并说明电路的性质。

解：作出电路的相量模型，如图 7-27b 所示，根据串、并联公式可得

$$Z_{ab} = 5 - j5 + \frac{j10 \times (j20 - j10)}{j10 + (j20 - j10)} = 5\Omega$$

因此，该电路呈现电阻性。

例 7-9 电路如图 7-28 所示，已知 $R_1 = 10\Omega$，$R_2 = 1000\Omega$，$L = 0.5\text{H}$，$C = 10\mu\text{F}$，$U_s = 200\text{V}$，$\omega = 314\text{rad/s}$ 求各支路电流和电压 $\dot{U}_{ab}$。

解：设各支路电流相量分别为 $\dot{I}$、$\dot{I}_1$ 和 $\dot{I}_2$，如图 7-28 所示。选电源电压作为参考相量，令 $\dot{U}_s = 200\underline{/0°}$ V，则各元件的阻抗分别为

$Z_{R1} = 10\Omega$，$Z_L = j\omega L = j \times 314 \times 0.5 = j157\Omega$

$Z_{R2} = 1000\Omega$，$Z_C = -j\dfrac{1}{\omega C} = -j \times \dfrac{1}{314 \times 10 \times 10^{-6}}$

$= -j318.47\Omega$

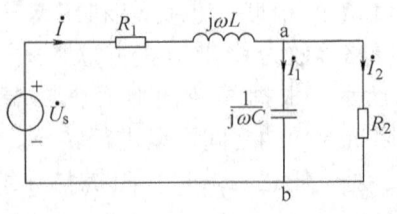

图 7-28 例 7-9 图

因为 Z_{R2} 与 Z_C 并联，其等效阻抗为

$$Z_{ab} = \frac{Z_{R2} Z_C}{Z_{R2} + Z_C} = \frac{1000 \times (-j318.47)}{1000 + (-j318.47)} = 303.45\underline{/-72.33°}\Omega$$

$$= (92.11 - j289.13)\Omega$$

所以，电路总的输入阻抗 Z_{eq} 为

$$Z_{eq} = Z_{R1} + Z_L + Z_{ab} = 10 + j157 + (92.11 - j289.13)$$

$$= 102.11 - j132.13 = 166.99\underline{/-52.30°}\Omega$$

故，各支路电流和电压 $\dot{U}_{ab}$ 计算如下：

$$\dot{I} = \frac{\dot{U}_s}{Z_{eq}} = \frac{200\underline{/0°}}{166.99\underline{/-52.30°}} = 1.20\underline{/52.30°}\text{A}$$

$$\dot{U}_{ab} = Z_{ab} \times \dot{I} = 303.45\underline{/-72.33°} \times 1.20\underline{/52.30°} = 364.14\underline{/-20.03°}\text{V}$$

$$\dot{I}_1 = \frac{\dot{U}_{ab}}{Z_C} = \frac{364.14\underline{/-20.03°}}{-j318.47} = 1.14\underline{/69.97°}\text{A}$$

$$\dot{I}_2 = \frac{\dot{U}_{ab}}{Z_{R2}} = \frac{364.14\underline{/-20.03°}}{1000} = 0.36\underline{/-20.03°}\text{A}$$

7.5 电路的相量图

相量图可直观地反映各个相量（模和辐角）之间的关系，在分析正弦电路时，可以画出相量图来作辅助分析。相量图法特别适用于串联、并联和混联正弦稳态电路的分析。它通过作电流、电压的相量图求得未知相量。用相量图分析电路的步骤是：

1）画出电路的相量模型；

2）选择参考相量，令其初相为零，在串联电路中，通常选择电流相量作为参考相量；而对于并联电路，则选择电压相量作为参考相量；

3）从参考相量出发，利用各元件上电压与电流相量之间的关系，以及电路的 KCL、KVL 定律，确定有关电流或电压相量，定性地画出相量图；

4）根据相量图中的几何关系，求出所需的电流、电压相量。

画相量图时可以不画出坐标轴，而是取某一相量作为参考相量，令其初相为零，代替坐标轴的正实轴。选参考相量的原则是使电路的每一相量均能以参考相量为"基准"而作出。根据电路结构的不同，通常可采用如下两种方法进行合理的选择和绘图。

（1）以电路串联部分的电流相量作为参考，根据 VCR 确定有关电压相量与电流相量之间的夹角，再根据 KVL 方程，用相量求和的方法（如平行四边形法则），画出回路上各电压相量组成的多边形。

（2）以电路并联部分的电压相量作为参考，根据 VCR 确定有关电流相量与电压相量之间的夹角，再根据 KCL 方程，用相量求和的方法画出各个支路电流相量组成的多边形。

例 7-10　电路如图 7-29a 所示，已知各电压、电流有效值分别为 $I_1 = 10\text{A}$，$I_2 = 10\sqrt{2}\text{A}$，$U = 200\text{V}$，$R_1 = 5\Omega$，$R_2 = X_L$，求电流 I、容抗 X_C 和感抗 X_L。

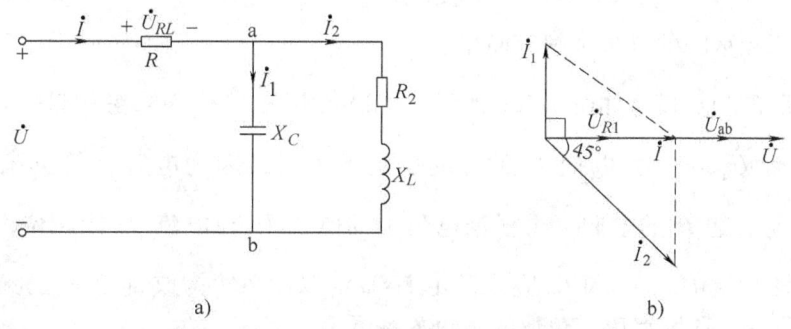

图 7-29　例 7-10 图

解：因为电路中 X_C、X_L 和 R_2 等参数均未知，若直接用相量法求解，计算过程比较复杂，这里采用相量图法来进行分析。

选取并联支路电压 $\dot{U}_{ab}$ 作为参考相量，令 $\dot{U}_{ab} = \dot{U}_{ab}\underline{/0°}$，则电容上的电流 $\dot{I}_1$ 超前 $\dot{U}_{ab}$ 90°；由 $R_2 = X_L$ 可知，R_2 与 X_L 串联的感性支路上的电流 $\dot{I}_2$ 滞后电压 $\dot{U}_{ab}$ 45°；再利用平行四边形法则，绘出总电流相量 $\dot{I}$；然后根据电阻 R_1 上的电压与电流同相，绘出电压相量 $\dot{U}_{R1}$；最后，电压 $\dot{U}_{R1}$ 与 $\dot{U}_{ab}$ 之和应等于总电压 $\dot{U}$，作出的相量图如图 7-29b 所示。由相量图可知

$$I = \sqrt{I_2^2 - I_1^2} = \sqrt{(10\sqrt{2})^2 - 10^2}\text{A} = 10\text{A}$$
$$U_{R1} = IR_1 = 10 \times 5\text{V} = 50\text{V}$$
$$U_{ab} = U - U_{R1} = 200\text{V} - 50\text{V} = 150\text{V}$$

所以有

$$X_C = \frac{U_{ab}}{I_1} = \frac{150}{10}\Omega = 15\Omega$$

由于 $R_2 = X_L$，且

$$\sqrt{R_2^2 + X_L^2} = \frac{U_{ab}}{I_2} = \frac{150}{10\sqrt{2}}\Omega = 7.5\sqrt{2}\,\Omega$$

所以
$$R_2 = X_L = 7.5\,\Omega$$

例 7-11 移相电路如图 7-30a 所示，已知 $C = 1\,\mu\text{F}$，输入端正弦电压 u_1 的角频率 $\omega = 1200\pi$ rad/s，欲使输出电压 u_2 的相位后移（滞后）电压 u_1 60°，求匹配电阻 R 的阻值。

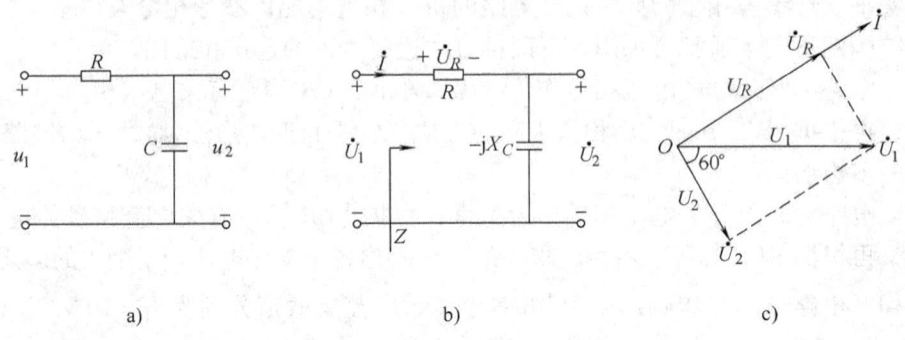

图 7-30　例 7-11 图

解： 此题用相量图的方法求解较简单。

先作出电路的相量模型如图 7-30b 所示，用输入电压 $\dot{U}_1$ 作为参考相量（$\dot{U}_1$ 的模任意）；依题意，$\dot{U}_2$ 滞后 $\dot{U}_1$ 60°，可以把 $\dot{U}_2$ 的方向确定下来；又因为电容上的电流 $\dot{I}$ 超前电压 $\dot{U}_2$ 90°，从而确定电流 $\dot{I}$ 的方向；再根据电阻上的电压 $\dot{U}_R$ 与电流 $\dot{I}$ 同相位，确定 $\dot{U}_R$ 的方向；最后，电压相量 $\dot{U}_1$、$\dot{U}_2$ 和 $\dot{U}_R$ 应该满足 KVL 定律，必然构成直角三角形，作出的相量图如图 7-30c 所示。利用直角三角形的边角关系可得

$$U_1 = 2U_2$$

而
$$U_2 = X_C I,\ U_1 = |Z|I = \sqrt{R^2 + X_C^2}\,I$$

即
$$\sqrt{R^2 + X_C^2} = 2X_C$$

因此，当 R 取正值时，可求得

$$R = \sqrt{3}X_C = \frac{\sqrt{3}}{\omega C} = \frac{\sqrt{3}}{1200\pi \times 1 \times 10^{-6}}\Omega = 459\,\Omega$$

用相量图法对电路进行分析与求解时，应注意下面两点：

1) 相量或相量图仅适用于单频率正弦电源激励下电路的稳态响应分析，而不能用于正弦电源接入后电路暂态响应的计算；

2) 如果电路含有多个不同频率的正弦电源，则不能用相量形式直接叠加，应针对各个不同频率的电源分别用相量法求出相量形式的响应分量，再将它们还原为正弦量，然后在时域中叠加得到各个不同频率电源共同作用时的稳态响应。

7.6 电路定律的相量形式

在正弦稳态电路中,将电路时域模型中的正弦量表示为相量,无源元件参数表示为阻抗或导纳,得到的模型称为电路的相量模型。相量模型和时域模型具有相同的拓扑结构,如图7-31所示。

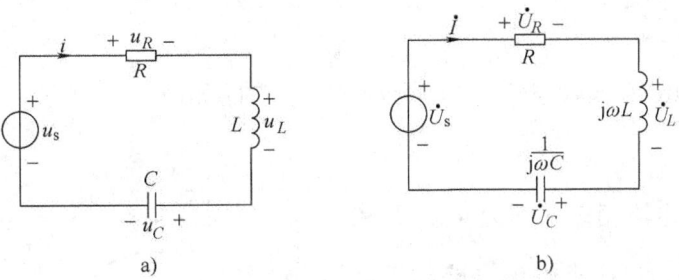

图7-31 正弦电路的时域模型与相量模型
a) 时域模型 b) 相量模型

在相量模型中,各阻抗、导纳中的电压相量和电流相量满足欧姆定律的相量形式。即

$$\dot{U} = Z\dot{I} \quad \text{或} \quad \dot{I} = \frac{\dot{U}}{Z} = Y\dot{U} \tag{7-37}$$

由 KCL 定律可知

$$\Sigma i_k = 0$$

在正弦交流电路中,令 $i_k = \sqrt{2}I_k\sin(\omega t + \varphi_{ik})$,则其相量形式为

$$\dot{I}_k = I_k \underline{/\varphi_{ik}}$$

若将汇于同一节点的各支路电流都用电流相量来表示,则可以得到 KCL 定律的相量形式

$$\Sigma \dot{I}_k = 0 \tag{7-38}$$

式 (7-38) 表明,在集总参数的正弦稳态电路中,流入或流出电路中任一节点的各支路电流相量的代数和等于零。

同理,将某一回路中各元件上的电压都用相量来表示,可以得到 KVL 定律的相量形式

$$\Sigma \dot{U}_k = 0 \tag{7-39}$$

式 (7-39) 表明,在集总参数的正弦稳态电路中,沿任一回路各支路电压相量的代数和等于零。

图 7-32a、b 所示分别为正弦稳态电路中的一个节点和一个回路,它们的相量模型如图 7-32c、d 所示。相量模型中各相量的参考方向与相应正弦量的参考方向相同,根据相量形式的 KCL、KVL 定律,可得

$$-\dot{I}_1 + \dot{I}_2 - \dot{I}_3 - \dot{I}_4 = 0$$
$$\dot{U}_1 + \dot{U}_2 - \dot{U}_3 - \dot{U}_4 = 0$$

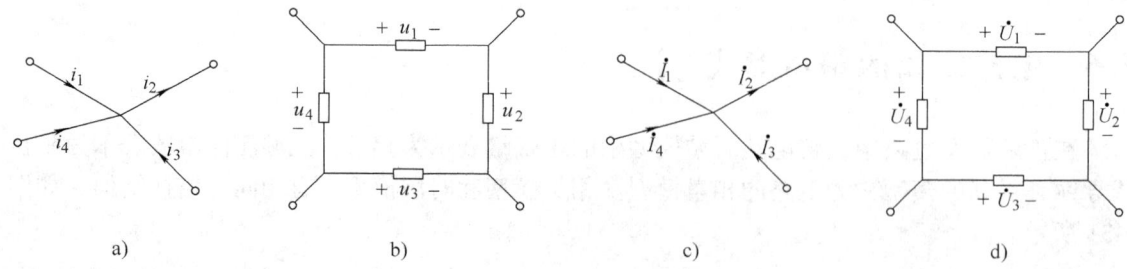

图 7-32 KCL、KVL 的相量形式

例 7-12 用 KCL 和 KVL 定律重新求解例 7-9。电路如图 7-33 所示，求各支路电流和电压 $\dot{U}_{ab}$。

解：设备支路电流相量分别为 $\dot{I}$、$\dot{I}_1$ 和 $\dot{I}_2$。用 KCL 和 KVL 定律求解该电路时，可以列写一个 KCL 方程和两个 KVL 方程。

对节点 a 列 KCL 方程，得

$$\dot{I} - \dot{I}_1 - \dot{I}_2 = 0$$

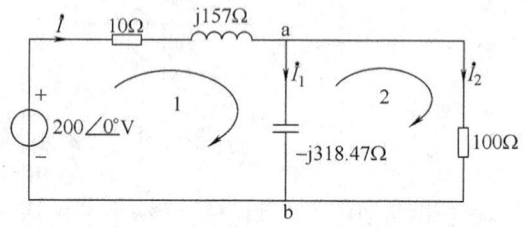

图 7-33 例 7-12 图

对两个网孔分别列 KVL 方程，得

$$(10 + j157)\dot{I} - j318.47\dot{I}_1 = 200\underline{/0°}$$

$$1000\dot{I}_2 + j318.47\dot{I}_1 = 0$$

将这三个方程联立起来求解，即可解出各支路电流如下：

$$\dot{I} = 1.20\underline{/52.30°}\text{A}$$

$$\dot{I}_1 = 1.14\underline{/69.97°}\text{A}$$

$$\dot{I}_2 = 0.36\underline{/-20.03°}\text{A}$$

因此，可以计算出电压 $\dot{U}_{ab}$ 为

$$\dot{U}_{ab} = 1000 \times \dot{I}_2 = 360\underline{/-20.03°}\text{V}$$

在相量图中，任一个 KCL 或 KVL 方程中的各相量在复平面上必然构成一个封闭的多边形。值得注意的是，电流相量和电压相量可分别满足 KCL 或 KVL，但电流或电压的有效值通常情况下不满足 KCL 或 KVL。如例 7-12 中的电流相量满足方程 $\dot{I} - \dot{I}_1 - \dot{I}_2 = 0$，但电流的有效值 $I - I_1 - I_2 \neq 0$。

元件的 VCR 和基尔霍夫定律是分析集总参数电路的理论基础，它们的相量形式与直流电路中的形式一致，且电路的相量模型与时域模型具有相同的拓扑结构，因此，可将直流电路中适用的各种定理、公式和方法推广应用于正弦稳态电路的分析中。

运用相量和相量模型来分析正弦稳态电路的方法称为相量法，其具体分析步骤是：

1）画出电路的相量模型；

2）采用等效变换或者其他方法简化电路的相量模型；
3）选择一种适当的方法，对电路进行分析，并列出电路的相量形式的方程；
4）解方程，求出所需的电流或电压相量；
5）根据需要，将求得的电流、电压相量表示为时间函数表达式。

习 题 7

7-1 已知 $u=10\sqrt{2}\sin(100t-90°)$ V，(1) 求它的幅值、有效值、周期、频率和角频率；(2) 画出它的波形，并求出当 $t=10$s 时的瞬时值。

7-2 写出对应于下列相量的正弦量，并画出它们的相量图。

(1) $\dot{I}_1=(4+\text{j}5)$ A   (2) $\dot{I}_2=30\underline{/60°}$A

(3) $\dot{U}_1=(10+\text{j}15)$ V   (4) $\dot{U}_2=41\underline{/45°}$V

7-3 已知正弦电压 $u_1=100\cos(\omega t-30°)$ V，$u_2=100\cos(\omega t-150°)$ V，试求解 $u=u_1-u_2$，并绘出 u，u_1 和 u_2 的相量图。

7-4 电路如图 7-34 所示，已知 $i_1=3\sqrt{2}\sin(\omega t+30°)$ A，$i_2=4\sqrt{2}\sin(\omega t+120°)$ A，求总电流 i，并画出相量图。

7-5 图 7-35 所示方框内可能是电阻、电感或者电容，若两端加以正弦电压 $u=10\cos(100t+45°)$ V，则电流 $i=2\sin(100t+135°)$ A，试确定该元件，并求其参数。

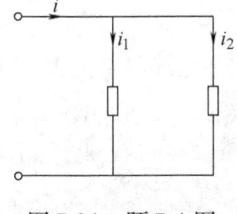
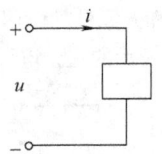

图 7-34　题 7-4 图　　　　　　　　图 7-35　题 7-5 图

7-6 将一电容器接到工频 220V 的电源上，测得电流为 0.6A。(1) 求该电容器的电容量；(2) 若将电源频率变为 500Hz，电路的电流变为多大？

7-7 电路如图 7-36 所示，已知：$R_1=30\Omega$，$R_2=100\Omega$，$L=1$mH，$C=0.1\mu$F，$\omega=10^5$rad/s，求电路的等效阻抗。

7-8 已知 $\omega=10$rad/s，求图 7-37 所示电路的输入阻抗 Z_{in}。

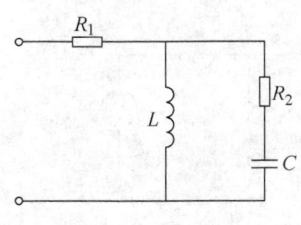
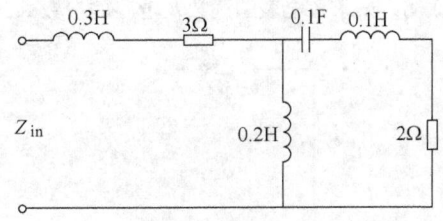

图 7-36　题 7-7 图　　　　　　　　图 7-37　题 7-8 图

7-9 图 7-38 所示电路对外呈现感性还是容性？

7-10 电路如图 7-39 所示，已知：$Z=10+\text{j}50\Omega$，$Z_1=400+\text{j}1000\Omega$，求 β 为何值时，$\dot{I}_1$ 和 $\dot{U}_s$ 的相位

差为90°。

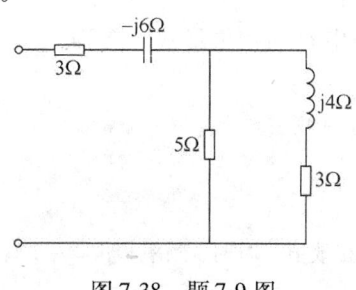

图7-38 题7-9图

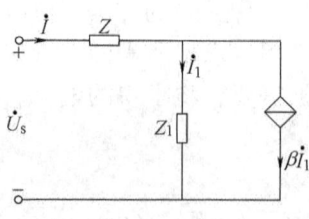

图7-39 题7-10图

7-11 图7-40所示的正弦交流电路中，已知 $\dot{I}_R = (-4+j3)$ A，求 $\dot{I}_C$ 和 $\dot{I}$。

7-12 图7-41所示 RLC 并联电路中，已知各电流有效值分别为 $I=5$A，$I_R=5$A，$I_L=3$A，求电流 I_C。

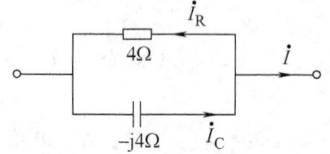

图7-40 题7-11图

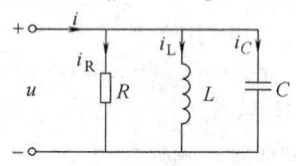

图7-41 题7-12图

7-13 电路如图7-42所示，已知 $R=100\Omega$，$C=100\mu F$，$u_s=100\sqrt{2}\sin100t$ V，求 i、u_R 和 u_C，并画出相量图。

7-14 已知 RLC 串联电路中，$R=15\Omega$，$L=12$mH，$C=5\mu F$，端电压 $u=100\sqrt{2}\cos5000t$ V，求电路中电流 i 的瞬时表达式和各元件的电压相量。

7-15 图7-43所示的正弦电路中，已知电流表 A_1 的读数为1A，试求电流表 A 和电压表 V 的读数。

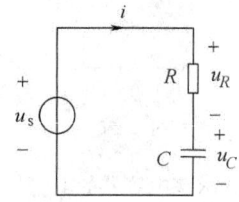

图7-42 题7-13图

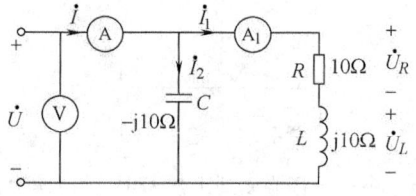

图7-43 题7-15图

7-16 图7-44所示的正弦交流电路中，已知 $U_s=20$V，$U_1=7$V，$U_2=15$V，$\omega=100$rad/s。（1）画出电路的相量图；（2）求 R_2 和 L 的值。

7-17 图7-45所示的电路中，已知 $u=220\sqrt{2}\sin314t$ V，$i_1=22\sin(314t-45°)$ A，$i_2=11\sqrt{2}\sin(314t+90°)$ A，试求各电表的读数及电路的参数 R、L 和 C。

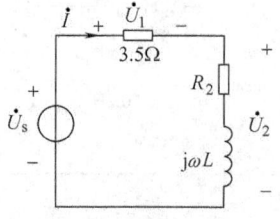

图7-44 题7-16图

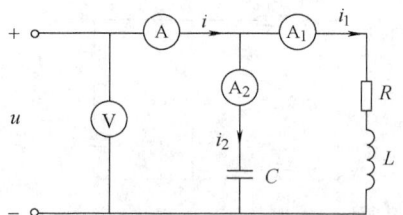

图7-45 题7-17图

7-18 电路如图7-46所示，已知 $I_1=10$A，$I_2=10\sqrt{2}$A，$U=200$V，$R=5\Omega$，$R_2=X_L$，试求 I、X_L、X_C。

及 R_2。

7-19 电路如图 7-47 所示,已知:$U=115\text{V}$,$U_1=55.4\text{V}$,$U_2=80\text{V}$,$R_1=32\Omega$,$f=50\text{Hz}$,求电感线圈的电阻 R_2 和电感 L_2。

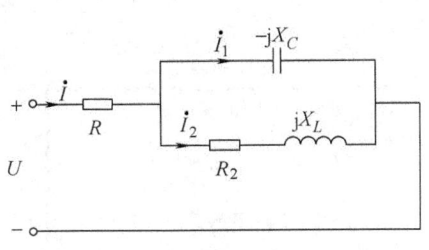

图 7-46 题 7-18 图

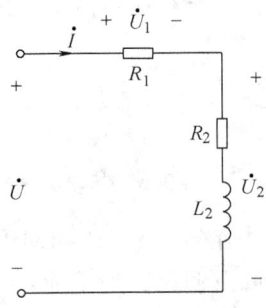

图 7-47 题 7-19 图

7-20 电路如图 7-48 所示,求电流 $\dot{I}$、$\dot{I}_1$ 和 $\dot{I}_2$,并画出相量图。

7-21 求图 7-49 所示的正弦交流电路中的电流 $\dot{I}$。

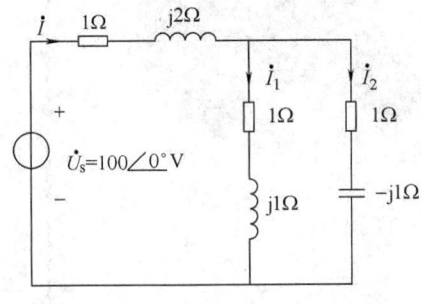

图 7-48 题 7-20 图

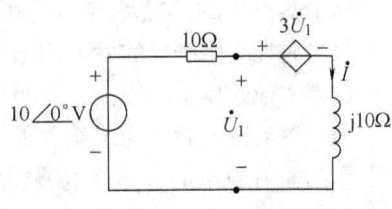

图 7-49 题 7-21 图

第8章 单相正弦稳态电路的分析

历史人物小传

瓦特（1736～1819），英国著名的发明家，是工业革命时期的重要人物，英国皇家学会会员和法兰西科学院外籍院士。

瓦特对当时已出现的蒸汽机原始雏形作了一系列的重大改进，发明了单缸单动式和单缸双动式蒸汽机，提高了蒸汽机的热效率和运行可靠性，对当时社会生产力的发展作出了杰出贡献。他改良了蒸汽机，发明了气压表、汽动锤。后人为了纪念他，将功率和辐射通量的计量单位称为瓦特，常用符号"W"表示。

瓦 特

由前一章的讨论可知，正弦稳态电路的分析通常采用相量法。通过引入相量法，建立了阻抗和导纳的概念，给出了 KCL、KVL 和欧姆定律的相量形式。本章主要介绍用分析直流电路的方法、原理和定律去分析正弦稳态电路，还介绍了正弦稳态电路中的瞬时功率、平均功率、无功功率、视在功率和复功率，以及最大功率的传输问题。最后，介绍电路的谐振现象和电路的频率响应。

8.1 复杂交流电路的分析

由于相量形式的公式与分析直流电路时所用的相应公式具有相同的形式，因此能够把分析直流电路的方法、原理、定律，例如网孔法、节点法、叠加定理、戴维南定理等直接应用于正弦电路的分析中。

8.1.1 网孔分析法

例 8-1 电路如图 8-1a 所示，已知 $u_s = \sqrt{2}\cos(100t + 30°)$ V，$R_1 = R_2 = 1\Omega$，$L = 0.02$H，$C_1 = C_2 = 0.01$F，求各支路的电流 i_1、i_2、i_3 和电压 u。

解： 作出电路的相量模型，如图 8-1b 所示，可用网孔分析法求解。根据 $\omega = 100$rad/s，

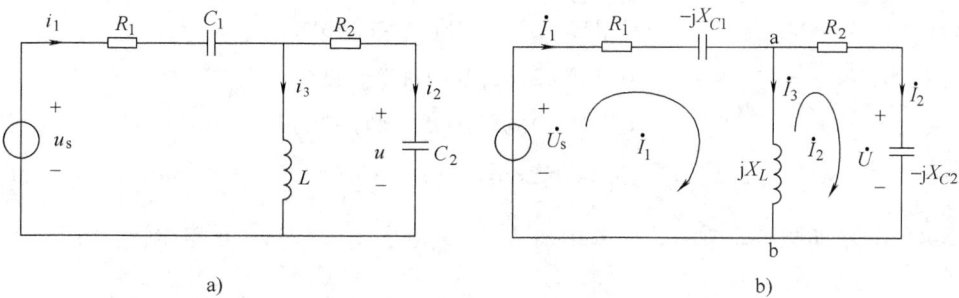

图 8-1 例 8-1 图

各元件的阻抗分别为

$$-jX_{C1} = -j\frac{1}{\omega C_1} = -j\frac{1}{100 \times 0.01} = -j1\Omega$$

$$-jX_{C2} = -j\frac{1}{\omega C_2} = -j\frac{1}{100 \times 0.01} = -j1\Omega$$

$$jX_L = j\omega L = j \times 100 \times 0.02 = j2\Omega$$

令 $\dot{U}_s = 1\underline{/30°}$V，由于 $\dot{I}_1$，$\dot{I}_2$ 即为两个网孔的电流，可列网孔方程如下：

$$(1 - j1 + j2)\dot{I}_1 - j2\dot{I}_2 = 1\underline{/30°}$$

$$-j2\dot{I}_1 + (1 - j1 + j2)\dot{I}_2 = 0$$

即

$$(1 + j1)\dot{I}_1 - j2\dot{I}_2 = 1\underline{/30°}$$

$$-j2\dot{I}_1 + (1 + j1)\dot{I}_2 = 0$$

解方程，可得网孔电流为

$$\dot{I}_1 = \frac{\begin{vmatrix} 1\underline{/30°} & -j2 \\ 0 & 1+j1 \end{vmatrix}}{\begin{vmatrix} 1+j1 & -j2 \\ -j2 & 1+j1 \end{vmatrix}} = \frac{(1+j1) \times 1\underline{/30°}}{4+j2} = \frac{(3+j1) \times 1\underline{/30°}}{10} = 0.316\underline{/48.43°}\text{A}$$

$$\dot{I}_2 = \frac{\begin{vmatrix} 1+j1 & 1\underline{/30°} \\ -j2 & 0 \end{vmatrix}}{\begin{vmatrix} 1+j1 & -j2 \\ -j2 & 1+j1 \end{vmatrix}} = \frac{j2 \times 1\underline{/30°}}{4+j2} = \frac{1\underline{/120°}}{2+j} = 0.447\underline{/93.43°}\text{A}$$

所以

$$\dot{I}_3 = \dot{I}_1 - \dot{I}_2 = \frac{(1+j1) \times 1\underline{/30°} - j2 \times 1\underline{/30°}}{4+j2}$$

$$= \frac{(1-j1) \times 1\underline{/30°}}{4+j2} = \frac{\sqrt{2}\underline{/-15°}}{2\sqrt{5}\underline{/26.57°}} = 0.316\underline{/-41.57°}\text{A}$$

$$\dot{U} = -j1 \times \dot{I}_2 = -j \times 0.447\underline{/93.43°} = 0.447\underline{/3.43°}\text{V}$$

由各相量可得所求正弦电流和电压分别为

$$i_1 = 0.316\sqrt{2}\cos(100t + 48.43°)\text{A}$$
$$i_2 = 0.447\sqrt{2}\cos(100t + 93.43°)\text{A}$$
$$i_3 = 0.316\sqrt{2}\cos(100t - 41.57°)\text{A}$$
$$u = 0.447\sqrt{2}\cos(100t + 3.43°)\text{V}$$

例 8-2 电路如图 8-2 所示,已知电压 $\dot{U}_s = 1\underline{/0°}\text{V}$,$r = 2\Omega$,求电流 $\dot{I}_1$ 和 $\dot{I}_2$。

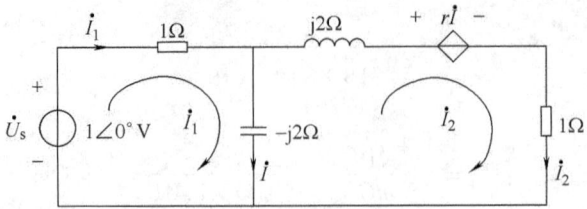

图 8-2 例 8-2 图

解：用网孔分析法求解该电路，则 $\dot{I}_1$ 和 $\dot{I}_2$ 恰为网孔电流。列出网孔方程如下：

$$(1 - \text{j}2)\dot{I}_1 - (-\text{j}2)\dot{I}_2 = 1\underline{/0°}\text{V}$$
$$-(-\text{j}2)\dot{I}_1 + (1 + \text{j}2 - \text{j}2)\dot{I}_2 = -r\dot{I}$$

由于电路中含有受控源，增补方程为

$$\dot{I} = \dot{I}_1 - \dot{I}_2$$

即

$$(1 - \text{j}2)\dot{I}_1 + \text{j}2\dot{I}_2 = 1\underline{/0°}\text{V}$$
$$(2 + \text{j}2)\dot{I}_1 - \dot{I}_2 = 0$$

解得

$$\dot{I}_1 = 0.277\underline{/-146.3°}\text{A}$$
$$\dot{I}_2 = 0.784\underline{/-101°}\text{A}$$

8.1.2 节点电压分析法

例 8-3 电路如图 8-3a 所示，已知 $u_s = 3\sqrt{2}\sin 2t\text{V}$，$i_s = \sqrt{2}\sin 2t\text{A}$，求电压 u。

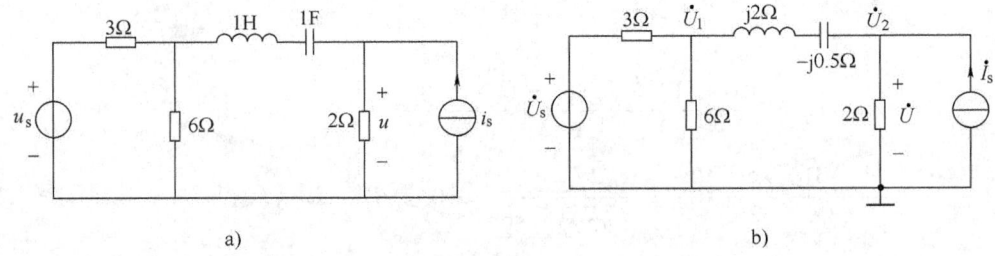

图 8-3 例 8-3 图

解：因为电源 u_s 和 i_s 的频率相同，所以可以采用一个相量模型来进行求解。画出相量模型如图 8-3b 所示，设两个节点电压分别为 $\dot{U}_1$ 和 $\dot{U}_2$，令 $\dot{U}_s = 3\underline{/0°}\text{V}, \dot{I}_s = 1\underline{/0°}\text{A}$，可列节点方程如下：

节点 1：$\left(\dfrac{1}{3} + \dfrac{1}{6} + \dfrac{1}{\text{j}2 - \text{j}0.5}\right)\dot{U}_1 - \dfrac{1}{\text{j}2 - \text{j}0.5}\dot{U}_2 = \dfrac{3\underline{/0°}}{3}$

节点 2：$-\dfrac{1}{\text{j}2 - \text{j}0.5}\dot{U}_1 + \left(\dfrac{1}{2} + \dfrac{1}{\text{j}2 - \text{j}0.5}\right)\dot{U}_2 = 1\underline{/0°}$

整理得
$$(3 - \text{j}4)\dot{U}_1 + \text{j}4\dot{U}_2 = 6\underline{/0°}$$
$$\text{j}4\dot{U}_1 + (3 - \text{j}4)\dot{U}_2 = 6\underline{/0°}$$

解得
$$\dot{U}_1 = 2\underline{/0°}\text{V}$$
$$\dot{U}_2 = 2\underline{/0°}\text{V}$$

所以 $\dot{U} = \dot{U}_2 = 2\underline{/0°}\text{V}$

即 $u_s = 2\sqrt{2}\sin 2t\,\text{V}$

例 8-4 电路如图 8-4 所示，各电源都是同频率的正弦量，列出电路的节点电压方程和网孔电流方程。

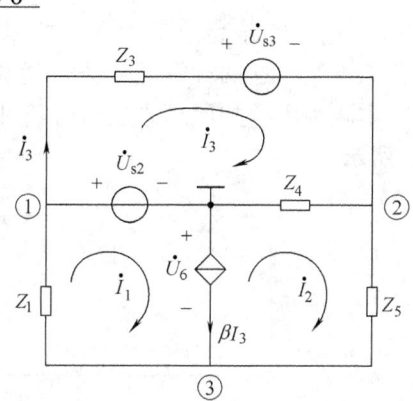

图 8-4 例 8-4 图

解：（1）该电路中含有无伴电压源支路，列节点电压方程时，可按图示方法选取参考节点。可对节点①、②、③分别列出下列方程：

节点①：$\dot{U}_1 = \dot{U}_{s2}$

节点②：$-\dfrac{1}{Z_3}\dot{U}_1 + \left(\dfrac{1}{Z_3} + \dfrac{1}{Z_4} + \dfrac{1}{Z_5}\right)\dot{U}_2 - \dfrac{1}{Z_5}\dot{U}_3 = -\dfrac{\dot{U}_{s3}}{Z_3}$

节点③：$-\dfrac{1}{Z_1}\dot{U}_1 - \dfrac{1}{Z_5}\dot{U}_2 + \left(\dfrac{1}{Z_1} + \dfrac{1}{Z_5}\right)\dot{U}_3 = \beta\dot{I}_3$

由于电路中含有受控源，列出增补方程为
$$\dot{I}_3 = \dfrac{\dot{U}_1 - \dot{U}_2 - \dot{U}_{s3}}{Z_3}$$

（2）列写电路的网孔方程时，选择如图所示的回路绕行方向，设网孔电流分别为 $\dot{I}_1$、$\dot{I}_2$ 和 $\dot{I}_3$。由于电路中含有无伴受控电流源，令其两端电压为 $\dot{U}_6$，列出电路的网孔方程如下：

网孔 1：$Z_1\dot{I}_1 = -\dot{U}_{s2} - \dot{U}_6$

网孔 2：$(Z_4 + Z_5)\dot{I}_2 - Z_4\dot{I}_3 = \dot{U}_6$

网孔 3：$-Z_4\dot{I}_2 + (Z_3 + Z_4)\dot{I}_3 = \dot{U}_{s2} - \dot{U}_{s3}$

由于电路中含有受控源，列出增补方程为

$$\dot{I}_1 - \dot{I}_2 = \beta \dot{I}_3$$

8.1.3 电路定理分析法

例 8-5 电路如图 8-5 所示，已知 $\dot{U}_s = 10\underline{/0°}\text{V}$，$\dot{I}_s = 5\underline{/30°}\text{A}$，$R = 5\Omega$，$X_L = X_C = 3\Omega$，求电流 $\dot{I}_1$ 和 $\dot{I}_2$。

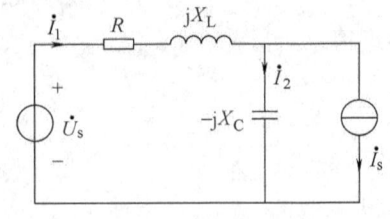

图 8-5　例 8-5 图

解： 该电路有三条支路，其中有一条支路的电流已知，可以列一个 KCL 方程和一个 KVL 方程来求解电流 $\dot{I}_1$ 和 $\dot{I}_2$；由于电路有两个网孔，所以，也可以列两个网孔方程来求解，这两种解题方法请读者自己练习。

本题利用叠加原理来进行分析和计算，让电压源和电流源分别单独作用，作出电路如图 8-6 所示。

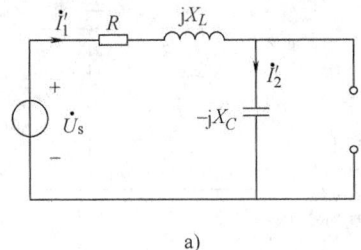
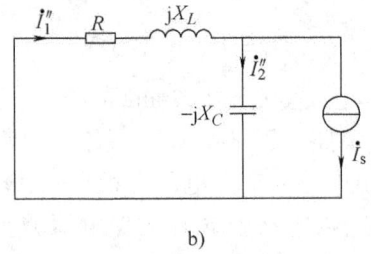

a)　　　　　　　　　　b)

图 8-6　叠加原理求解例 8-5 分解电路图

（1）当电压源 $\dot{U}_s$ 单独作用时，电流源视为开路，如图 8-6a 所示，有

$$\dot{I}_1' = \dot{I}_2' = \frac{\dot{U}_s}{R + jX_L - jX_C} = \frac{10\underline{/0°}}{5 + j3 - j3} = 2\underline{/0°}\text{A}$$

（2）当电流源 $\dot{I}_s$ 单独作用时，电压源视为短路，如图 8-6b 所示，利用分流公式有

$$\dot{I}_1'' = \dot{I}_s \times \frac{-jX_C}{R + jX_L - jX_C} = 5\underline{/30°} \times \frac{-j3}{5 + j3 - j3} = 3\underline{/-60°}\text{A}$$

$$\dot{I}_2'' = \dot{I}_1'' - \dot{I}_s = 3\underline{/-60°} - 5\underline{/30°} = (1.5 - j2.60) - (4.33 + j2.5) = (-2.83 - j5.1)\text{A}$$

所以，根据叠加原理可得

$$\dot{I}_1 = \dot{I}_1' + \dot{I}_1'' = 2\underline{/0°} + 3\underline{/-60°} = (3.5 - j2.6)\text{A}$$

$$\dot{I}_2 = \dot{I}_2' + \dot{I}_2'' = 2\underline{/0°} + (-2.83 - j5.1) = (-0.83 - j5.1)\text{A}$$

例 8-6 电路如图 8-7a 所示，已知 $\dot{U}_{s1} = 10\underline{/0°}\text{V}$，$\dot{U}_{s2} = 10\underline{/-60°}\text{V}$，求电流 $\dot{I}_3$。

解： 此题属于求某一条支路上的参数问题，可以把电路的其余部分看成一个整体，利用戴维南定理来化简电路。先将 Z_3 支路断开，求 a-b 左侧电路的戴维南等效电路，即求出开路电压 $\dot{U}_{oc}$ 和从 a-b 看进去的等效阻抗 Z_{eq}，再将 Z_3 支路接入戴维南等效电路，最后在简化

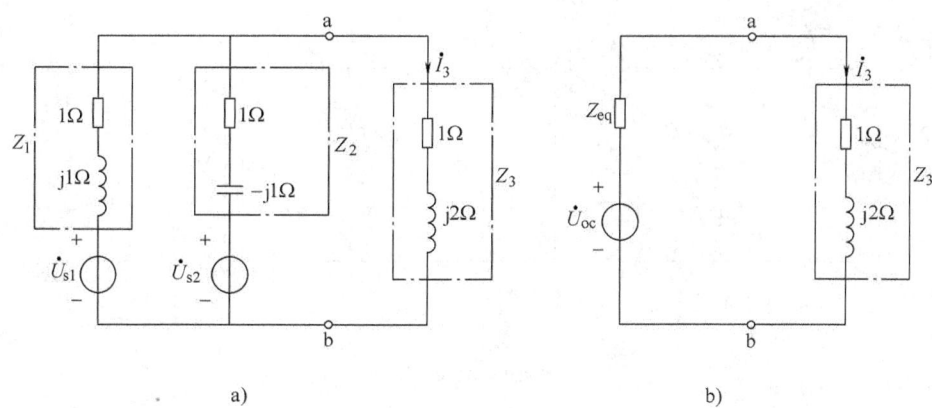

图 8-7 例 8-6 图

的电路中求出电流 $\dot{I}_3$。

（1）将 Z_3 支路断开，求开路电压 $\dot{U}_{oc}$，得

$$\dot{U}_{oc} = \frac{\dot{U}_{s1} - \dot{U}_{s2}}{Z_1 + Z_2} \times Z_2 + \dot{U}_{s2} = \frac{10\underline{/0°} - 10\underline{/-60°}}{1 + j1 + 1 - j1} \times (1 - j1) + 10\underline{/-60°}$$

$$= (2.5 + j2.5\sqrt{3})(1 - j1) + (5 - j5\sqrt{3})$$

$$= 11.83 - j6.83 = 13.66\underline{/-30°}\text{V}$$

（2）从 a-b 看进去的等效阻抗为

$$Z_{eq} = \frac{Z_1 Z_2}{Z_1 + Z_2} = \frac{(1 + j1)(1 - j1)}{(1 + j1) + (1 - j1)} = 1\underline{/0°}\Omega$$

（3）画出电路的戴维南等效电路，如图 8-7b 所示。所以

$$\dot{I}_3 = \frac{\dot{U}_{oc}}{Z_{eq} + Z_3} = \frac{13.66\underline{/-30°}}{1\underline{/0°} + (1 + j2)} = \frac{13.66\underline{/-30°}}{2\sqrt{2}\underline{/45°}} = 4.83\underline{/-75°}\text{A}$$

此题由于电路中节点较少，也可以采用节点法来求解。列出节点方程如下：

$$\left(\frac{1}{1 + j1} + \frac{1}{1 - j1} + \frac{1}{1 + j2}\right)U_{ab} = \frac{10\underline{/0°}}{1 + j1} + \frac{10\underline{/-60°}}{1 - j1}$$

解得

$$\dot{U}_{ab} = 10.80\underline{/-11.57°}\text{V}$$

所以

$$\dot{I}_3 = \frac{\dot{U}_{ab}}{1 + j2} = \frac{10.80\underline{/-11.57°}}{\sqrt{5}\underline{/63.43°}} = 4.83\underline{/-75°}\text{A}$$

例 8-7 电路如图 8-8a 所示，求其戴维南等效电路。

解：（1）求开路电压 $\dot{U}_{oc}$。由电容元件上的 VCR 可得

$$\dot{U}_C = \frac{\dot{U}_s + \mu \dot{U}_C}{R + 1/j\omega C} \times \frac{1}{j\omega C}$$

即

$$\dot{U}_C = \frac{\dot{U}_s}{1 - \mu + j\omega CR}$$

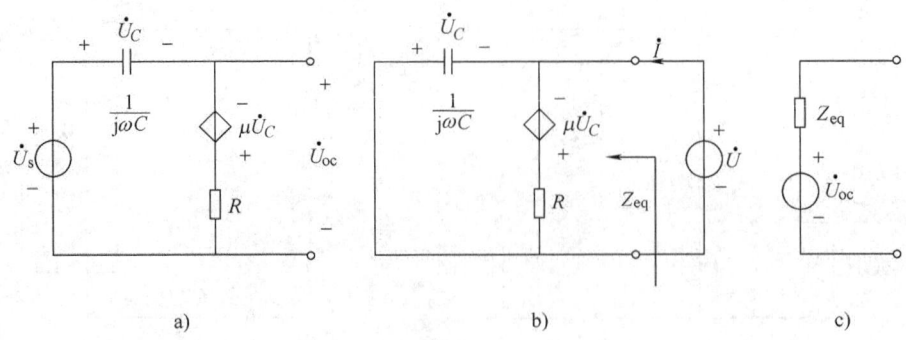

图 8-8　例 8-7 图

所以
$$\dot{U}_{oc} = \dot{U}_s - \dot{U}_C = \frac{-\mu + j\omega CR}{1 - \mu + j\omega CR}\dot{U}_s$$

(2) 求电路的等效阻抗 Z_{eq}。将独立电压源视为导线，由于电路中含有受控电压源，可以采用外加电源的方法，如图 8-8b 所示。由图可知
$$\dot{U}_C = -\dot{U}$$

所以
$$\dot{I} = j\omega C\dot{U} + \frac{\dot{U} + \mu\dot{U}_C}{R} = j\omega C\dot{U} + \frac{1-\mu}{R}\dot{U}$$

即
$$Z_{eq} = \frac{\dot{U}}{\dot{I}} = \frac{\dot{U}}{j\omega C\dot{U} + \frac{1-\mu}{R}\dot{U}} = \frac{R}{1-\mu + j\omega CR}$$

(3) 根据求得的 $\dot{U}_{oc}$ 和 Z_{eq}，即可得到戴维南等效电路，如图 8-8c 所示。

从以上分析可以看到，引入相量法之后，使正弦稳态电路的分析从求解微分方程转变为求解代数方程；同时，把正弦稳态电路的分析方法与直流电路的分析方法统一起来，可见，相量法使正弦稳态电路的分析和计算变得简单，是一种最常用的方法。用分析直流电路的方法、原理和定律去分析正弦稳态电路时，应注意以下两点：

1）不直接用电压或电流的瞬时表达式来表征各种关系，而应该用对应的相量形式；

2）相应的运算不是代数运算，而是复数的运算，因而比直流电路的计算要复杂，但根据复数运算的特点，可画出相量图，利用相量图的几何关系来进行辅助分析和计算，从而扩宽了求解问题的思路和方法。

8.2　正弦稳态电路的功率

功率计算是电路分析的重要内容，前面已经讨论过关于功率及能量的概念。由于储能元件的存在，正弦稳态电路功率的计算比电阻电路复杂得多。本节从分析瞬时功率入手，引入平均功率、无功功率、视在功率和功率因数，以及复功率等概念，讨论有关功率的计算问题。

8.2.1　瞬时功率

图 8-9a 所示为无源二端网络，在正弦稳态下，设端口的电压和电流分别为

$$u = \sqrt{2}U\sin(\omega t + \varphi)$$
$$i = \sqrt{2}I\sin\omega t$$

式中，$\varphi = \varphi_u - \varphi_i$，是该二端网络端口电压与电流的相位差，也是该无源二端网络的等效阻抗的阻抗角。线性无源二端网络 N_0 仅由线性 R，L，C 等元件组成，因此，可以用等效阻抗 Z 或者导纳 Y 来表示，如图 8-9b 所示。

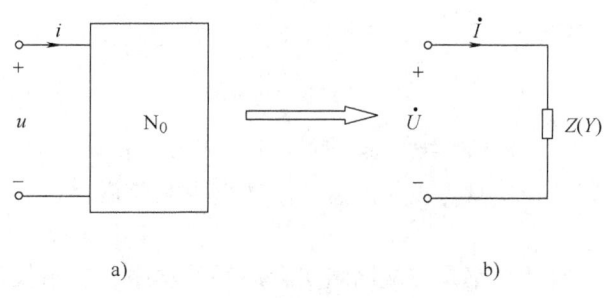

图 8-9 正弦稳态下的二端网络

该二端网络所吸收的瞬时功率（instantaneous power）p 等于电压 u 和电流 i 的乘积，即

$$\begin{aligned} p &= ui = \sqrt{2}U\sin(\omega t + \varphi) \times \sqrt{2}I\sin\omega t = 2UI\sin(\omega t + \varphi)\sin\omega t \\ &= UI\cos\varphi - UI\cos(2\omega t + \varphi) \end{aligned} \tag{8-1}$$

式（8-1）表明，正弦稳态情况下，二端网络吸收的瞬时功率由恒定分量 $UI\cos\varphi$ 和正弦分量 $UI\cos(2\omega t + \varphi)$ 这两部分组成，而且正弦分量的频率是电压或电流频率的两倍。绘出电压、电流及瞬时功率的波形，如图 8-10 所示。

由图 8-10 可见，瞬时功率 p 有时为正，有时为负。当 $p > 0$ 时，二端网络吸收功率；当 $p < 0$ 时，二端网络发出功率，即网络中的储能元件把储存的能量送回电源。

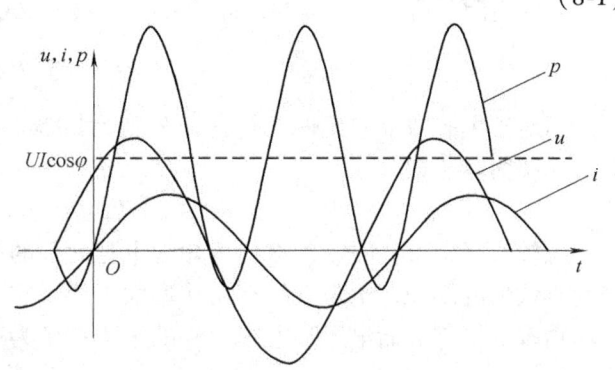

图 8-10 正弦稳态下的二端网络

当二端网络可以等效为纯电阻元件时，$\varphi = 0°$，此时二端网络的瞬时功率为

$$p_R = UI(1 - \cos2\omega t) \tag{8-2}$$

当二端网络可以等效为纯电感元件时，$\varphi = 90°$，此时二端网络的瞬时功率为

$$p_L = UI\sin2\omega t \tag{8-3}$$

当二端网络可以等效为纯电容元件时，$\varphi = -90°$，此时二端网络的瞬时功率为

$$p_C = -UI\sin2\omega t \tag{8-4}$$

当 $p_R \geq 0$ 时，表明电阻元件实际消耗功率，是耗能元件。p_L 与 p_C 在周期的一半时间内大于零，在另半个周期内小于零，即电感元件或电容元件在一半时间内储存能量，在另一半时间内释放能量，它们是储能元件，在电路中以两倍电源的频率周期性地进行能量的吞吐和交换。

8.2.2 有功功率

由前面的讨论可知，二端网络的瞬时功率是随时间变化的，不便于对功率的大小进行定量描述，也不便于测量，因此，瞬时功率的实际意义不大。为了能明确、方便地描述功率的大小，通常引入有功功率（active power）。

有功功率又称为平均功率（average power），是指瞬时功率在一个周期内的平均值，用

大写字母 P 来表示，即

$$P = \frac{1}{T}\int_0^T p(t)\,\mathrm{d}t = \frac{1}{T}\int_0^T ui\,\mathrm{d}t = \frac{1}{T}\int_0^T [UI\cos\varphi - UI\cos(2\omega t + \varphi)]\,\mathrm{d}t = UI\cos\varphi \tag{8-5}$$

式（8-5）中，$\cos\varphi$ 称为功率因数（power factor），φ 称为功率因数角，它们在正弦交流电路分析中具有重要的意义。功率因数常用字母 λ 来表示，即

$$\lambda = \cos\varphi \tag{8-6}$$

有功功率是二端网络实际消耗的功率，它不仅与端口的电压和电流的有效值有关，还与它们的相位差有关。当 $P>0$ 时，吸收正功率；当 $P<0$ 时，吸收负功率，即电路发出功率。若二端网络内部含有独立电源或受控源，则可能向外发出功率，有功功率的单位是瓦（W）或千瓦（kW）。下面对正弦稳态电路中 R、L、C 三个基本电路元件上的有功功率分别进行讨论。

对于电阻元件，有 $\varphi=0°$，即 $\cos\varphi=1$，代入式（8-5），得电阻上的平均功率为

$$P_R = UI = I^2 R = \frac{U^2}{R} \tag{8-7}$$

而对于电感或电容元件，其 φ 角分别为 $90°$ 或 $-90°$，且 $\cos(\pm90°)=0$，所以它们的有功功率为零，即

$$P_L = P_C = 0 \tag{8-8}$$

比较式（8-7）和式（8-8）可知，电阻元件的有功功率等于电阻两端的电压和流过的电流的有效值的乘积，电阻上的有功功率大于零，它是耗能元件。人们通常所说的功率，即为有功功率的简称。而电感和电容元件的平均功率为零，说明电感和电容不消耗功率，为非耗能元件。

由于该无源二端网络可以等效为阻抗 Z 或导纳 Y，且 $Z = R + jX = |Z|\angle\varphi$，所以二端网络的有功功率又可以表示为

$$P = UI\cos\varphi = I^2|Z|\cos\varphi = I^2 R \tag{8-9}$$

即无源二端网络的有功功率等于其等效电阻 R 消耗的有功功率，也等于二端网络内部各电阻元件消耗的有功功率之和。

8.2.3 无功功率

在正弦稳态电路中，电感和电容在一个周期的一段时间内从电路中吸收能量并以磁场或电场能量的形式储存起来，而在另一段时间内又把储存的能量全部释放出去。电感和电容是储能元件，它们不消耗电能，与电源或电路之间只存在能量的交换。为了反映储能元件进行能量交换的规模，电力工程中还广泛应用无功功率（reactive power）的概念。

由二端网络瞬时功率 p 的表达式式（8-1），利用三角函数变换，得

$$\begin{aligned} p &= UI\cos\varphi - UI\cos(2\omega t + \varphi) = UI\cos\varphi - UI(\cos\varphi\cos2\omega t - \sin\varphi\sin2\omega t) \\ &= \underbrace{UI\cos\varphi(1 - \cos2\omega t)}_{①} + \underbrace{UI\sin\varphi\sin2\omega t}_{②} \end{aligned} \tag{8-10}$$

可见，二端网络的瞬时功率可分为两个分量：分量①总大于或等于零，且在一个周期内的平均值为 $UI\cos\varphi$，即为二端网络的有功功率，表示二端网络中阻抗的电阻部分所消耗的功率；分量②以 2ω 的角频率正负交替，一个周期内的平均值为零，表示二端网络的电抗与外电路之间存在能量的交换。能量交换的规模取决于分量②的振幅 $UI\sin\varphi$，将其定义为二端

网络的无功功率，用大写字母 Q 来表示，即

$$Q = UI\sin\varphi \tag{8-11}$$

显然，二端网络的无功功率 Q 越大，它与外电路之间能量交换的规模越大，反之，无功功率交换能量的规模越小。为了区别于有功功率，无功功率的单位为乏（var）或千乏（kvar）。

对于电阻元件，$\varphi = 0°$，即电阻上的无功功率为

$$Q_R = 0 \tag{8-12}$$

表明电阻元件与外电路之间不存在能量的交换，它是非储能元件。

对于电感元件，$\varphi = 90°$，所以

$$Q_L = UI = I^2 X_L = \frac{U^2}{X_L} \tag{8-13}$$

而对于电容元件，$\varphi = -90°$，所以

$$Q_C = -UI = -I^2 X_C = -\frac{U^2}{X_C} \tag{8-14}$$

若将无源二端网络等效为阻抗 Z 或导纳 Y，且 $Z = R + jX = |Z|\underline{/\varphi}$，则二端网络的无功功率又可以表示为

$$Q = UI\sin\varphi = I^2 |Z| \sin\varphi = I^2 X \tag{8-15}$$

由式（8-12）~式（8-15）可知，二端网络的无功功率发生在电感和电容上，且电感的无功功率为正值，电容的无功功率为负值。由于习惯把功率大于零看做是消耗功率，因此电感元件消耗无功功率，而电容元件则是发出无功功率的。这两种元件无功功率的性质正好相反，在电路中具有互补的性质。

电感和电容是储能元件，在一个周期内，电感储存的磁场能量和电容储存的电场能量分别为

$$W_L = \frac{1}{T}\int_0^T \frac{1}{2} Li^2 dt = \frac{1}{2} LI^2 \tag{8-16}$$

$$W_C = \frac{1}{T}\int_0^T \frac{1}{2} Cu^2 dt = \frac{1}{2} CU^2 \tag{8-17}$$

所以，由式（8-13）和式（8-14）可得，

$$Q_L = I^2 X_L = \omega L I^2 = 2\omega W_L \tag{8-18}$$

$$Q_C = -\frac{U^2}{X_C} = -\omega C U^2 = -2\omega W_C \tag{8-19}$$

式（8-19）即为电感和电容元件的无功功率与它们的平均储能之间的关系。对于含 RLC 元件的无源二端网络，其无功功率为

$$Q = Q_L + Q_C = 2\omega(W_L - W_C) \tag{8-20}$$

式中，Q 为二端网络的无功功率。可见，无功功率与电路中储能元件在正弦稳态下一个周期内的平均储能有直接的联系。

8.2.4 视在功率

在正弦稳态电路中，有功功率和无功功率都与电压、电流有效值的乘积 UI 有关。人们将二端网络端电压的有效值 U 与端电流的有效值 I 的乘积，定义为该网络的视在功率（apparent power)，用大写字母 S 表示，即

$$S = UI \tag{8-21}$$

视在功率反映了电路所能提供的功率的大小，其单位为伏安（V·A）或千伏安（kV·A）等。视在功率还可以通过二端网络的阻抗 Z 和导纳 Y 来计算

$$S = UI = I^2|Z| = |Y|U^2 \tag{8-22}$$

有功功率、无功功率与视在功率之间的关系如下

$$\begin{cases} P = UI\cos\varphi = S\cos\varphi \\ Q = UI\sin\varphi = S\sin\varphi \\ S = \sqrt{P^2 + Q^2} \end{cases} \tag{8-23}$$

显然，P、Q 和 S 之间的关系也可以用直角三角形来表示，如图 8-11 所示，称为功率三角形（power triangle）。其中，功率因数角 φ 可用下式进行计算

$$\varphi = \arccos\frac{P}{S} \text{ 或 } \varphi = \arctan\frac{Q}{P}$$

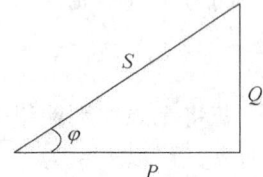

图 8-11 功率三角形

由式（8-21）和式（8-23）可知，当电压和电流的有效值确定之后，视在功率 S 就确定了，此时，电路的有功功率和无功功率均取决于功率因数角 φ。而 φ 角即为负载的阻抗角，由负载决定，所以电路消耗的有功功率和无功功率由负载电路决定。而在设计和制造发电机与变压器时，负载是无法预先知道的，电气工程中常说的某电气设备的容量为多大，一般指的就是视在功率。电气设备的额定容量通常用额定电压 U_N 与额定电流 I_N 的乘积，即视在功率来表示。

$$S_N = U_N I_N$$

式中，S_N 称为额定视在功率。如发电机、变压器等设备都有额定容量的规定，其中额定电压受设备绝缘强度的限制，额定电流主要受设备允许温升条件的限制。例如，某变压器高压侧的额定电压为 $U = 10\text{kV}$，额定电流 $I = 100\text{A}$，则该变压器的视在功率或容量为

$$S = UI = 10 \times 100 = 1000\text{kV·A}$$

供电设备上标出的额定视在功率只代表可以提供的最大有功功率，而有功功率只能小于或等于视在功率。供电设备实际提供的有功功率还需乘以功率因数 $\cos\varphi$，即由外电路负载的性质决定。功率因数越高，供电设备所提供的有功功率就越大，电能的利用率就越高，因此，通常希望用电设备的功率因数越高越好。

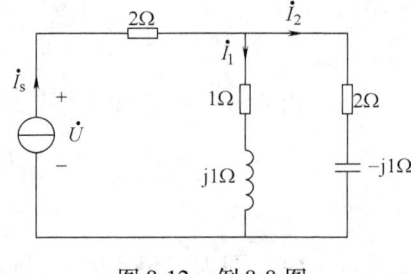

图 8-12 例 8-8 图

例 8-8 电路如图 8-12 所示，已知电流源电流 $i = 5\sqrt{2}\cos 2t \text{A}$，求电源提供的 P、Q，以及视在功率 S 和功率因数 $\cos\varphi$。

解：计算电路功率的方法通常有多种，此处用三种不同的方法来进行求解。

方法一：用功率的一般式进行计算。先求出电路总的阻抗，再算出电源两端的电压 $\dot{U}$，即可利用公式对各参数进行计算。电路总的阻抗为

$$Z = 2 + \frac{(1 + \text{j}1)(2 - \text{j}1)}{(1 + \text{j}1) + (2 - \text{j}1)} = 2 + \frac{3 + \text{j}1}{3} = \left(3 + \text{j}\frac{1}{3}\right) = \frac{\sqrt{82}}{3}\underline{/6.34°}\Omega$$

令 $\dot{I}_s = 5\underline{/0°}\text{A}$，则

$$\dot{U} = \dot{I}_s \times Z = 5\underline{/0°} \times \frac{\sqrt{82}}{3}\underline{/6.34°} = \frac{5\sqrt{82}}{3}\underline{/6.34°}\text{V}$$

所以

$$\varphi = \varphi_u - \varphi_i = 6.34° - 0° = 6.34°$$

因此，所求各参数分别为

$$P = UI_s\cos\varphi = \frac{5\sqrt{82}}{3} \times 5 \times \cos 6.34° = 75\text{W}$$

$$Q = UI_s\sin\varphi = \frac{5\sqrt{82}}{3} \times 5 \times \sin 6.34° = 8.33\text{var}$$

$$S = UI_s = \frac{5\sqrt{82}}{3} \times 5 = 75.46\text{V}\cdot\text{A}$$

$$\cos\varphi = \cos(6.34° - 0°) = 0.994$$

方法二：用阻抗 $Z = R + jX$ 的实部和虚部进行计算。由于 $I_s = 5\text{A}$，电路总的阻抗为

$$Z = 2 + \frac{(1+j1)(2-j1)}{(1+j1)+(2-j1)} = 2 + \frac{3+j1}{3} = \left(3 + j\frac{1}{3}\right)\Omega$$

所以

$$P = I_s^2 R = 5^2 \times 3 = 75\text{W}$$

$$Q = I_s^2 X = 5^2 \times \frac{1}{3} = 8.33\text{var}$$

从而可计算出

$$S = \sqrt{P^2 + Q^2} = \sqrt{75^2 + 8.33^2} = 75.46\text{V}\cdot\text{A}$$

$$\cos\varphi = \frac{P}{S} = \frac{75}{75.46} = 0.994$$

方法三：先计算每个元件上的功率，再求总的功率和功率因数。令 $\dot{I}_s = 5\underline{/0°}\text{A}$，则两并联支路的电流分别为

$$\dot{I}_1 = \frac{2-j1}{(1+j1)+(2-j1)} \times 5\underline{/0°} = \frac{10-j5}{3} = \frac{5\sqrt{5}}{3}\underline{/-26.57°}\text{A}$$

$$\dot{I}_2 = \frac{1+j1}{(1+j1)+(2-j1)} \times 5\underline{/0°} = \frac{5+j5}{3} = \frac{5\sqrt{2}}{3}\underline{/45°}\text{A}$$

从而计算出各元件的功率分别为

$$P_{2\Omega 1} = I_s^2 \times 2 = 5^2 \times 2 = 50\text{W}$$

$$P_{1\Omega} = I_1^2 \times 1 = \left(\frac{5\sqrt{5}}{3}\right)^2 \times 1 = \frac{125}{9}\text{W}$$

$$P_{2\Omega 2} = I_2^2 \times 2 = \left(\frac{5\sqrt{2}}{3}\right)^2 \times 2 = \frac{100}{9}\text{W}$$

$$Q_L = I_1^2 \times 1 = \left(\frac{5\sqrt{5}}{3}\right)^2 \times 1 = \frac{125}{9}\text{var}$$

$$Q_C = I_2^2 \times (-1) = \left(\frac{5\sqrt{2}}{3}\right)^2 \times (-1) = -\frac{50}{9}\text{var}$$

所以

$$P = P_{2\Omega 1} + P_{1\Omega} + P_{2\Omega 2} = 50 + \frac{125}{9} + \frac{100}{9} = 75\text{W}$$

$$Q = Q_L + Q_C = \frac{125}{9} - \frac{50}{9} = 8.33\text{var}$$

从而，可以按照方法二中的步骤计算视在功率 S 和功率因数 $\cos\varphi$。

显然，三种方法算出的结果完全一致。由此可得，若电路中含有多个不同功率因数的负载，则电路中消耗的总的有功功率等于各部分有功功率之和，总的无功功率也等于各部分的无功功率之和。即

$$P = P_1 + P_2 + \cdots + P_n = \sum P_k$$
$$Q = Q_1 + Q_2 + \cdots + Q_n = \sum Q_k \tag{8-24}$$

或者说，P 应为网络中各电阻元件消耗功率的总和，Q 为网络中各储能元件无功功率的代数和，且 W_L 应为网络中所有电感储能平均值的总和，W_C 为网络中所有电容储能平均值的总和。

但是，在计算总的视在功率时，不能将各负载的视在功率直接相加，即 $S \neq S_1 + S_2 + \cdots + S_n$。而应该根据下列公式计算：

$$S = UI = \sqrt{P^2 + Q^2} = \sqrt{(\sum P_k)^2 + (\sum Q_k)^2} \tag{8-25}$$

8.3 复功率及功率守恒

正弦稳态电路中，有功功率、无功功率和视在功率也可以根据电压相量和电流相量来计算。关联参考方向下，二端网络的电压相量 $\dot{U}$ 与电流相量 $\dot{I}$ 的共轭相量的乘积，定义为该网络的复数功率（complex power），简称复功率，用 $\overline{S}$ 表示

$$\overline{S} = \dot{U}\dot{I}^* \tag{8-26}$$

设 $\dot{U} = U\underline{/\varphi_u}$，$\dot{I} = I\underline{/\varphi_i}$，$\dot{I}^* = I\underline{/-\varphi_i}$，则

$$\overline{S} = \dot{U}\dot{I}^* = U\underline{/\varphi_u} I\underline{/-\varphi_i} = UI\underline{/(\varphi_u - \varphi_i)} = UI\underline{/\varphi}$$
$$= UI\cos\varphi + jUI\sin\varphi = P + jQ = S\underline{/\varphi} \tag{8-27}$$

由式（8-27）可知，复功率 $\overline{S}$ 的实部为有功功率，虚部为无功功率，模为视在功率，辐角 φ 为功率因数角，也是二端网络的阻抗角。复功率 $\overline{S}$ 是复数，不是表示正弦时间函数的相量，字母上用"—"，区别于电压或电流相量。

对于无源二端网络，复功率 $\overline{S}$ 还可以表示为

$$\overline{S} = P + jQ = I^2R + jI^2X = I^2(R + jX) = I^2Z = YU^2 \tag{8-28}$$

复功率 $\overline{S}$ 可以在复平面上表示，如图 8-13 所示，图中同时作出了阻抗三角形、电压三角形和功率三角形，这三个三角形构成了一组相似三角形。

正弦稳态电路中，各支路吸收的复功率的代数和恒等于零，称为复功率守恒。其证明过

程如下。

设某网络含有 b 条支路，各条支路的电压 u_k 与电流 i_k 为关联参考方向，根据特勒根定理

$$\sum_{k=1}^{b} u_k i_k = 0$$

在正弦稳态电路中，各支路的电压相量 $\dot{U}_1, \dot{U}_2, \cdots, \dot{U}_b$ 满足 KVL 的约束；电流相量 $\dot{I}_1, \dot{I}_2, \cdots, \dot{I}_b$ 满足 KCL 的约束，与电流相量对应的各共轭相量 $\dot{I}_1^*, \dot{I}_2^*, \cdots, \dot{I}_b^*$ 也必然满足 KCL 的约束，由特勒根定理得

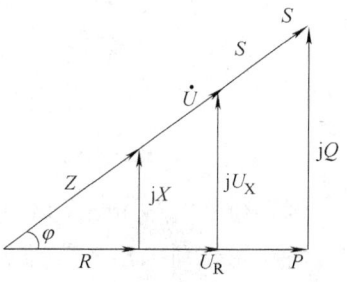

图 8-13 阻抗三角形、电压三角形、功率三角形的关系

$$\sum_{k=1}^{b} \dot{U}_k \dot{I}_k^* = 0$$

所以

$$\sum_{k=1}^{b} \overline{S}_k = 0 \tag{8-29}$$

由式（8-29）可得

$$\sum_{k=1}^{b} \overline{S}_k = \sum_{k=1}^{b} (P_k + \mathrm{j} Q_k) = \sum_{k=1}^{b} P_k + \mathrm{j} \sum_{k=1}^{b} Q_k = 0$$

从而可得

$$\sum_{k=1}^{b} P_k = 0, \quad \sum_{k=1}^{b} Q_k = 0 \tag{8-30}$$

因此，复功率是守恒的，且复功率守恒还包括有功功率守恒和无功功率守恒。

通常情况下，在正弦稳态电路中，只有复功率、有功功率和无功功率守恒，而视在功率不守恒。

例 8-9 利用复功率重新求解例 8-8。

解：电流源已知，令 $\dot{I}_s = 5\underline{/0°}$A，则

$$\dot{I}_s^* = 5\underline{/0°}\mathrm{A}$$

用复功率求解时，必须算出电流源两端的电压 $\dot{U}$。由于电路总的阻抗为

$$Z = 2 + \frac{(1+\mathrm{j}1)(2-\mathrm{j}1)}{(1+\mathrm{j}1)+(2-\mathrm{j}1)} = 2 + \frac{3+\mathrm{j}1}{3} = \left(3 + \mathrm{j}\frac{1}{3}\right) = \frac{\sqrt{82}}{3}\underline{/6.34°}\,\Omega$$

所以

$$\dot{U} = \dot{I}_s \times Z = 5\underline{/0°} \times \frac{\sqrt{82}}{3}\underline{/6.34°} = \frac{5\sqrt{82}}{3}\underline{/6.34°}\,\mathrm{V}$$

电流源提供的复功率为

$$\overline{S} = \dot{U}\dot{I}_s^* = \frac{5\sqrt{82}}{3}\underline{/6.34°} \times 5\underline{/0°} = \frac{25\sqrt{82}}{3}\underline{/6.34°} = (75 + \mathrm{j}8.33)\,\mathrm{V}\cdot\mathrm{A}$$

即

$$P = 75\mathrm{W}, \quad Q = 8.33\mathrm{var}$$

故
$$S = \sqrt{P^2 + Q^2} = \sqrt{75^2 + 8.33^2} = 75.46 \text{V} \cdot \text{A}$$
$$\cos\varphi = \frac{P}{S} = \frac{75}{75.46} = 0.994$$

例 8-10 电路如图 8-14 所示，已知 $\dot{I}_s = 10\underline{/0°}$A，求各支路吸收的复功率。

解：先分别求出各支路的电流和电压。由 KCL 和 KVL 定律可得

$$\dot{I}_1 + \dot{I}_2 = \dot{I}_s$$
$$j5 \times \dot{I}_1 + (6 + j4) \times \dot{I}_2 - 7\dot{I}_2 = 0$$

化简得
$$\dot{I}_1 + \dot{I}_2 = 10\underline{/0°}$$
$$5\dot{I}_1 + (4 + j)\dot{I}_2 = 0$$

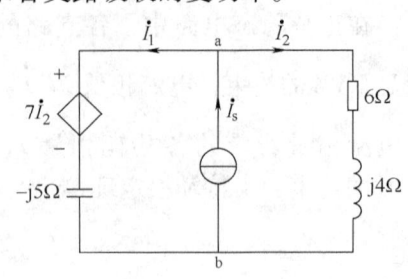

图 8-14　例 8-10 图

求出支路电流为
$$\dot{I}_1 = -15 - j25 = 29.15\underline{/-120.96°}\text{A}$$
$$\dot{I}_2 = 25 + j25 = 35.36\underline{/45°}\text{A}$$

即得电压 $\dot{U}_{ab}$ 为
$$\dot{U}_{ab} = (6 + j4) \times \dot{I}_2 = (6 + j4) \times (25 + j25) = 50 + j250 = 254.95\underline{/78.69°}\text{V}$$

所以，各支路吸收的复功率分别为
$$\bar{S}_1 = \dot{U}_{ab}\dot{I}_1^* = (50 + j250) \times (-15 + j25) = -7000 - j2500 \text{V} \cdot \text{A}$$
$$\bar{S}_2 = \dot{U}_{ab}\dot{I}_2^* = (50 + j250) \times (25 - j25) = 7500 + j5000 \text{V} \cdot \text{A}$$
$$\bar{S}_3 = \dot{U}_{ab} \times (-\dot{I}_s^*) = (50 + j250) \times (-10\underline{/0°}) = -500 - j2500 \text{V} \cdot \text{A}$$

显然，各支路吸收的复功率的代数和等于零，满足复功率守恒。

8.4　功率因数的提高

在生产和日常生活中，大多数电气设备都是感性负载，功率因数小于 1。例如异步电动机在空载或带很轻的负载时，$\cos\varphi$ 仅为 0.2~0.3，即使在额定状态下满载运行，$\cos\varphi$ 也只有 0.8~0.9。由 $P = UI\cos\varphi$ 可知，对于容量一定的供电设备，其能够提供的有功功率的大小取决于负载的功率因数 $\cos\varphi$。

因此，在电力工程中，提高负载的功率因数具有重要的经济意义，主要体现在以下两个方面。

（1）负载功率因数的大小直接关系到发电、输电、配电设备的容量能否得到充分的利用。例如，一台容量为 1000kV·A 的变压器，当所接负载的功率因数 $\cos\varphi = 0.85$ 时，它可

以提供 850kW 的功率，当负载的功率因数降到 0.5 时，它就只能提供 500kW 的功率。

（2）负载功率因数的提高可以减少输电线路的电能损失。因为在一定的电压条件下，若功率因数 $\cos\varphi$ 提高，则输送相同功率所需要的电流 $I = P/(U\cos\varphi)$ 减少，使得输电线路的功率损失 I^2R 减少，并且线路上的压降也随之减小，有利于电压调整，使负载电压更接近额定电压，保证供电质量。

提高功率因数 $\cos\varphi$ 的具体方法与用电设备的性质有关。交流电路中，绝大多数负载是感性的，感抗的存在引起了无功功率 Q。由 $\cos\varphi = P/S = P/\sqrt{P^2+Q^2}$ 可知，当有功功率 P 一定时，减少电源所负担的无功功率 Q，即可提高功率因数。

减少无功功率最常用的方法是在感性负载两端并联大小适当的电容器。如图 8-15a 所示，感性负载 R 和 $j\omega L$ 接在电压为 $\dot U$ 的电源上，其电流为 $\dot I$，功率因数为 $\cos\varphi$。为了提高功率因数，把电容 C 并联在感性负载两端，如图中虚线所示，使并联电容后电路的功率因数提高到 $\cos\varphi'$。

在并联电容 C 之前，电路的入端电流和感性负载上的电流为同一电流 $\dot I$，它滞后于端口电压 $\dot U$ 一个 φ 角，如图 8-15b 所示。并联电容 C 后，电容两端的电压为 $\dot U$，其电流 $\dot I_C$ 超前于电压 90°，而感性负载上的电流 $\dot I$ 没有变化，此时的入端电流为 $\dot I$ 与 $\dot I_C$ 的相量和 $\dot I'$，即 $\dot I' = \dot I + \dot I_C$。$\dot I'$ 滞

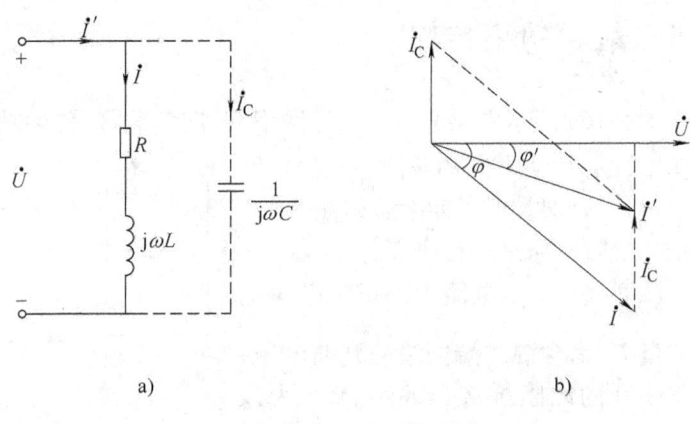

图 8-15 功率因数的提高

后于电压 $\dot U$ 一个角度 φ'，$\varphi' < \varphi$，所以 $\cos\varphi' > \cos\varphi$，电路的功率因数从 $\cos\varphi$ 提高到了 $\cos\varphi'$。

由图 8-15b 可知，电容支路的电流为

$$I_C = I\sin\varphi - I'\sin\varphi' = \frac{P}{U\cos\varphi}\sin\varphi - \frac{P}{U\cos\varphi'}\sin\varphi'$$

$$= \frac{P}{U}(\tan\varphi - \tan\varphi')$$

而电容电流

$$I_C = \frac{U}{X_C} = \omega C U$$

所以，并联电容 C 的大小为

$$C = \frac{P}{\omega U^2}(\tan\varphi - \tan\varphi') \tag{8-31}$$

式中，P、U 分别为负载的有功功率和额定电压；ω 为电源的角频率；φ、φ' 分别为并联电容 C 前后的功率因数角。

并联电容后，电源向负载输送的有功功率不变，但是输送的无功功率却减少了，减少的

部分由电容"产生"的无功功率来补偿，使感性负载吸收的无功不变，而功率因数得到改善。功率因数并不是提高到理论上的最大值 $\cos\varphi = 1$ 就最适宜，因为这样电容设备的投资大大增加，会影响到经济效益。电力系统中交流发电机的额定功率因数一般不超过 0.9，负载的功率因数一般调整到 0.85~0.9 之间为宜。

例 8-11 把 $P = 1000\text{W}$、功率因数 $\cos\varphi = 0.7$ 的单相电动机接到电压为 220V、频率为 50Hz 的电源上，若要将功率因数提高到 0.9，需要并联多大的电容？

解：利用式（8-31）可得

$$C = \frac{P}{\omega U^2}(\tan\varphi - \tan\varphi') = \frac{P}{2\pi f U^2}\left(\frac{\sin\varphi}{\cos\varphi} - \frac{\sin\varphi'}{\cos\varphi'}\right)$$

$$= \frac{1000}{2\pi \times 50 \times 220^2} \times \left(\frac{\sqrt{1-0.7^2}}{0.7} - \frac{\sqrt{1-0.9^2}}{0.9}\right) = 35.24\mu\text{F}$$

所以，在该电动机两端并联 $35.24\mu\text{F}$ 的电容即可把电路的功率因数从 0.7 提高到 0.9。

8.5 最大功率传输

图 8-16a 所示电路为含源二端网络 N_s 向负载 Z_L 传输功率，常常遇到要研究负载获得最大功率（有功功率）的条件。根据戴维南定理，该问题可以简化为如图 8-16b 所示的等效电路来进行研究。

图 8-16b 所示电路中，正弦电源电压相量 $\dot{U}_s$ 为含源二端网络的开路电压，与其串联的内阻抗 $Z_s = R_s + jX_s$，为该二端网络的入端阻抗。设负载阻抗为 $Z_L = R_L + jX_L$，则电流为

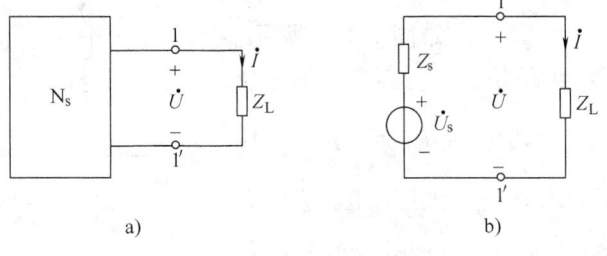

图 8-16 最大功率传输

$$\dot{I} = \frac{\dot{U}_s}{Z_s + Z_L} = \frac{\dot{U}_s}{(R_s + R_L) + j(X_s + X_L)}$$

电流的有效值为

$$I = \frac{U_s}{\sqrt{(R_s + R_L)^2 + (X_s + X_L)^2}}$$

由此可得，负载吸收的有功功率为

$$P_L = I^2 R_L = \frac{U_s^2 R_L}{(R_s + R_L)^2 + (X_s + X_L)^2} \tag{8-32}$$

一般地，$\dot{U}_s$、R_s 和 X_s 是不变的，负载 Z_L 吸收的功率随负载阻抗的参数 R_L 和 X_L 变化。这里分两种情况讨论负载 Z_L 获得最大功率的条件。

（1）负载阻抗 $Z_L = R_L + jX_L$，若 R_L 和 X_L 均可以任意变化。由式（8-32）可知，当 $X_s + X_L = 0$，即 $X_L = -X_s$ 时，分母最小，此时功率 P_L 为

$$P_L = \frac{U_s^2 R_L}{(R_s + R_L)^2}$$

再继续求使上式中的 P_L 获得最大值时的 R_L 值。令

$$\frac{dP_L}{dR_L} = 0$$

解得
$$R_L = R_s$$

可见，当 $R_L = R_s$，且 $X_L = -X_s$ 时，负载可获得最大功率。此时

$$Z_L = R_L + jX_L = R_s - jX_s = Z_s^* \tag{8-33}$$

即负载阻抗是电源内阻抗的共轭复数，称为共轭匹配（conjugate matching）。共轭匹配时负载上获得的最大功率为

$$P_{L\max} = \frac{U_s^2}{4R_s} \tag{8-34}$$

（2）负载阻抗 $Z_L = |Z_L|\angle\varphi$，其中，φ 为定值，而 $|Z_L|$ 可调。由于阻抗

$$Z_L = |Z_L|\angle\varphi = |Z_L|\cos\varphi + j|Z_L|\sin\varphi$$

由式（8-32）可得

$$P_L = \frac{U_s^2 R_L}{(R_s + R_L)^2 + (X_s + X_L)^2} = \frac{U_s^2 |Z_L|\cos\varphi}{(R_s + |Z_L|\cos\varphi)^2 + (X_s + |Z_L|\sin\varphi)^2}$$

式中，$|Z_L|$ 为自变量欲使 P_L 获得最大值，应满足

$$\frac{dP_L}{d|Z_L|} = 0$$

解得

$$|Z_L|^2 = R_s^2 + X_s^2$$

$$|Z_L| = \sqrt{R_s^2 + X_s^2} = |Z_s| \tag{8-35}$$

此时，负载获得最大功率的条件是：负载阻抗的模与电源内阻抗的模相等，称为共模匹配。特殊地，当负载是纯电阻，即 $Z_L = R_L$，$|Z_L| = R_L$ 时，获得最大功率的条件是 $R_L = \sqrt{R_s^2 + X_s^2}$，而不是 $R_L = R_s$，这是应当注意的。

显然，共模匹配比共轭匹配条件下获得的最大功率要小。如果阻抗角也可以调节，则由共模匹配条件转变到共轭匹配条件，负载获得的功率会更大。负载在这两种匹配情况下，电源供电的效率都较低，共轭匹配条件下供电效率也只有 50%，因此，采用负载匹配条件获得最大功率的方法一般仅用于功率较小的电信工程中。而电力工程中重视提高电能传输的效率，且电源内阻抗较小，匹配运行会产生很大的电流，这是不允许的。

例 8-12 电路如图 8-17 所示，已知电压源 $\dot{U}_s = 100\sqrt{2}\angle 0°$ V，试求下面三种情况下负载 Z_L 吸收的功率：（1）负载为 5Ω 的电阻；（2）负载阻抗与电源内阻抗共轭匹配；（3）负载为电阻，且与电源内阻抗共模匹配。

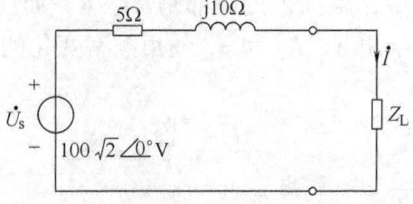

图 8-17 例 8-12 图

解：（1）当 $Z_L = 5\Omega$ 时，

$$\dot{I} = \frac{100\sqrt{2}\angle 0°}{5 + j10 + 5} = \frac{100\sqrt{2}\angle 0°}{10\sqrt{2}\angle 45°} = 10\angle -45° \text{A}$$

$$P_L = 10^2 \times 5 = 500\text{W}$$

(2) 因为 $Z_s = (5 + j10)\ \Omega$，当共轭匹配时，$Z_L = Z_s^* = (5 - j10)\ \Omega$，所以

$$\dot{I} = \frac{100\sqrt{2}\underline{/0°}}{5 + j10 + (5 - j10)} = \frac{100\sqrt{2}\underline{/0°}}{10} = 10\sqrt{2}\underline{/0°}\text{A}$$

$$P_L = (10\sqrt{2})^2 \times 5 = 1000\text{W} \quad \text{或} \quad P_L = \frac{(100\sqrt{2})^2}{4 \times 5} = 1000\text{W}$$

(3) 共模匹配时，$Z_L = |Z_s| = \sqrt{5^2 + 10^2} = 11.18\Omega$，此时

$$\dot{I} = \frac{100\sqrt{2}\underline{/0°}}{5 + j10 + 11.18} = \frac{100\sqrt{2}\underline{/0°}}{16.18 + j10} = \frac{100\sqrt{2}\underline{/0°}}{19\underline{/31.72°}} = 7.44\underline{/-31.72°}\text{A}$$

$$P_L = 7.44^2 \times 11.18 = 619\text{W}$$

由此可见，负载与电源内阻抗共轭匹配时获得的功率最大。

8.6 谐振电路

由于电抗随频率变化而变化，在含线性储能元件的正弦交流电路中，电路中的电压和电流都是频率的函数。含有 R、L 和 C 的无源二端网络，当电路的参数 L、C 和 ω 满足一定条件时，电路中的电感和电容的作用相互抵消，其端口电压与电流同相，即端口呈现电阻性的现象称为谐振（resonance）。

谐振是正弦稳态电路的一种特殊现象，在无线电与电工技术中有着广泛的应用，但在电力系统中如果发生谐振，则会使电力系统受到严重的破坏。例如，电路发生谐振时，某些支路的电压或电流可能会远远大于电源的电压或电流。因此，电路谐振时的工作状态与非谐振时差别很大，研究谐振现象具有重要的实际意义。

谐振可分为串联谐振和并联谐振。RLC 串联电路和 RLC 并联电路是两种应用最广泛的谐振电路，下面对这两种谐振电路分别进行讨论。

8.6.1 串联谐振

图 8-18 所示为 RLC 串联电路。其端口阻抗为

$$Z = R + jX = R + j(X_L - X_C) = R + j\left(\omega L - \frac{1}{\omega C}\right)$$

式中，阻抗 Z 的实部是常数 R，而虚部电抗 $X = X_L - X_C$，是角频率 ω 的函数。在复平面上同时绘出 X、X_L 和 X_C 随角频率变化的曲线，如图 8-19 所示。

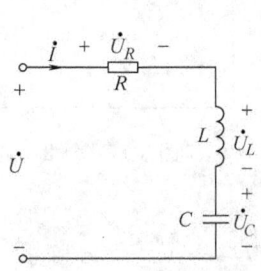

图 8-18 串联谐振电路图

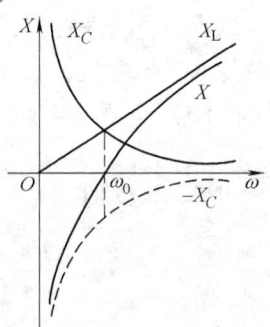

图 8-19 电抗的频率特性

由图 8-19 所示曲线可知，当 $\omega < \omega_0$ 时，$X < 0$，电路呈容性；当 $\omega > \omega_0$ 时，$X > 0$，电路呈感性；当 $\omega = \omega_0$ 时，$X = 0$，电路呈阻性，发生谐振。所以，发生串联谐振的条件为

$$X = X_L - X_C = \omega_0 L - \frac{1}{\omega_0 C} = 0$$

即

$$\omega_0 L = \frac{1}{\omega_0 C} \tag{8-36}$$

式（8-36）称为 RLC 串联电路的谐振条件。由谐振条件可以解出谐振的角频率和谐振频率分别为

$$\omega_0 = \frac{1}{\sqrt{LC}} \tag{8-37}$$

$$f_0 = \frac{\omega_0}{2\pi} = \frac{1}{2\pi\sqrt{LC}} \tag{8-38}$$

可见，ω_0 和 f_0 仅取决于 L 和 C 两个参数。因此，若要实现谐振，只需要固定电路的参数改变电路的频率，或者固定电路的频率改变 L 和 C 的大小即可。

串联谐振时，电路的输入阻抗 $Z = R + \mathrm{j}(X_L - X_C) = R$。此时，二端网络的阻抗模最小，在一定电压作用下，电路中的电流最大。

$$\dot{I} = \frac{\dot{U}}{Z} = \frac{\dot{U}}{R} = \dot{I}_0$$

各元件上的电压分别为

$$\dot{U}_R = R\dot{I}_0 = \dot{U}$$

$$\dot{U}_L = \mathrm{j}X_L\dot{I}_0$$

$$\dot{U}_C = -\mathrm{j}X_C\dot{I}_0 = -\dot{U}_L$$

所以，电感与电容的电压相量之和为零，即

$$\dot{U} = \dot{U}_L + \dot{U}_C = 0$$

图 8-20 给出了串联谐振时电流和各电压的相量图。由于 $\dot{U}_L$ 与 $\dot{U}_C$ 有效值相等，相位相反，电压相量之和等于零，L 和 C 的串联部分相当于短路，串联谐振又称为电压谐振。谐振时 L 和 C 单个元件上的电压 $\dot{U}_L$ 与 $\dot{U}_C$ 并不为零，且电压可以达到很高，甚至有时会出现电压远远大于电源电压的情况。电力系统中应避免发生谐振，以免过高的电压使电气设备遭到破坏。

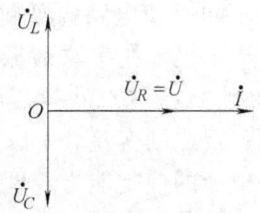

图 8-20 串联谐振相量图

串联谐振时，端口的电压全部加到电阻上，使电阻上的电压和电流都达到最大值，电源只给电阻提供能量消耗。电路吸收的有功功率为

$$P_0 = I_0^2 R = U^2/R$$

而无功功率

$$Q_0 = Q_L + Q_C = I_0^2 X_L - I_0^2 X_C = 0$$

即电感与电容上的无功功率相互补偿，电路与电源之间无能量交换。电路中电场能量和磁场能量的最大值相等，电磁总能量为定值，它们之间相互转换，从而产生周期性的电磁振荡。所以，L 和 C 两个元件既不从电源吸收能量，也不把能量返回电源，与电源之间无能量的交换。

如果把谐振时动态元件的电压与激励电压之比用 Q 来表示，用 I_0 表示谐振电流，则有

$$Q = \frac{U_L}{U} = \frac{U_C}{U} = \frac{\omega_0 L}{R} = \frac{1}{\omega_0 CR} = \frac{1}{R}\sqrt{\frac{L}{C}} \tag{8-39}$$

电感和电容两端的电压大小相等，且为电源电压的 Q 倍，Q 称为 RLC 串联谐振电路的品质因数（quality factor）。品质因数 Q 无量纲，由电路参数 R、L、C 确定，与频率无关，它是衡量谐振时多个指标的参数。Q 值越大，谐振时电感电压或电容电压就越高。

此外，Q 值还影响到谐振电路的频率响应。正弦电路中电流、电压、阻抗、导纳等物理量随频率变化的特性称为频率特性，它们的模和辐角与频率的关系又分别称为幅频特性和相频特性。

由 RLC 串联电路端口电压 $\dot{U}$ 与电流 $\dot{I}$ 的关系为

$$\dot{I} = \frac{\dot{U}}{R + j\left(\omega L - \dfrac{1}{\omega C}\right)}$$

可得，电流的有效值为

$$I = \frac{U}{\sqrt{R^2 + \left(\omega L - \dfrac{1}{\omega C}\right)^2}} = \frac{U}{\sqrt{R^2 + \left(\dfrac{\omega}{\omega_0}\omega_0 L - \dfrac{\omega_0}{\omega}\dfrac{1}{\omega_0 C}\right)^2}} = \frac{U}{\sqrt{R^2 + R^2 Q^2 \left(\dfrac{\omega}{\omega_0} - \dfrac{\omega_0}{\omega}\right)^2}}$$

$$= \frac{U}{R\sqrt{1 + Q^2\left(\dfrac{\omega}{\omega_0} - \dfrac{\omega_0}{\omega}\right)^2}} = \frac{I_0}{\sqrt{1 + Q^2\left(\dfrac{\omega}{\omega_0} - \dfrac{\omega_0}{\omega}\right)^2}}$$

式中，ω_0 为谐振角频率。当 $\omega = \omega_0$，即电路谐振时，I 取得最大值，电路中电流最大。当 ω 偏离 ω_0 时，电流逐渐减小，电流 I 减小的快慢不仅与 ω 有关，还与 Q 值有关。图 8-21 给出了不同 Q 值电路的幅频特性曲线，亦称通用谐振曲线。

可见，在串联谐振电路中，当 ω 稍微偏离 ω_0 时，若 Q 值越大，电流 I 减小得越快，曲线越尖锐，电路的选频性能就越好；反之则变差。所以，电路的 Q 值可以体现电路对非谐振频率电流的抑制能力，即对谐振频率的电流具有选择能力，Q 值大，电路就容易把具有谐振频率的电流选择出来。由于 RLC 串联谐振电路具有频率的选择性，所以它常被用于电子电路中作为选频网络，例如收音机就是利用这一选频特性来选择需要收听的电台。

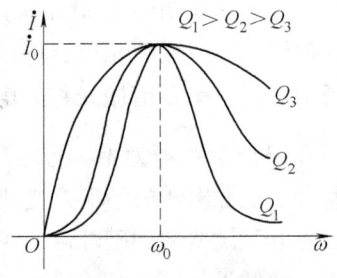

图 8-21 通用谐振曲线

例 8-13 在 RLC 串联电路中，已知正弦电源电压的有效值 $U = 10\text{V}$，$R = 10\Omega$，$L = 20\text{mH}$，当电容 $C = 2\mu\text{F}$ 时，电流 $I = 1\text{A}$。求电源的频率 ω、电压 U_L 和 U_C，以及电路的 Q 值。

解：在 RLC 串联电路中，电流为

$$\dot{I} = \frac{\dot{U}}{R + jX}$$

电流的有效值为

$$I = \left|\frac{\dot{U}}{R + jX}\right| = \frac{U}{\sqrt{R^2 + X^2}} = \frac{10}{\sqrt{10^2 + X^2}} = 1\text{A}$$

解得 $X = 0$，即电路处于串联谐振状态。所以

$$\omega = \frac{1}{\sqrt{LC}} = \frac{1}{\sqrt{20 \times 10^{-3} \times 2 \times 10^{-6}}} = 5000\text{rad/s}$$

$$U_L = U_C = \omega LI = 5000 \times 20 \times 10^{-3} \times 1 = 100\text{V}$$

$$Q = \frac{U_L}{U} = \frac{100}{10} = 10$$

8.6.2 并联谐振

在电子技术中也常用到 GCL 并联电路，如图 8-22 所示。分析并联谐振电路时，可以根据对偶原理引入串联谐振的结论。

该并联电路的导纳为

$$Y = G + j\left(\omega C - \frac{1}{\omega L}\right)$$

并联电路发生谐振的条件是导纳的虚部为零，即

$$\omega C - \frac{1}{\omega L} = 0$$

把发生并联谐振时，电路的角频率记为 ω_0，则

$$\omega_0 = \frac{1}{\sqrt{LC}} \tag{8-40}$$

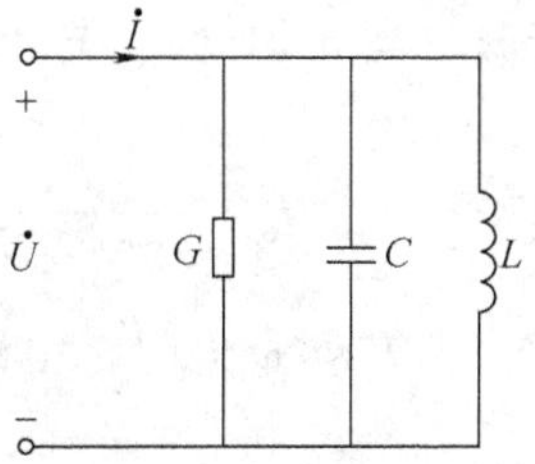

图 8-22 GCL 并联电路

此时，电路中端口电压相量 $\dot{U}$ 与电流相量 $\dot{I}$ 同相位；电感电流与电容电流有效值相等，相位相反，相互抵消。在电感和电容中可能会出现过电流，L 和 C 并联部分的等效电纳等于零，阻抗为无穷大，相当于开路，并联谐振也称为电流谐振。

并联谐振电路对外加电压呈现电阻性，与串联谐振类似，电源只给电阻提供能量消耗，电感和电容的无功功率相互补偿。

根据对偶原理可得，电路的品质因数为

$$Q = \frac{\omega_0 C}{G} = \frac{1}{\omega_0 LG} \tag{8-41}$$

实际中常用的并联谐振电路大多是由电感线圈和电容起并联组成的，电感线圈可等效为 RL 串联的支路，其电路模型如图 8-23 所示。在正弦稳态电路中，电路的导纳为

$$Y = \frac{1}{R + j\omega L} + j\omega C = \frac{R}{R^2 + \omega^2 L^2} + j\left(\omega C - \frac{\omega L}{R^2 + \omega^2 L^2}\right)$$

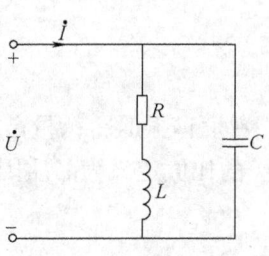

图 8-23 实际并联谐振电路

当该电路导纳的虚部为零时,其端口电压与电流同相,电路发生谐振。把谐振角频率记为 ω_0,则有

$$\omega_0 C - \frac{\omega_0 L}{R^2 + \omega_0^2 L^2} = 0$$

即

$$L^2 C \omega_0^2 + R^2 C - L = 0$$

可得电路谐振的角频率为

$$\omega_0 = \sqrt{\frac{L - R^2 C}{L^2 C}} = \sqrt{\frac{1}{LC} - \frac{R^2}{L^2}} \tag{8-42}$$

谐振频率为

$$f_0 = \frac{1}{2\pi}\sqrt{\frac{1}{LC} - \frac{R^2}{L^2}} \tag{8-43}$$

式(8-43)说明并联电路的谐振频率不仅与 LC 有关,还与电阻 R 有关。当 $\frac{1}{LC} - \frac{R^2}{L^2} > 0$,即 $R < \sqrt{\frac{L}{C}}$ 时,ω_0 是实数,电路可能发生谐振;若 $R > \sqrt{\frac{L}{C}}$,则 ω_0 为虚数,电路不会发生谐振。当 $R = 0$ 时,与串联谐振的频率相同。实际上,当 $\frac{R^2}{L^2} \ll \frac{1}{LC}$,即 $R \ll \sqrt{\frac{L}{C}} = \omega_0 L$ 时,$\omega_0 \approx \frac{1}{\sqrt{LC}}$,$f_0 \approx \frac{1}{2\pi}\sqrt{\frac{1}{LC}}$,电路发生谐振的特点才与 GCL 并联谐振相接近。

当 $R \ll \omega_0 L$ 时,电路导纳的虚部为零,电路发生并联谐振,导纳和阻抗分别为

$$Y_0 = \frac{R}{R^2 + \omega_0^2 L^2} \approx \frac{R}{\omega_0^2 L^2} = \frac{RC}{L}$$

$$Z_0 = \frac{R^2 + \omega_0^2 L^2}{R} \approx \frac{\omega_0^2 L^2}{R} = \frac{L}{RC}$$

此时电路导纳的模 $|Y|$ 最小。由 $I = |Y|U$ 可知,当端口电压一定时,电路中电流的有效值取得最小值,且有

$$I = I_0 = |Y_0|U = \frac{RU}{R^2 + \omega_0^2 L^2}$$

当 $R \ll \omega_0 L$ 时,各支路电流为

$$I_L = \frac{U}{\sqrt{R^2 + \omega_0^2 L^2}} = \frac{U}{\omega_0 L}$$

$$I_C = \omega_0 C U = \frac{U}{\omega_0 L}$$

并联谐振时,衡量谐振特性的指标仍用品质因数。把电感电流 I_L 或电容电流 I_C 与总电流 I_0 的比值定义为品质因数 Q,即

$$Q = \frac{I_L}{I_0} = \frac{I_C}{I_0} = \frac{\omega_0 L}{R} = \frac{1}{\omega_0 CR} \tag{8-44}$$

Q 值标志着并联谐振电路的质量,与串联谐振相同,Q 值越大,谐振曲线越尖锐,电路

的选频特性就越好。

例 8-14 电路如图 8-24 所示，已知电压源 $U_s = 100\text{V}$，$R_s = 50\text{k}\Omega$，$\omega_0 = 10^6 \text{rad/s}$，谐振时绕组获取最大功率，且品质因数 $Q = 100$，求 R、L 和 C 的值，以及谐振时电路中的 I、U 和绕组吸收的有功功率 P。

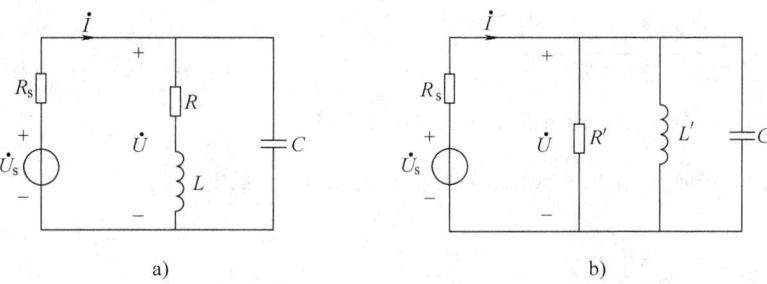

图 8-24 例 8-14 图

解：电路发生并联谐振时，谐振角频率

$$\omega_0 = \frac{1}{\sqrt{LC}} = 10^6 \text{rad/s}$$

电路的品质因数为

$$Q = \frac{\omega_0 L}{R} = 100$$

把图 8-24a 等效为图 8-24b 所示电路，谐振时绕组获取最大功率，电路的阻抗为

$$Z_0 = R' = \frac{L}{RC}, \quad \text{且 } R' = R_s$$

即

$$\frac{L}{RC} = 50 \times 10^3 \Omega$$

联立以上方程求解，得

$$R = 5\Omega, \quad L = 0.5\text{mH}, \quad C = 0.002\mu\text{F}$$

所以，谐振时电路中的总电流为

$$I = \frac{U_s}{2R_s} = \frac{100}{2 \times 50 \times 10^3} = 1\text{mA}$$

绕组两端的电压为

$$U = \frac{U_s}{2} = \frac{100}{2} = 50\text{V}$$

绕组吸收的有功功率为

$$P = UI = 50 \times 10^{-3} = 0.05\text{W}$$

习 题 8

8-1 电路如图 8-25 所示，已知 $\dot{U}_{s1} = 100\underline{/0°}\text{V}$，$\dot{U}_{s2} = 100\underline{/90°}\text{V}$，求各支路电流 $\dot{I}_1$，$\dot{I}_2$ 和 $\dot{I}_3$。

8-2 求图 8-26 所示正弦交流电路中的 $\dot{I}_1$ 和 $\dot{I}_2$。

8-3 图 8-27 所示正弦交流电路中，试用网孔分析法求电流 $\dot{I}_L$。

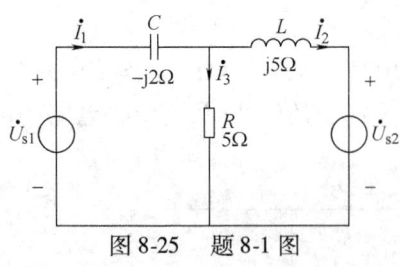
图 8-25　题 8-1 图

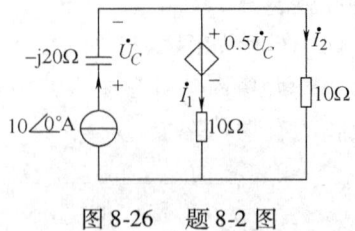
图 8-26　题 8-2 图

8-4　电路如图 8-28 所示,试列出电路的网孔电流方程组。

8-5　电路如图 8-29 所示,试用节点法求节点电压,并求电容上的电流 $\dot{I}$。

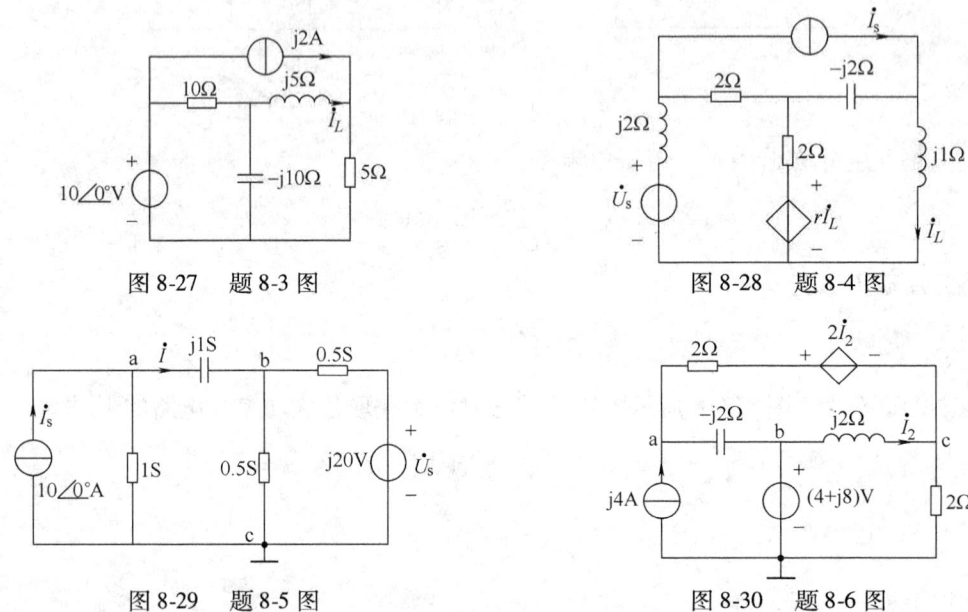

8-6　试用节点分析法求图 8-30 所示正弦交流电路中的电流 $\dot{I}_2$。

8-7　电路如图 8-31 所示,计算电路中的电流 $\dot{I}$ 和 $\dot{U}_{Z1}$。(1) 用节点法求解;(2) 用戴维南定理求解。

8-8　试用叠加定理求图 8-32 所示正弦交流电路中的支路电流 $\dot{I}$。

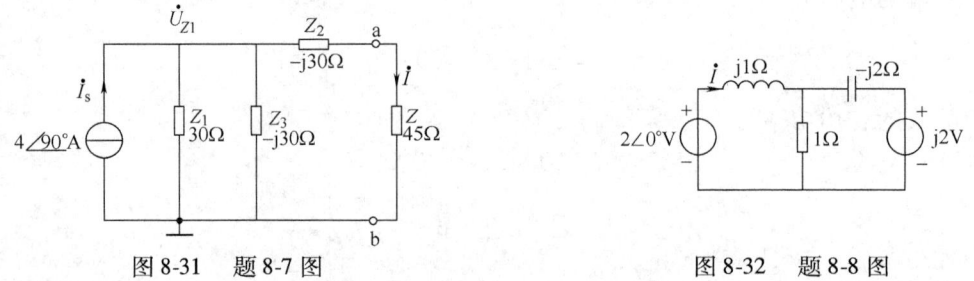

8-9　试用叠加定理求图 8-33 所示正弦交流电路中的电流 $\dot{I}_L$。

8-10　电路如图 8-34 所示,用戴维南定理求电路中 a-b 支路的电流 $\dot{I}$。

8-11　求图 8-35 所示正弦交流电路的戴维南等效电路。

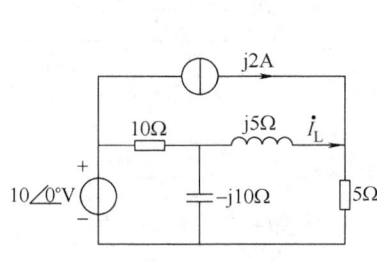

图 8-33　题 8-9 图

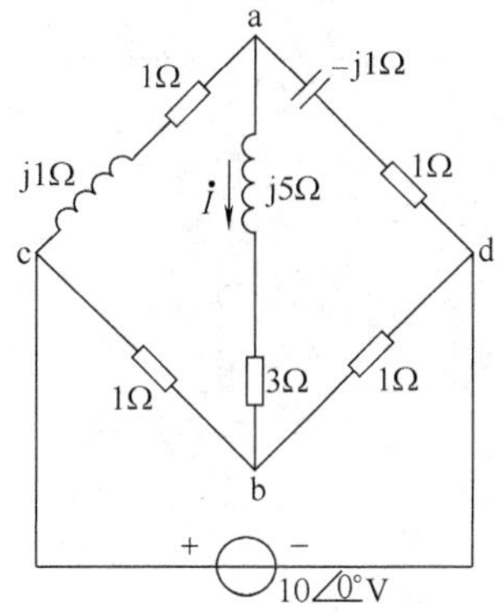

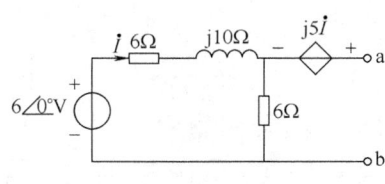

图 8-35　题 8-11 图

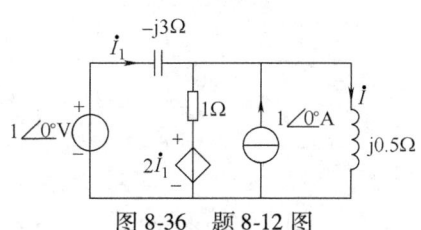

图 8-34　题 8-10 图

图 8-36　题 8-12 图

8-12　正弦交流电路如图 8-36 所示，试用戴维南定理求电路中的电流 $\dot{I}$。

8-13　两个线圈并联，其中一个线圈的 $R_1 = 4\Omega$，$X_1 = 13\Omega$，另一个线圈的 $R_2 = 8\Omega$，$X_2 = 4\Omega$，电源电压的有效值 $U = 120\text{V}$，求并联后的总电流和总功率。

8-14　电路如图 8-37 所示，已知 $\dot{U}_C = 1\angle 0°$，求电压 $\dot{U}$、电路总的有功功率 P、无功功率 Q 和功率因数，并画出相量图。

8-15　电路如图 8-38 所示，已知 $R = 2\Omega$，$L = 1\text{H}$，$C = 0.25\text{F}$，$u_s = 10\sqrt{2}\sin 2t \text{V}$，求电路的有功功率 P、无功功率 Q、视在功率 S 和功率因数 $\cos\varphi$。

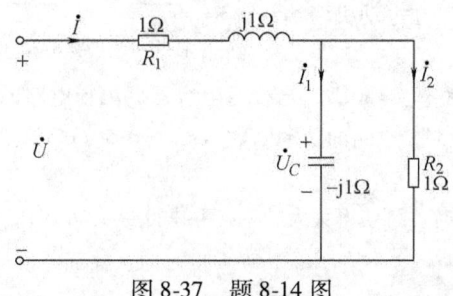

图 8-37　题 8-14 图

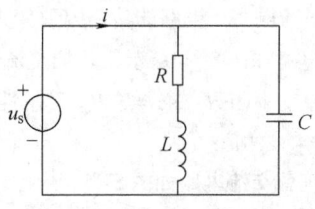

图 8-38　题 8-15 图

8-16　将一线圈接至 50Hz 的交流电源上，测得其端电压为 120V，电流为 20A，有功功率为 2kW，试求线圈的电阻和电感值、视在功率、无功功率及功率因数。

8-17　在 220V 的线路上，并联接有 20 只 40W、功率因数为 0.5 的荧光灯和 100 只 40W 的白炽灯，求线路总的有功功率、无功功率、视在功率和功率因数。

8-18　电路如图 8-39 所示，求各支路的复功率。

8-19　正弦交流电路如图 8-40 所示，当开关 S 打开或闭合时，电流表、功率表读数均不变。已知正弦交流电源频率为 50Hz，$U = 250\text{V}$，$I = 5\text{A}$，$P = 1000\text{W}$，试求 R 和 C。

8-20　图 8-41 所示的正弦交流电路的 $f = 50\text{Hz}$，已知电路的功率 $P = 40\text{W}$，$U = 100\text{V}$，$I_1 = 4\text{A}$，$I_2 = 2\text{A}$，试求 R、L、C 的值。

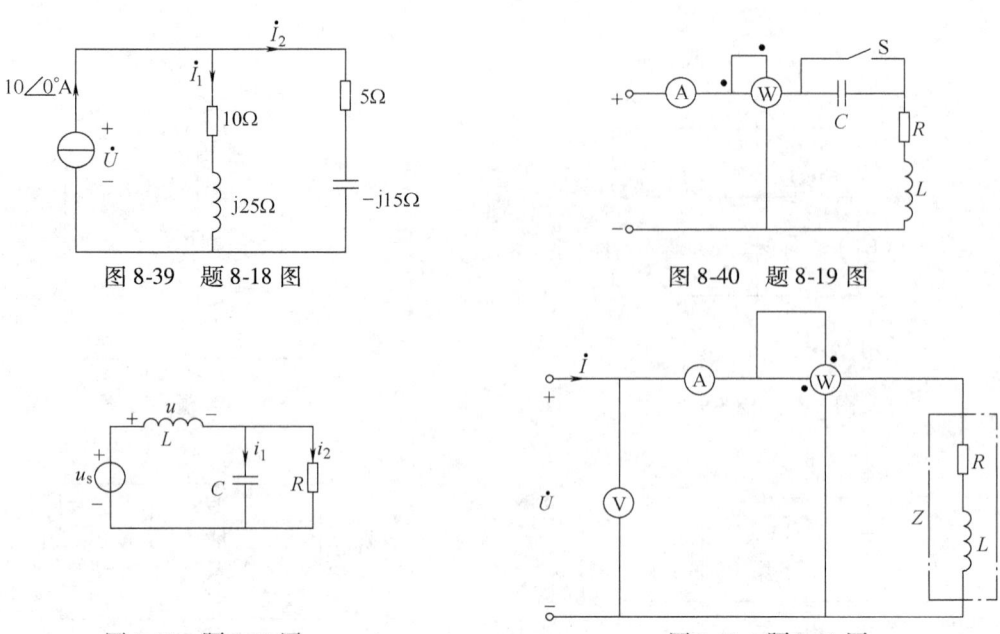

图 8-39 题 8-18 图   图 8-40 题 8-19 图

图 8-41 题 8-20 图   图 8-42 题 8-21 图

8-21 图 8-42 所示电路是用三表法测线圈参数。已知 $f=50$Hz，测得 $U=50$V，$I=1$A，$P=30$W，求线圈参数。

8-22 图 8-43 所示的正弦交流电路中，已知 $u=100\sqrt{2}\sin10^3 t$V，调节电容使电流表读数最小，此时 $C=40\mu F$，$I_{min}=3$A，试求 R 和 L。

8-23 有一交流电动机，其输入功率 $P=3$kW，电压 $U=220$V，功率因数 $\cos\varphi=0.6$，频率 $f=50$Hz，若要将 $\cos\varphi$ 提高到 0.9，问需与电动机并联多大的电容？

8-24 一台功率为 1.1kW 的异步电动机，接在 220V、50Hz 的电路中，电动机需要的电流为 10A，求：（1）电动机的功率因数；（2）若在电动机两端并联一个 79.5μF 的电容，电路的功率因数变为多少？

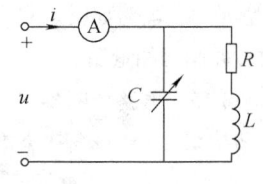

图 8-43 题 8-22 图

8-25 电路如图 8-44 所示，外加交流电压 $U=220$V，频率 $f=50$Hz，当接通电容器后测得电路的总功率 $P=2$kW，功率因数 $\cos\varphi=0.866$（感性）。若断开电容支路，电路的功率因数 $\cos\varphi'=0.5$。试求电阻 R、电感 L 及电容 C 的值。

8-26 正弦交流电路如图 8-45 所示，当负载 Z_L 为何值时，可获得最大功率，并求此最大功率 P_{max}。

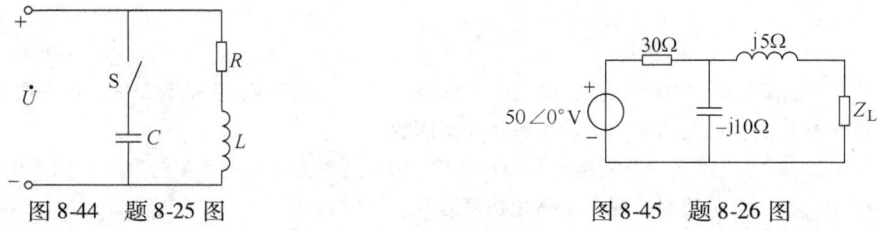

图 8-44 题 8-25 图   图 8-45 题 8-26 图

8-27 电路如图 8-46 所示，已知 $\dot{I}_s=2\angle 0°$A，求最佳匹配时，负载 Z 获得的最大功率。

8-28 电路如图 8-47 所示，为使负载 Z_L 获得最大有功功率，求 Z_L 的值。

8-29 将 $R=50\Omega$、$L=4$mH 的线圈与 $C=160$pF 的电容器串联，接在 $U=25$V 的电源上。（1）当 $f_0=200$kHz 时发生谐振，求电流与电容器上的电压；（2）当频率增加 10% 时，求电流与电容器上的电压。

8-30 某 *RLC* 串联电路，在电源频率 $f=500\text{Hz}$ 时发生谐振，谐振时电流为 0.2A，容抗 X_C 为 314Ω，测得电容电压 U_C 为电源电压的 20 倍，求该电路的电阻 R 和电感 L。

8-31 图 8-48 所示电路在谐振时，$I_1 = I_2 = 10\text{A}$，$U=50\text{V}$，求 R、X_L 和 X_C 的值。

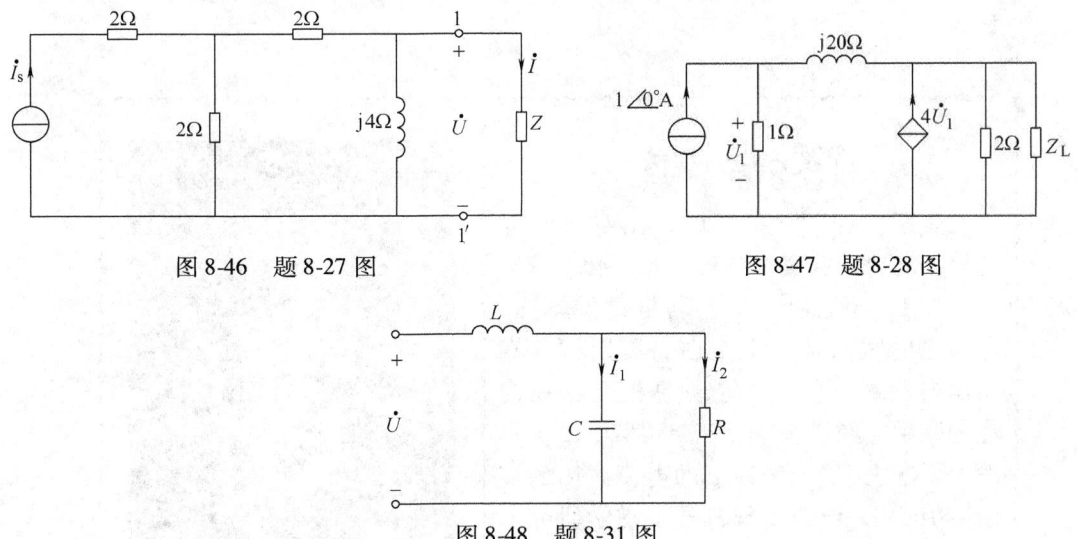

图 8-46 题 8-27 图　　　　　　　　图 8-47 题 8-28 图

图 8-48 题 8-31 图

第9章 三相电路

奥斯特

历史人物小传

奥斯特(1777~1851),出身于丹麦兰格朗岛鲁德乔宾,物理学家、化学家。

在19世纪初,关于电与磁的本质,电与磁的联系是一个空白。奥斯特一直相信电、磁、光、热等现象相互存在内在的联系,经过长期研究于1820年7月发表了题为《关于磁针上的电流碰撞的实验》的论文,他的发现打开了磁学研究的大门。为了纪念他对电磁学的贡献,人们把磁场的单位命名为奥斯特。

广泛应用的交流电,几乎都是由三相发电机产生和用三相输电线输送的。工程上把三个频率相同,但初相位不同的正弦电源与三相负载按特定方式连接组成的电路,称为三相电路。其中每个电源称为三相电路的一相电源,每组负载称为三相电路的一相负载。电力系统主要是采用三相制,因为从发电、输电和用电各个方面来说,三相制比单相制有更多优点。

从电路理论角度看,三相电路不过是复杂的正弦稳态电路,可用第8章所述的方法分析计算。但三相电路有它本身的特点,特别是对称三相电路,因此,分析上也有相应的特点。

9.1 三相电路的基本概念

9.1.1 对称三相电源、对称三相负载

如果三相电源的电压或电流,是一组频率相同、幅值相同、相位依次相差同一角度的正弦电压或电流,则称此三相电源为对称三相电源。如将三相发电机的端电压或实验室电源板上的三相电源引至示波器观察,可以看到如图 9-1 所示的波形,其相应的瞬时值表达式为

$$u_A(t) = \sqrt{2}U\sin\omega t$$
$$u_B(t) = \sqrt{2}U\sin(\omega t - 120°)$$
$$u_C(t) = \sqrt{2}U\sin(\omega t - 240°) = \sqrt{2}U\sin(\omega t + 120°)$$

(9-1)

这组对称三相电压的相量为

$$\dot{U}_A = U e^{j0°} = U\underline{/0°}$$
$$\dot{U}_B = U e^{-j120°} = U\underline{/-120°}$$ (9-2)
$$\dot{U}_C = U e^{j120°} = U\underline{/-120°}$$

其相量图如图 9-2 所示。

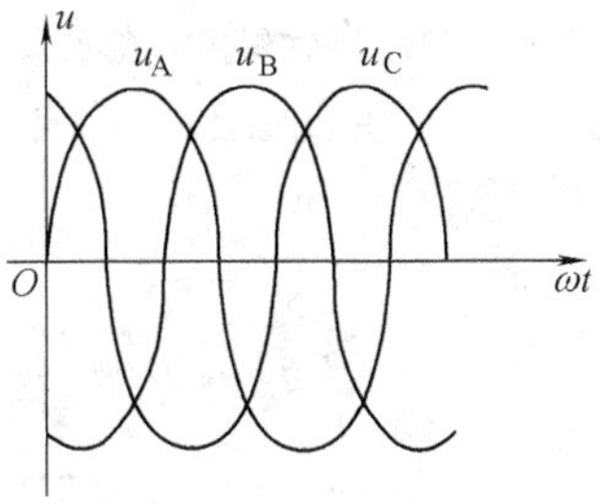

图 9-1 对称三相电压波形

在波形图上，三相电压达到同一数值（如正最大值）的先后次序叫做相序。图 9-1 中这种次序为 A→B→C→A，称为正序或顺序。此处 A 相电压超前 B 相电压 120°，B 相电压超前 C 相电压 120°。与正序相反，若 C 相电压超前 B 相电压 120°，B 相电压超前 A 相电压 120°，这种 C→B→A→C 的相序称为逆序或负序。若相互间的相位差都是零，则称为零序。本章只讨论顺序情况。

在三相电压中，以哪一相作为 A 相是可任意指定的，由于发电机产生的三相电压的相序不会改变，所以 A 相确定之后，比 A 相滞后 120°的一相就是 B 相，比 A 相超前 120°的一相就是 C 相。实际中通常在交流发电机或三相变压器的引出线以及实验室配电装置的三相母线上，以黄、绿、红三种颜色分别表示 A、B、C 三相。

图 9-2 对称三相电压相量图

三相电源的相序改变时，由其供电的三相电动机将改变旋转方向，这种方法常用于控制电动机的正转或反转。

对称三相电压的瞬时值之和恒等于零，即
$$u_A(t) + u_B(t) + u_C(t) = 0 \quad (9-3)$$

由图 9-1 易见在各瞬间，各相电压瞬时值相加确实等于零。当然，其相量亦有

$$\dot{U}_A + \dot{U}_B + \dot{U}_C = 0 \quad (9-4)$$

这从图 9-2 所示相量图中容易看出。

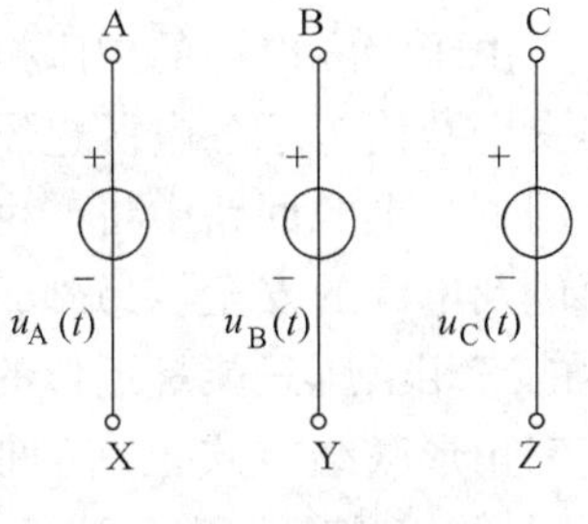

三相交流发电机是对称三相电源，在理想情况下，其每个

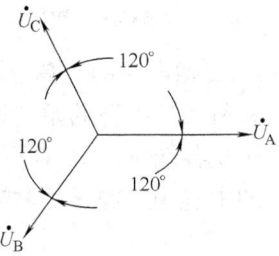

图 9-3 三相电压源

绕组的电路模型是一个电压源，常以 A、B、C 表示始端，X、Y、Z 表示末端，如图 9-3 所示。

所谓对称三相负载是指阻抗相等的三个负载，即 $Z_A = Z_B = Z_C = Z$。如三相电动机是三相对称负载，而三相照明负载一般不是对称的。

9.1.2 三相电路的联结方式

三相电源的基本联结方式有两种：一种是星形联结或称 Y 联结，另一种是三角形联结或称△联结。

1. 三相电源的星形联结

考虑图 9-3 所示的三相电压源，若将各电源的末端 X、Y、Z 联结在一起，从三个始端 A、B、C 引出三根导线至负载，这种接法叫做三相电源的星形联结，如图 9-4 所示。从每相

的始端引出的导线叫做端线，俗称火线。公共端点 O 称为三相电源的中性点，简称中点（零点）。从中性点引出的导线，叫做中性线，简称中线。当中性点接地时，中性线又称为地线或零线。

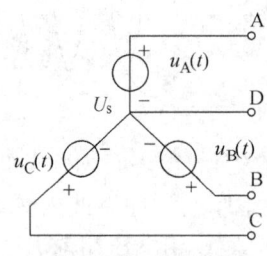

图 9-4 电源的 Y 联结

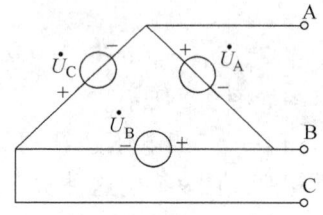

图 9-5 电源的 △ 联结

2. 三相电源的三角形联结

若将各相电源的始末端依次相联接，即 X 与 B、Y 与 C、Z 与 A 相联结成一个三角形回路，再从各端 A、B、C 引出三条端线，这种接法称为三相电源的三角形联结，如图 9-5 所示。图中三相电源显然联接成一个回路，但由于电压源是对称三相电源，故有

$$\dot{U}_A + \dot{U}_B + \dot{U}_C = 0$$

因此，回路中的电流也为零，即在外部开路情况下，电源回路不出现环流。但是，如果不慎将一相（例如 C 相）的首末端接错，如图 9-6 所示，从相量图分析可知，三角形回路中的总电压为

$$\dot{U}_A + \dot{U}_B - \dot{U}_C = -2\dot{U}_C$$

由于实际电源的内阻抗很小，在这样一个数值等于各电源电压两倍的电压作用下，电源回路中将产生很大的环流而危及电源的安全。另外，实际上所产生的三相电压只能是近似的正弦波，即使三角形联结方式正确（见图 9-5），电源回路中也有环流，这会引起电能损耗，降低电源寿命。所以三相发电机一般不作三角形联结。

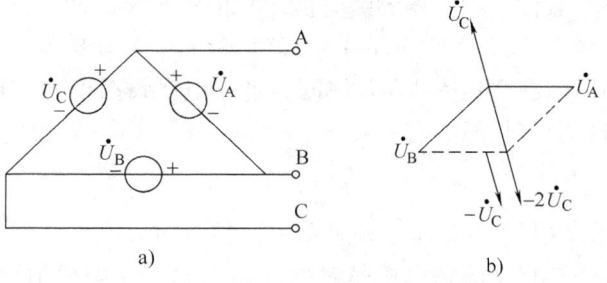

图 9-6 错误联结的三角形电源及其相量图分析

三相负载也有星形联结和三角形联结两种基本方法。星形联结负载的中点用 O′ 表示。

三相电源与三相负载相互联结构成了三相电路。由于三相电源和三相负载都可分别联结成 Y 和 △，因此，三相电源与负载之间的联结方式理论上有 4 种：

（1）Y-Y 联结 即电源与负载均为 Y 联结。其中又可分为两种，有中线的联结称为三相四线制；无中线的联结称为三相三线制。

（2）Y-△ 联结 即电源是 Y 联结，负载是 △ 联结。

（3）△-△ 联结 即电源与负载均作 △ 联结。

（4）△-Y 联结 即电源作 △ 联结，负载作 Y 联结。（2）~（4）都属三相三线制。

9.2 对称三相电路分析

由 9.1 节讨论可知，三相电路实质上是一种特殊的复杂正弦电路，因此，前面讨论过的正弦稳态电路的分析方法对三相电路也完全适用，但由于三相电路结构上的特点，尤其是在对称情况下，分析计算可以简化。

9.2.1 对称三相电路线量与相量的关系

1. Y-Y 联结对称三相电路线量与相量的关系

图 9-7 所示电路为 Y-Y 联结三相电路，任一电源或负载的电压 $\dot{U}_{AO}$、$\dot{U}_{BO}$、$\dot{U}_{CO}$ 和 $\dot{U}_{A'O'}$、$\dot{U}_{B'O'}$、$\dot{U}_{C'O'}$ 分别称为电源和负载的相电压，其参考方向如图 9-7 所示。流过任一电源或负载的电流 $\dot{I}_{OA}$、$\dot{I}_{A'O'}$ 等分别称为电源和负载的相电流，参考方向如图 9-7 所示。

端线（火线）间的电压叫做线电压，工程上若无特殊说明，所指三相电路的电压均为线电压，习惯以双下标字母次序表示该电压参考极性，如图 9-7 所示的 $\dot{U}_{AB}$、$\dot{U}_{A'B'}$ 等。通过端线（火线）的电流 $\dot{I}_{AA'}$、$\dot{I}_{BB'}$、$\dot{I}_{CC'}$ 叫做线电流，简记为 $\dot{I}_A$、$\dot{I}_B$、$\dot{I}_C$。习惯规定各线电流的参考方向从电源指向负载。流过中线的电流叫做中线电流，

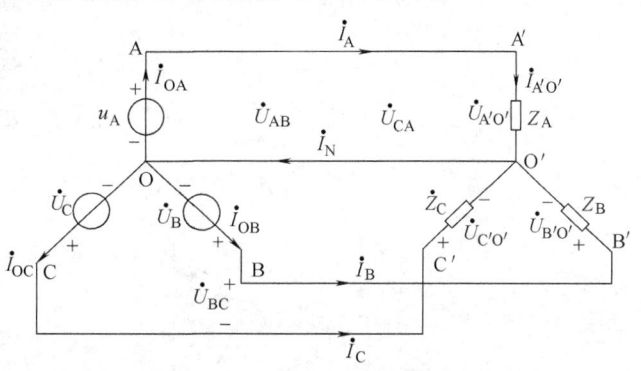

图 9-7 Y-Y 联结的三相电路

用 $\dot{I}_N$ 表示，习惯规定它的参考方向由负载流向电源。中性点间的电压叫做中性点电压，用 $\dot{U}_{O'O}$ 表示。从图 9-7 所示的电路可以看到：在电源一侧，考虑到通常情况下电源是输出功率的，故习惯将其相电压和相电流的参考方向选成非关联的；而在负载一侧，通常情况下负载是吸收功率的，故习惯将其相电压和相电流的参考方向选成关联的。

显然，在 Y-Y 联结的三相电路中，不管有无中线，线电流等于对应的相电流。在图 9-7 所示电路中，即有

$$\dot{I}_{AA'} = \dot{I}_A = \dot{I}_{OA} = \dot{I}_{A'O'}$$
$$\dot{I}_{BB'} = \dot{I}_B = \dot{I}_{OB} = \dot{I}_{B'O'} \tag{9-5}$$
$$\dot{I}_{CC'} = \dot{I}_C = \dot{I}_{OC} = \dot{I}_{C'O'}$$

由 KCL，得

$$\dot{I}_N = \dot{I}_A + \dot{I}_B + \dot{I}_C \tag{9-6}$$

或

$$i_N(t) = i_A(t) + i_B(t) + i_C(t)$$

如果三相电流是对称的，则三相电流在任一瞬间的代数和等于零，亦即中线电流等于零，中线形同虚设，即使断开，对电路也没有影响。中线断开后电源中点 O 与负载中点 O′ 仍是等位点。

在图 9-7 所示参考方向下，根据 KVL 的相量形式，线电压相量与相电压相量的基本关系为

$$\dot{U}_{AB} = \dot{U}_A - \dot{U}_B$$
$$\dot{U}_{BC} = \dot{U}_B - \dot{U}_C \tag{9-7}$$
$$\dot{U}_{CA} = \dot{U}_C - \dot{U}_A$$

对称情况下借助相量图可以较简单地求得线电压和相电压之间的数值和相位关系。作相量图的步骤是：根据式(9-2)先画出三个相电压，然后根据式(9-7)依次取两个相电压之差，就得到各个线电压，如图 9-8a 所示。不难看出，联结三个相电压向量顶点所得的三角形的三边，就是三个线电压相量，如图 9-8b 所示。从相量图容易得到

$$\dot{U}_{AB} = \sqrt{3}\dot{U}_A \underline{/30°}$$
$$\dot{U}_{BC} = \sqrt{3}\dot{U}_B \underline{/30°} \tag{9-8}$$
$$\dot{U}_{CA} = \sqrt{3}\dot{U}_C \underline{/30°}$$

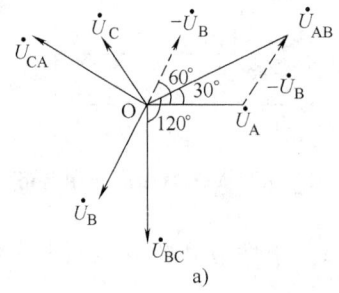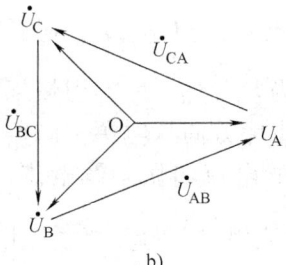

图 9-8 Y-Y 联结中对称三角电压相量图

以上结果表明，Y 联结的三相电路在相电压是对称的情况下，线电压也是一组对称的三相电压，而且线电压的有效值是相电压有效值的 $\sqrt{3}$ 倍，即

$$U_L = \sqrt{3}U_{ph} \tag{9-9}$$

即线电压在相位上超前先行相相电压 30°。例如，线电压 $\dot{U}_{AB}$ 是由 $\dot{U}_A$ 和 $\dot{U}_B$ 构成，其中 $\dot{U}_A$ 先行于 $\dot{U}_B$，则 $\dot{U}_{AB}$ 超前于 $\dot{U}_A$ 30°。类似地，$\dot{U}_{BC}$ 超前于 $\dot{U}_B$ 30°，$\dot{U}_{CA}$ 超前于 $\dot{U}_C$ 30°。在常见的对称三相四线制中，它可提供线电压和相电压两种等级电压，给用电带来了方便。例如，我国低压配电系统规定三相电路的线电压为 380V，这线电压供三相电动机用，生活照明用电就由 220V 的相电压供给。工程实际中，中点接地，故电路各处对地电压不会超过相电压，这样一方面可降低对电路中所用器件的绝缘要求，另一方面对站在地面上的工作人员也比较安全。

例 9-1 图 9-9 所示的对称三相电路中，已知 $\dot{U}_{CB} = 100\sqrt{3}\underline{/90°}$ V，电流 $\dot{I}_C = 1\underline{/180°}$ A，求负载阻抗 Z。

解：解题思路是

$$\dot{U}_{CB} \to \dot{U}_{BC} \to \dot{U}_{AC} \to \dot{U}_C \to Z = \frac{\dot{U}_C}{\dot{I}_C}$$

因为

$$\dot{U}_{BC} = -\dot{U}_{CB} = 100\sqrt{3}\underline{/-90°} \text{ V}$$

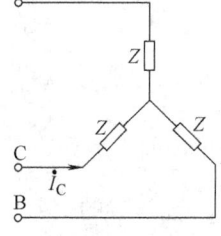

图 9-9 例 9-1 图

由对称性，有

$$\dot{U}_{CA} = 100\sqrt{3}\underline{/-90°-120°} \text{ V} = 100\sqrt{3}\underline{/-210°} \text{ V}$$

由 Y-Y 联结线量与相量关系，有

$$\dot{U}_C = \frac{\dot{U}_{CA}}{\sqrt{3}\underline{/30°}} = \frac{100\sqrt{3}\underline{/-210°}}{\sqrt{3}\underline{/30°}} = 100\underline{/-240°} \text{ V}$$

所以

$$Z = \frac{\dot{U}_C}{\dot{I}_C} = \frac{100\underline{/-240°}}{1\underline{/180°}} = 100\underline{/-420°} = 100\underline{/-60°} = (50 - j50\sqrt{3}) \text{ Ω}$$

2. △-△联结对称三相电路线量与相量的关系

图 9-10 所示电路为△-△联结三相电路，每相负载都直接联结在两端线之间，显然

$$\dot{U}_{AB} = \dot{U}_A$$
$$\dot{U}_{BC} = \dot{U}_B \qquad (9\text{-}10)$$
$$\dot{U}_{CA} = \dot{U}_C$$

即在△-△联结中三相电源（或三相负载）的线电压等于对应的相电压。在对称情况下，可表示为

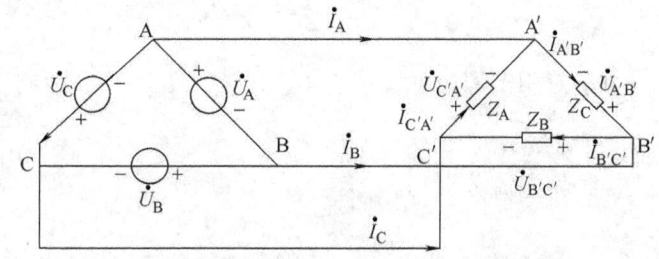

图 9-10 △-△联结的三相电路

$$U_L = U_{ph} \qquad (9\text{-}11)$$

而线电流与相电流的关系分别为（如负载方）

$$\dot{I}_A = \dot{I}_{A'B'} - \dot{I}_{C'A'}$$
$$\dot{I}_B = \dot{I}_{B'C'} - \dot{I}_{A'B'} \qquad (9\text{-}12)$$
$$\dot{I}_C = \dot{I}_{C'A'} - \dot{I}_{B'C'}$$

图 9-11 所示的是对称情况下的电流相量图，不难理解，当相电流对称时，线电流也是一组对称的三相电流，线电流的量值为相电流的 $\sqrt{3}$ 倍，即

$$I_L = \sqrt{3} I_{ph} \qquad (9\text{-}13)$$

而且线电流相位滞后于后续相的相电流 30°，即

$$\dot{I}_A = \sqrt{3}\dot{I}_{A'B'}\underline{/-30°}$$
$$\dot{I}_B = \sqrt{3}\dot{I}_{B'C'}\underline{/-30°} \quad (9\text{-}14)$$
$$\dot{I}_C = \sqrt{3}\dot{I}_{C'A'}\underline{/-30°}$$

这里所谓"后续相"，以 $\dot{I}_A$ 为例，它等于 $\dot{I}_{A'B'}$ 与 $\dot{I}_{C'A'}$ 的代数和，在 $\dot{I}_{A'B'}$ 与 $\dot{I}_{C'A'}$ 之间，$\dot{I}_{A'B'}$ 后续于 $\dot{I}_{C'A'}$（从相量图上看 $\dot{I}_{A'B'}$ 滞后于 $\dot{I}_{C'A'}$），所以 $\dot{I}_A$ 滞后于 $\dot{I}_{A'B'}$ 30°。

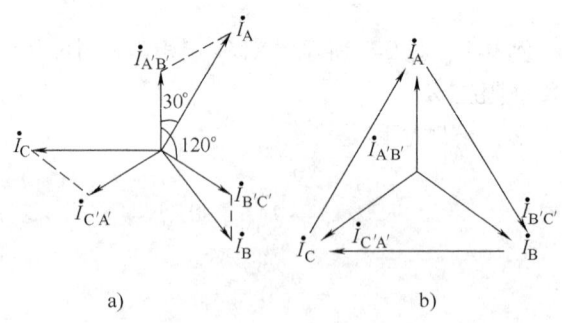

图 9-11　△-△ 联结的对称三角电流相量图

9.2.2　Y-Y 联结对称三相电路的计算

1. Y-Y 联结对称三相电路的特点

图 9-12 所示电路为三相四线制系统，设线路阻抗 $Z_L = 0$，中线阻抗 Z_N。由于独立节点数少于独立回路数，故可采用节点分析法先求出中性点 O'O 之间的电压。列出节点方程

$$\left(\frac{1}{Z} + \frac{1}{Z} + \frac{1}{Z} + \frac{1}{Z_N}\right)\dot{U}_{O'O} = \frac{\dot{U}_A}{Z} + \frac{\dot{U}_B}{Z} + \frac{\dot{U}_C}{Z}$$

$$\dot{U}_{O'O} = \frac{\dfrac{\dot{U}_A}{Z} + \dfrac{\dot{U}_B}{Z} + \dfrac{\dot{U}_C}{Z}}{\dfrac{1}{Z} + \dfrac{1}{Z} + \dfrac{1}{Z} + \dfrac{1}{Z_N}} = \frac{\dfrac{1}{Z}(\dot{U}_A + \dot{U}_B + \dot{U}_C)}{\dfrac{3}{Z} + \dfrac{1}{Z_N}}$$

由于三相电源对称，恒有 $\dot{U}_A + \dot{U}_B + \dot{U}_C = 0$，故有

$$\dot{U}_{O'O} = 0$$

因此，各相电流分别为

$$\dot{I}_A = \frac{\dot{U}_A - \dot{U}_{O'O}}{Z} = \frac{\dot{U}_A}{Z}$$

$$\dot{I}_B = \frac{\dot{U}_B - \dot{U}_{O'O}}{Z} = \frac{\dot{U}_B}{Z}$$

$$\dot{I}_C = \frac{\dot{U}_C - \dot{U}_{O'O}}{Z} = \frac{\dot{U}_C}{Z}$$

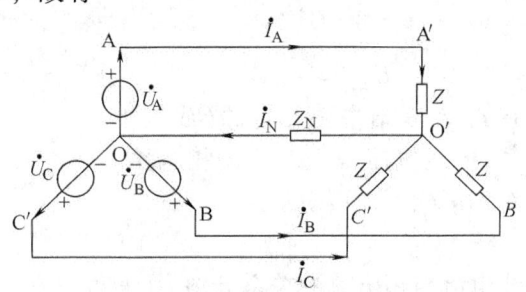

图 9-12　三相四线制系统

由此可见，在对称三相电路中，中性点间电压为零，即 O' 和 O 为等电位点，中线电流 $\dot{I}_N = 0$。因此，不论有无中线，以及中线阻抗多大，电路的工作情况都一样。由于 $\dot{U}_{O'O} = 0$，每相的电流仅与该相电压与阻抗有关，各相具有独立性。

2. Y-Y 联结对称三相电路计算方法

根据上述特点及线电量与相电量之间的关系，Y-Y 联结对称三相电路的计算采用如下的分析计算方法：

（1）短接 O′与 O，任取一相（例如 A 相）作为参考相，单独画出该相电路，如图 9-13b 所示，应特别注意中线阻抗 Z_N 不出现在该单相电路中。

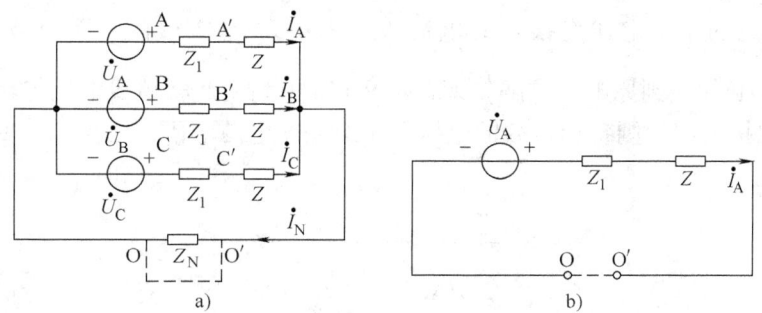

图 9-13 取出一相计算法

（2）用正弦稳态电路的分析方法计算该单相电路。

（3）根据 A 相计算结果以及对称关系，直接写出其他两相的电流或电压。

例 9-2 若图 9-13a 中已知对称三相电源线电压 $u_{ab} = 100\sqrt{6}\sin(\omega t)$ V，$Z_1 = (2\sqrt{2} + j2\sqrt{2})\Omega$，$Z = (3\sqrt{2} + j3\sqrt{2})\Omega$，$Z_N = (1+j)\Omega$，试求负载电流。

解：由于电路是对称三相电路，中性点电压 $\dot{U}_{O'O} = 0$，取出 A 相进行计算，如图 9-13b 所示。

因已知
$$u_{ab} = 100\sqrt{6}\sin(\omega t)\text{V}$$

即
$$\dot{U}_{AB} = 100\sqrt{3}\underline{/0°}\text{V}$$

电源相电压为
$$\dot{U}_A = \frac{\dot{U}_{AB}}{\sqrt{3}\underline{/30°}} = 100\underline{/-30°}\text{V}$$

故 A 相电流
$$\dot{I}_A = \frac{\dot{U}_A}{Z_1 + Z} = \frac{100\underline{/-30°}}{[(2\sqrt{2} + j2\sqrt{2}) + (3\sqrt{2} + j3\sqrt{2})]}$$

$$= \frac{100\underline{/-30°}}{10\underline{/45°}} = 10\underline{/-75°}\text{A}$$

按对称规律可求得 B 相、C 相的相电流分别为
$$\dot{I}_B = 10\underline{/-195°}\text{A}$$
$$\dot{I}_C = 10\underline{/45°}\text{A}$$

9.2.3 △-△联结对称三相电路的计算

图 9-14a 所示为△-△联结对称三相电路。首先应当指出：不论三相电压源作何种联结，当已知对称三相线电压时，根据△联结或 Y 联结时线电压与相电压的关系，总可以用一个对称三相 Y 联结的电压源代替。对于△联结的负载也容易转化为等效的 Y 联结，即 $Z_Y =$

$\frac{1}{3}Z_\triangle$，于是△-△联结对称三相电路转换为 Y-Y 联结对称三相电路，其步骤如图 9-14a、b、c 所示。值得注意的是，上述变换对线电流 $\dot{I}_A$、$\dot{I}_B$、$\dot{I}_C$ 是等效的，而负载 Z 通过的电流 $\dot{I}_{A'B'}$、$\dot{I}_{B'C'}$、$\dot{I}_{C'A'}$ 必须回到原电路求解，即在图 9-14a 中利用△联结线电流与相电流的关系求出。若线路上阻抗为零，则各相负载的电压等于对应的电源电压，无需以上变换就可直接求出各负载的电流。

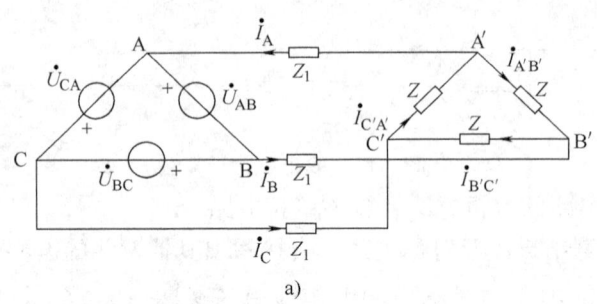

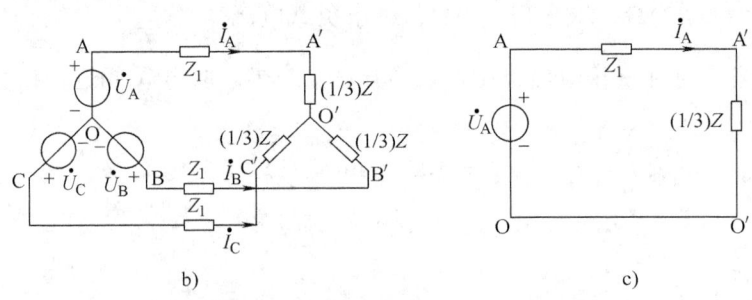

图 9-14 △-△联结对称三相电路的计算步骤

例 9-3 电路如图 9-14a 所示，负载阻抗 $Z = (15 + j18)\Omega$，线路阻抗 $Z_1 = (1 + j2)\Omega$，对称三相电源线电压为 380V，试求负载电流及电压。

解： 由于电路为对称三相电路，电源△联结容易转化成为 Y 联结，Y 联结的相电压为

$$U_A = U_B = U_C = \frac{U_L}{\sqrt{3}} = \frac{380}{\sqrt{3}} = 220\text{V}$$

将△联结负载转化为等效的 Y 联结，其等效阻抗为

$$Z_Y = \frac{1}{3}Z_\triangle = \frac{1}{3}(15 + j18) = (5 + j6)\Omega$$

等效的 Y-Y 联结对称三相电路，如图 9-14b 所示，用一条无阻抗($Z_N = 0$)的导线短接中性点 O 与 O'，取出其中一相(例如 A 相)来进行计算，如图 9-14c 所示。

令

$$\dot{U}_A = 220\underline{/0°}\text{V}$$

则

$$\dot{I}_A = \frac{\dot{U}_A}{Z_1 + Z_Y} = \frac{220}{1 + j2 + 5 + j6} = 22\underline{/-53.1°}\text{A}$$

由对称规律，得

$$\dot{I}_B = 22\underline{/-173.1°}\text{A}$$

$$\dot{I}_C = 22\underline{/66.9°}\text{A}$$

返回到原电路(见图 9-14a)中,根据图示参考方向和△联结线量与相量的关系,求得负载电流为

$$\dot{I}_{A'B'} = \frac{1}{\sqrt{3}}\dot{I}_A\underline{/30°} = 12.7\underline{/-23.1°}\text{A}$$

$$\dot{I}_{B'C'} = 12.7\underline{/-143.1°}\text{A}$$

$$\dot{I}_{C'A'} = 12.7\underline{/96.9°}\text{A}$$

负载的相电压为

$$\dot{U}_{A'B'} = \dot{I}_{A'B'}Z = (12.7\underline{/-23.1°}) \times (15 + \text{j}18) = 297.2\underline{/-271°}\text{V}$$

$$\dot{U}_{B'C'} = 297.2\underline{/-92.9°}\text{V}$$

$$\dot{U}_{C'A'} = 297.2\underline{/147.1°}\text{V}$$

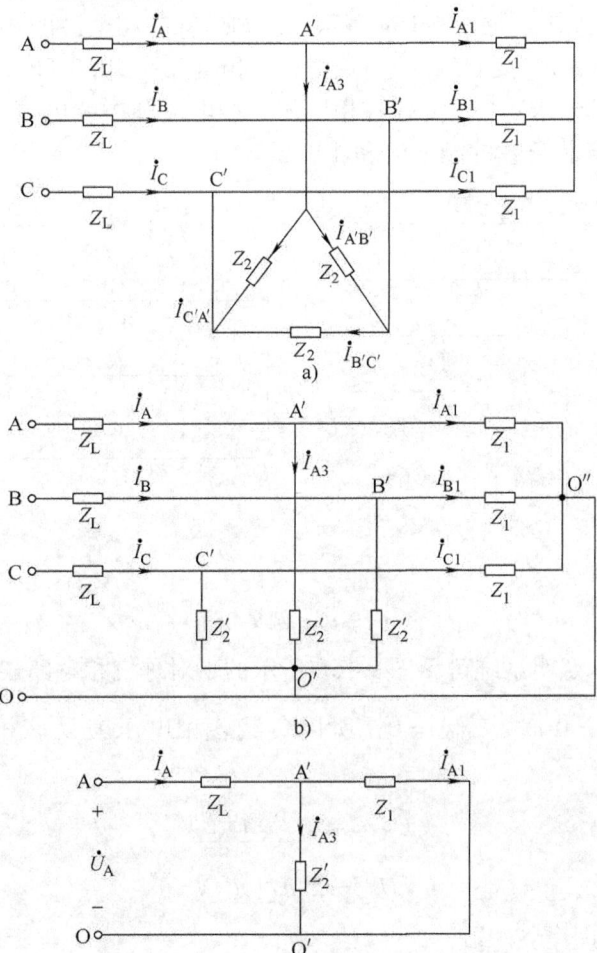

图 9-15 复杂对称三相电路计算

9.2.4 复杂对称三相电路的计算

图 9-15a 所示为一较复杂的对称三相电路。对于这类电路，一般的处理方法是将△联结的电源和负载全部转化为 Y 联结，然后短接电源与各负载的中性点，取出一相计算，其步骤如图 9-15b、c 所示，再由求得的 $\dot{I}_{A3}$ 求出 $\dot{I}_{A'B'}$。

9.3 不对称三相电路分析

三相电路中只要电源、负载阻抗或线路阻抗之一不满足对称条件，那么该电路就是不对称三相电路。一般三相电源是对称的，而在低压配电线路中，三相负载的不对称情况是常见的，如各相照明、家用电器负载分配不均匀，特别是当电路发生故障（短路或断路）时，不对称情况将更严重。

不对称三相电路的分析计算必须根据电路的具体情况，运用第 8 章所学过的分析方法进行。

例 9-4 某大楼照明系统如图 9-16a 所示。已知对称三相电源的相电压为 220V，A 相和 B 相各接入一组 10 只 220V、100W 的白炽灯，C 相接入一组 30 只 220V、100W 的白炽灯。假定中线阻抗 $Z_N = 0$。试求：(1) 负载各相电压、相电流和中线电流，并画出相量图；(2) 若中线断开，再计算各相负载的相电流和相电压。

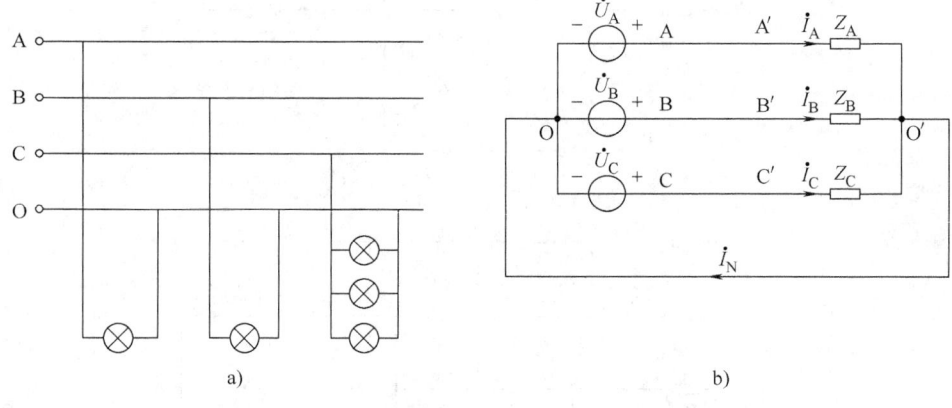

图 9-16 例 9-4 图

解：图 9-16a 所示照明系统可用图 9-16b 所示的不对称三相电路表示。

(1) 有中线且 $Z_N = 0$ 时，$\dot{U}_{O'O} = 0$，所以负载各相电压就是该相电源电压。令 $\dot{U}_A = 220\underline{/0°}\text{V}$，则

$$\dot{U}_B = 220\underline{/-120°}\text{V}$$

$$\dot{U}_C = 220\underline{/120°}\text{V}$$

由此可求出各相负载电阻

$$R_A = \frac{U_A^2}{P_1} = \frac{220 \times 220}{100 \times 10}\Omega = 48.4\Omega = R_B$$

$$R_C = \frac{U_C^2}{P_2} = \frac{220 \times 220}{100 \times 30}\Omega = 16.1\Omega$$

各相负载通过的电流为

$$\dot{I}_A = \frac{\dot{U}_A}{R_A} = \frac{220\underline{/0°}}{48.4}A = 4.54\underline{/0°}A$$

$$\dot{I}_B = \frac{\dot{U}_B}{R_B} = \frac{220\underline{/-120°}}{48.4}A = 4.54\underline{/-120°}A$$

$$\dot{I}_C = \frac{\dot{U}_C}{R_C} = \frac{220\underline{/0°}}{16.1}A = 13.66\underline{/120°}A$$

中线电流为

$$\dot{I}_N = \dot{I}_A + \dot{I}_B + \dot{I}_C = (4.54\underline{/0°} + 4.54\underline{/-120°} + 13.66\underline{/120°})$$
$$= 9.1\underline{/119.8°}A$$

其相量如图 9-17 所示。由此可得,在三相四线制中,如果负载不对称,在中线阻抗 $Z_N = 0$ 的情况下,仍能保证负载各相电压对称而正常工作,但相电流不再对称,中线电流不为零。

(2) 断开中线,即 $Z_N = \infty$ 时,根据电路特点,中性点间电压

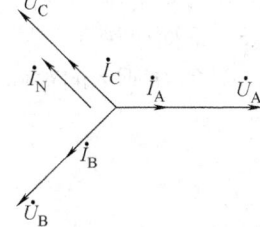

图 9-17 例 9-4 相量图

$$\dot{U}_{O'O} = \frac{\dfrac{\dot{U}_A}{R_A} + \dfrac{\dot{U}_B}{R_B} + \dfrac{\dot{U}_C}{R_C}}{\dfrac{1}{R_A} + \dfrac{1}{R_B} + \dfrac{1}{R_C}} = \frac{\dfrac{220\underline{/0°}}{48.4} + \dfrac{220\underline{/-120°}}{48.4} + \dfrac{220\underline{/120°}}{16.1}}{\dfrac{1}{48.4} + \dfrac{1}{48.4} + \dfrac{1}{16.1}}V = 91\underline{/119.8°}V$$

各相负载电压为

$$\dot{U}_{A'O'} = \dot{U}_A - \dot{U}_{O'O} = (220\underline{/0°} - 91\underline{/119.8°})V = 277\underline{/-16.6°}V$$

$$\dot{U}_{B'O'} = \dot{U}_B - \dot{U}_{O'O} = (220\underline{/-120°} - 91\underline{/119.8°})V = 277\underline{/-103.5°}V$$

$$\dot{U}_{C'O'} = \dot{U}_C - \dot{U}_{O'O} = (220\underline{/120°} - 91\underline{/119.8°})V = 129\underline{/120°}V$$

各相负载电流为

$$\dot{I}_A = \frac{\dot{U}_{A'O'}}{R_A} = \frac{277\underline{/-16.6°}}{48.4}A = 5.72\underline{/-16.6°}A$$

$$\dot{I}_B = \frac{\dot{U}_{B'O'}}{R_A} = \frac{277\underline{/-103.5°}}{48.4}A = 5.72\underline{/-103.5°}A$$

$$\dot{I}_C = \frac{\dot{U}_{C'O'}}{R_A} = \frac{129\underline{/120°}}{16.1}A = 8.01\underline{/120°}A$$

作出各电压的相量图,如图 9-18 所示。显而易见,负载相电压不对称的程度与两中性点偏离情况有关。

这种负载中性点 O'和电源中性点 O 在相量图上不重合的现象称为中性点位移。在电源

对称的情况下，由于存在中性点位移，负载中有的电压过高，如 A、B 相电压 $U_{A'O'}$、$U_{B'O'}$ 的数值超过白炽灯的额定电压(220V)，以至危及负载正常工作(过热烧毁)，有的又过低，如 C 相电压 $U_{C'O'}$ 的数值低于白炽灯的额定电压，也使负载不能正常工作(亮度不足)。为了使负载在不对称的情况下，也能保证得到对称的相电压，理想的情况是接入 $Z_N=0$ 的中性线，这就是工程中低压配电系统广泛采用三相四线制的原因之一。但实际上导线总是存在阻抗的，为了限制中性点位移，应尽量调整各相负载使之趋于对称。在电气安装过程中，中性线是不允许接熔丝和开关的，并且要求用机械强度较大的导线作为中性线。因为一旦开关打开或熔丝烧断，就等于无中线。下面讨论 Y-Y 联结系统产生一相负载开路或断路的典型不对称情况。

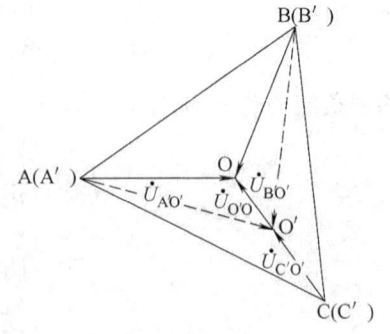

图 9-18　不对称三相电路相量图分析

图 9-19 所示的对称 Y-Y 三相电路，当 A 相开路时，因无中线，不难求得中性点电压为

$$\dot{U}_{O'O} = \frac{\frac{\dot{U}_B}{Z} + \frac{\dot{U}_C}{Z}}{\frac{1}{Z} + \frac{1}{Z}} = -\frac{\dot{U}_A}{2}$$

各相负载上的电压分别为

$$\dot{U}_{A'O'} = 0$$

$$\dot{U}_{B'O'} = \dot{U}_B - \dot{U}_{O'O} = \dot{U}_B - \left(-\frac{\dot{U}_A}{2}\right) = \frac{\dot{U}_B - \dot{U}_C}{2} = \frac{\dot{U}_{BC}}{2}$$

$$\dot{U}_{C'O'} = \dot{U}_C - \dot{U}_{O'O} = \dot{U}_C - \left(-\frac{\dot{U}_A}{2}\right) = \frac{\dot{U}_C - \dot{U}_B}{2} = -\frac{\dot{U}_{BC}}{2}$$

根据以上数据作出电路的相量图，如图 9-19 所示，可见 A 相开路时会引起中性点位移，负载中性点 O' 落在电压相量 U_{BC} 的中点上。A 相负载电压为零，而 B、C 两相负载电压是线电压的二分之一。

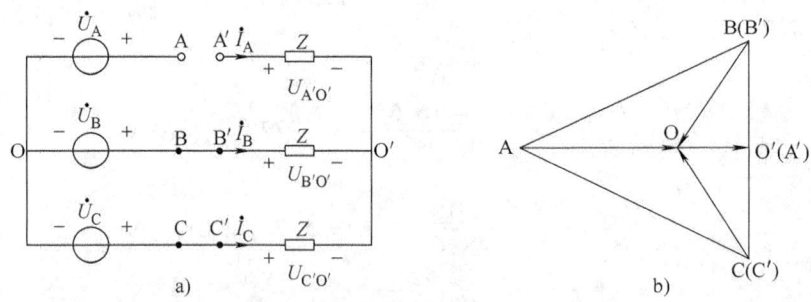

图 9-19　Y-Y 联结对称三相电路 A 相开路

在图 9-20a 所示 Y-Y 联结对称三相电路中，当 A 相负载短路时，因无中线，负载中性点 O' 电位上升到 $\dot{U}_A$，即

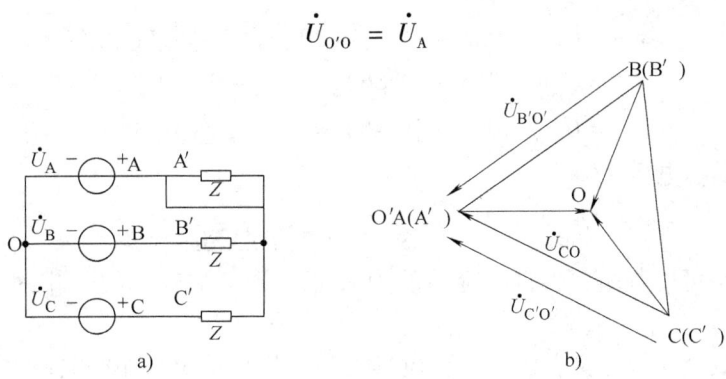

$$\dot{U}_{O'O} = \dot{U}_A$$

图 9-20 Y-Y 联结对称三相电路 A 相短路

各相负载电压分别为

$$\dot{U}_{A'O'} = 0$$

$$\dot{U}_{B'O'} = \dot{U}_B - \dot{U}_{O'O'} = \dot{U}_B - \dot{U}_A = -\dot{U}_{AB}$$

$$\dot{U}_{C'O'} = \dot{U}_C - \dot{U}_{O'O'} = \dot{U}_C - \dot{U}_A = \dot{U}_{CA}$$

可见，当 A 相短路时，将引起中性点位移，即负载中性点 O′ 与电源端点 A 重合，此时 A 相负载电压为零，B、C 两相负载电压上升到正常相电压的 $\sqrt{3}$ 倍，也就是说，负载电压等于线电压。这有可能危及这两相的负载。电路的相量图如图 9-20b 所示。

例 9-5 图 9-21 所示为相序指示器，其中 A 相接入电容器，B、C 相接入规格相同的灯泡。若使 $\dfrac{1}{\omega C} = R$，则在线电压对称的情况下，试分析电源相序与灯泡亮度的关系。

解：这是一个负载不对称的三相三线制电路，其中性点电压 $\dot{U}_{O'O}$ 为

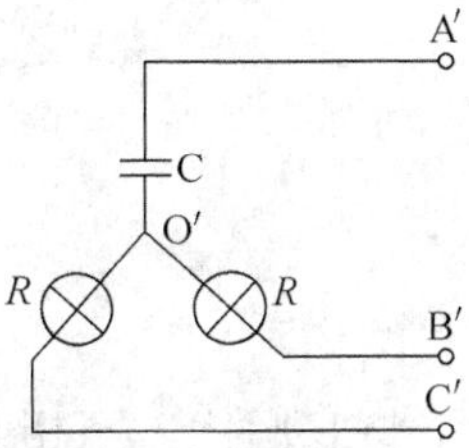

$$\dot{U}_{O'O} = \dfrac{j\omega C \dot{U}_A + \dfrac{\dot{U}_B}{R} + \dfrac{\dot{U}_C}{R}}{j\omega C + \dfrac{1}{R} + \dfrac{1}{R}}$$

图 9-21 相序指示器

令

$$\dot{U}_A = U_{ph}\underline{/0°}$$

则

$$\dot{U}_{O'O} = \dfrac{j\omega C U_{ph}\underline{/0°} + \dfrac{1}{R}(U_{ph}\underline{/-120°} + U_{ph}\underline{/120°})}{j\omega C + \dfrac{2}{R}}$$

$$= \dfrac{U_{ph}\left(j\omega C - \dfrac{1}{R}\right)}{j\omega C + \dfrac{2}{R}} = \dfrac{-1+j}{2+j}U_{ph} = 0.63 U_{ph}\underline{/108.4°}\text{V}$$

B 相灯泡承受的电压

$$\dot{U}_{B'O'} = \dot{U}_B - \dot{U}_{O'O} = U_{ph}\underline{/-120°} - 0.63U_{ph}\underline{/108.4°}$$
$$= U_{ph}(-0.5 - j0.86) - U_{ph}(-0.2 + j0.6)$$
$$= U_{ph}(-0.3 - j1.46) = 1.5U_{ph}\underline{/101.5°}\text{V}$$

C 相灯泡承受的电压

$$\dot{U}_{C'O'} = \dot{U}_C - \dot{U}_{O'O} = 0.4U_{ph}\underline{/138.4°}\text{V}$$

根据计算结果可以判断,若接电容器的为 A 相,则灯泡较亮的一相为 B 相,较暗的一相为 C 相。

相序的测定具有实际意义,因为有些电气设备的运行情况与相序关系,如控制三相电动机的正转与反转,就是通过改变接入电动机三相绕组电压的相序实现的。

9.4 三相电路的功率及其测量

9.4.1 三相电路的功率

1. 对称三相电路的瞬时功率

三相电路的瞬时功率不论电路对称与否,都等于各相瞬时功率之和,即

$$p = p_A + p_B + p_C = u_A i_A + u_B i_B + u_C i_C$$

对称情况下,如 A 相电压为参考相量,则各相电压与电流的瞬时值为

$$u_A = \sqrt{2}U_{ph}\sin\omega t$$
$$u_B = \sqrt{2}U_{ph}\sin(\omega t - 120°)$$
$$u_C = \sqrt{2}U_{ph}\sin(\omega t + 120°)$$
$$i_A = \sqrt{2}I_{ph}\sin(\omega t - \varphi)$$
$$i_B = \sqrt{2}I_{ph}\sin(\omega t - \varphi - 120°)$$
$$i_C = \sqrt{2}I_{ph}\sin(\omega t - \varphi + 120°)$$

将它们代入三相电路瞬时功率表达式,得

$$p = \sqrt{2}U_{ph}\sin\omega t \times \sqrt{2}I_{ph}\sin(\omega t - \varphi) +$$
$$\sqrt{2}U_{ph}\sin(\omega t - 120°) \times \sqrt{2}I_{ph}\sin(\omega t - \varphi - 120°) +$$
$$\sqrt{2}U_{ph}\sin(\omega t + 120°) \times \sqrt{2}I_{ph}\sin(\omega t - \varphi + 120°)$$

利用三角关系式 $-2\sin\alpha\sin\beta = \cos(\alpha+\beta) - \cos(\alpha-\beta)$,将上面结果整理得

$$p = U_{ph}I_{ph}[\cos\varphi - \cos(2\omega t - \varphi)] +$$
$$U_{ph}I_{ph}[\cos\varphi - \cos(2\omega t - \varphi - 240°)] +$$
$$U_{ph}I_{ph}[\cos\varphi - \cos(2\omega t - \varphi - 120°)]$$

根据对称性特点,有

$$\cos(2\omega t - \varphi) + \cos(2\omega t - \varphi - 240°) + \cos(2\omega t - \varphi - 120°) = 0$$

所以,对称三相电路的瞬时功率为

$$p = p_A + p_B + p_C = 3U_{ph}I_{ph}\cos\varphi \tag{9-15}$$

上式表明，对称三相电路的瞬时功率是一个与时间无关的量，若负载是三相电动机，那么由于瞬时功率是恒定的，对应的瞬时转矩也是恒定的，因此，其运行情况比单相电动机稳定。这是对称三相制的一个优越性能。

2. 对称三相电路的有功功率

在三相电路中，不论三相负载为何种联结方式或是否对称，三相电路的有功功率都是指各相负载吸收的有功功率之和，即

$$P = P_A + P_B + P_C \\ = U_{Aph}I_{Aph}\cos\varphi_A + U_{Bph}I_{Bph}\cos\varphi_B + U_{Cph}I_{Cph}\cos\varphi_C \tag{9-16}$$

由于对称三相电路中，各相电压、相电流都相等，功率因数也一样，所以，式(9-16)可写成

$$P = 3U_{ph}I_{ph}\cos\varphi \tag{9-17}$$

考虑到负载为 Y 联结时，有

$$U_{ph} = \frac{U_L}{\sqrt{3}}, \quad I_{ph} = I_L$$

当负载为△联结时，有

$$I_{ph} = \frac{I_L}{\sqrt{3}}, \quad U_{ph} = U_L$$

所以，式(9-17)总可以表示为

$$P = \sqrt{3}U_L I_L \cos\varphi \tag{9-18}$$

工程实际中，式(9-18)比式(9-17)更常用，一方面原因是线电压、线电流易测量，另一方面电气设备铭牌上表明的额定电压和额定电流都是线电压和线电流。值得注意的是，尽管式中 U_L 与 I_L 都是线量，但是每相负载的阻抗角，即仍为各相负载电压与电流的相位差角。

3. 对称三相电路的无功功率和视在功率

三相电路中负载的无功功率也等于各相无功功率之和，即

$$Q = Q_A + Q_B + Q_C \\ = U_{Aph}I_{Aph}\sin\varphi_A + U_{Bph}I_{Bph}\sin\varphi_B + U_{Cph}I_{Cph}\sin\varphi_C$$

对称情况下，可表示为

$$Q = 3U_{ph}I_{ph}\sin\varphi \tag{9-19}$$

或

$$Q = \sqrt{3}U_L I_L \sin\varphi \tag{9-20}$$

三相电路的视在功率为

$$S = \sqrt{P^2 + Q^2} = \sqrt{3}U_L I_L \tag{9-21}$$

一般在不对称三相电路中，很少用无功功率、视在功率和功率因数等概念。

例 9-6 已知额定电压为 220V 的对称三相负载，其阻抗 $Z = (6.4 + j4.8)\Omega$，今欲接入线电压为 220V 的三相电网上，问应如何连接？并求其有功功率。

解：在三相电路中，三相负载的联结方式决定于负载每相的额定电压和电源的线电压。本例因电源提供的线电压与负载额定电压相等，所以，该负载应接成三角形，如图 9-22 所

示。若作星形联结，则所得相电压只有 $\frac{220}{\sqrt{3}} = 127\text{V}$，低于额定电压，负载不能正常工作。

令 $\dot{U}_{AB} = 220\underline{/0°}\text{V}$

所以 $\dot{I}_{AB} = \dfrac{\dot{U}_{AB}}{Z} = \dfrac{220\underline{/0°}}{(6.4 + j4.8)}\text{A} = 27.5\underline{/-36.9°}\text{A}$

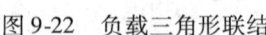

图 9-22 负载三角形联结

线电流有效值为

$$I_L = \sqrt{3}I_{AB} = 47.6\text{A}$$

因此，负载吸收功率为

$$P = \sqrt{3}U_L I_L \cos\varphi = \sqrt{3} \times 220 \times 47.6 \times \cos 36.9°\text{W} = 14.52\text{kW}$$

9.4.2 三相电路功率的测量

三相电路中负载所吸收的有功功率用功率表进行测量，其测量方法随三相电路联结方式和负载是否对称有所不同，下面分别进行讨论。

1. 三相四线制有功功率的测量

在低压配电系统中，三相负载往往是不对称的，故一般用三只单相功率表按如图 9-23 所示的接线方式进行测量，称为三表法。图中功率表 W_1 的电流绕组流过的电流是 A 相的电流 I_A，而电压绕组承受的是 A 相的电压 $U_{A'O'}$，因此，功率表 W_1 所测的功率为 A 相的有功功率。同理，W_2、W_2 测量的是 B、C 两相有功功率。三只功率表读数之和即为三相负载吸收的功率，即

$$P = P_A + P_B + P_C$$

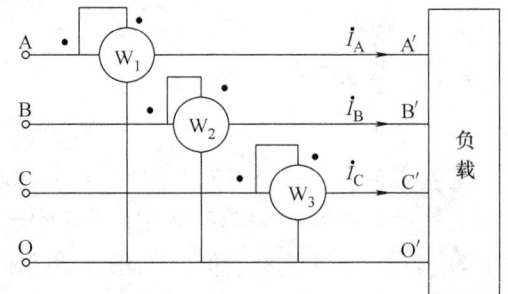

图 9-23 功率表接线方式

如果负载是对称的，只需用一只单相功率表即可，因为对称负载各相有功功率相同。这种方法称为一表法，有

$$P = 3P_A$$

2. 三相三线制有功功率测量

三相三线制电路不论其对称与否，均可用两只单相功率表进行测量。两只功率表的电流绕组可分别串接在任意二端线上（如图 9-24 中 A、B 线）。显然，这种测量法与电源和负载的联结方式无关。这时，两只功率表读数的代数和等于被测的三相负载的有功功率。其原理如下（为便于计算将负载转化为 Y 联结）。

三相瞬时功率为

$$p = p_A + p_B + p_C = u_A i_A + u_B i_B + u_C i_C$$

由 KCL，有

$$\dot{I}_A + \dot{I}_B + \dot{I}_C = 0$$

即 $\dot{I}_C = -(\dot{I}_A + \dot{I}_B)$

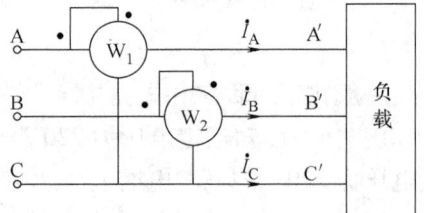

图 9-24 两表法

所以瞬时功率可写成

$$p = u_A i_A + u_B i_B + u_C i_C = u_A i_A + u_B i_B + u_C(-i_A - i_B)$$
$$= (u_A - u_C)i_A + (u_B - u_C)i_B$$
$$= u_{AC} i_A + u_{BC} i_B$$

而有功功率为

$$P = \frac{1}{T}\int_0^T p\,dt = \frac{1}{T}\int_0^T (u_{AC} i_A + u_{BC} i_B)dt = \frac{1}{T}\int_0^T u_{AC} i_A dt + \frac{1}{T}\int_0^T u_{BC} i_B dt$$
$$= U_{AC} I_A \cos(\dot{U}_{AC} \dot{I}_A) + U_{BC} I_B \cos(\dot{U}_{BC} \dot{I}_B) = P_1 + P_2$$

显然，P_1 为 W_1 的读数，P_2 为 W_2 的读数。所以在实际测量中，按上述规定接线，有时功率表之一的指针可能会出现反向偏转现象。为了获取读数，需将该表的电流绕组的两个接头互换，使指针正偏转，但该表的读数记为负数。

习 题 9

9-1 电源线电压为 380V 的对称三相电路如图 9-25 所示。已知，$|Z_1| = 10\Omega$，$\cos\varphi_1 = 0.6(\varphi_1 > 0)$，$Z_2 = -j50\Omega$，$Z_N = (1 + j2)\Omega$，试求负载各相的相电流、线电流及电源端的线电流，并定性画出各电压和电流的相量图。

9-2 在图 9-26 所示电路中，已知电源电压 $\dot{U}_{AB} = 380\underline{/0°}$ V，Y 联结阻抗 $Z_Y = (12 + j16)\Omega$，△联结阻抗 $Z_\triangle = (48 + j36)\Omega$，求各相电流及各线电流。

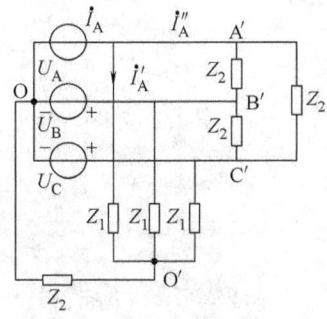

图 9-25 题 9-1 图

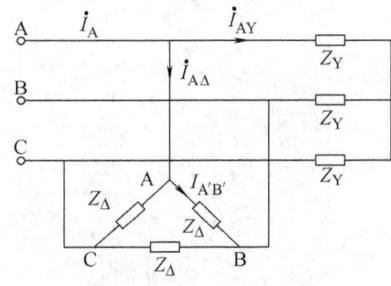

图 9-26 题 9-2 图

9-3 图 9-27 所示的三相对称变压器绕组以△联结，$Z = 120\Omega$，额定电压 $U_L = 380$V，线路阻抗 $Z_L = (1 + j5)\Omega$，为保持空载时变压器电压为额定电压，问电源线电压为多大？

9-4 图 9-28 所示的电路中，电源为三相对称，且 $\dot{U}_{AB} = 380\underline{/0°}$ V，负载阻抗 $Z = (40 + j30)\Omega$，$R = 100\Omega$，试计算电流 $\dot{I}_A$、$\dot{I}_B$ 和 $\dot{I}_C$。

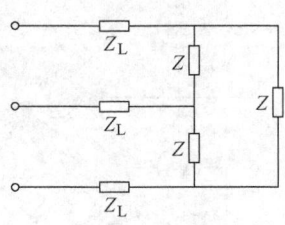

图 9-27 题 9-3 图

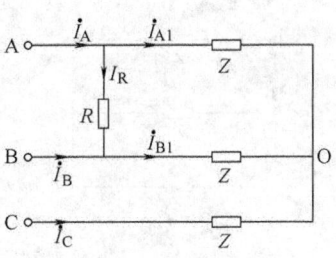

图 9-28 题 9-4 图

9-5 对称三相电路如图9-29所示，已知 $\dot{U}_{AO} = 220\angle 0°\text{V}$，试确定电流表和电压表的读数。

9-6 如图9-30所示，三层楼房中单相照明电灯均匀接在三相四线制上，每层为一相，每相装有220V、40W的电灯20只，电源为对称三相电源，线电压为380V，试求：（1）当灯泡全亮时的各相电流、线电流及中线电流；（2）当A相灯泡半数亮，而B、C两相灯泡全亮时，各相电流、线电流及中线电流；（3）当中线断开时，在上述两种情况下各相的负载电压。

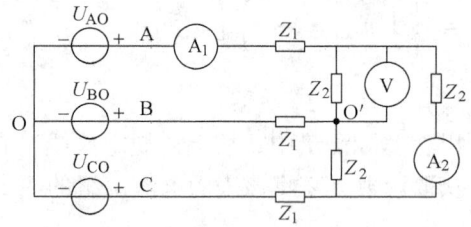

图9-29 题9-5图

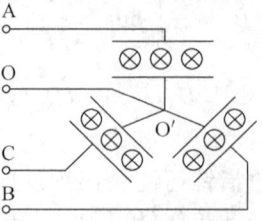

图9-30 题9-6图

9-7 图9-31所示的三相电路中，已知线电压为380V，$X_C = 220\Omega$，$X_L = 110\Omega$，当开关S打开时，求相电流 $\dot{I}_A$、$\dot{I}_B$、$\dot{I}_C$ 及 $\dot{I}_N$。当开关闭合后，再求相电流 $\dot{I}_A$ 及 $\dot{I}_N$。欲使 $\dot{I}_S = 0$，则 X_L 应为何值？

9-8 图9-32所示为一对称三相电路，负载阻抗 $Z = R_L + jX_L$，电压表读数为 $50\sqrt{3}\text{V}$，电路功率因数为0.5，测得无功功率为 $500\sqrt{3}\text{V}\cdot\text{A}$，求：（1）电源有功功率；（2）每相等值阻抗。

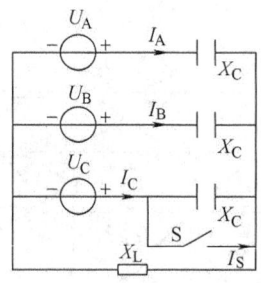

图9-31 题9-7图

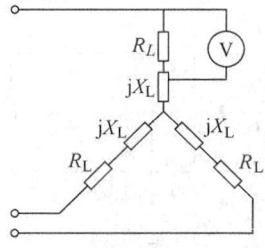

图9-32 题9-8图

9-9 图9-33所示的对称三相负载中，已知负载阻抗 $Z = (6+j8)\Omega$，接在线电压为380V的三相对称电源上。（1）求负载Y联结时，三相总有功功率、总无功功率和总视在功率；（2）如负载改为△联结，再计算上述各量，并比较结果，写出结论。

9-10 已知三相异步电动机的额定参数如下：$P = 7.5\text{kW}$，$\cos\theta = 0.88$，$\eta = 0.87$，$U_L = 380\text{V}$，求该电动机在额定负载下的电流。若用两表法测功率（见图9-34），两个功率计的读数各为多少？

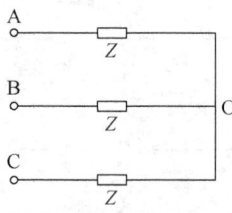

图9-33 题9-9图

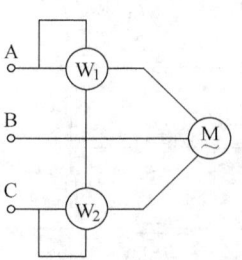

图9-34 题9-10图

9-11 在图 9-35 所示的三相电路中，$Z_1 = (10+j16)\Omega$，$Z_2 = (2+j3)\Omega$，$Z_3 = (3+j21)\Omega$，线电压是对称的，为 380V，试求电压表读数（电压表内阻为无限大）。

9-12 一对称三相电路如图 9-36 所示。对称三相线电压是 380V，Y 联结的对称三相负载每相阻抗 $Z_1 = 30\underline{/30°}\Omega$，△联结的对称三相负载每相阻抗 $Z_2 = 60\underline{/60°}\Omega$，求各电压表和流表的读数。

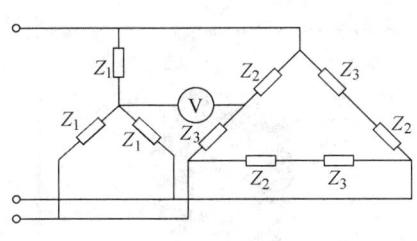

图 9-35　题 9-11 图

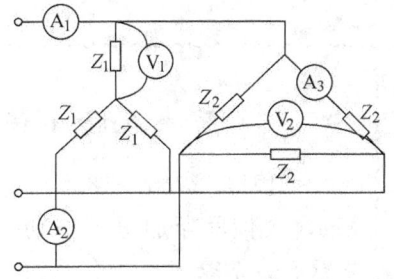

图 9-36　题 9-12 图

第 10 章　周期性非正弦稳态电路的分析

历史人物小传

傅里叶(1768～1830)，生于法国欧塞尔(今俄罗斯加里宁格勒)，法国物理学家、数学家。

傅里叶主要从事热传导研究，在题为《热的解析理论》一文中，提出任意周期函数都可以用三角级数来表示的想法。这种思想，虽缺乏严格的论证，但对近代数学以及物理、工程技术却都产生了深远影响，成为傅里叶分析的起源。

傅里叶

在前面的章节中，用大量的篇幅讨论了正弦稳态电路。人们对正弦函数感兴趣的一个重要原因是，通过它可以求得周期性非正弦激励下的稳态响应。正弦信号是电子学中非常重要的信号，但并不是随时间变化的唯一信号类型。

10.1　周期性非正弦信号的实际存在

在实际电源中，尽管发电机被设计产生正弦波，但实际上其产生的电压波形从严格意义上说并不是标准的正弦波，而是周期性非正弦波。此外，在自动控制和计算机电路中一般采用周期性方波激励；在开关电源中，控制电路也多采用脉冲宽度调制(PWM)技术，其波形也不是正弦波；在晶体管放大电路中，由于器件的饱和也会产生周期性非正弦信号；在电能传输中，变压器的饱和也会产生周期性非正弦信号。

周期性非正弦信号的波形种类很多，如图10-1所示。

各种各样的周期性函数一般满足下面的关系式：

$$f(t) = f(t \pm nT), \quad n = 0,1,2,3,\cdots \tag{10-1}$$

法国数学家傅里叶在研究热传导问题时曾大胆预测，任何周期性函数都可以用正弦函数和余弦函数构成的无穷级数来表示。任何一个周期性非正弦信号激励，经过傅里叶变换可以分解为直流激励与一系列正弦激励的和。对于直流激励采用直流稳态电路的分析方法，对于一系列正弦激励，采用相量法求出对应正弦激励的响应，叠加后即可求出电路的稳态响应。傅里叶级数是研究电路周期性激励稳态响应的出发点。

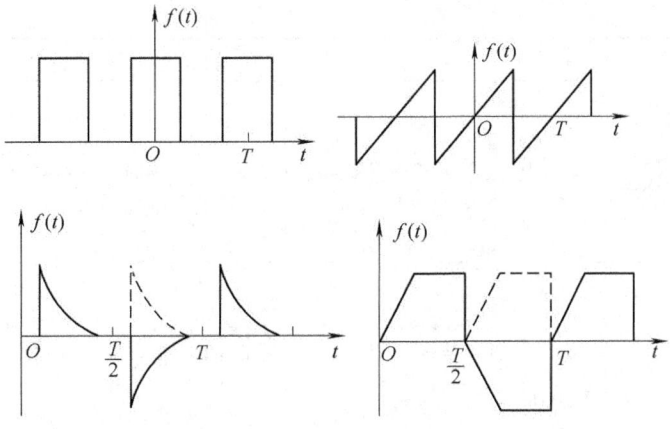

图 10-1 各种周期性非正弦信号波形

10.2 周期性非正弦信号的傅里叶分解

在一定的条件下，任何周期为 $T(T = 2\pi/\omega)$ 的函数 $f(t)$，都可用一系列以 T 为周期的正弦函数所组成的级数来表示，即

$$f(t) = A_0 + \sum_{k=1}^{\infty}(A_k\cos k\omega t + B_k\sin k\omega t) \tag{10-2}$$

式中，A_0，A_k，B_k 称为傅里叶系数，由如下公式计算得出：

$$A_0 = \frac{1}{T}\int_0^T f(t)\,\mathrm{d}t \quad （直流分量）$$

$$A_k = \frac{2}{T}\int_0^T f(t)\cos k\omega t\,\mathrm{d}t$$

$$B_k = \frac{2}{T}\int_0^T f(t)\sin k\omega t\,\mathrm{d}t$$

这里的"一定条件"是指满足狄里赫利条件：
1) 在一个周期内连续或只有有限个第一类间断点；
2) 在一个周期内只有有限个极大值和极小值。

A_0 是 $f(t)$ 一周期时间内的平均值，称为直流分量；$k = 1$ 的正弦波，称为基波；$k = 2$ 的正弦波，称为二次谐波，二次以上的谐波都称为高次谐波；$k = n$ 的正弦波，称为 n 次谐波。当 k 为奇数时，称为奇次谐波；当 k 为偶数时，称为偶次谐波。

在电气工程中，遇到的周期性非正弦波，基本上都满足狄里赫利条件，均可展开为傅里叶级数。常见的非正弦周期波的傅里叶级数展开式见表 10-1，供计算中参考。

表 10-1 周期性非正弦波形的傅里叶级数展开式

波 形 图	傅里叶级数展开式
![] A_m, O, π, 2π, 3π, ωt	$f(t) = \dfrac{A_m}{\pi}\left(1 + \dfrac{\pi}{2}\sin\omega t - \dfrac{2}{3}\cos 2\omega t - \dfrac{2}{15}\cos 4\omega t - \cdots\right)$

（续）

波　形　图	傅里叶级数展开式
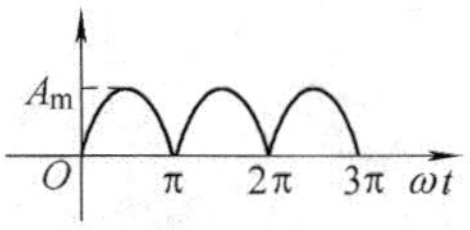	$f(t) = \dfrac{2}{\pi}A_m\left(1 - \dfrac{2}{3}\cos2\omega t - \dfrac{2}{15}\cos4\omega t - \dfrac{2}{35}\cos6\omega t - \cdots\right)$
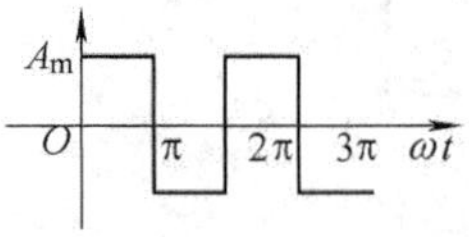	$f(t) = \dfrac{4}{\pi}A_m\left(\sin\omega t + \dfrac{1}{3}\sin3\omega t + \dfrac{1}{5}\sin5\omega t + \cdots\right)$
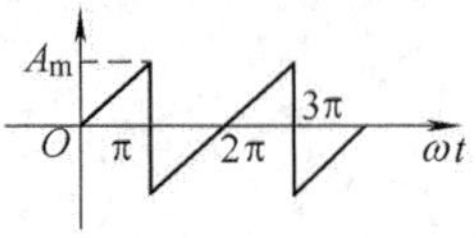	$f(t) = \dfrac{2}{\pi}A_m\left(\sin\omega t - \dfrac{1}{2}\sin2\omega t + \dfrac{1}{3}\sin3\omega t - \cdots\right)$
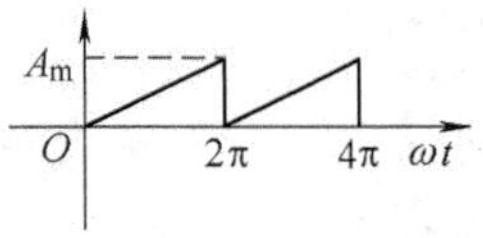	$f(t) = A_m\left[\dfrac{1}{2} - \dfrac{1}{\pi}\left(\sin\omega t + \dfrac{1}{2}\sin2\omega t + \dfrac{1}{3}\sin3\omega t + \cdots\right)\right]$
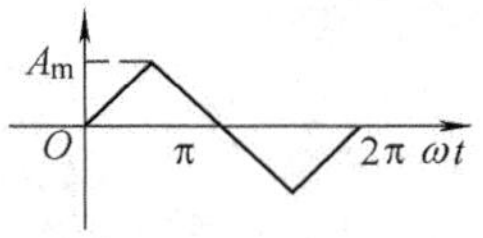	$f(t) = \dfrac{8}{\pi^2}A_m\left(\sin\omega t - \dfrac{1}{9}\sin3\omega t + \dfrac{1}{25}\sin5\omega t - \cdots\right)$
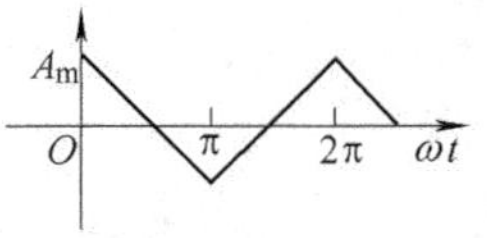	$f(t) = \dfrac{8}{\pi^2}A_m\left(\cos\omega t + \dfrac{1}{9}\cos3\omega t + \dfrac{1}{25}\cos5\omega t + \cdots\right)$
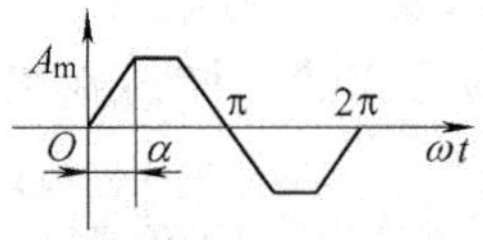	$f(t) = \dfrac{4}{\alpha\pi}A_m\left(\sin\alpha\sin\omega t + \dfrac{1}{9}\sin3\alpha\sin3\omega t + \dfrac{1}{25}\sin5\alpha\sin5\omega t + \cdots\right)$

例 10-1　某支路电流如图 10-2 所示，试把周期性方波电流分解成傅里叶级数。

解： 周期性方波电流在一个周期内的函数表示式为

$$i(t) = \begin{cases} I_m, & 0 < t < \dfrac{T}{2} \\ 0, & \dfrac{T}{2} < t < T \end{cases}$$

傅里叶系数为

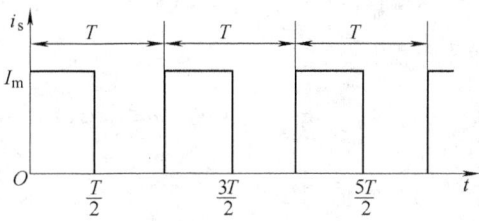

图 10-2　例 10-1 图

$$I_0 = \frac{1}{T}\int_0^T i(t)\,dt = \frac{1}{T}\int_0^{T/2} I_m\,dt = \frac{I_m}{2}$$

$$b_k = \frac{1}{\pi}\int_0^{2\pi} i(\omega t)\sin k\omega t\,d(\omega t) = \frac{I_m}{\pi}\left(-\frac{1}{k}\cos k\omega t\right)\bigg|_0^{\pi} = \begin{cases}0, & k\text{ 为偶数}\\ \dfrac{2I_m}{k\pi}, & k\text{ 为奇数}\end{cases}$$

$$a_k = \frac{2}{\pi}\int_0^{2\pi} i(\omega t)\cos k\omega t\,d(\omega t) = \frac{2I_m}{\pi}\cdot\frac{1}{k}\sin k\omega t\bigg|_0^{\pi} = 0$$

$$A_k = \sqrt{b_k^2 + a_k^2} = b_k = \frac{2I_m}{k\pi}, k\text{ 为奇数}$$

$$\psi_k = \arctan\frac{a_k}{b_k} = 0$$

因此，i 的傅里叶级数展开式为

$$i = \frac{I_m}{2} + \frac{2I_m}{\pi}\left(\sin\omega t + \frac{1}{3}\sin 3\omega t + \frac{1}{5}\sin 5\omega t + \cdots\right)$$

周期性方波可以看成是直流分量与一次谐波、三次谐波、五次谐波等的叠加，如图 10-3 所示。

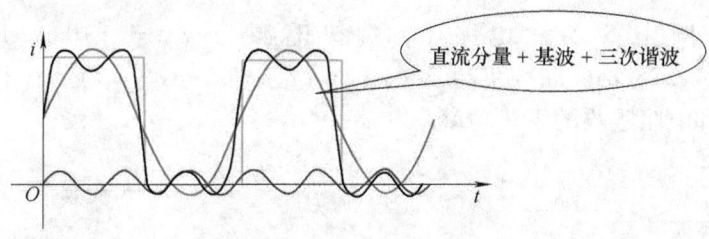

图 10-3　直流分量与谐波的叠加

10.3　周期性非正弦量的有效值和平均功率

对于任一周期性非正弦电流 $i(t)$ 进行傅里叶分解可得 $i = I_0 + \sum\limits_{k=1}^{\infty} I_{km}\sin(k\omega t + \varphi_k)$，代入有效值定义计算式 $F = \sqrt{\dfrac{1}{T}\int_0^T f^2(t)\,dt}$，得

$$I = \sqrt{\frac{1}{T}\int_0^T \left[I_0 + \sum_{k=1}^{\infty} I_{km}\sin(k\omega t + \varphi_k)\right]^2 dt} \tag{10-3}$$

将式(10-3)展开的几项进行积分,得

$$\frac{1}{T}\int_0^T I_0^2 dt = I_0^2, \quad \sum_{k=1}^{\infty}\frac{1}{T}\int_0^T I_{km}^2 \sin^2(k\omega t + \varphi_k)dt = \sum_{k=1}^{\infty} I_k^2$$

式中,$I_k = \frac{I_{km}}{\sqrt{2}}$,$k$ 次谐波分量的有效值。

将上述结果代入式(10-3)中,便周期性非正弦周期电流 i 的有效值为

$$I = \sqrt{I_0^2 + \sum_{k=1}^{\infty} I_k^2} \tag{10-4}$$

同理,非正弦交流电压 u 的有效值则为

$$U = \sqrt{U_0^2 + \sum_{k=1}^{\infty} U_k^2} \tag{10-5}$$

这说明周期性非正弦周期量的有效值,是直流分量和各次谐波分量有效值平方和的方均根值。

下面来讨论周期性非正弦激励下的功率。对任一如图 10-4 所示的一端口网络,设端口电压 $u(t) = U_0 + \sum_{k=1}^{\infty}\sqrt{2}U_k\sin(k\omega t + \varphi_{uk})$,端口电流 $i(t) = I_0 + \sum_{k=1}^{\infty}\sqrt{2}I_k\sin(k\omega t + \varphi_{ik})$,则该一端口网络吸收的瞬时功率为

$$P = \frac{1}{T}\int_0^T p\,dt = \frac{1}{T}\int_0^T ui\,dt$$
$$= U_0 I_0 + U_1 I_1\cos\varphi_1 + U_2 I_2\cos\varphi_2 + \cdots + U_k I_k\cos\varphi_k + \cdots \tag{10-6}$$

由式(10-6)可以看出,在周期性非正弦电流电路中,一端口电路吸收的平均功率等于直流分量功率和各次谐波分量的平均功率之和,而不同次谐波的电压和电流不相互作用,因此其不产生平均功率。

例 10-2 如图 10-5 所示电路中,端口电源为 $u_s = [10 + 141.4\cos(\omega_1 t) + 47.13\cos(3\omega_1 t) + 28.28\cos(5\omega_1 t) + 20.20\cos(7\omega_1 t) + 15.7\cos(9\omega_1 t) + \cdots]$V,$R = 3\Omega$,$X_C = 9.45\Omega$,求电流 i 和电阻吸收的平均功率。

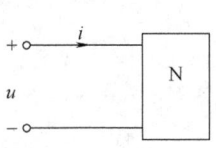

图 10-4 二端网络

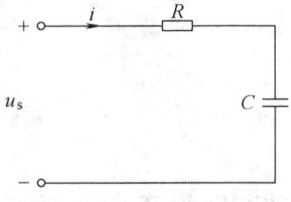

图 10-5 例 10-2 图

解:电流相量的一般表达式为 $\dot{I}_{m(k)} = \dfrac{\dot{U}_{sm(k)}}{R - j\dfrac{1}{k\omega_1 C}}$

当 $k=0$ 时的直流分量为 $U_0 = 10\text{V}$，$I_0 = 0$，$P_0 = 0$

当 $k=1$ 时，$\dot{U}_{sm(1)} = 141.4\underline{/0°}\text{V}$，$\dot{I}_{m(1)} = \dfrac{141.4\underline{/0°}}{3-\text{j}9.45} = 14.26\underline{/72.39°}\text{A}$，

$$P_{(1)} = \dfrac{1}{2}I_{m(1)}^2 R = 305.02\text{W}$$

当 $k=3$ 时，$\dot{U}_{sm(3)} = 47.13\underline{/0°}\text{V}$，$\dot{I}_{m(3)} = \dfrac{47.13\underline{/0°}}{3-\text{j}3.15} = 10.83\underline{/46.4°}\text{A}$，

$$P_{(3)} = \dfrac{1}{2}I_{m(3)}^2 R = 175.93\text{W}$$

当 $k=5$ 时，$\dot{U}_{sm(5)} = 28.28\underline{/0°}\text{V}$，$\dot{I}_{m(5)} = 7.98\underline{/32.21°}\text{A}$，$P_{(5)} = \dfrac{1}{2}I_{m(5)}^2 R = 95.52\text{W}$

当 $k=7$ 时，$\dot{U}_{sm(7)} = 20.20\underline{/0°}\text{V}$，$\dot{I}_{m(7)} = 6.14\underline{/24.23°}\text{A}$，$P_{(7)} = \dfrac{1}{2}I_{m(7)}^2 R = 56.55\text{W}$

当 $k=9$ 时，$\dot{U}_{sm(9)} = 15.7\underline{/0°}\text{V}$，$\dot{I}_{m(9)} = 4.94\underline{/19.29°}\text{A}$，$P_{(9)} = \dfrac{1}{2}I_{m(9)}^2 R = 36.60\text{W}$

得，$i = [14.26\cos(\omega_1 t + 72.39°) + 10.83\cos(3\omega_1 t + 46.4°) + 7.98\cos(5\omega_1 t + 32.21°) + 6.14\cos(7\omega_1 t + 24.23°) + 4.94\cos(9\omega_1 t + 19.29°) + \cdots]\text{A}$

$$P = P_0 + P_{(1)} + P_{(3)} + P_{(5)} + P_{(7)} + P_{(9)} = 669.80\text{W}$$

10.4 周期性非正弦稳态电路的计算

周期性非正弦周期信号的分析利用的方法是傅里叶分解，这也是解决周期性非正弦电流电路的有效方法。周期性非正弦电路的计算是多次不同频率正弦交流电路计算结果的叠加。

根据前面的讨论可总结周期性非正弦周期电流电路的计算步骤如下：

1）把给定电源的周期性非正弦电流或电压应用傅里叶级数分解为直流分量（也可能不含有）和各次谐波分量之和；

2）利用直流和正弦交流电路的计算方法，分别计算出直流分量和各次谐波分量单独作用时，电路中的电压和电流分量；

3）应用叠加定理将各分量单独作用时所计算的结果进行叠加，求出它们的代数和，求出各支路电压和电流，进而求出功率等其他要求的量。

通过上面三个步骤就解出了线性电路在周期性非正弦电源激励下各支路的电压、电流及功率。这里要注意的是，叠加时应按瞬时值表示式进行叠加，不能用相量进行叠加。

例 10-3 图 10-6 所示电路中，$u(t) = 45 + 180\sin 10t + 60\sin 30t + 30\sin 50t\text{V}$。求电流 $i(t)$ 及其有效值 I 和电路吸收的平均功率 P。

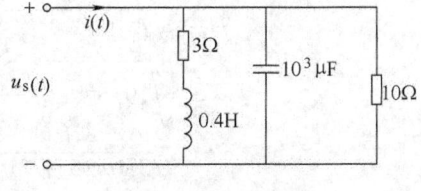

图 10-6 例 10-3 图

解：（1）计算输入电流 $i(t)$，需考虑各分量单独作用。

1）当直流分量电压单独作用时，电路的导纳为

$$Y_0 = \frac{1}{3} + \frac{1}{10} = \frac{13}{30}\text{S}$$

因此端口的输入直流分量电流为

$$I_0 = Y_0 U_0 = \frac{13}{30} \times 45 = 19.5\text{A}$$

2）当基波电压分量单独作用时，电路的导纳为

$$Y(\text{j}\omega) = \frac{1}{10} + \frac{1}{3+\text{j}4} + \text{j}10 \times 10^3 \times 10^{-6}$$
$$= 0.1 + 0.12 - \text{j}0.16 + \text{j}0.01$$
$$= 0.22 - \text{j}0.15 = 0.266\underline{/-18.3°}\text{S}$$

因此端口的基波电流为

$$\dot{I}_1 = Y(\text{j}\omega)\dot{U}_1$$
$$= 0.266\underline{/-18.3°} \times 180\underline{/0°} = 47.88\underline{/-18.3°}\text{A}$$
$$i_1(t) = 47.88\sin(10t - 18.3°)\text{A}$$

3）当三次谐波电压单独作用时，电路的导纳为

$$Y(\text{j}3\omega) = \frac{1}{10} + \frac{1}{3+\text{j}12} + \text{j}0.03$$
$$= 0.18 + \text{j}0.01 = 0.186\underline{/3.2°}\text{S}$$

因此三次谐波电流为

$$\dot{I}_3 = Y(\text{j}3\omega)\dot{U}_3$$
$$= 0.186\underline{/3.2°} \times 60\underline{/0°} = 10.81\underline{/3.2°}\text{A}$$
$$i_3(t) = 10.81\sin(30t + 3.2°)\text{A}$$

4）当五次谐波电压单独作用时，电路的导纳为

$$\dot{I}_5 = Y(\text{j}5\omega)\dot{U}_5$$
$$= 0.113\underline{/21°} \times 30\underline{/0°} = 3.39\underline{/21°}\text{A}$$
$$i_5(t) = 3.39\sin(50t + 21°)\text{A}$$

5）进行叠加求出端口输入电流为

$i(t) = 19.5 + 47.88\sin(10t - 18.3°) + 10.81\sin(30t + 3.2°) + 3.39\sin(50t + 21°)\text{A}$

（2）由周期性非正弦电路电流的有效值计算公式得电流 $i(t)$ 的有效值

$$I = \sqrt{I_0^2 + I_1^2 + I_3^2 + I_5^2}$$
$$= \sqrt{19.5^2 + \left(\frac{47.88}{\sqrt{2}}\right)^2 + \left(\frac{10.81}{\sqrt{2}}\right)^2 + \left(\frac{3.39}{\sqrt{2}}\right)^2}$$
$$= \sqrt{380.25 + 1146.25 + 56.43 + 5.75}$$
$$= 38.85\text{A}$$

（3）计算电路吸收的平均功率

$$P = U_0 I_0 + U_1 I_1 \cos\varphi_1 + U_3 I_3 \cos\varphi_3 + U_5 I_5 \cos\varphi_5$$
$$= 45 \times 19.5 + \frac{1}{2}(180 \times 47.88)\cos 18.3° + \frac{1}{2}(60 \times 10.81)\cos(-3.2°)$$

$$+ \frac{1}{2}(30 \times 3.39)\cos(-21°)$$
$$= 877.5 + 4093.74 + 323.81 + 47.15$$
$$= 5342.2\text{W}$$

习 题 10

10-1 已知如图 10-7a 所示方波的傅里叶级数为 $f(t) = \frac{4A}{\pi}\left(\sin\omega t + \frac{1}{3}\sin3\omega t + \frac{1}{5}\sin5\omega t - \frac{1}{7}\sin7\omega t + \frac{1}{9}\sin9\omega t\right)$，则图 10-7b 所示波形 $f_2(t)$ 取至九次谐波为止的傅里叶级数为(   )。

A. $\frac{300}{\pi}\left[\sin10t + \frac{1}{5}\sin50t + \frac{1}{7}\sin70t\right]$

B. $\frac{300}{\pi}\left[\sin10t + \frac{2}{3}\sin30t + \frac{1}{5}\sin50t + \frac{1}{7}\sin70t + \frac{2}{9}\sin90t\right]$

C. $\frac{300}{\pi}\left[\sin10t - \frac{2}{3}\sin30t + \frac{1}{5}\sin50t - \frac{1}{7}\sin70t + \frac{2}{9}\sin90t\right]$

D. $\frac{300}{\pi}\left[\sin10t - \frac{2}{3}\sin30t - \frac{1}{5}\sin50t - \frac{1}{7}\sin70t - \frac{2}{9}\sin90t\right]$

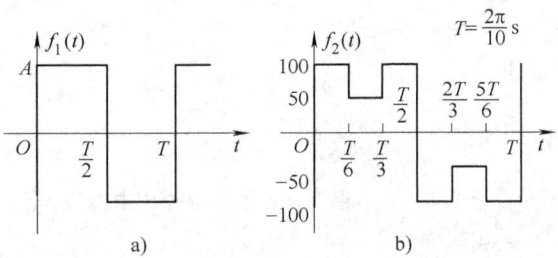

图 10-7 题 10-1 图

10-2 图 10-8 所示周期函数 $f(t)$ 的傅里叶级数展开式各项中系数为零的是(   )

A. k 为偶数的余弦项 a_k 与 A_0
B. k 为奇数的 a_k
C. k 为偶数的正弦项 a_k 及所有 b_k
D. k 为奇数的 b_k 及所有 a_k

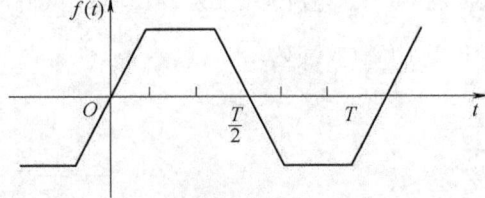

图 10-8 题 10-2 图

10-3 图 10-9 所示周期函数 $f(t)$ 的傅里叶级数展开式各项中系数为零的是(   )

A. 所有余弦项的 a_k
B. 所有正弦项的 b_k
C. k 为奇数的 b_k
D. k 为奇数的 a_k

10-4 图 10-10 所示波形中，i_1 的有效值为 50A，则 i_2 的有效值应为(   )

A. $\frac{50}{1.5}$A B. $\frac{50}{\sqrt{2}}$A C. $\frac{50}{2}$A D. $\frac{50}{4}$A

10-5 图 10-11 所示周期电压 $u(t)$ 的有效值为(　　)
A. 10V   B. $\sqrt{5}$V   C. $\sqrt{10}$V   D. $\sqrt{20}$V

10-6 图 10-12 所示电路中，$R=20\Omega$，$\omega L=5\Omega$，$\dfrac{1}{\omega C}=45\Omega$. 若 $u=(200+100\sqrt{2}\cos 3\omega t)$V，求图中电流表和电压表的读数。

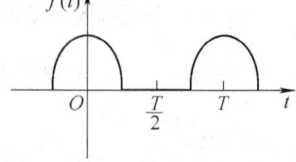

图 10-9　题 10-3 图

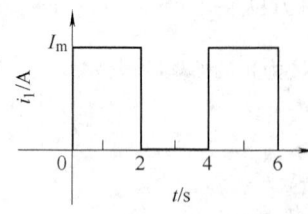

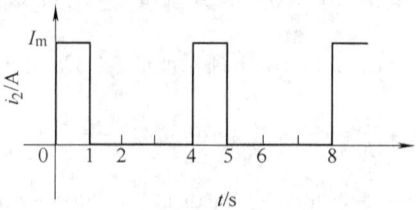

图 10-10　题 10-4 图

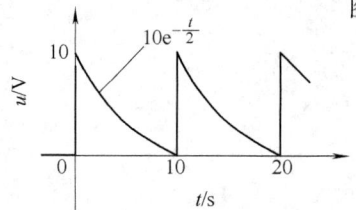

图 10-11　题 10-5 图

图 10-12　题 10-6 图

10-7 电路如图 10-13 所示。已知 i_1、i_2，求下列各情况电路中电流表(指示有效值)的读数。
(1) $i_1=10\sqrt{2}\sin 314t$ A，$i_2=5$A；
(2) $i_1=10\sqrt{2}\sin 314t$ A，$i_2=10\sqrt{2}\sin(628t+10°)$ A；
(3) $i_1=10\sqrt{2}\sin 314t$ A，$i_2=5\sqrt{2}\sin(314t+36.9°)$ A；
(4) $i_1=10\sqrt{2}\sin 314t$ A，$i_2=5+5\sqrt{2}\sin(314t+36.9°)$ A

10-8 图 10-14 所示电路中，u_s 是一角频率为 ω 的正弦交流电源，U_0 是直流电源。已知 $R_1=1\Omega$，$R_2=2\Omega$，$\omega L=1\Omega$，$\dfrac{1}{\omega C}=4\Omega$，电压表读数为 10V，电流表读数为 2A(均为有效值)。求：
(1) 直流电源电压 U_0 及交流电源电压有效值 U_s；
(2) 每个电源发出的平均功率。

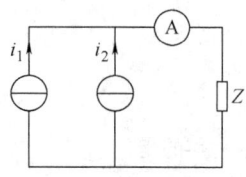

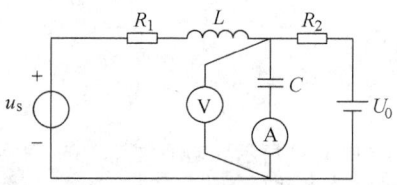

图 10-13　题 10-7 图

图 10-14　题 10-8 图

第 11 章 含有耦合电感电路的分析

历史人物小传

法拉第(1791~1867),出生于英国萨里郡纽因顿,物理学家、化学家。

法拉第主要从事电学、磁学、磁光学、电化学方面的研究。法拉第第一次实现了电磁运动向机械运动的转换,建立了电动机的实验室模型。1831 年他发现电磁感应定律,使人类掌握了电磁运动相互转变以及机械能和电能相互转变的方法,成为现代发电机、电动机、变压器技术的基础。

迈克尔·法拉第

互感是工程实际中的一种常见现象,如人们常见的变压器都存在互感耦合的电磁现象,具有互感耦合电路的分析计算也是经常遇到的问题。

本章在讨论互感现象的基础上,引入耦合电感元件及其伏安关系,讨论了互感系数及同名端问题,重点讲解了含有耦合电感电路的分析方法,最后对空心变压器和理想变压器的概念和分析方法进行了简单介绍。

11.1 耦合电感

耦合电感(coupled inductor)是通过磁场相互约束的若干个电感元件的总称。一对具有耦合的电感,若流过其中任意一个电感的电流发生变化,则在另一个电感两端将出现感应电压,这种相互影响就是电磁学中的互感现象。

图 11-1 所示为两个耦合的载流线圈,即电感 L_1 和 L_2,它们绕于同一磁性材料上,线圈的匝数分别为 N_1 和 N_2,线圈中的电流分别为 i_1 和 i_2,根据右手螺旋法则可以确定电流和磁通的方向。当线圈 1 通有电流 i_1 时,i_1 产生的磁通 Φ_{11} 不仅穿过线圈 1,与线圈 1 交链,产生自感磁通链 ψ_{11},还有一部分磁通 Φ_{21} 穿过线圈 2,与线圈 2 相交链,产生互感磁通链 ψ_{21}。同样的,当电流 i_2 流过线圈 2 时,i_2 产生的磁通 Φ_{22} 与线圈 2 相交链,产生自感磁通链 ψ_{22},还有部分磁通 Φ_{12} 与线圈 1 交链,产生互感磁通链 ψ_{12}。这种载流线圈之间通过磁场相互联系的物理现象称为磁耦合现象(mutual induction phenomenon)。

耦合线圈中的磁通链等于自感磁通链和互感磁通链两部分的代数和,则线圈 1 和 2 中的

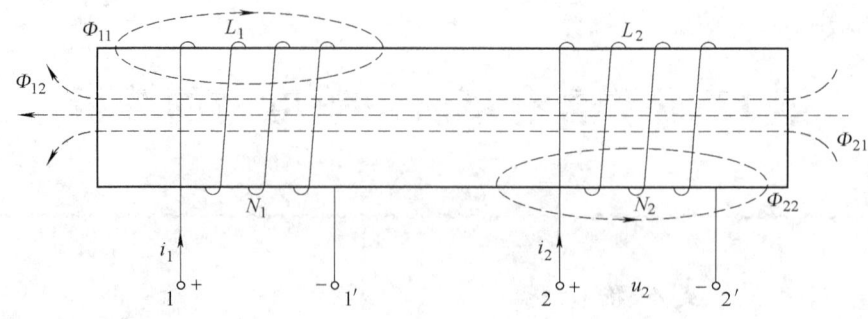

图 11-1 两个线圈的互感

磁通链 ψ_1 和 ψ_2 分别为

$$\psi_1 = \psi_{11} \pm \psi_{12}$$
$$\psi_2 = \pm\psi_{21} + \psi_{22}$$

式中，ψ_{11}，ψ_{22} 为自感磁通链；ψ_{12}，ψ_{21} 为互感磁通链。当线圈周围无铁磁材料时，磁通链与电流成正比，即自感磁通链和互感磁通链分别为

$$\psi_{11} = N_1\Phi_{11} = L_1 i_1$$
$$\psi_{22} = N_2\Phi_{22} = L_2 i_2$$
$$\psi_{12} = N_1\Phi_{12} = M_{12} i_2$$
$$\psi_{21} = N_2\Phi_{21} = M_{21} i_1$$

式中，Φ_{11}、Φ_{22} 为自感磁通，Φ_{12}、Φ_{21} 为互感磁通；L_1 和 L_2 分别为线圈1和2的自感系数，简称自感(self-inductance)；M_{12} 和 M_{21} 分别为线圈1和线圈2之间的互感系数，简称互感(mutual inductance)。互感用符号 M 表示，本书中互感 M 恒为正值，自感 L 与互感 M 的单位都为亨利(H)。可以证明，$M_{12} = M_{21}$，当只有两个线圈含有耦合时，可省略下标，都用 M 来表示，即

$$M = M_{12} = M_{21}$$

所以，两个耦合线圈的磁通链可表示为

$$\psi_1 = L_1 i_1 \pm M i_2$$
$$\psi_2 = \pm M i_1 + L_2 i_2$$

上式表明，耦合线圈中的磁通链与线圈中的电流呈线性关系，是各电流独立产生的磁通链的叠加。M 前的"$\pm$"号说明互感在磁耦合中的作用有两种情况。这里规定耦合电感元件每个线圈中电流的参考方向与产生的磁通的方向符合右手螺旋法则。若线圈的互感磁通链与自感磁通链方向一致，相互增强，则 M 取"$+$"；若互感磁通链与自感磁通链方向相反，相互削弱，则 M 取"$-$"。

显然，要确定互感系数 M 前取"$+$"还是取"$-$"，必须根据两线圈的绕向、电流的参考方向、线圈的位置等来判断互感磁链和自感磁链是相互增强还是削弱。而实际的耦合电感线圈是经过封装的，通常看不到内部结构，并且在画电路图时，若要画出线圈的绕向也比较麻烦。因此，为了便于反映互感的作用和简化图形，电路中采用了同名端(dotted terminal)标记的方法。

当电流分别从两个耦合线圈各自一个端钮流入时，若两电流产生的互感磁链与自感磁链方向相同，即相互加强，这两个端钮称为同名端。同名端通常用"＊"、"·"或"△"等来进

行标记。不是同名端的端钮通常称为异名端。两个耦合线圈的同名端可以根据它们的绕向和相对位置来判别，也可以通过实验的方法来确定。

图 11-2a、b 分别标出了电流的参考方向和耦合线圈的绕向，利用右手螺旋法则来进行判别。显然，图 11-2a 中的 1 和 2(1′和 2′)是同名端，1 和 2′(1′和 2)是异名端；而图 11-2b 中的 1 和 2′(1′和 2)是同名端，1 和 2(1′和 2′)是异名端。耦合电感元件在电路中用标有同名端标记的元件参数 L_1、L_2 和 M 的电路符号来表示，图 11-2a、b 所示耦合电感元件可分别用图 11-2c、d 所示电路符号来表示。

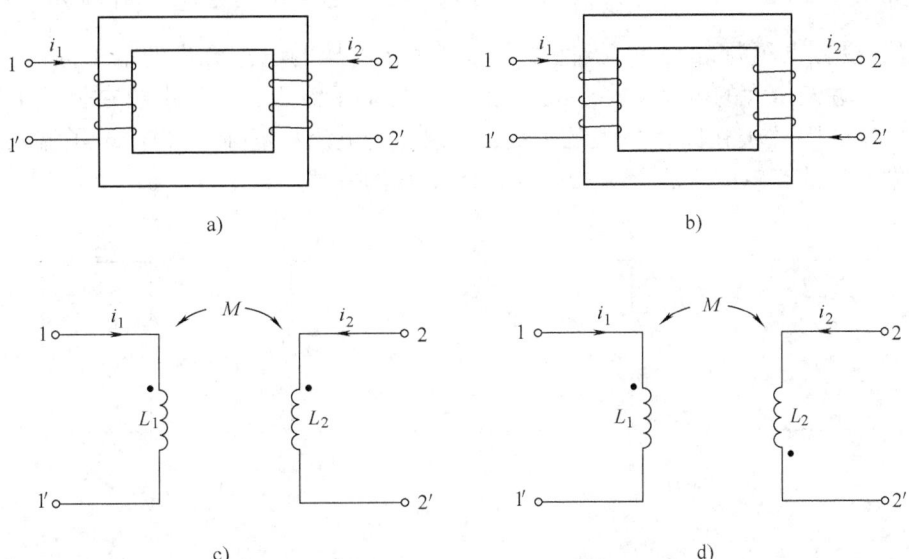

图 11-2 同名端的标记

在图 11-2c 中，电流 i_1 和 i_2 分别从同名端流入(或流出)各自的线圈，互感起增强作用，M 取"+"；图 11-2d 中，电流 i_1 和 i_2 分别从异名端流入(或流出)各自的线圈，互感起削弱作用，M 取"-"。

如果在两个耦合电感 L_1 和 L_2 中通以变化的电流，各电感中的磁链也将随着电流发生变化。电感 L_1 的电压和电流分别为 u_1 和 i_1，L_2 的电压和电流为 u_2 和 i_2，且都取关联参考方向，互感系数为 M，则根据电磁感应定律，电感两端的电压分别为

$$u_1 = \frac{d\psi_1}{dt} = L_1 \frac{di_1}{dt} \pm M \frac{di_2}{dt}$$

$$u_2 = \frac{d\psi_2}{dt} = \pm M \frac{di_1}{dt} + L_2 \frac{di_2}{dt}$$

(11-1)

在正弦稳态电路中，式(11-1)的相量形式为

$$\dot{U}_1 = j\omega L_1 \dot{I}_1 \pm j\omega M \dot{I}_2$$

$$\dot{U}_2 = \pm j\omega M \dot{I}_1 + j\omega L_2 \dot{I}_2$$

(11-2)

式中，ωM 称为耦合电感元件的互感抗，可用 X_M 表示，即互抗 $X_M = \omega M$。

由式(11-1)可知，每个电感线圈的电压都有两部分组成。令 $u_{11} = L_1 \frac{di_1}{dt}$，$u_{22} = L_2 \frac{di_2}{dt}$，

称为自感电压(self-induced voltage); $u_{12} = M\dfrac{\mathrm{d}i_2}{\mathrm{d}t}$, $u_{21} = M\dfrac{\mathrm{d}i_1}{\mathrm{d}t}$ 称为互感电压(mutual voltage)。互感电压 u_{12} 是变化的电流 i_2 在 L_1 中产生的电压，互感电压 u_{21} 是电流 i_1 在 L_2 中产生的电压。因此，耦合电感的电压是自感电压和互感电压的叠加。自感电压前取"＋"，互感电压前的符号可用以下方法来确定。

如图 11-3a、b 所示的耦合电感元件，若用受控电压源来表示互感电压，则它们的等效电路分别如图 11-3c、d 所示。由式(11-1)可知，受控电压源的电压分别为 $M\dfrac{\mathrm{d}i_1}{\mathrm{d}t}$ 和 $M\dfrac{\mathrm{d}i_2}{\mathrm{d}t}$，且互感电压(受控电压源)的"＋"极性端子与产生该电压的电流流进的端子为一对同名端。也就是说，当逐渐增大的电流从一个线圈标"·"的端子流入，则该电流在另一个线圈中产生的互感电压的"＋"极在标有"·"的一端；反之，若电流从不标"·"的端子流入，则在另一个线圈中产生的互感电压的"＋"极也在不标"·"的一端。

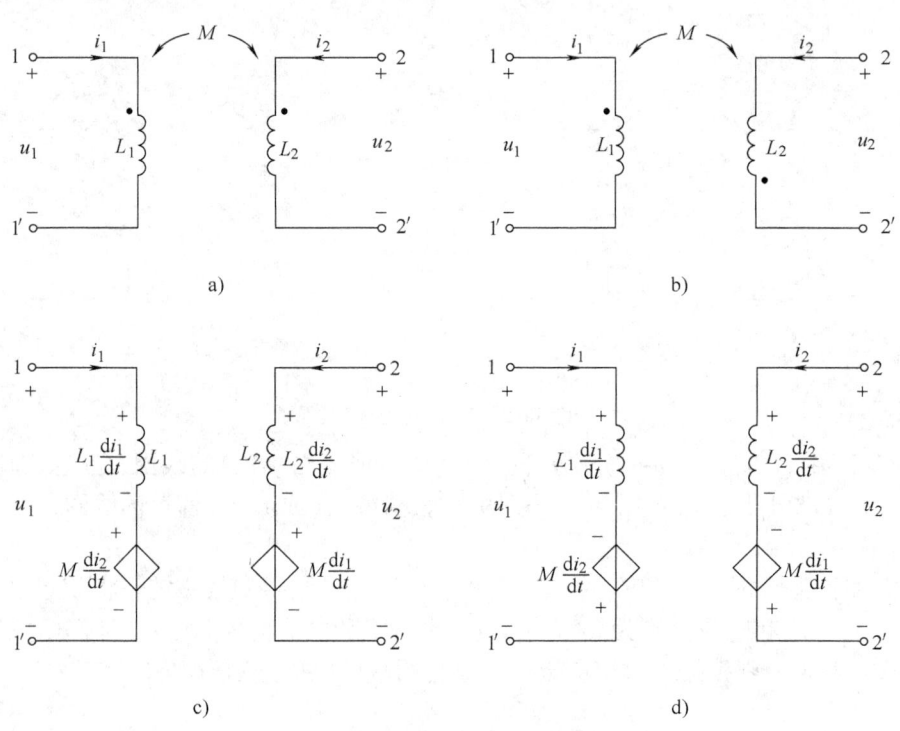

图 11-3 用受控电压源表示互感电压

例如，图 11-3a 中的电流 i_1 和 i_2 从标有"·"的端子流入，它们产生的互感电压 $M\dfrac{\mathrm{d}i_1}{\mathrm{d}t}$ 和 $M\dfrac{\mathrm{d}i_2}{\mathrm{d}t}$ 的"＋"极都在标"·"的一端，如图 11-3c 所示。图 11-3b 中，电流 i_1 从标"·"的端子流入，它的互感电压 $M\dfrac{\mathrm{d}i_1}{\mathrm{d}t}$ 的"＋"极在标"·"的一端；电流 i_2 从不标"·"的端子流入，它的互感电压 $M\dfrac{\mathrm{d}i_2}{\mathrm{d}t}$ 的"＋"极在不标"·"的一端，如图 11-3d 所示。所以，只需要牢记以上规

律，就可以很容易地判断出互感电压的极性。

例 11-1 图 11-3a 所示电路中，已知 $i_1 = 10\text{A}$，$i_2 = 5\sin t \text{A}$，$L_1 = 2\text{H}$，$L_2 = 3\text{H}$，$M = 1\text{H}$，求两耦合电感的端电压 u_1 和 u_2。

解：根据式(11-1)和图 11-3c 可得

$$u_1 = L_1 \frac{di_1}{dt} + M \frac{di_2}{dt} = 2 \times 0 + 1 \times 5\cos t = 5\cos t \text{V}$$

$$u_2 = M \frac{di_1}{dt} + L_2 \frac{di_2}{dt} = 1 \times 0 + 3 \times 5\cos t = 15\cos t \text{V}$$

可见，电压 u_1 中只含有互感电压 u_{12}，而电压 u_2 中只含有自感电压 u_{22}。这说明恒定的电流(如直流电流 i_1)不能产生自感和互感电压，只有变化的电流(如正弦交流电 i_2)才能产生自感和互感电压。

例 11-2 耦合电感器的同名端可以用实验的方法来判别，图 11-4 所示是用直流电源和电压表来测定同名端的电路。试根据开关闭合瞬间，电压表Ⓥ正偏或反偏来确定该耦合电感器的同名端。

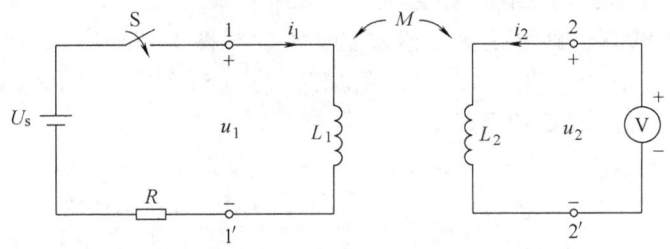

图 11-4 例 11-2 图

解：设电感 L_1 的电压和电流分别为 u_1 和 i_1，L_2 的电压和电流为 u_2 和 i_2，且都取关联参考方向。由于电压表的内阻非常大，电流 $i_2 = 0$，不能产生自感和互感电压。所以，L_1 中只有自感电压，L_2 中只有互感电压，且都由 i_1 产生。根据式(11-1)得

$$u_1 = L_1 \frac{di_1}{dt} \pm M \frac{di_2}{dt} = L_1 \frac{di_1}{dt}$$

$$u_2 = \pm M \frac{di_1}{dt} + L_2 \frac{di_2}{dt} = \pm M \frac{di_1}{dt}$$

开关 S 闭合后一瞬间，电流 i_1 增大，即 $\frac{di_1}{dt} > 0$。若电压表Ⓥ正偏，表明读数大于零，即 $u_2 > 0$，此时，互感电压 $M \frac{di_1}{dt}$ 前取 "+" 号，1 和 2 是同名端，即耦合电感器与电源正极相连的端子和与电压表正极相连的端子是同名端；若电压表Ⓥ反偏，表明读数小于零，即 $u_2 < 2$，此时，互感电压 $M \frac{di_1}{dt}$ 前取 "-" 号，1 和 2 是异名端，即耦合电感器与电源正极相连的端子和与电压表负极相连的端子是同名端。

通常情况下，两个耦合线圈的电流所产生的磁通只有一部分与另一个线圈相交链。当两个线圈相互交链的磁通越多时，它们之间的耦合就越强，即线圈之间相交链的磁通的多少，直接反映两个线圈之间磁耦合的紧密程度。工程上把两个线圈的互感磁通链与自感磁通链的

比值的几何平均值定义为耦合系数(coefficient of coupling),用来描述耦合电感元件两线圈磁耦合松紧的程度,记为 k。

$$k = \sqrt{\frac{\psi_{12}}{\psi_{11}} \cdot \frac{\psi_{21}}{\psi_{22}}} = \sqrt{\frac{Mi_2}{L_1 i_1} \cdot \frac{Mi_1}{L_2 i_2}} = \sqrt{\frac{M^2}{L_1 L_2}} = \frac{M}{\sqrt{L_1 L_2}} \tag{11-3}$$

由于

$$k^2 = \frac{\psi_{12}}{\psi_{11}} \cdot \frac{\psi_{21}}{\psi_{22}} = \frac{N_1 \Phi_{12}}{N_1 \Phi_{11}} \cdot \frac{N_2 \Phi_{21}}{N_2 \Phi_{22}} = \frac{\Phi_{12} \Phi_{21}}{\Phi_{11} \Phi_{22}}$$

且 $\Phi_{12} \leq \Phi_{22}$,$\Phi_{21} \leq \Phi_{11}$,所以 $0 \leq k \leq 1$。

当 k 值越大时,说明互感磁通越接近自感磁通,两线圈之间磁耦合越紧密。通常 $k > 0.5$ 时称为紧耦合(tightly couple),$k < 0.5$ 时称为松耦合(loosely couple)。特殊的,当每个线圈产生的磁通全部与另一线圈相交链时,$\Phi_{21} = \Phi_{11}$,$\Phi_{12} = \Phi_{22}$,即 $k = 1$,称为全耦合(perfect coupling)。此时,

$$M = M_{\max} = \sqrt{L_1 L_2} \tag{11-4}$$

k 值的大小与两个线圈的结构、相互位置以及周围磁介质有关。当 L_1 和 L_2 一定时,改变或调整它们的相对位置,即可改变互感 M 的大小。如图 11-5a 所示,当两个线圈并绕且绕线很密时,k 值较大,接近于 1;当两个线圈相距较远或者它们的轴线相互垂直时,k 值较小,甚至趋近于零,如图 11-5b 所示。

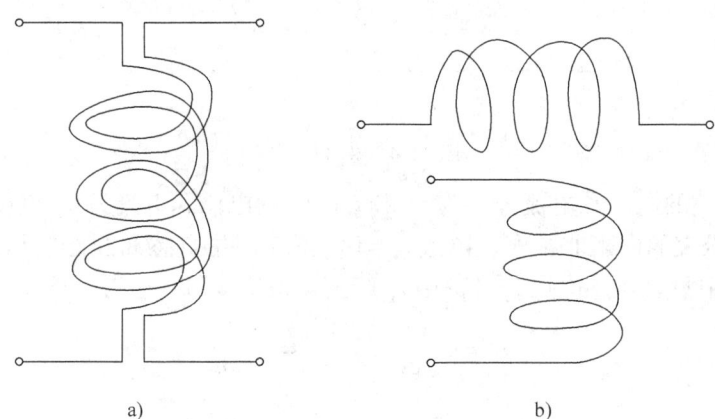

图 11-5　紧耦合与松耦合
a)紧耦合　b)松耦合

含有互感 M 的两个耦合电感 L_1 和 L_2,其储能为

$$W = \frac{1}{2} L_1 i_1^2 + \frac{1}{2} L_2 i_2^2 \pm M i_1 i_2 \tag{11-5}$$

式中,当自感磁通与互感磁通方向一致时取"+"号,否则取"-"号。式(11-5)与前面介绍的电感元件上储存的能量的计算过程类似,这里不再详细推导。

11.2　含有耦合电感电路的计算

含有耦合电感元件的正弦电路,仍然可以采用相量法计算,只是在计算过程中应该注意

耦合电感元件的处理。因为某些支路具有互感，这些支路的电压不仅与本支路中的电流有关，同时还跟与之有互感关系的支路中的电流有关。

1. 耦合电感元件的串联和并联

（1）串联 耦合电感的串联有两种方式：顺接和反接。

顺接就是异名端相接，如图11-6a所示，耦合电感 L_1 和 L_2 串联，具有相同的电流 i，且电流都从标"·"的端子流入，因此，它们的互感电压 $M\dfrac{\mathrm{d}i}{\mathrm{d}t}$ 的"+"极都在标"·"的端。用附加电压源代替互感电压，可得如图11-6b所示的电路。

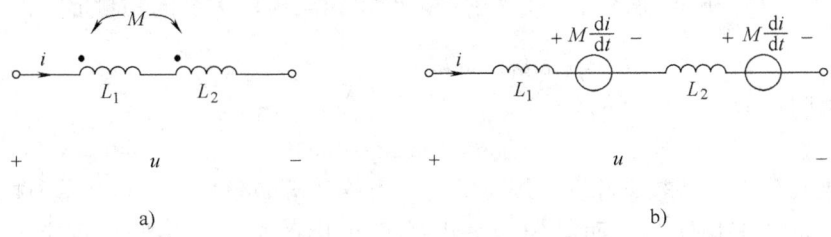

图11-6 耦合电感的顺接串联

根据图11-6可得，顺接时电压与电流的关系为

$$u = L_1\frac{\mathrm{d}i}{\mathrm{d}t} + M\frac{\mathrm{d}i}{\mathrm{d}t} + L_2\frac{\mathrm{d}i}{\mathrm{d}t} + M\frac{\mathrm{d}i}{\mathrm{d}t} = (L_1 + L_2 + 2M)\frac{\mathrm{d}i}{\mathrm{d}t} = L\frac{\mathrm{d}i}{\mathrm{d}t}$$

所以，电路的等效电感为

$$L = L_1 + L_2 + 2M \tag{11-6}$$

可见，顺接串联时，整个耦合电感元件可用一个等效电感 L 来代替，等效电感由式(11-6)来确定，且等效电感 $L > L_1 + L_2$，两电感的磁通相互增强。

如果电压和电流都是正弦量，用相量来表示正弦量，可得电压与电流关系的相量形式为

$$\dot{U} = (\mathrm{j}\omega L_1 + \mathrm{j}\omega L_2 + 2\mathrm{j}\omega M)\dot{I} = Z\dot{I}$$

即顺接时总阻抗为

$$Z = \mathrm{j}\omega L_1 + \mathrm{j}\omega L_2 + 2\mathrm{j}\omega M \tag{11-7}$$

耦合电感的另一种串联方式是反接串联。反接就是同名端相接，如图11-7a所示，耦合电感 L_1 和 L_2 串联，具有相同的电流 i。电流 i 从 L_1 标"·"的端子流入，在 L_2 上产生的互感电压 $M\dfrac{\mathrm{d}i}{\mathrm{d}t}$ 的"+"极在标"·"端；而对于 L_2 来说，电流 i 从不标"·"的端子流入，它在 L_1 上产生的互感电压 $M\dfrac{\mathrm{d}i}{\mathrm{d}t}$ 的"+"极在不标"·"的端子。用附加电压源代替互感电压，可得如图11-7b所示的电路。

由图11-7可知，反接时电压与电流的关系为

$$u = L_1\frac{\mathrm{d}i}{\mathrm{d}t} - M\frac{\mathrm{d}i}{\mathrm{d}t} + L_2\frac{\mathrm{d}i}{\mathrm{d}t} - M\frac{\mathrm{d}i}{\mathrm{d}t} = (L_1 + L_2 - 2M)\frac{\mathrm{d}i}{\mathrm{d}t} = L\frac{\mathrm{d}i}{\mathrm{d}t}$$

即等效电感为

$$L = L_1 + L_2 - 2M \tag{11-8}$$

可见，反接串联时，耦合电感元件可用等效电感 L 来代替，等效电感由式(11-8)来确

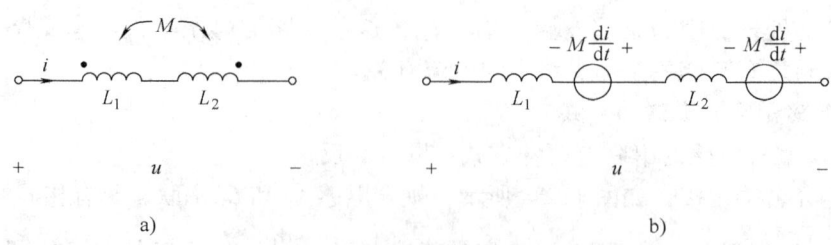

图 11-7 耦合电感的反接串联

定，且有 $L < L_1 + L_2$，两电感的磁通相互削弱。其电压与电流关系的相量形式为

$$\dot{U} = (j\omega L_1 + j\omega L_2 - 2j\omega M)\dot{I} = Z\dot{I}$$

反接时总阻抗为

$$Z = j\omega L_1 + j\omega L_2 - 2j\omega M \tag{11-9}$$

在正弦稳态分析中，若要计算有耦合的两个电感的等效阻抗，不是简单地把两个电感的阻抗 $j\omega L_1$ 和 $j\omega L_2$ 直接相加，而必须根据电感是顺接还是反接串联，相应的加上或减去 $2j\omega M$，即必须注意到电路中的互感现象。

（2）并联 耦合电感的并联也有两种方式：同侧并联和异侧并联。

两个线圈的同名端并联在同一侧，称为同侧并联，如图 11-8a 所示；两个线圈的异名端并联在同一侧，称为异侧并联，如图 11-9a 所示。

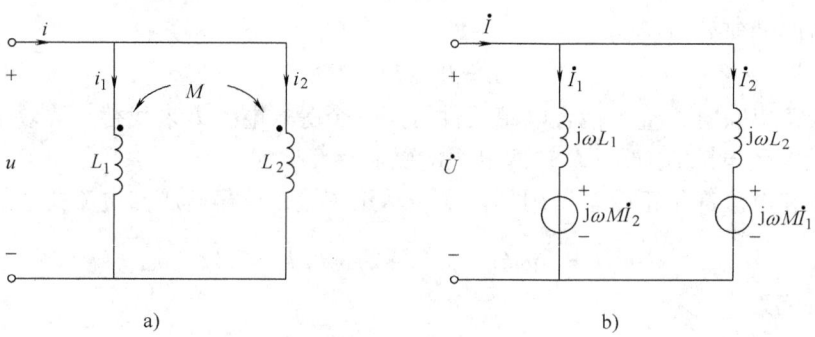

图 11-8 耦合电感的同侧并联

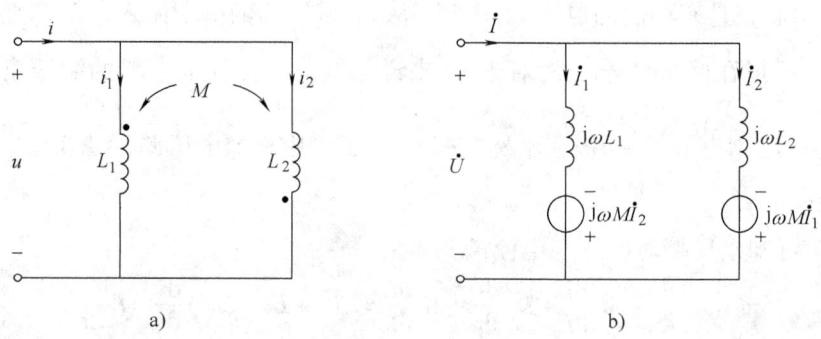

图 11-9 耦合电感的异侧并联

在耦合电感的同侧与异侧并联电路中，分别将互感电压用附加电压源代替，可得它们的

相量模型如图 11-8b 和图 11-9b 所示。其中，附加电压源极性的判别与前面的方法相同，这里不再重述。根据图 11-8 和图 11-9 可得，并联时电压与电流的相量关系为

$$\dot{U} = j\omega L_1 \dot{I}_1 \pm j\omega M \dot{I}_2$$

$$\dot{U} = j\omega L_2 \dot{I}_2 \pm j\omega M \dot{I}_1$$

式中，当线圈同侧并联时，互感电压前取"+"号；当线圈异侧并联时，互感电压前取"-"号。联立两个方程解出 $\dot{I}_1$ 和 $\dot{I}_2$，得

$$\dot{I}_1 = \frac{L_2 \mp M}{j\omega L_1 L_2 - j\omega M^2}\dot{U}$$

$$\dot{I}_2 = \frac{L_1 \mp M}{j\omega L_1 L_2 - j\omega M^2}\dot{U}$$

所以，并联电路端口的总电流为

$$\dot{I} = \dot{I}_1 + \dot{I}_2 = \frac{L_1 + L_2 \mp 2M}{j\omega(L_1 L_2 - M^2)}\dot{U}$$

因此，耦合电感并联时的等效阻抗为

$$Z = \frac{\dot{U}}{\dot{I}} = j\omega \frac{L_1 L_2 - M^2}{L_1 + L_2 \mp 2M} = j\omega L$$

即耦合电感并联后的等效电感为

$$L = \frac{L_1 L_2 - M^2}{L_1 + L_2 \mp 2M} \tag{11-10}$$

由式(11-10)可知，同侧并联的等效电感大于异侧并联的等效电感。

例 11-3 电路如图 11-10a 所示，已知 $L_1 = 1\text{H}$，$L_2 = 2\text{H}$，$M = 1\text{H}$，$R = 10\Omega$，电源电压 $u_s = 100\sqrt{2}\sin 2t \text{V}$，求电路中的电流 i 和耦合系数 k。

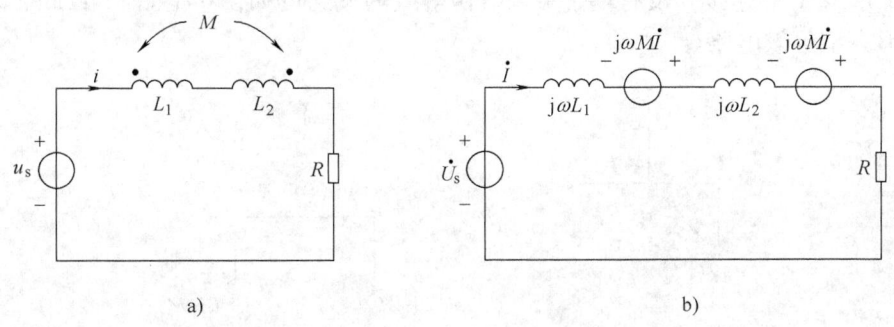

图 11-10 例 11-3 图

解：图 11-10a 所示电路中的两个耦合电感反接串联，将互感用电压源代替，绘出电路的相量模型如图 11-10b 所示。令电压 $\dot{U}_s = 100\underline{/0°}\text{V}$，列出电路的 KVL 方程为

$$\dot{U}_s = j\omega L_1 \dot{I} - j\omega M \dot{I} + j\omega L_2 \dot{I} - j\omega M \dot{I} + \dot{I} R$$

所以，电流为

$$\dot{I} = \frac{\dot{U}_s}{j\omega(L_1+L_2-2M)+R} = \frac{100\underline{/0°}}{j2\times(1+2-2\times1)+2}$$
$$= \frac{100\underline{/0°}}{2+j2} = \frac{100\underline{/0°}}{2\sqrt{2}\underline{/45°}} = 25\sqrt{2}\underline{/-45°}\,\text{A}$$

即
$$i = 50\sin(2t-45°)\,\text{A}$$

耦合系数为
$$k = \frac{M}{\sqrt{L_1L_2}} = \frac{1}{\sqrt{1\times 2}} = \frac{\sqrt{2}}{2} = 0.707$$

2. T 形去耦等效电路

含有耦合电感元件电路中，除了前面介绍的串联和并联两种基本的连接方式之外，经常会遇到三条支路共一节点，其中两条支路存在互感的现象。

图 11-11a 所示三端电路中，两耦合电感同名端接于节点 1。在正弦稳态下，可列相量形式的方程如下

$$\dot{I} = \dot{I}_1 + \dot{I}_2$$
$$\dot{U}_{12} = j\omega L_1 \dot{I}_1 + j\omega M \dot{I}_2$$
$$\dot{U}_{13} = j\omega M \dot{I}_1 + j\omega L_2 \dot{I}_2$$

即
$$\dot{U}_{12} = j\omega L_1 \dot{I}_1 + j\omega M(\dot{I} - \dot{I}_1) = j\omega M \dot{I} + j\omega(L_1-M)\dot{I}_1$$
$$\dot{U}_{13} = j\omega M(\dot{I} - \dot{I}_2) + j\omega L_2 \dot{I}_2 = j\omega M \dot{I} + j\omega(L_2-M)\dot{I}_2$$

根据上述两个方程，可作出图 11-11b 所示电路。该电路由 M、L_1-M、L_2-M 三个自感元件构成 T 形或 Y 形连接，没有耦合关系。由等效的概念可知，它是图 11-11a 的等效电路，常称为 T 形去耦等效电路。

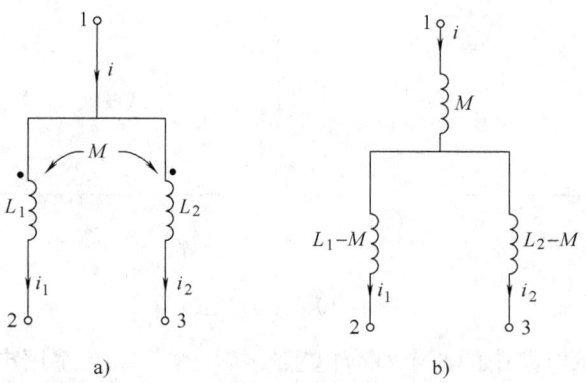

图 11-11　同名端共节点去耦等效电路

如果三端电路中，两耦合电感异名端接于同一节点，如图 11-12a 所示。利用同名端共节点类似的分析方法，可得该电路的 T 形去耦等效电路如图 11-12b 所示。

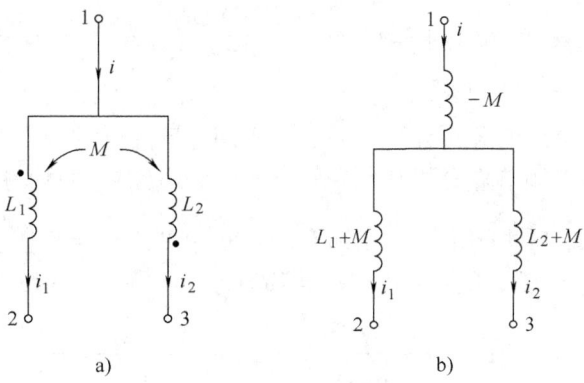

图 11-12 异名端共节点去耦等效电路

需要注意的是，T 形去耦等效电路与原电路的等效是对三个端钮的端口及外电路而言的，该去耦规则还可以推广应用到三条支路中存在两对或三对耦合电感的情况。特殊的，两个耦合电感的串联可以看做是支路 1 断开，即电流 $i=0$ 时的特例，把图 11-11 和图 11-12 电路中的支路 1 断开，即可得反接串联和顺接串联时电路的等效电感分别为 L_1+L_2-2M 和 L_1+L_2+2M。两个耦合电感的并联可以看做是把 2 和 3 两个端钮连接时的特例，把图 11-11 和图 11-12 电路中的 2 和 3 两个端钮连接在一起，利用电感的串、并联公式，即可得到耦合电感并联时的等效电感。

在 T 形去耦等效电路中，三个电感元件之间没有耦合关系，列方程时不必考虑互感电压，使电路的分析变得简单，且不易出错。因此，在分析含有耦合电感电路时，应灵活、充分应用电路的去耦规则。

例 11-4 试求图 11-13a 所示电路 a-b 端的输入阻抗。

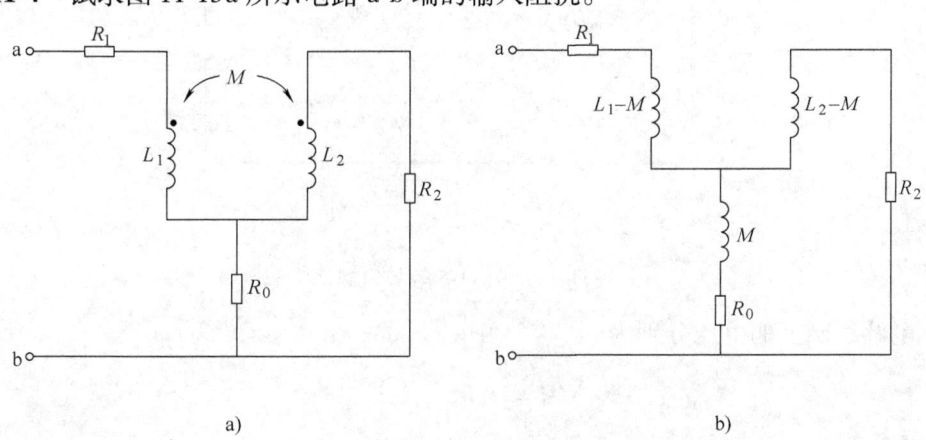

图 11-13 例 11-4 图

解：将原电路去耦合，得到去耦等效电路如图 11-13b 所示。根据一般混联电路等效的计算方法得

$$Z_{ab} = R_1 + j\omega(L_1 - M) + \frac{(R_0 + j\omega M)[R_2 + j\omega(L_2 - M)]}{R_0 + j\omega M + R_2 + j\omega(L_2 - M)}$$

$$= R_1 + j\omega(L_1 - M) + \frac{(R_0 + j\omega M)[R_2 + j\omega(L_2 - M)]}{R_0 + R_2 + j\omega L_2}$$

3. 一般分析法

含有耦合电感元件电路的分析计算，除了可以用电感元件的串、并联等效变换，以及去耦等效变换之外，也可以用节点分析法、网孔分析法和电路定理等一般的分析计算方法。

例 11-5 电路如图 11-14 所示，已知 $\dot{U}_s = 10\underline{/0°}\text{V}$，$\dot{I}_s = 5\underline{/0°}\text{A}$，电源角频率 $\omega = 1000\text{rad/s}$，$R_1 = R_2 = R_3 = 1\Omega$，$L_1 = 5\text{mH}$，$L_2 = 4\text{mH}$，$M = 2\text{mH}$，试列出节点电压方程。

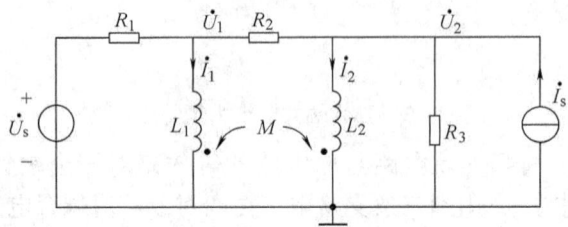

图 11-14 例 11-5 图

解：依题意可得，电路中各阻抗参数为

$$j\omega L_1 = j5\Omega, \quad j\omega L_2 = j4\Omega, \quad j\omega M = j2\Omega$$

将耦合电感的互感电压用附加电压源代替，可得图 11-15 所示等效电路。

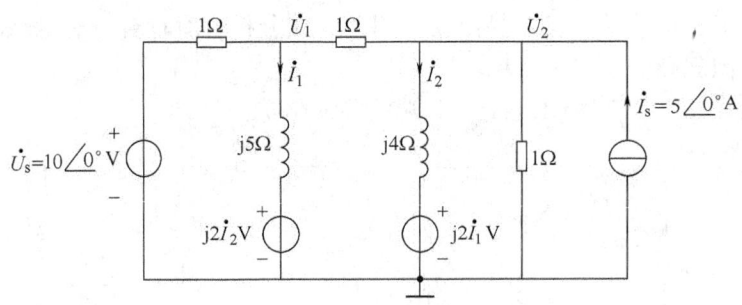

图 11-15 例 11-5 等效电路图

两个电感线圈上的电压分别为

$$\dot{U}_1 = j5\dot{I}_1 + j2\dot{I}_2$$
$$\dot{U}_2 = j4\dot{I}_2 + j2\dot{I}_1$$

联立这两个方程求解，得

$$\dot{I}_1 = -j\frac{1}{4}\dot{U}_1 + j\frac{1}{8}\dot{U}_2$$
$$\dot{I}_2 = j\frac{1}{8}\dot{U}_1 - j\frac{5}{16}\dot{U}_2$$

对各节点分别列出 KCL 方程为

节点1：$\dfrac{\dot{U}_s - \dot{U}_1}{R_1} - \dfrac{\dot{U}_1 - \dot{U}_2}{R_2} - \dot{I}_1 = 0$

节点2：$\dfrac{\dot{U}_1 - \dot{U}_2}{R_2} + \dot{I}_s - \dot{I}_2 - \dfrac{\dot{U}_2}{R_3} = 0$

将 $\dot{I}_1$ 和 $\dot{I}_2$ 的表达式分别代入上面两个 KCL 方程，并整理，得到节点电压方程为

$$(2 - j0.25)\dot{U}_1 - (1 - j0.125)\dot{U}_2 = 10$$

$$-(1 - j0.125)\dot{U}_1 + (2 - j0.3125)\dot{U}_2 = 5$$

11.3 空心变压器

变压器是电力工程、电工电子技术中常用的电气设备，它是由两个耦合线圈绕在同一个心子上构成的。其中一个线圈接入电源作为输入，形成回路，称为一次回路；另一线圈作为输出，与负载相连接构成回路，称为二次回路。变压器通过耦合作用，将一次输入传递到二次输出。

空心变压器的心子是非铁磁材料制成的，其电路模型如图 11-16 所示。R_1 和 L_1 为一次绕组的电阻和电感，R_2 和 L_2 为二次绕组的电阻和电感，绕组之间的互感为 M，Z_L 为负载阻抗。

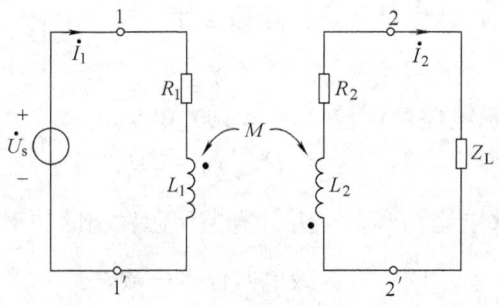

图 11-16 空心变压器的电路模型

在正弦稳态下，空心变压器的一次和二次回路方程为

$$\begin{cases}(R_1 + j\omega L_1)\dot{I}_1 + j\omega M \dot{I}_2 = \dot{U}_s \\ j\omega M \dot{I}_1 + (R_2 + j\omega L_2 + Z_L)\dot{I}_2 = 0\end{cases} \tag{11-11}$$

即

$$\begin{cases}Z_{11}\dot{I}_1 + Z_{12}\dot{I}_2 = \dot{U}_s \\ Z_{21}\dot{I}_1 + Z_{22}\dot{I}_2 = 0\end{cases} \tag{11-12}$$

式中，$Z_{11} = R_1 + j\omega L_1$，称为一次回路自阻抗；$Z_{22} = R_2 + j\omega L_2 + Z_L$，称为二次回路自阻抗；$Z_{12} = Z_{21} = j\omega M$，称为一二次回路间互阻抗。

由式(11-11)，解方程可得

$$\dot{I}_1 = \frac{\dot{U}_s}{Z_{11} + (\omega M)^2/Z_{22}}$$

$$\dot{I}_2 = -\frac{j\omega M \dot{U}_s/Z_{11}}{Z_{22} + (\omega M)^2/Z_{11}}$$

(11-13)

所以，图 11-16 中，从 1 和 1′端口向一次绕组看进去的输入阻抗为

$$Z_{in} = \frac{\dot{U}_s}{\dot{I}_1} = Z_{11} + \frac{(\omega M)^2}{Z_{22}} = Z_{11} + Z_r$$

(11-14)

式中，$Z_r = \frac{(\omega M)^2}{Z_{22}} = \frac{(\omega M)^2}{R_2 + j\omega L_2 + Z_L}$，称为反映阻抗(reflected impedance)或引入阻抗，它是二次回路阻抗通过互感反映到一次回路的等效阻抗，体现了二次回路通过磁耦合对一次回路的影响。反映阻抗的性质与 Z_{22} 相反，即感性(容性)变为容性(感性)，它的大小与同名端无关。

式(11-14)可以用图 11-17 所示的等效电路来表示，称为空心变压器的一次等效电路。

可见，引入反映阻抗后，可以先通过一次等效电路直接计算空心变压器的一次电流 $\dot{I}_1$，然后将 $\dot{I}_1$ 代入式(11-11)，即可算出二次电流 $\dot{I}_2$，这也是分析和计算含变压器电路的一种常用方法。

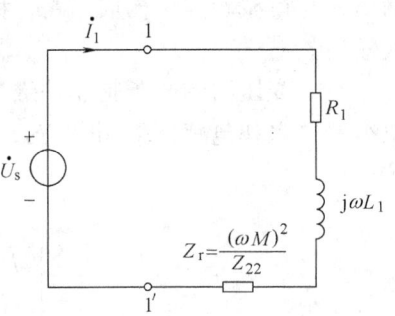

图 11-17 空心变压器一次等效电路

例 11-6 图 11-16 所示电路中，已知 $\dot{U}_s = 100\underline{/0°}$ V，$R_1 = 2.5\Omega$，$R_2 = 2\Omega$，$X_{L1} = 5.5\Omega$，$X_{L2} = 4\Omega$，$X_M = 3\Omega$，$Z_L = (1-j)\Omega$，求一、二次电流 $\dot{I}_1$ 和 $\dot{I}_2$，并计算电压源发出的功率。

解：可以根据图 11-17 所示的一次等效电路计算电流 $\dot{I}_1$。由于

$$Z_{11} = R_1 + jX_{L1} = (2.5 + j5.5)\Omega$$
$$Z_{22} = R_2 + jX_{L2} + Z_L = 2 + j4 + 1 - j = (3 + j3)\Omega$$
$$Z_{12} = Z_{21} = j\omega M = jX_M = j3\Omega$$

二次在一次的反映阻抗为

$$Z_r = \frac{(\omega M)^2}{Z_{22}} = \frac{3^2}{3 + j3} = (1.5 - j1.5)\Omega$$

所以

$$\dot{I}_1 = \frac{\dot{U}_s}{Z_{11} + Z_r} = \frac{100\underline{/0°}}{2.5 + j5.5 + 1.5 - j1.5} = \frac{100\underline{/0°}}{4 + j4} = 17.68\underline{/-45°} \text{A}$$

由式(11-12)，求得电流 $\dot{I}_2$ 为

$$\dot{I}_2 = -\frac{Z_{21}}{Z_{22}}\dot{I}_1 = -\frac{j3}{3 + j3} \times \frac{100\underline{/0°}}{4 + j4} = -12.5\underline{/0°} \text{A}$$

电压源发出的功率为

$$P = U_s I_1 \cos(\dot{U}_s, \dot{I}_1) = 100 \times 17.68 \times \cos(0° + 45°) = 1250\text{W}$$

11.4 理想变压器

理想变压器(ideal transformer)是一种双口电阻性元件,它是实际铁心变压器的理想模型。它忽略了线圈电阻及铁心的涡流和磁滞损耗,认为变压器中没有任何功率损耗,并假设铁心材料的磁导率无穷大,变压器中无漏磁通,一、二次绕组的耦合系数 $k=1$。因此,它是一种理想状态下的无损耗全耦合变压器。

理想变压器的电路模型如图 11-18 所示,它与耦合电感元件的符号相同。耦合电感元件有 L_1、L_2 和 M 三个参数,而理想变压器只有唯一一个参数,称为电压比(voltage ratio)或匝比(turns ratio),用字母 n 来表示,且 n 为常数。

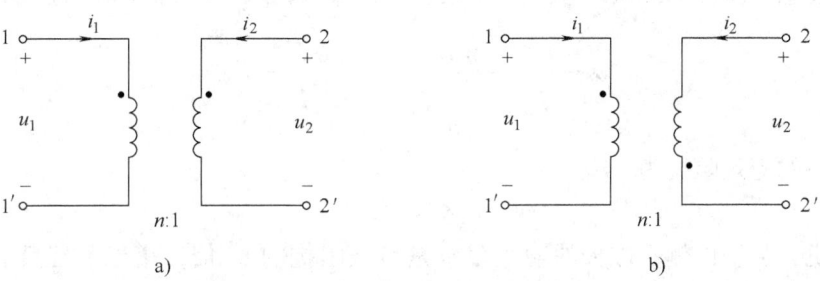

图 11-18 理想变压器的电路模型

在图 11-18a 所示电路的同名端和电压、电流参考方向下,它的一、二次电压和电流的关系可表示为

$$\frac{u_1}{u_2} = \frac{N_1}{N_2} = n$$

$$\frac{i_1}{i_2} = -\frac{N_2}{N_1} = -\frac{1}{n}$$
(11-15)

式中,N_1 和 N_2 分别为变压器一次和二次绕组的匝数;u_1、u_2 和 i_1、i_2 分别为一、二次的电压和电流。式(11-15)也称为理想变压器的 VCR,它在任何时刻,无论端口接什么元件都是成立的。但如果电路的同名端或参考方向改变,则电压、电流的关系也相应发生变化。在图 11-18b 中,一、二次电压和电流的关系为

$$u_1 = -nu_2$$

$$i_1 = \frac{1}{n}i_2$$
(11-16)

在正弦稳态下,当正弦电压、电流用相量表示时,式(11-15)也可写成相量形式

$$\frac{\dot{U}_1}{\dot{U}_2} = \frac{N_1}{N_2} = n$$

$$\frac{\dot{I}_1}{\dot{I}_2} = -\frac{N_2}{N_1} = -\frac{1}{n}$$

(11-17)

由式(11-15)和式(11-16)可得，在任意时刻，理想变压器一次绕组和二次绕组吸收功率之和为

$$p = p_1 + p_2 = u_1 i_1 + u_2 i_2 = 0 \qquad (11\text{-}18)$$

即理想变压器吸收的瞬时功率和储能为零，说明理想变压器既不消耗能量，也不储存能量。它将能量由一次侧全部传输到二次侧输出，在传输过程中，只按电压比改变电压和电流的大小。理想变压器不储存能量，是无记忆元件，虽然也用线圈作为电路符号，但不意味着任何电感作用，与电感及耦合电感元件具有本质的区别。

理想变压器除了可以变换电压和电流之外，还可以用来变换阻抗，如图 11-19a 所示电路中，若在理想变压器的二次侧接入负载阻抗 Z，那么，从一次侧端口看进去的输入阻抗为

$$Z_i = \frac{\dot{U}_1}{\dot{I}_1} = \frac{n \dot{U}_2}{-\frac{1}{n}\dot{I}_2} = n^2 \frac{\dot{U}_2}{-\dot{I}_2} = n^2 Z \qquad (11\text{-}19)$$

即二端口网络的等效阻抗为

$$Z_i = n^2 Z$$

也就是说，从一次侧看进去的输入阻抗是负载阻抗的 n^2 倍，相当于把负载阻抗的模扩大了 n^2 倍，辐角不变。

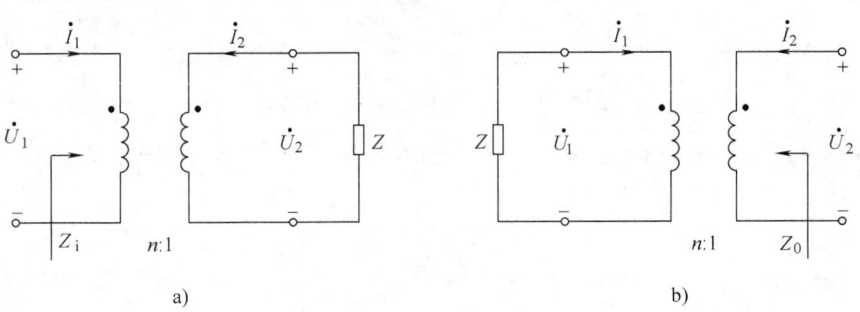

图 11-19 理想变压器的阻抗变换

类似的，在图 11-19b 所示电路中，若把负载阻抗 Z 接在理想变压器的一次侧，则从二次侧端口看进去的阻抗为

$$Z_0 = \frac{\dot{U}_2}{\dot{I}_2} = \frac{\frac{1}{n}\dot{U}_1}{-n \dot{I}_1} = \frac{1}{n^2} \frac{\dot{U}_1}{-\dot{I}_1} = \frac{1}{n^2} Z \qquad (11\text{-}20)$$

可见，从二次侧看进去的等效阻抗是负载阻抗 Z 的 $\frac{1}{n^2}$ 倍。

因此，理想变压器具有阻抗变换的性质，它实现阻抗变换的比例是电压比的二次方。从

前面的讨论可知，变压器可以实现变电压、变电流和变阻抗，它既不是耗能元件，也不是储能元件，而是一个纯粹变换信号和传输电能的电阻性元件，常用来实现最大功率传输。

例 11-7 已知某电源的内阻 $R_s=1\text{k}\Omega$，负载 $R_L=10\Omega$，若利用变压器来达到最大功率匹配，使负载从电源获得最大功率，电路如图 11-20a 所示，求理想变压器的电压比 n。

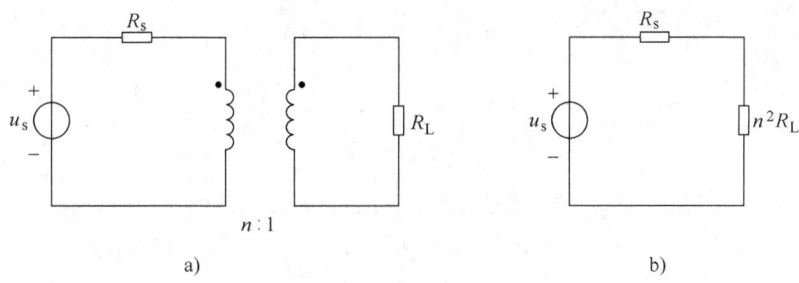

图 11-20　例 11-7 图

解：根据理想变压器变阻抗的性质，把变压器二次侧的负载电阻 R_L 向一次侧等效，作出一次等效电路，如图 11-20b 所示。由最大功率传输定理可得

$$R_s = n^2 R_L$$

因此，所求电压比为

$$n = \sqrt{\frac{R_s}{R_L}} = \sqrt{\frac{1000}{10}} = 10$$

例 11-8 电路如图 11-21a 所示，试求电压 $\dot{U}_2$。

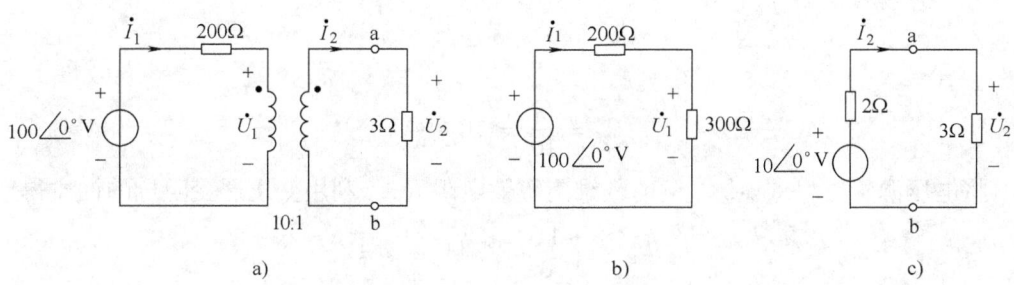

图 11-21　例 11-8 图

解：关于理想变压器的分析和计算方法较多，下面分别用三种不同的方法求解。

方法一：用网孔法求解。按照图 11-21a 可列电路方程如下

$$200\dot{I}_1 + \dot{U}_1 = 100\underline{/0°}$$

$$\dot{U}_2 = 3\dot{I}_2$$

根据理想变压器的 VCR，有

$$\frac{\dot{U}_1}{\dot{U}_2} = 10$$

联立上述 4 个方程求解

$$\dot{U}_2 = \frac{\dot{U}_1}{10} = \frac{100\angle 0° - 200\dot{I}_1}{10} = 10\angle 0° - 20\dot{I}_1 = 10\angle 0° - 2\dot{I}_2 = 10\angle 0° - \frac{2}{3}\dot{U}_2$$

即

$$\dot{U}_2 = 6\angle 0°\text{V}$$

方法二：用一次等效电路求解。根据理想变压器变阻抗的性质，把变压器二次侧的电阻向一次侧等效，折合阻抗为 $n^2 \times 3 = 10^2 \times 3 = 300\Omega$，作出一次等效电路，如图 11-21b 所示，则一次电流为

$$\dot{I}_1 = \frac{100\angle 0°}{200 + 10^2 \times 3} = 0.2\angle 0°\text{A}$$

所以

$$\dot{U}_2 = \frac{\dot{U}_1}{10} = \frac{300\dot{I}_1}{10} = 30\dot{I}_1 = 30 \times 0.2\angle 0° = 6\angle 0°\text{V}$$

方法三：用戴维南定理或二次等效电路求解。将原电路中 a-b 两端断开，求 a-b 左侧电路的戴维南等效电路。

先求开路电压 $\dot{U}_{oc}$。将 a-b 开路时，$\dot{I}_2 = 0$，即 $\dot{I}_1 = \frac{1}{10}\dot{I}_2 = 0$，所以 $\dot{U}_1 = 100\angle 0°\text{V}$，开路电压为

$$\dot{U}_{oc} = \frac{\dot{U}_1}{10} = 10\angle 0°\text{V}$$

再将电压源置零，求 a-b 左侧的戴维南等效电阻 R_{ab}。利用变压器变阻抗的性质得

$$R_{ab} = \left(\frac{1}{10}\right)^2 \times 200 = 2\Omega$$

画出原电路的戴维南等效电路，如图 11-21c 所示，也称为二次等效电路。

因此，所求电压 $\dot{U}_2$ 为

$$\dot{U}_2 = 10\angle 0° \times \frac{3}{2+3} = 6\angle 0°\text{V}$$

习　题　11

11-1　求图 11-22 所示耦合电感的电压 $u_1(t)$ 和 $u_2(t)$。

11-2　图 11-23a、b 所示的耦合电感电路中，若 $L = M$，求电路的等效阻抗 Z_{ab}。

11-3　电路如图 11-24 所示，求开路电压 $\dot{U}_{ab}$。

11-4　图 11-25a、b 所示的耦合电感电路中，求电路的等效阻抗 Z_{ab}。

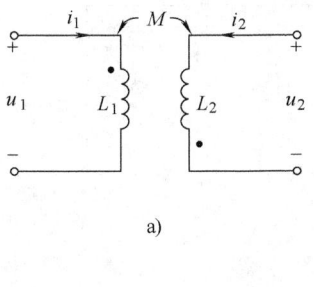
a)
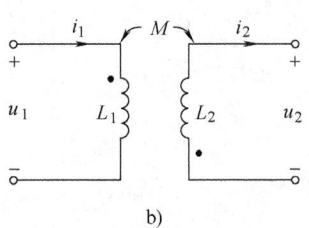
b)
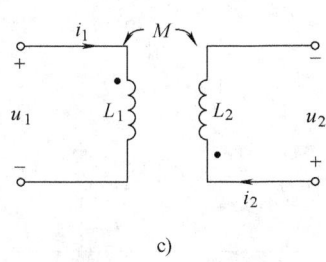
c)
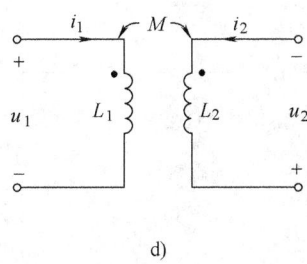
d)

图 11-22　题 11-1 图

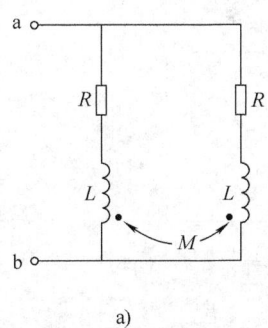
a)
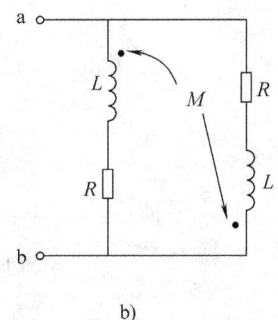
b)

图 11-23　题 11-2 图

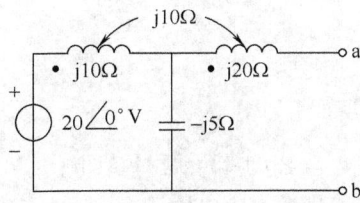

图 11-24　题 11-3 图

11-5　图 11-26 所示正弦交流电路中，电源的角频率为 ω，试列写出电路网孔电流方程的相量形式。

11-6　含耦合电感的电路如图 11-27 所示，已知 $u_s(t) = \cos(2t + 30°)\text{V}$，试求电路中的电流 i_1 和 i_2。

11-7　图 11-28 所示电路中，已知 $\dot{U}_s = 220\underline{/0°}\text{V}$，$R_1 = 100\Omega$，$Z_L = 3 + \text{j}3\Omega$，$n = 10$。求 $\dot{I}_2$。

11-8　电路如图 11-29 所示，求电路中的电流 $\dot{I}_1$ 和电压 $\dot{U}_2$。

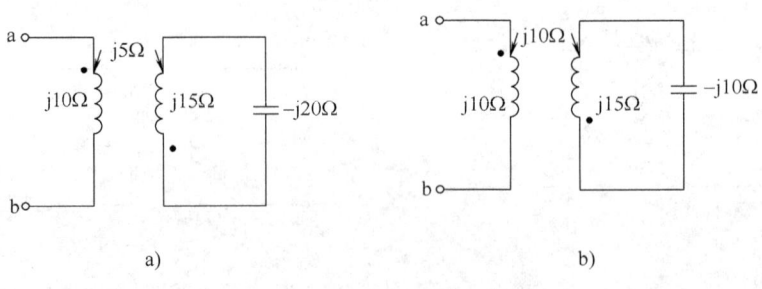

图 11-25 题 11-4 图

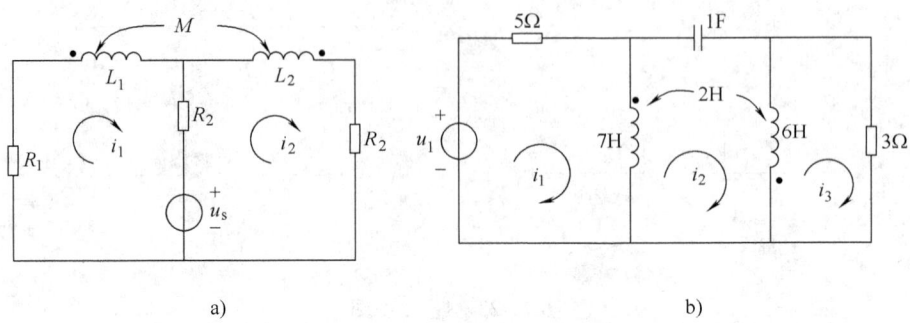

图 11-26 题 11-5 图

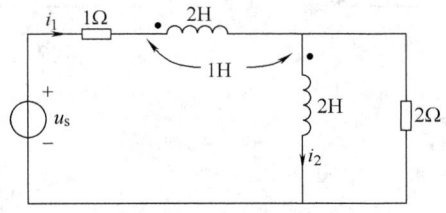

图 11-27 题 11-6 图

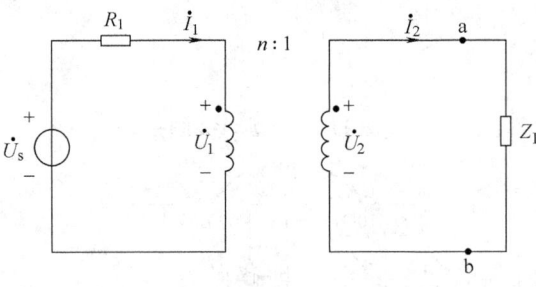

图 11-28 题 11-7 图

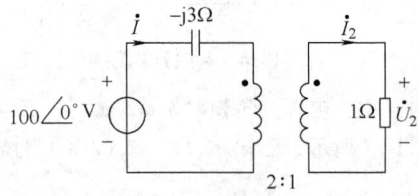

图 11-29 题 11-8 图

11-9 含理想变压器的电路如图 11-30 所示，试求 $\dot{U}$。

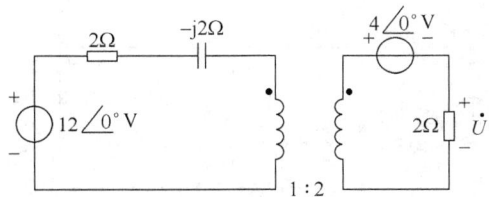

图 11-30 题 11-9 图

11-10 电路如图 11-31 所示，已知 $u_s(t)=10\cos(10t)\text{V}$，求 $u_1(t)$ 和 $u_o(t)$。

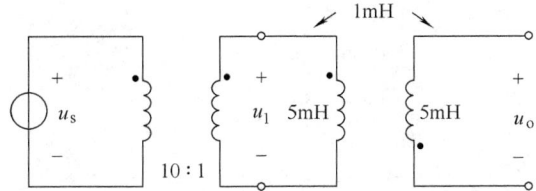

图 11-31 题 11-10 图

11-11 电路如图 11-32 所示，已知 $u_s=10\sqrt{2}\sin(2t+30°)\text{V}$，试用戴维南定理求电流 i_2。

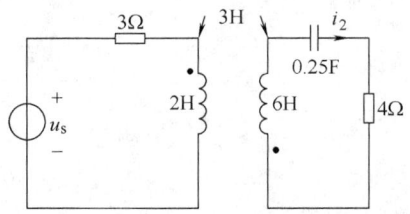

图 11-32 题 11-11 图

11-12 电路如图 11-33 所示，已知电源电压为 $u_s=100\sqrt{2}\cos\omega t\text{V}$，电源内阻 $R_s=1\text{k}\Omega$，负载电阻 $R_L=10\Omega$。为使 R_L 获得最大功率，求理想变压器的电压比 n 和负载 R_L 上的最大功率。

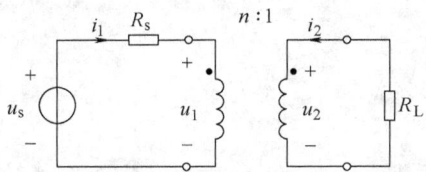

图 11-33 题 11-12 图

11-13 含理想变压器电路如图 11-34 所示。求：(1) 电压 $\dot{U}_2$；(2) 电流 $\dot{I}_2$；(3) Z_L 消耗的功率。

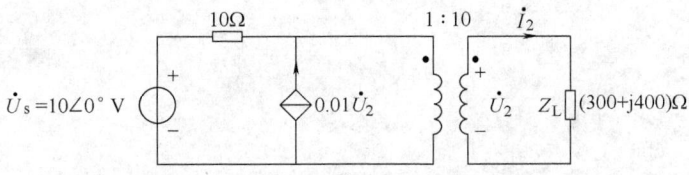

图 11-34 题 11-13 图

11-14 电路如图 11-35 所示，试求理想变压器的一次电压 $\dot{U}_1$ 和二次电压 $\dot{U}_2$。

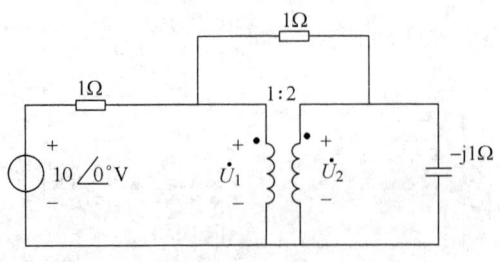

图 11-35 题 11-14 图

第 12 章 动态电路的复频域分析

历史人物小传

拉普拉斯(1749～1827)，出生于法国西北部卡尔瓦多斯的博蒙昂诺日，法国数学家、天文学家，法国科学院院士。

拉普拉斯是天体力学的主要奠基人、天体演化学的创立者之一。他创造和发展了许多数学的方法，以他的名字命名的拉普拉斯变换、拉普拉斯定理和拉普拉斯方程，在科学技术的各个领域有着广泛的应用。他还是分析概率论的创始人，因此可以说他是应用数学的先驱。

拉普拉斯

在动态电路的时域分析中，除直流一阶电路可以采用三要素法外，都可以用经典法求解。在线性时不变动态电路的正弦稳态分析中，采用的是相量法，即把求解线性常微分方程的问题变换成求解复数方程。本章将讨论线性时不变动态电路的一般分析法，涉及的激励不仅仅只是正弦量，研究的对象也不仅仅只是电路的稳态。这类电路的一般分析法也采用变换的思想，利用拉普拉斯变换(Laplace transformation)进行求解，将时域问题变换成复频域问题，这种方法常称为运算法或复频域(s 域)分析法。

本章介绍了拉普拉斯变换的定义、基本性质，以及求拉普拉斯反变换的部分分式法；引入了常见电路元件的运算电路模型；重点讲解了拉普拉斯变换在线性电路分析中的应用。

12.1 拉普拉斯变换的定义

在数学中，一个定义在[0, ∞)区间的函数 $f(t)$，它的拉普拉斯变换定义为

$$F(s) = \int_{0_-}^{\infty} f(t) e^{-st} dt \tag{12-1}$$

式中，$s = \sigma + j\omega$ 为复数，称为复频率；$F(s)$ 称为 $f(t)$ 的象函数；$f(t)$ 称为 $F(s)$ 的原函数。由于积分限 0_- 和 ∞ 是固定的，积分结果是关于 s 的函数，与 t 无关。拉普拉斯变换简称为拉氏变换，用数学符号可简记为

$$F(s) = \mathscr{L}[f(t)] \tag{12-2}$$

如果 $F(s)$ 已知，则可通过拉氏反变换求原函数 $f(t)$，拉氏反变换的定义为

$$f(t) = \mathscr{L}^{-1}[F(s)] = \frac{1}{2\pi j}\int_{\sigma-j\infty}^{\sigma+j\infty} F(s)e^{st}ds \tag{12-3}$$

通常用符号"$\mathscr{L}[\ ]$"表示对方括号里的时域函数作拉氏变换；用符号"$\mathscr{L}^{-1}[\ ]$"表示对方括号里的复变函数作拉氏反变换。在拉氏变换中，习惯用小写字母表示原函数，用大写字母表示其对应的象函数。

由式(12-1)可知，拉氏变换是一种积分变换，函数 $f(t)$ 存在拉氏变换的条件是其积分为有限值。对于任意一个函数 $f(t)$，如果存在正的有限值常数 M 和 c，使得所有的 t 满足条件 $|f(t)| \leq Me^{ct}$ 时，总可以找到一个合适的 s 值，使式(12-1)中的积分为有限值，即 $f(t)$ 的拉氏变换式 $F(s)$ 总是存在。假设本章中所涉及的 $f(t)$ 的拉氏变换式都存在。

拉氏变换把原函数 $f(t)$ 和 e^{st} 的乘积从 $t=0_-$ 到 ∞ 对 t 进行积分，积分结果不再是 t 的函数，而是复数变量 s 的函数，即拉氏变换可以把时域内的函数 $f(t)$ 变换为 s 域内的复变函数 $F(s)$。因此，利用拉氏变换进行电路分析的方法是一种复频域分析法，又称为运算法。时域变量是实际存在的变量，而象函数是抽象的复变函数。在用变换的方法分析和计算电路时，先把时域变量变为复频域变量进行求解，再把得出的结果反变换为相应的时域变量。

电路中的电压 $u(t)$ 和电流 $i(t)$ 都是时间 t 的函数，即时域变量，在用运算法分析电路时，必须对它们进行拉氏变换，这里规定它们的象函数分别为 $U(s)$ 和 $I(s)$，并且象函数与各自的原函数具有相同的物理量单位。

例 12-1 求单位阶跃函数 $f(t)=\varepsilon(t)$ 的象函数。

解：根据式(12-1)得

$$F(s) = \mathscr{L}[f(t)] = \int_{0_-}^{\infty}\varepsilon(t)e^{-st}dt = \int_{0_-}^{\infty}e^{-st}dt = -\frac{1}{s}e^{-st}\bigg|_{0_-}^{\infty} = \frac{1}{s}$$

所以
$$\mathscr{L}[\varepsilon(t)] = \frac{1}{s}$$

例 12-2 求指数函数 $f(t)=e^{-at}$ 的象函数。

解：因为

$$\mathscr{L}[f(t)] = \int_{0_-}^{\infty}e^{-at}e^{-st}dt = \int_{0_-}^{\infty}e^{-(s+a)t}dt = -\frac{1}{s+a}e^{-(s+a)t}\bigg|_{0_-}^{\infty} = \frac{1}{s+a}$$

所以
$$\mathscr{L}[e^{-at}] = \frac{1}{s+a}$$

例 12-3 求单位冲激函数 $f(t)=\delta(t)$ 的象函数。

解：$\mathscr{L}[\delta(t)] = \int_{0_-}^{\infty}\delta(t)e^{-st}dt = \int_{0_-}^{0_+}\delta(t)e^{-st}dt = \int_{0_-}^{0_+}\delta(t)e^{-s\times 0}dt = \int_{0_-}^{0_+}\delta(t)dt = 1$

即
$$\mathscr{L}[\delta(t)] = 1$$

例 12-4 求余弦函数 $f(t)=\cos\omega t$ 的象函数。

解：$\mathscr{L}[\cos\omega t] = \int_{0_-}^{\infty}\cos\omega t\, e^{-st}dt = \int_{0_-}^{\infty}\frac{e^{j\omega t}+e^{-j\omega t}}{2}e^{-st}dt$

$$= \frac{1}{2}\int_{0_-}^{\infty}[e^{-(s-j\omega)t}+e^{-(s+j\omega)t}]dt$$

$$= \frac{1}{2}\left(\frac{1}{s-j\omega}+\frac{1}{s+j\omega}\right) = \frac{s}{s^2+\omega^2}$$

求函数 $f(t)$ 的拉氏变换并非本课程的主要任务，如果解题时在拉氏变换上花大量时间的话，会比较麻烦。由于激励函数是有限的，现将部分常用函数的拉氏变换列出，见表 12-1，以便查阅。

表 12-1 常用函数的拉氏变换表

序号	原函数 $f(t)$	象函数 $F(s)$
1	$\delta(t)$	1
2	$\varepsilon(t)$	$\dfrac{1}{s}$
3	A	$\dfrac{A}{s}$
4	$\dfrac{t^n}{n!}$	$\dfrac{1}{s^{n+1}}(n=1,2,\cdots)$
5	e^{-at}	$\dfrac{1}{s+a}$
6	$\dfrac{t^n}{n!}e^{-at}$	$\dfrac{1}{(s+a)^{n+1}}(n=1,2,\cdots)$
7	$\sin\omega t$	$\dfrac{\omega}{s^2+\omega^2}$
8	$\cos\omega t$	$\dfrac{s}{s^2+\omega^2}$
9	$e^{-at}\sin\omega t$	$\dfrac{\omega}{(s+a)^2+\omega^2}$
10	$e^{-at}\cos\omega t$	$\dfrac{s+a}{(s+a)^2+\omega^2}$
11	$\sin(\omega t+\varphi)$	$\dfrac{s\sin\varphi+\omega\cos\varphi}{s^2+\omega^2}$
12	$\cos(\omega t+\varphi)$	$\dfrac{s\cos\varphi-\omega\sin\varphi}{s^2+\omega^2}$
13	$t\sin\omega t$	$\dfrac{2\omega s}{(s^2+\omega^2)^2}$
14	$t\cos\omega t$	$\dfrac{s^2-\omega^2}{(s^2+\omega^2)^2}$
15	$2|K|e^{-at}\cos(\omega t+\angle K)$	$\dfrac{K}{s+a-j\omega}+\dfrac{K^*}{s+a+j\omega}$

12.2 拉普拉斯变换的基本性质

利用拉普拉斯变换求解电路问题时，涉及它的一些性质。拉氏变换有许多重要性质，这里仅介绍与分析线性电路有关的一些基本性质。

1. 线性性质

设 $f_1(t)$ 和 $f_2(t)$ 是两个任意的时间函数，它们的象函数分别为 $F_1(s)$ 和 $F_2(s)$，K_1 和 K_2 是两个任意常数，则有

$$\begin{aligned}\mathscr{L}[K_1 f_1(t)+K_2 f_2(t)] &= K_1\mathscr{L}[f_1(t)]+K_2\mathscr{L}[f_2(t)] \\ &= K_1 F_1(s)+K_2 F_2(s)\end{aligned} \tag{12-4}$$

证明：$\mathscr{L}[K_1 f_1(t)+K_2 f_2(t)]=\int_{0_-}^{\infty}[K_1 f_1(t)+K_2 f_2(t)]e^{-st}dt$

$$= K_1 \int_{0_-}^{\infty} f_1(t) e^{-st} dt + K_2 \int_{0_-}^{\infty} f_2(t) e^{-st} dt$$

$$= K_1 F_1(s) + K_2 F_2(s)$$

例 12-5 已知函数 $f(t) = 2t + 3e^{-2t}$,求其象函数。

解:查表 12-1 可得

$$\mathscr{L}[t] = \frac{1}{s^2}, \quad \mathscr{L}[e^{-2t}] = \frac{1}{s+2}$$

所以,根据线性性质,有

$$\mathscr{L}[2t + 3e^{-2t}] = 2\mathscr{L}[t] + 3\mathscr{L}[e^{-2t}] = \frac{2}{s^2} + \frac{3}{s+2} = \frac{3s^2 + 2s + 4}{s^2(s+2)}$$

2. 微分性质

设函数 $f(t)$ 的导数为 $f'(t) = \dfrac{df(t)}{dt}$,若 $\mathscr{L}[f(t)] = F(s)$,则

$$\mathscr{L}[f'(t)] = \mathscr{L}\left[\frac{df(t)}{dt}\right] = sF(s) - f(0_-) \tag{12-5}$$

证明:利用分部积分法,得

$$\mathscr{L}[f'(t)] = \int_{0_-}^{\infty} f'(t) e^{-st} dt = \int_{0_-}^{\infty} e^{-st} df(t)$$

$$= f(t) e^{-st} \Big|_{0_-}^{\infty} - \int_{0_-}^{\infty} f(t) de^{-st}$$

$$= -f(0_-) + s \int_{0_-}^{\infty} f(t) e^{-st} dt$$

$$= sF(s) - f(0_-)$$

即

$$\mathscr{L}[f'(t)] = sF(s) - f(0_-)$$

可见,当初始条件均为零时,在时域内对 t 求一次导数,相当于在复频域内乘以 s,即拉氏变换把时域内的微分运算变换成了复频域内的乘法运算,使计算变得简单。

将微分性质进行推广,得一般表达式为

$$\mathscr{L}\left[\frac{d^n f(t)}{dt^n}\right] = s^n F(s) - s^{n-1} f(0_-) - s^{n-2} f'(0_-) - \cdots - f^{n-1}(0_-)$$

$$= s^n F(s) - \sum_{k=0}^{n-1} s^{n-k-1} f^k(0_-) \tag{12-6}$$

式中,$f^k(0_-)$ 为 $f(t)$ 的 k 阶导数在 $t = 0_-$ 时的值。

例 12-6 利用微分性质求余弦函数 $f(t) = \cos\omega t$ 的象函数。

解:由 $\dfrac{d\sin\omega t}{dt} = \omega\cos\omega t$,得

$$\cos\omega t = \frac{1}{\omega} \frac{d\sin\omega t}{dt}$$

查表 12-1 可知

$$\mathscr{L}[\sin\omega t] = \frac{\omega}{s^2 + \omega^2}$$

所以
$$\mathscr{L}[\cos\omega t] = \mathscr{L}\left[\frac{1}{\omega}\frac{\mathrm{d}\sin\omega t}{\mathrm{d}t}\right] = \frac{1}{\omega}\mathscr{L}\left[\frac{\mathrm{d}\sin\omega t}{\mathrm{d}t}\right] = \frac{1}{\omega}\left(s\frac{\omega}{s^2+\omega^2}-0\right) = \frac{s}{s^2+\omega^2}$$

与例 12-4 所得结果完全相同。

3. 积分性质

若函数 $f(t)$ 的象函数为 $F(s)$，则其积分 $\int_{0_-}^{t} f(\xi)\mathrm{d}\xi$ 的象函数为

$$\mathscr{L}\left[\int_{0_-}^{t} f(\xi)\mathrm{d}\xi\right] = \frac{F(s)}{s} \tag{12-7}$$

证明：利用分部积分法，得

$$\mathscr{L}\left[\int_{0_-}^{t} f(\xi)\mathrm{d}\xi\right] = \left[\int_{0_-}^{t} f(\xi)\mathrm{d}\xi\right]\frac{\mathrm{e}^{-st}}{-s}\bigg|_{0_-}^{\infty} + \frac{1}{s}\int_{0_-}^{\infty} f(t)\mathrm{e}^{-st}\mathrm{d}t = \frac{F(s)}{s}$$

例 12-7 利用积分性质求函数 $f(t) = 10t$ 的象函数。

解： 由表 12-1 可知，$f(t) = 10$ 的象函数为 $F(s) = \frac{10}{s}$，所以，根据积分性质得

$$\mathscr{L}[10t] = \frac{10}{s} \cdot \frac{1}{s} = \frac{10}{s^2}$$

4. 延迟性质

设函数 $f(t)$ 延迟 t_0 时间后的函数为 $f(t-t_0)$，若 $\mathscr{L}[f(t)] = F(s)$，则

$$\mathscr{L}[f(t-t_0)] = \mathrm{e}^{-st_0}F(s) \tag{12-8}$$

其中，当 $t < t_0$ 时，$f(t-t_0) = 0$。

证明：$\mathscr{L}[f(t-t_0)] = \int_{0_-}^{\infty} f(t-t_0)\mathrm{e}^{-st}\mathrm{d}t$

$$= \mathrm{e}^{-st_0}\int_{0}^{\infty} f(t-t_0)\mathrm{e}^{-s(t-t_0)}\mathrm{d}(t-t_0)$$

$$= \mathrm{e}^{-st_0}\int_{0_-}^{\infty} f(\tau)\mathrm{e}^{-s\tau}\mathrm{d}\tau$$

$$= \mathrm{e}^{-st_0}F(s)$$

例 12-8 求函数 $f(t) = \mathrm{e}^{-(t-2)}$ 的象函数。

解： 查表 12-1 可得

$$\mathscr{L}[\mathrm{e}^{-t}] = \frac{1}{s+1}$$

所以，根据延迟性质有

$$\mathscr{L}[\mathrm{e}^{-(t-2)}] = \mathrm{e}^{-2s}\frac{1}{s+1} = \frac{\mathrm{e}^{-2s}}{s+1}$$

12.3 拉普拉斯反变换

用拉氏变换求解线性电路时，要把求得的复频域内的响应变换为时域内的函数，即对结果进行拉氏反变换。拉氏反变换可由式(12-3)求得，但它涉及复变函数的积分，比较麻烦。由表 12-1 可知，原函数和象函数是一一对应的，如果能够先把象函数分解为若干简单项的

和，然后从表中查出各项对应的原函数，最后把这些原函数直接相加，则可实现拉氏反变换。为此，拉氏反变换的首要任务就是要先把象函数进行展开，这里只介绍部分分式展开法。

用运算法求解线性电路时，电路中的电压、电流的象函数往往是复频率 s 的有理函数，通常可以表示为两个实系数的 s 的多项式之比，即

$$F(s) = \frac{A(s)}{B(s)} = \frac{a_0 s^m + a_1 s^{m-1} + \cdots + a_m}{b_0 s^n + b_1 s^{n-1} + \cdots + b_n} \tag{12-9}$$

式中，m、n 为整数，且 $m \leqslant n$，电路理论中一般不会出现 $m > n$ 的情况。

用部分分式展开法对 $F(s)$ 进行多项式展开时，要先把它化为真分式。若 $m < n$，则 $F(s)$ 为真分式；若 $m = n$，则

$$F(s) = \frac{A(s)}{B(s)} = K + \frac{A_0(s)}{B(s)}$$

式中，K 是一个常数，其拉氏反变换为 $K\delta(t)$，那么，余数项 $\dfrac{A_0(s)}{B(s)}$ 必定是真分式。

用部分分式展开真分式时，要对分母多项式进行因式分解，求出 $B(s) = 0$ 的 n 个根。这 n 个根可能是不等单根，也可能有重根或共轭复根，下面分几种不同情况进行讨论。

（1）如果 $B(s) = 0$ 有 n 个不等单根，分别为 s_1，s_2，$\cdots s_n$，那么，$F(s)$ 可以展开成下列简单的部分分式和的形式。

$$F(s) = \frac{A(s)}{B(s)} = \frac{A(s)}{(s-s_1)(s-s_2)\cdots(s-s_n)} = \frac{K_1}{s-s_1} + \frac{K_2}{s-s_2} + \cdots + \frac{K_n}{s-s_n} \tag{12-10}$$

式中，K_1，K_2，$\cdots$，K_n 为待定系数。

求待定系数 K_1 时，可将式(12-10)两边同时乘以 $(s-s_1)$，得

$$(s-s_1)F(s) = K_1 + (s-s_1)\left(\frac{K_2}{s-s_2} + \cdots + \frac{K_n}{s-s_n}\right)$$

若令 $s = s_1$，代入上式，则等式右边除了剩下 K_1 之外，其余各项都为零，而等式的左边分子与分母中都有公因式 $(s-s_1)$，可以约分。所以有

$$K_1 = (s-s_1)F(s)\big|_{s=s_1}$$

同理，可求出待定系数 K_2，K_3，$\cdots$，K_n。由此可得，求式(12-10)中的待定系数可用以下公式

$$K_i = (s-s_i)F(s)\big|_{s=s_i} \quad i=1, 2, \cdots, n \tag{12-11}$$

由式(12-11)可得

$$K_i = (s-s_i)F(s)\big|_{s=s_i} = \frac{(s-s_i)A(s)}{B(s)}\bigg|_{s=s_i}$$

即 K_i 的表达式为 $\dfrac{0}{0}$ 型，根据洛必达法则，可利用求极限的方法确定 K_i 的值

$$K_i = \lim_{s \to s_i} \frac{(s-s_i)A(s)}{B(s)} = \lim_{s \to s_i} \frac{A(s) + (s-s_i)A'(s)}{B'(s)} = \frac{A(s_i)}{B'(s_i)}$$

即，求式(12-10)中待定系数的另一公式为

$$K_i = \frac{A(s)}{B'(s)}\bigg|_{s=s_i} \tag{12-12}$$

因此，$F(s)$ 的原函数 $f(t)$ 为

$$f(t) = \mathscr{L}^{-1}[F(s)] = \sum_{i=1}^{n} K_i e^{s_i t} = \sum_{i=1}^{n} \frac{A(s_i)}{B'(s_i)} e^{s_i t} \tag{12-13}$$

例 12-9 求函数 $F(s) = \dfrac{20s+10}{s^3+7s^2+10s}$ 的原函数 $f(t)$。

解：因为

$$F(s) = \frac{20s+10}{s^3+7s^2+10s} = \frac{20s+10}{s(s+2)(s+5)} = \frac{K_1}{s} + \frac{K_2}{s+2} + \frac{K_3}{s+5}$$

所以有

$$K_1 = s \frac{20s+10}{s(s+2)(s+5)} \bigg|_{s=0} = \frac{20s+10}{(s+2)(s+5)} \bigg|_{s=0} = 1$$

$$K_2 = (s+2) \frac{20s+10}{s(s+2)(s+5)} \bigg|_{s=-2} = \frac{20s+10}{s(s+5)} \bigg|_{s=-2} = 5$$

$$K_3 = (s+5) \frac{20s+10}{s(s+2)(s+5)} \bigg|_{s=-5} = \frac{20s+10}{s(s+2)} \bigg|_{s=-5} = -6$$

即

$$F(s) = \frac{1}{s} + \frac{5}{s+2} + \frac{-6}{s+5}$$

查表 12-1 得

$$f(t) = \mathscr{L}^{-1}[F(s)] = \mathscr{L}^{-1}\left[\frac{1}{s} + \frac{5}{s+2} + \frac{-6}{s+5}\right] = 1 + 5e^{-2t} - 6e^{-5t}$$

(2) 如果 $B(s)=0$ 含有重根，不妨设 s_1 为 $B(s)=0$ 的三重根，则 $B(s)$ 中含有 $(s-s_1)^3$ 的因式。此时，$F(s)$ 可以展开成

$$F(s) = \frac{A(s)}{B(s)} = \frac{K_{13}}{s-s_1} + \frac{K_{12}}{(s-s_1)^2} + \frac{K_{11}}{(s-s_1)^3} + \sum_{i=2}^{n-2} \frac{K_i}{s-s_i} \tag{12-14}$$

式中，K_{11}、K_{12}、K_{13}、K_i 均为待定系数。对于单根 s_i，其对应的系数 K_i 可用前文介绍的方法来求得，这里不再重述。为了确定 K_{11}、K_{12} 和 K_{13}，将式(12-14)两边同时乘以 $(s-s_1)^3$，得

$$(s-s_1)^3 F(s) = (s-s_1)^2 K_{13} + (s-s_1) K_{12} + K_{11} + (s-s_1)^3 \sum_{i=2}^{n-2} \frac{K_i}{s-s_i} \tag{12-15}$$

所以系数 K_{11} 为

$$K_{11} = (s-s_1)^3 F(s) \big|_{s=s_1}$$

将式(12-15)两边对 s 求导，得

$$\frac{\mathrm{d}}{\mathrm{d}s}[(s-s_1)^3 F(s)] = 2(s-s_1) K_{13} + K_{12} + \frac{\mathrm{d}}{\mathrm{d}s}\left[(s-s_1)^3 \sum_{i=2}^{n-2} \frac{K_i}{s-s_i}\right]$$

即系数 K_{12} 为

$$K_{12} = \frac{\mathrm{d}}{\mathrm{d}s}[(s-s_1)^3 F(s)] \bigg|_{s=s_1}$$

用同样的方法，再继续求一次导数，即可确定系数 K_{13}，即

$$K_{13} = \frac{1}{2} \frac{\mathrm{d}^2}{\mathrm{d}s^2}[(s-s_1)^3 F(s)] \bigg|_{s=s_1}$$

依此类推,当 $B(s)=0$ 具有一个 α 阶重根时,$F(s)$ 的展开式应为

$$F(s) = \frac{K_{1\alpha}}{s-s_1} + \frac{K_{1(\alpha-1)}}{(s-s_1)^2} + \cdots + \frac{K_{11}}{(s-s_1)^\alpha} + \sum_{i=2}^{n+1-\alpha} \frac{K_i}{s-s_i} \tag{12-16}$$

式中,

$$K_{11} = (s-s_1)^\alpha F(s)\big|_{s=s_1}$$

$$K_{12} = \frac{\mathrm{d}}{\mathrm{d}s}\left[(s-s_1)^\alpha F(s)\right]\bigg|_{s=s_1}$$

$$K_{13} = \frac{1}{2!}\frac{\mathrm{d}^2}{\mathrm{d}s^2}\left[(s-s_1)^\alpha F(s)\right]\bigg|_{s=s_1}$$

$$\cdots$$

$$K_{1\alpha} = \frac{1}{(\alpha-1)!}\frac{\mathrm{d}^{\alpha-1}}{\mathrm{d}s^{\alpha-1}}\left[(s-s_1)^\alpha F(s)\right]\bigg|_{s=s_1}$$

如果 $B(s)=0$ 有多个重根和若干个单根时,都可以采用上述方法进行多项式分解。

例 12-10 求函数 $F(s) = \dfrac{2s+6}{(s+1)^3(s+2)}$ 的原函数 $f(t)$。

解:因为

$$F(s) = \frac{2s+6}{(s+1)^3(s+2)} = \frac{K_{13}}{s+1} + \frac{K_{12}}{(s+1)^2} + \frac{K_{11}}{(s+1)^3} + \frac{K_2}{s+2}$$

所以

$$K_{11} = (s+1)^3 F(s)\big|_{s=-1} = \frac{2s+6}{s+2}\bigg|_{s=-1} = 4$$

$$K_{12} = \frac{\mathrm{d}}{\mathrm{d}s}\left[(s+1)^3 F(s)\right]\bigg|_{s=-1} = \frac{-2}{(s+2)^2}\bigg|_{s=-1} = -2$$

$$K_{13} = \frac{1}{2}\frac{\mathrm{d}^2}{\mathrm{d}s^2}\left[(s+1)^3 F(s)\right]\bigg|_{s=-1} = \frac{2}{(s+2)^3}\bigg|_{s=-1} = 2$$

$$K_2 = (s+2)F(s)\big|_{s=-2} = \frac{2s+6}{(s+1)^3}\bigg|_{s=-2} = -2$$

即

$$F(s) = \frac{2}{s+1} + \frac{-2}{(s+1)^2} + \frac{4}{(s+1)^3} + \frac{-2}{s+2}$$

故

$$f(t) = \mathscr{L}^{-1}[F(s)] = (2\mathrm{e}^{-t} - 2t\mathrm{e}^{-t} + 2t^2\mathrm{e}^{-t} - 2\mathrm{e}^{-2t})\varepsilon(t)$$

(3) 如果 $B(s)=0$ 含有共轭复根,假设共轭复根为 $s_1 = \alpha + \mathrm{j}\omega$,$s_2 = \alpha - \mathrm{j}\omega$,则

$$K_1 = (s-\alpha-\mathrm{j}\omega)F(s)\big|_{s=\alpha+\mathrm{j}\omega} = \frac{A(s)}{B'(s)}\bigg|_{s=\alpha+\mathrm{j}\omega}$$

$$K_2 = (s-\alpha+\mathrm{j}\omega)F(s)\big|_{s=\alpha-\mathrm{j}\omega} = \frac{A(s)}{B'(s)}\bigg|_{s=\alpha-\mathrm{j}\omega}$$

显然,K_1 和 K_2 为共轭复数,它们的模相等。

设 $K_1 = |K|\mathrm{e}^{\mathrm{j}\theta}$,$K_2 = |K|\mathrm{e}^{-\mathrm{j}\theta}$,则

$$f(t) = K_1 \mathrm{e}^{(\alpha+\mathrm{j}\omega)t} + K_2 \mathrm{e}^{(\alpha-\mathrm{j}\omega)t}$$

$$= |K| e^{j\theta} e^{(\alpha+j\omega)t} + |K| e^{-j\theta} e^{(\alpha-j\omega)t}$$
$$= |K| e^{\alpha t}[e^{j(\omega t+\theta)} + e^{-j(\omega t+\theta)}]$$
$$= 2|K| e^{\alpha t}\cos(\omega t+\theta) \tag{12-17}$$

例 12-11 求函数 $F(s) = \dfrac{2s+6}{s^2+2s+5}$ 的原函数 $f(t)$。

解：令 $B(s) = s^2+2s+5 = 0$，得 $s_1 = -1+j2$，$s_2 = -1-j2$，为一对共轭复根。所以

$$K_1 = \dfrac{A(s)}{B'(s)}\bigg|_{s=s_1} = \dfrac{2s+6}{2s+2}\bigg|_{s=-1+j2} = 1-j1 = \sqrt{2}e^{-j45°}$$

$$K_2 = \dfrac{A(s)}{B'(s)}\bigg|_{s=s_2} = \dfrac{2s+6}{2s+2}\bigg|_{s=-1-j2} = 1+j1 = \sqrt{2}e^{-j45°}$$

即

$$f(t) = 2\sqrt{2}e^{-t}\cos(2t-45°)$$

除了以上解法外，若 $B(s) = 0$ 含有共轭复根时，还可以用配方法来进行求解。下面以例 12-11 为例，用配方法重新求原函数 $f(t)$。

将 $F(s)$ 的分母配方，并展开为

$$F(s) = \dfrac{2s+6}{s^2+2s+5} = \dfrac{2(s+1)+4}{(s+1)^2+2^2} = 2\times\dfrac{(s+1)}{(s+1)^2+2^2} + 2\times\dfrac{2}{(s+1)^2+2^2}$$

所以，查拉氏变换表，可得其原函数 $f(t)$ 为

$$f(t) = 2e^{-t}\cos 2t + 2e^{-t}\sin 2t = 2\sqrt{2}e^{-t}\cos(2t-45°)$$

两种方法计算出的结果完全相同。

12.4 运算电路

1. KCL 和 KVL 的运算形式

根据基尔霍夫定律，对时域电路中的任一节点，满足 KCL 方程 $\sum i(t) = 0$；对任一回路，满足 KVL 方程 $\sum u(t) = 0$。

根据拉氏变换的线性性质，可得基尔霍夫定律的运算形式如下：

$$\sum I(s) = 0 \tag{12-18}$$

式(12-18)称为 KCL 的运算形式，即对于复频域电路中的任一节点，与该节点相连的所有支路电流象函数的代数和为零。

$$\sum U(s) = 0 \tag{12-19}$$

式(12-19)称为 KVL 的运算形式，即对于复频域电路中的任一回路，沿着某一绕行方向，所有支路电压象函数的代数和为零。

所以，复频域中的 KCL 和 KVL 方程与时域中具有相同的形式。下面分别对各常见电路元件的运算形式进行推导说明。

2. 电阻元件

如图 12-1a 所示电阻的时域模型中，电阻上的电压与电流关系为

$$u(t) = Ri(t)$$

两边分别进行拉氏变换，可得

$$U(s) = RI(s) \quad (12\text{-}20)$$

式(12-20)称为电阻运算形式的特性方程，显然，它与时域内的 VCR 形式完全相同。根据此方程可以作出 s 域内电阻的运算模型，如图 12-1b 所示。

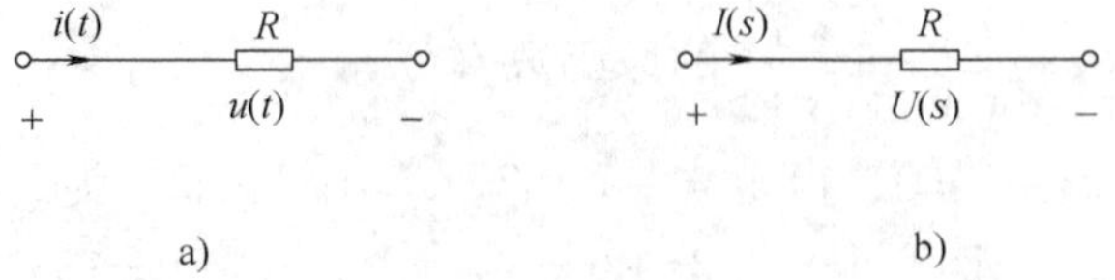

图 12-1 电阻的时域和运算模型

3. 电感元件

如图 12-2a 所示电感的时域模型中，电压与电流的关系为

$$u(t) = L\frac{\mathrm{d}i(t)}{\mathrm{d}t}$$

两边分别进行拉氏变换，得

$$U(s) = sLI(s) - Li(0_-) \quad (12\text{-}21)$$

式中，sL 为电感元件的运算阻抗；$i(0_-)$ 为电感中的初始电流。该式称为电感运算形式的特性方程。把 $Li(0_-)$ 看成电感附加电压源的电压，可作出图 12-2b 所示的运算电路。$Li(0_-)$ 反映了电感中初始电流的作用，即初始储能的作用。

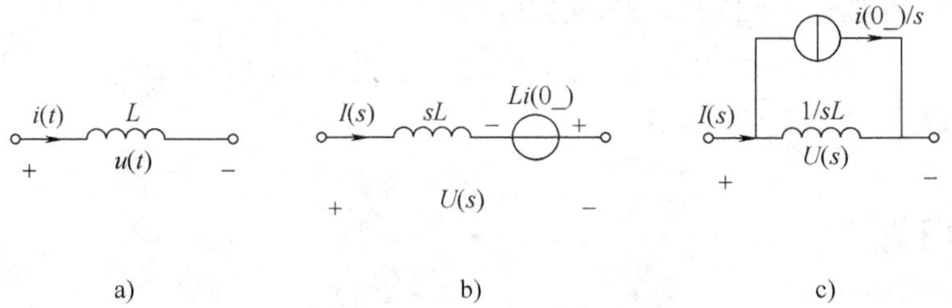

图 12-2 电感的时域和运算模型

将式(12-21)变形，可得电感特性方程的另一种运算形式

$$I(s) = \frac{1}{sL}U(s) + \frac{i(0_-)}{s} \quad (12\text{-}22)$$

式中，$\frac{1}{sL}$ 为电感元件的运算导纳；$\frac{i(0_-)}{s}$ 为附加电流源的电流，反映初始电流的作用。作出电感的另一种运算电路模型，如图 12-2c 所示。

图 12-2b 和图 12-2c 分别为戴维南电路和诺顿电路模型，两者之间可以等效变换，分析电路时选其一即可。

4. 电容元件

图 12-3a 所示电容的时域模型中，其电压与电流的关系为

$$i(t) = C\frac{\mathrm{d}u(t)}{\mathrm{d}t}$$

$$u(t) = \frac{1}{C}\int_{0_-}^{t} i(t)\mathrm{d}t + u(0_-)$$

同理，将它们等式两边分别进行拉氏变换，可得

$$I(s) = sCU(s) - Cu(0_-) \tag{12-23}$$

$$U(s) = \frac{1}{sC}I(s) + \frac{u(0_-)}{s} \tag{12-24}$$

式中，$\frac{1}{sC}$ 和 sC 分别为电容的运算阻抗和运算导纳；$\frac{u(0_-)}{s}$ 和 $Cu(0_-)$ 分别为电容的附加电压源和附加电流源，反映电容两端初始电压的作用。式(12-23)与式(12-24)均称为电容运算形式的特性方程。根据这两个方程可以分别作出电容的运算电路模型，如图 12-3b 和图 12-3c 所示。

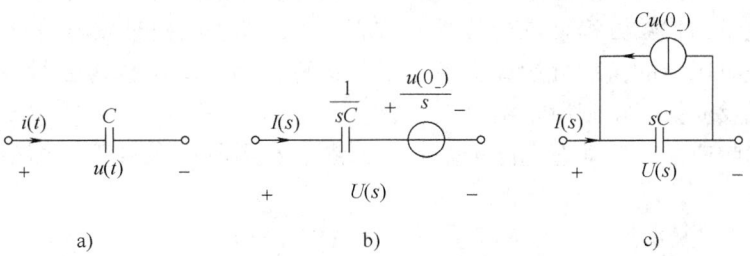

图 12-3 电容的时域和运算模型

5. 耦合电感元件

图 12-4a 所示耦合电感元件，其端口特性方程为

$$\begin{cases} u_1 = L_1 \dfrac{di_1}{dt} + M \dfrac{di_2}{dt} \\ u_2 = M \dfrac{di_1}{dt} + L_2 \dfrac{di_2}{dt} \end{cases}$$

将上述方程两边取拉氏变换，得

$$\begin{cases} U_1(s) = sL_1I_1(s) + sMI_2(s) - L_1i_1(0_-) - Mi_2(0_-) \\ U_2(s) = sMI_1(s) + sL_2I_2(s) - L_2i_2(0_-) - Mi_1(0_-) \end{cases} \tag{12-25}$$

式中，sL_1 和 sL_2 为运算自阻抗；sM 为运算互阻抗；$L_1i_1(0_-)$ 和 $L_2i_2(0_-)$ 为自感附加电压源的电压；$Mi_1(0_-)$ 和 $Mi_2(0_-)$ 为互感附加电压源的电压。式(12-25)称为耦合电感运算形式的特性方程，根据该方程可作出耦合电感的运算电路模型，如图 12-4b 所示。

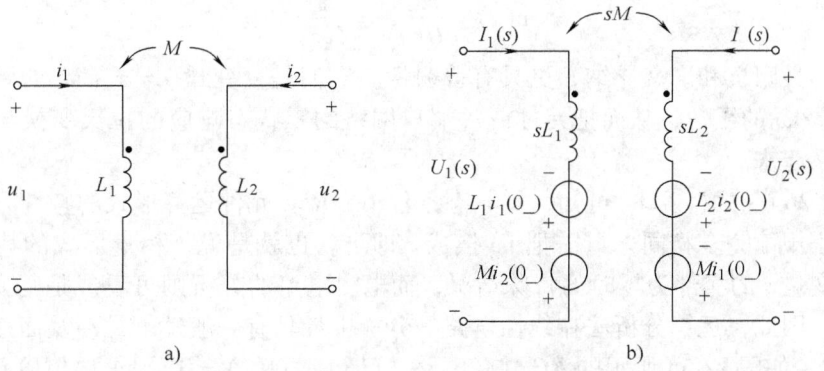

图 12-4 耦合电感的时域和运算模型

以上对几种常见电路元件在复频域中的电路模型和运算形式的特性方程分别进行了讨

论。每个方程和对应的电路模型都与电压、电流的参考方向密切相关,这是在分析电路和解题的过程中尤其需要注意的地方。

对于电路中含有的独立电源或受控源,在画电路的运算模型时,只需要将其参数进行拉氏变换即可,电压源的极性与电流源的参考方向均保持不变。

12.5 线性电路的运算分析法

用运算法分析线性电路的思想与相量法基本类似。相量法把正弦量变换为相量或复数,利用以相量为变量的代数方程来进行分析和求解。而运算法则把时域内的原函数变换为复频域的象函数,把时域内的微积分运算变换为乘除运算,利用象函数为变量,进行分析求解,最后再经过拉氏反变换,得到所求结果。

确定零状态响应是分析动态电路最基本的问题。在零状态条件下,即初始条件为零时,有

$$i_L(0_-) = 0, \quad u_C(0_-) = 0$$

由 12.4 节内容可知,零状态条件下,R、L、C 元件运算形式的特性方程分别为

$$U(s) = RI(s) \tag{12-26}$$

$$U(s) = sLI(s) \tag{12-27}$$

$$U(s) = \frac{1}{sC}I(s) \tag{12-28}$$

零状态条件下,把元件两端的电压 $U(s)$ 与电流 $I(s)$ 之比定义为广义阻抗,或称为拉普拉斯阻抗,记为 $Z(s)$,单位为 Ω,即

$$Z(s) = \frac{U(s)}{I(s)}$$

所以,R、L、C 元件的运算阻抗可以统一用 $Z(s)$ 来表示为

$$Z_R(s) = R, \quad Z_L(s) = sL, \quad Z_C(s) = \frac{1}{sC}$$

零状态条件下,把元件两端的电流 $I(s)$ 与电压 $U(s)$ 之比定义为广义导纳,记为 $Y(s)$,单位为 S,即

$$Y(s) = \frac{I(s)}{U(s)} = \frac{1}{Z(s)}$$

引入的广义阻抗和广义导纳,更具有普遍性。它们是复变量 $s = \sigma + j\omega$ 的函数,而不再是纯虚数变量 $j\omega$ 的函数,从而把元件或一端口网络的零状态响应的拉氏变换与任意输入的拉氏变换联系起来。

由式(12-26)~式(12-28)可知,零状态条件下,RLC 元件运算形式的特性方程与相量形式的特性方程规律完全相同,只需把 $j\omega$ 换成 s 即可。也就是说,相量形式的特性方程是运算形式在复变量 s 的实部为零时的特殊情况,而电阻电路的分析则可看成是复变量 s 的虚部为零的特例。因此,运算分析法在线性电路的分析中最具有一般性,是涉及面最广的方法。

例 12-12 如图 12-5a 所示的 RC 并联电路,已知 $u_C(0_-) = 0V$,求单位阶跃响应 $u_C(t)$ 和 $i_C(t)$。

解: 由于 $u_C(0_-) = 0V$,电容在运算电路中无附加电源。作出电路的运算模型,如图

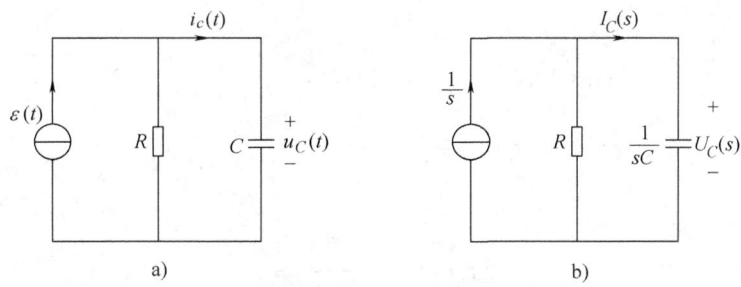

图 12-5 例 12-12 图

12-5b 所示。由运算电路可得

$$I_C(s) = \frac{1}{s} \times \frac{R}{R + \frac{1}{sC}} = \frac{RC}{RCs+1} = \frac{1}{s + \frac{1}{RC}}$$

$$U_C(s) = \frac{1}{sC} \times I_C(s) = \frac{R}{RCs^2 + s} = \frac{R}{s} - \frac{R}{s + \frac{1}{RC}}$$

所以,经过拉氏反变换,得到电路的单位阶跃响应为

$$i_C(t) = e^{-\frac{t}{RC}} \varepsilon(t)$$

$$u_C(t) = R(1 - e^{-\frac{t}{RC}}) \varepsilon(t)$$

例 12-13 电路如图 12-6a 所示,已知电源电压 $u_s(t) = [4 - e^{-t}\varepsilon(t)]\mathrm{V}$,求电压 $u(t)$,$t \geq 0$。

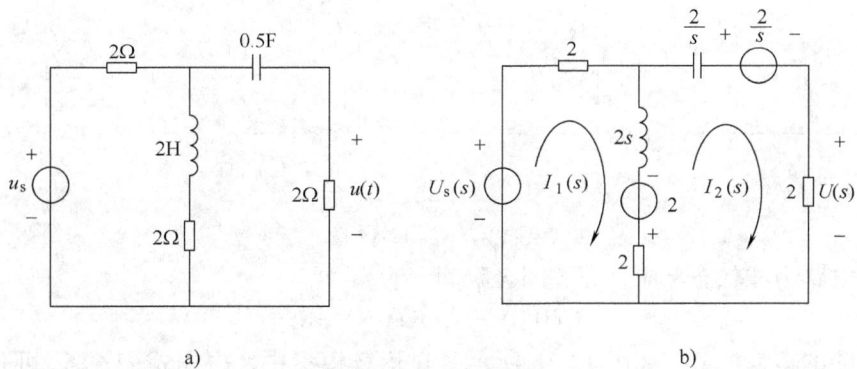

图 12-6 例 12-13 图

解:电源中有直流分量 4V 一直在起作用,所以,在 $t = 0$ 时,电感中的电流与电容两端的电压都不为零,可以计算出

$$i_L(0_-) = \frac{4}{2+2} = 1\mathrm{A}, \quad u_C(0_-) = 1 \times 2 = 2\mathrm{V}$$

所以,电感和电容的附加电压源的电压为

$$Li_L(0_-) = 2 \times 1 = 2, \quad \frac{u_C(0_-)}{s} = \frac{2}{s}$$

作出电路的运算模型,如图 12-6b 所示,其中,$U_s(s) = \mathscr{L}[4 - e^{-t}] = \frac{4}{s} - \frac{1}{s+1}$。列出

电路的网孔方程为

$$(2s+4)I_1(s) - (2s+2)I_2(s) = \frac{4}{s} - \frac{1}{s+1} + 2$$

$$-2(2s+2)I_1(s) + \left(4+2s+\frac{2}{s}\right)I_2(s) = -2 - \frac{2}{s}$$

解得

$$I_1(s) = \frac{3s+4}{4s(s+1)}$$

$$I_2(s) = -\frac{s}{4s(s+1)^2}$$

所以

$$U(s) = 2 \times I_2(s) = -\frac{2s}{4(s+1)^2} = \frac{0.5}{(s+1)^2} - \frac{0.5}{s+1}$$

经过拉氏反变换，求出电压

$$u(t) = \mathcal{L}^{-1}\left[\frac{0.5}{(s+1)^2} - \frac{0.5}{s+1}\right] = (0.5te^{-t} - 0.5e^{-t})\,\mathrm{V} \quad (t \geq 0)$$

例 12-14 电路如图 12-7a 所示，已知 $R_1 = R_2 = 1\Omega$，$L_1 = L_2 = 0.1\mathrm{H}$，$M = 0.05\mathrm{H}$，电压源 $u_s = 10\mathrm{V}$，在 $t = 0$ 时把开关 S 合上，求开关闭合后电路中的电流 i_1 和 i_2。

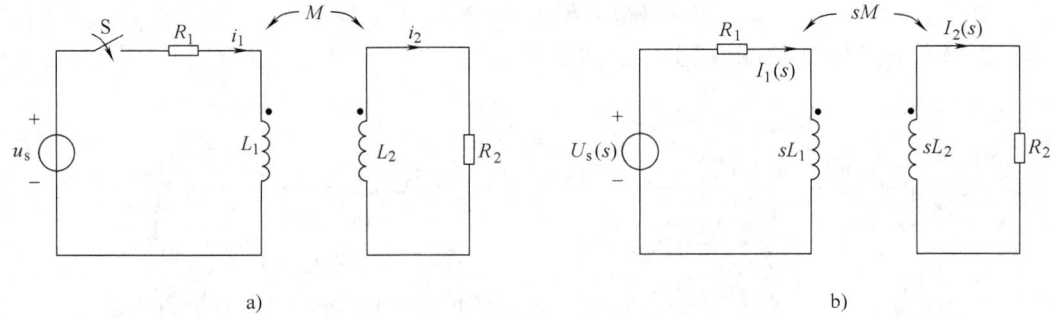

图 12-7　例 12-14 图

解：该电路为零状态响应，开关闭合瞬间，有

$$i_1(0_-) = 0,\quad i_2(0_-) = 0$$

作出电路的运算模型，如图 12-7b 所示。在运算模型中，根据式(12-25)可列回路电压方程如下

$$(R_1 + sL_1)I_1(s) - sMI_2(s) = U_s(s)$$
$$-sMI_1(s) + (R_2 + sL_2)I_2(s) = 0$$

代入数据得

$$(1 + 0.1s)I_1(s) - 0.05sI_2(s) = \frac{10}{s}$$
$$-0.05sI_1(s) + (1 + 0.1s)I_2(s) = 0$$

解得

$$I_1(s) = \frac{400s + 4000}{s(3s^2 + 80s + 400)} = \frac{10}{s} - \frac{5}{s+20/3} - \frac{5}{s+20}$$

$$I_2(s) = \frac{200}{3s^2 + 80s + 400} = \frac{5}{s + 20/3} - \frac{5}{s + 20}$$

因此，所求电流为

$$i_1 = (10 - 5e^{-6.67t} - 5e^{-20t})A$$
$$i_2 = (5e^{-6.67t} - 5e^{-20t})A$$

习 题 12

12-1 求下列各表达式的拉氏变换式。
(1) $1 - e^{-at}$ (2) $\varepsilon(t) - \varepsilon(t - T)$ (3) $\delta(t - T)$
(4) $t + 2e^{-t}$ (5) $\cos(\omega t + a)$ (6) $e^{-at}\sin\omega t$

12-2 求下列各表达式的原函数。
(1) $\dfrac{2}{s^2 + 4s + 3}$ (2) $\dfrac{9s + 6}{s^2 + 5s + 6}$ (3) $\dfrac{s^2 + 1}{s(s+1)(s+3)}$
(4) $\dfrac{s+1}{s^2 + 2s + 10}$ (5) $\dfrac{3}{(s^2+1)(s^2+4)}$ (6) $\dfrac{s^2}{(s+1)(s+2)}$

12-3 图 12-8 所示电路原已稳定，在 $t=0$ 时将开关 S 合上，画出其运算电路模型。

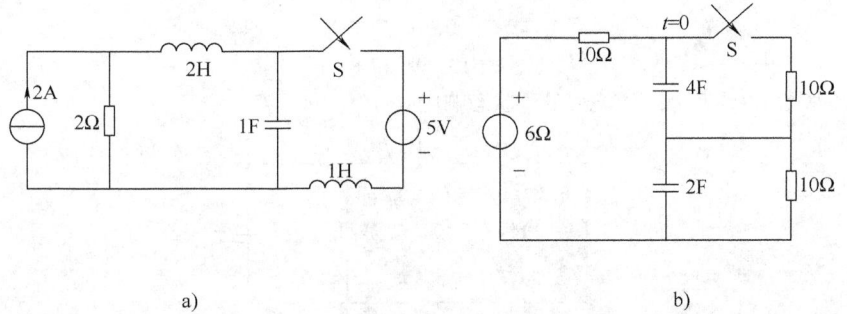

图 12-8 题 12-3 图

12-4 图 12-9 所示电路中，已知 $i_s = 100\text{mA}$，在 $t=0$ 时将开关 S 合上，用运算法求电压 u_L。

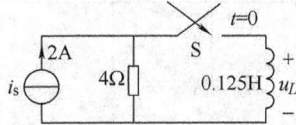

图 12-9 题 12-4 图

12-5 图 12-10 所示电路原已处于稳态，已知 $i_s = 6\text{mA}$，在 $t=0$ 时将开关 S 合上，用运算法求电压 u_C。

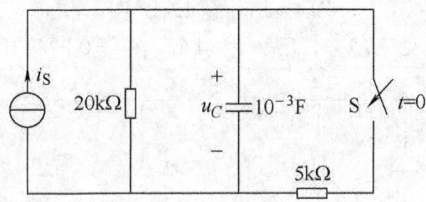

图 12-10 题 12-5 图

12-6 图 12-11 所示电路中电感原无电流，在 $t=0$ 时将开关 S 合上，求下列两种情况时电路中的电流 i：(1) $u_s = 10e^{-500t}\text{V}$；(2) $u_s = 10\cos(1000t)\text{V}$。

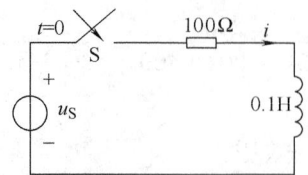

图 12-11　题 12-6 图

12-7　电路如图 12-12 所示，已知 $u_s(t) = [20\varepsilon(-t) + 40\cos(100t)\varepsilon(t)]$ V，试求电流 $i(t \geq 0)$。

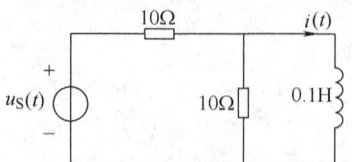

图 12-12　题 12-7 图

12-8　图 12-13 所示电路原已处于稳态，已知 $u_s = 4$V，在 $t = 0$ 时将开关 S 打开，求电压 $u_C(t \geq 0)$。

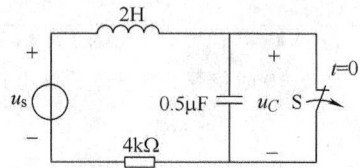

图 12-13　题 12-8 图

12-9　电路如图 12-14 所示，求电路的零状态响应 $i(t)$。

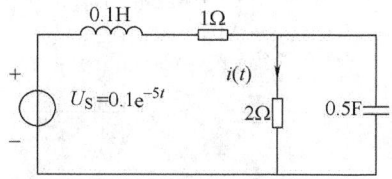

图 12-14　题 12-9 图

12-10　图 12-15 所示电路在换路前已处于稳态，在 $t = 0$ 时将开关 S 打开，求 $t > 0$ 时的 i_C。

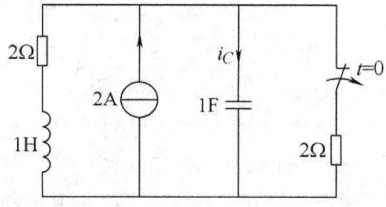

图 12-15　题 12-10 图

12-11　图 12-16 所示电路原已处于稳态，已知 $i_s = 1$A，在 $t = 0$ 时将开关 S 打开，求电压 $u_C(t \geq 0)$。

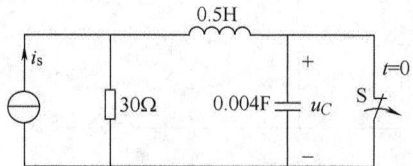

图 12-16　题 12-11 图

12-12　图 12-17 所示电路在换路前已处于稳态，求 $t > 0$ 时的 $u_C(t)$。

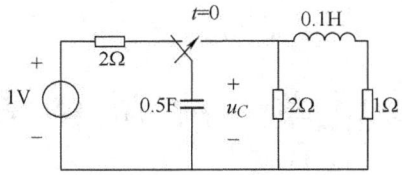

图 12-17　题 12-12 图

12-13　图 12-18 所示电路在换路前已达稳态，在 $t=0$ 时将开关 S 打开，求 $t>0$ 时的 $u_C(t)$。

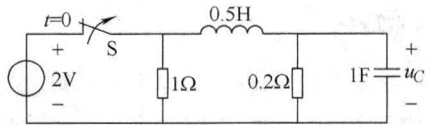

图 12-18　题 12-13 图

12-14　电路如图 12-19 所示，试求 $t>0$ 时的电压 $u(t)$。

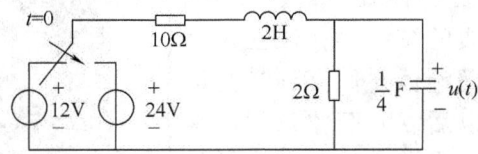

图 12-19　题 12-14 图

12-15　电路如图 12-20 所示，试求 $t>0$ 时的 $u_o(t)$。

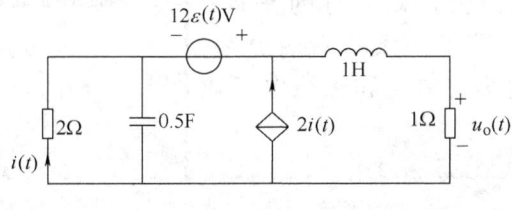

图 12-20　题 12-15 图

第13章 网络函数

历史人物小传

麦克斯韦(1831～1879)，出生于苏格兰爱丁堡。是继法拉第之后集电磁学大成的伟大科学家。

他预言电磁波的存在，揭示了光、电、磁现象的本质的统一性，建立了第一个完整的电磁理论体系。直到赫兹证明了电磁波存在以后，人们才意识到整个电磁波谱都是麦克斯韦波，即振动的法拉第力场，并公认他是"牛顿以后世界上最伟大的数学物理学家"。他的理论为近代科学技术开辟了一条崭新的道路，奠定了现代的电力、电子和无线电工业的基础。

麦克斯韦

本章介绍了网络函数、网络函数零点与极点的概念，讨论了零极点分布对时域响应和频率特性的影响。

13.1 网络函数的定义

线性时不变电路在单一的独立激励作用下，其零状态响应 $r(t)$ 的象函数 $R(s)$ 与激励 $e(t)$ 的象函数 $E(s)$ 之比，称为该电路的网络函数，记为 $H(s)$，即

$$H(s) = \frac{R(s)}{E(s)} \tag{13-1}$$

网络函数的定义可以形象地用图13-1a、b所示的电路来描述。电路中除输入端口施加激励外，其余部分不含独立电源，且所有的储能元件均为零状态。

在图13-1a中，$U_1(s)$ 为激励，$I_1(s)$、$U_2(s)$ 和 $I_2(s)$ 是激励 $U_1(s)$ 产生的响应；图13-1b中，$U_1(s)$、$U_2(s)$ 和 $I_2(s)$ 则是激励 $I_1(s)$ 产生的响应。因此，网络函数有以下6种类型。

1) 驱动点阻抗：$Z_{11}(s) = U_1(s)/I_1(s)$；
2) 驱动点导纳：$Y_{11}(s) = I_1(s)/U_1(s)$；
3) 转移阻抗：$Z_{21}(s) = U_2(s)/I_1(s)$；

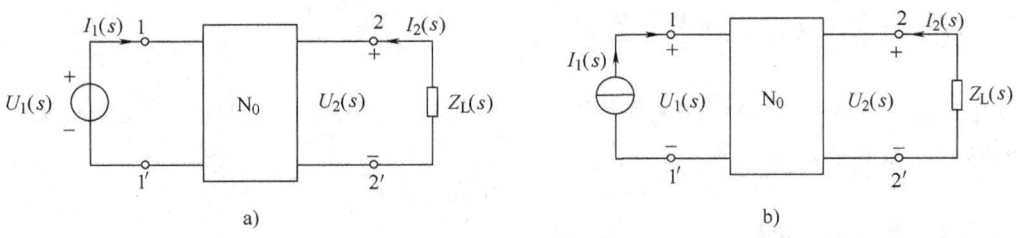

图 13-1 网络函数的说明

4)转移导纳：$Z_{21}(s) = I_2(s)/U_1(s)$；

5)转移电压比：$H_U(s) = U_2(s)/U_1(s)$；

6)转移电流比：$H_I(s) = I_2(s)/I_1(s)$。

驱动点阻抗和驱动点导纳也可称为策动点阻抗和策动点导纳，是指输入和输出在同一端口的情况。它们之间互为倒数关系，即

$$Z_{11}(s) = \frac{1}{Y_{11}(s)}$$

若输入与输出在不同端口，则称为转移的，有转移阻抗、转移导纳、转移电压比和转移电流比。

例 13-1 电路如图 13-2a 所示，已知激励为电压源 u_s，求响应分别为 u_C 和 i_L 时的网络函数。

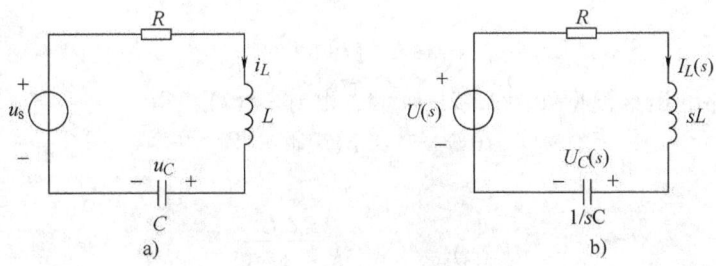

图 13-2 例 13-1 图

解：求网络函数时，把电路中的储能元件都看成零状态，作出运算电路如图 13-2b 所示。所以有

$$I_L(s) = \frac{U(s)}{R + sL + 1/sC} = \frac{sC}{LCs^2 + RCs + 1}U(s)$$

$$U_C(s) = \frac{sC}{LCs^2 + RCs + 1}U(s)\frac{1}{sC} = \frac{1}{LCs^2 + RCs + 1}U(s)$$

因此，所求网络函数分别为

$$H_U(s) = \frac{U_C(s)}{U(s)} = \frac{1}{LCs^2 + RCs + 1}$$

$$Y_{21}(s) = \frac{I_L(s)}{U(s)} = \frac{sC}{LCs^2 + RCs + 1}$$

13.2 $H(s)$ 和 $h(t)$ 之间的关系

单位冲激响应 $h(t)$ 是单位冲激作用下的零状态响应,它在 s 域中具有重要的意义。若输入的激励为冲激函数 $\delta(t)$,则

$$E(s) = \mathscr{L}[\delta(t)] = 1$$

由网络函数的定义可知

$$H(s) = \frac{R(s)}{E(s)} = \frac{\mathscr{L}[h(t)]}{1} = \mathscr{L}[h(t)]$$

即

$$H(s) = \mathscr{L}[h(t)] \tag{13-2}$$

式(13-2)表明,网络函数也等于该指定端的冲激响应的拉氏变换,即网络函数 $H(s)$ 可以直接通过单位冲激响应 $h(t)$ 来求得。

例 13-2 电路如图 13-3a 所示,已知电路中激励为 $i_s = \delta(t)$,求冲激响应 $h(t)$ 及电容电压 $u_C(t)$。

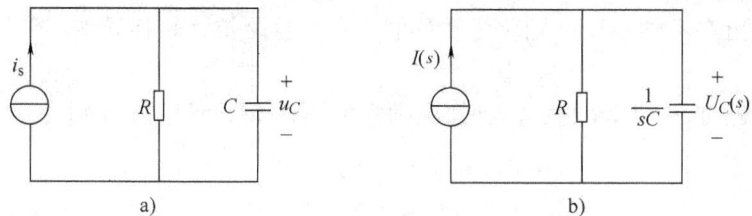

图 13-3 例 13-2 图

解:作出电路的运算模型如图 13-2b 所示。由 $i_s = \delta(t)$,得

$$I(s) = \mathscr{L}[\delta(t)] = 1$$

所以

$$H(s) = \frac{U_C(s)}{I(s)} = \frac{I(s)\dfrac{R/sC}{R+1/sC}}{I(s)} = \frac{R}{sCR+1}$$

根据式(13-2)得

$$h(t) = u_C(t) = \mathscr{L}^{-1}[H(s)] = \mathscr{L}^{-1}\left[\frac{1}{C}\frac{1}{s+1/RC}\right] = \frac{1}{C}e^{-\frac{t}{RC}}\varepsilon(t)$$

若将例 12-12 求出的 $u_C(t)$ 的单位阶跃响应进行微分,也可以得到冲激响应,两种解法结果相同。

13.3 零点、极点与零极点图

从前面的例子可以看出,在线性时不变电路中,所求出的网络函数都是 s 的实系数有理函数。即网络函数的一般形式可表示为

$$H(s) = \frac{A(s)}{B(s)} = \frac{a_0 s^m + a_1 s^{m-1} + \cdots + a_m}{b_0 s^n + b_1 s^{n-1} + \cdots + b_n}$$

式中，m、n 为整数，a_0，a_1，$\cdots$，a_m 和 b_0，b_1，$\cdots$，b_n 均为实数。由于其分子、分母都是关于 s 的实系数多项式，分别将它们因式分解，可得

$$H(s) = \frac{A(s)}{B(s)} = H_0 \frac{(s-z_1)(s-z_2)\cdots(s-z_m)}{(s-p_1)(s-p_2)\cdots(s-p_n)} = H_0 \frac{\prod_{i=1}^{m}(s-z_i)}{\prod_{j=1}^{n}(s-p_j)} \quad (13\text{-}3)$$

式中，H_0 为常数；i，j 为整数；z_1，z_2，$\cdots$，z_i，$\cdots$，z_m 是 $A(s)=0$ 的 m 个根；p_1，p_2，$\cdots$，p_i，$\cdots$，p_n 是 $B(s)=0$ 的 n 个根。

当 $s=z_i$ 时，网络函数 $H(s)=0$，因此，z_1，z_2，$\cdots$，z_i，$\cdots$，z_m 称为网络函数的零点。

当 $s=p_i$ 时，网络函数 $H(s)\to\infty$，因此，p_1，p_2，$\cdots$，p_i，$\cdots$，p_n 称为网络函数的极点。

根据网络函数的定义，网络的零状态响应 $R(s)=H(s)E(s)$。可见，网络的零状态响应与网络的零、极点密切相关，通过零、极点的分别情况可以预见网络零状态响应的特性。

网络函数的零点和极点可能是实数，也可能是虚数或复数。以复变量 s 的实部 σ 为横轴，虚部 $j\omega$ 为纵轴所得到的复频率平面，简称为复平面或 s 平面。工程实践中，常把网络函数的零点与极点绘制在复平面上，用"○"表示零点，用"×"表示极点，分别标出零点与极点在坐标中的位置，即得到网络函数的零、极点分布图。

例 13-3 绘出网络函数 $H(s) = \dfrac{2s^2 - 4s - 16}{s^3 + 6s^2 + 13s + 20}$ 的零、极点图。

解：将该网络函数的分子、分母分别因式分解，得

$$H(s) = \frac{2s^2 - 4s - 16}{s^3 + 6s^2 + 13s + 20}$$

$$= \frac{2(s+2)(s-4)}{(s+4)(s+1+j2)(s+1-j2)}$$

所以，它有两个零点：$z_1 = -2$，$z_2 = 4$；有三个极点：$p_1 = -4$，$p_2 = -1-j2$，$p_3 = -1+j2$。作出零、极点图如图 13-4 所示。

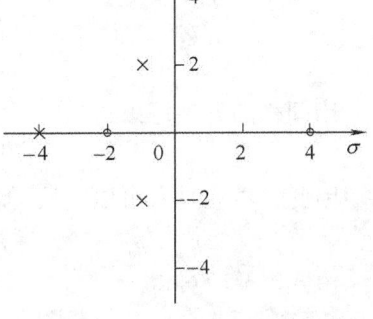

图 13-4 例 13-3 图

13.4 卷积定理

卷积是一个重要的概念。设有两个时间函数 $f_1(t)$ 和 $f_2(t)$，它们在 $t<0$ 时为零，把 $f_1(t)$ 和 $f_2(t)$ 的卷积积分定义为

$$f_1(t) * f_2(t) = \int_0^t f_1(t-\tau)f_2(\tau)\mathrm{d}\tau \quad (13\text{-}4)$$

若 $f_1(t)$ 和 $f_2(t)$ 的拉氏变换象函数分别为 $F_1(s)$ 和 $F_2(s)$，则卷积 $f_1(t)*f_2(t)$ 的拉氏变换为 $F_1(s)F_2(s)$，即

$$\mathscr{L}[f_1(t)*f_2(t)] = \mathscr{L}\left[\int_{0_-}^{t} f_1(t-\tau)f_2(\tau)\mathrm{d}\tau\right] = F_1(s)F_2(s) \quad (13\text{-}5)$$

式(13-5)称为拉氏变换的卷积定理。

证明：根据拉氏变换的定义，得

$$\mathscr{L}[f_1(t) * f_2(t)] = \mathscr{L}\left[\int_{0_-}^{t} f_1(t-\tau)f_2(\tau)d\tau\right] = \int_{0_-}^{\infty} e^{-st}\left[\int_{0_-}^{t} f_1(t-\tau)f_2(\tau)d\tau\right]dt$$

由于延迟的单位阶跃函数

$$\varepsilon(t-\tau) = \begin{cases} 1, & t > \tau \\ 0, & t < \tau \end{cases}$$

所以

$$f_1(t) * f_2(t) = \int_{0_-}^{t} f_1(t-\tau)f_2(\tau)d\tau$$

$$= \int_{0_-}^{t} f_1(t-\tau)\varepsilon(t-\tau)f_2(\tau)d\tau + \int_{t}^{\infty} f_1(t-\tau)\varepsilon(t-\tau)f_2(\tau)d\tau$$

$$= \int_{0_-}^{\infty} f_1(t-\tau)\varepsilon(t-\tau)f_2(\tau)d\tau$$

令 $x = t - \tau$，则 $e^{-st} = e^{-s(x+\tau)}$，由上式可得

$$\mathscr{L}[f_1(t) * f_2(t)] = \int_{0_-}^{\infty} e^{-st}\int_{0_-}^{\infty} f_1(t-\tau)\varepsilon(t-\tau)f_2(\tau)d\tau dt$$

$$= \int_{0_-}^{\infty}\int_{0_-}^{\infty} f_1(x)\varepsilon(x)f_2(\tau)e^{-s\tau}e^{-sx}d\tau dx$$

$$= \int_{0_-}^{\infty} f_1(x)\varepsilon(x)e^{-sx}dx\int_{0_-}^{\infty} f_2(\tau)e^{-s\tau}d\tau$$

$$= F_1(s)F_2(s)$$

用同样的方法可以得出

$$\mathscr{L}[f_2(t) * f_1(t)] = F_2(s)F_1(s)$$

因此，卷积具有可以交换的性质

$$f_1(t) * f_2(t) = f_2(t) * f_1(t)$$

由式(13-1)可得

$$R(s) = E(s)H(s)$$

式中，$R(s)$ 为零状态响应 $r(t)$ 的象函数；$E(s)$ 为激励 $e(t)$ 的象函数；$H(s)$ 为网络函数。由该式可知，只要知道网络的冲击响应 $h(t)$，对于给定的任何外施激励 $e(t)$，都可以利用卷积求出该网络的零状态响应 $r(t)$，其表达式如下

$$r(t) = \mathscr{L}^{-1}[R(s)] = \mathscr{L}^{-1}[E(s)H(s)] = e(t) * h(t) = \int_{0_-}^{t} e(t-\tau)h(\tau)d\tau \quad (13-6)$$

上式还可以表示为

$$r(t) = h(t) * e(t) = \int_{0_-}^{t} h(t-\tau)e(\tau)d\tau \tag{13-7}$$

例 13-4 电路如图 13-5 所示，已知电流源 $i_s(t) = 10e^{-3t}$ mA，$R = 1000\Omega$，$C = 200\mu F$，求电容电压 $u_C(t)$ 的零状态响应。

解：根据例 13-2 求得的结果可知，该电路的冲激响应为

$$h(t) = \frac{1}{C}e^{-\frac{t}{RC}} = \frac{1}{200 \times 10^{-6}}e^{-\frac{t}{1000 \times 200 \times 10^{-6}}} = 5 \times 10^3 e^{-5t}$$

由式(13-6)可得

$$u_C(t) = i_s(t) * h(t) = \int_{0_-}^{t} i_s(t-\tau)h(\tau)d\tau$$

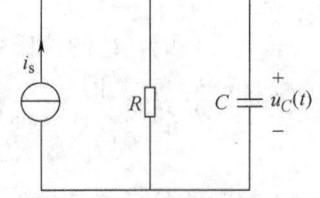

图 13-5　例 13-4 图

$$= \int_{0_-}^{t} 10\mathrm{e}^{-3(t-\tau)} \times 10^{-3} \times 5 \times 10^{3} \mathrm{e}^{-5\tau} \mathrm{d}\tau$$

$$= 50\mathrm{e}^{-3t} \int_{0_-}^{t} \mathrm{e}^{-2\tau} \mathrm{d}\tau$$

$$= 25(\mathrm{e}^{-3\tau} - \mathrm{e}^{-5\tau})\varepsilon(t)\,\mathrm{V}$$

习 题 13

13-1 求图 13-6 所示电路中 a-b 端钮的驱(策)动点阻抗 $Z(s)$。

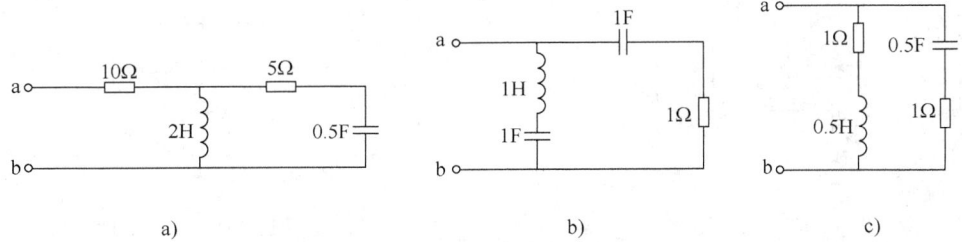

图 13-6 题 13-1 图

13-2 求图 13-7 所示电路中 a-b 端钮的驱(策)动点导纳 $Y(s)$。

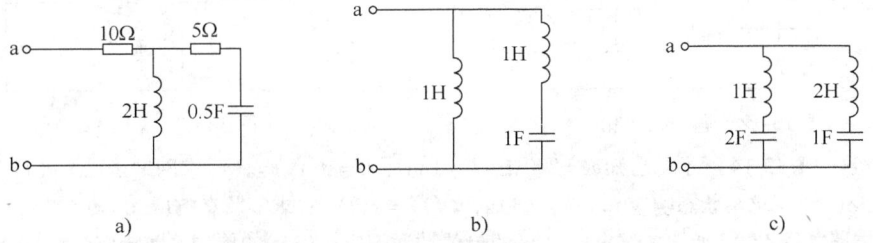

图 13-7 题 13-2 图

13-3 (1)求图 13-8a 所示电路的转移阻抗 $U_L(s)/I_s(s)$;(2)求图 13-8b 所示电路的转移导纳 $I_C(s)/U_s(s)$。

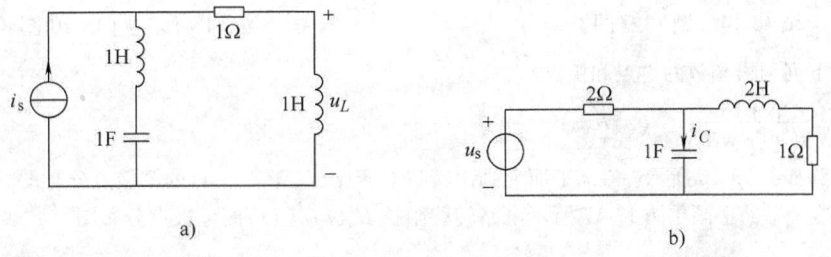

图 13-8 题 13-3 图

13-4 求图 13-9 所示电路的转移电压比 $u_o(s)/u_s(s)$。

13-5 求图 13-10 所示电路的转移电压比 U_2/U_1。

13-6 求图 13-11 所示正弦稳态电路的转移电压比 $\dot{U}_2/\dot{U}_1$。

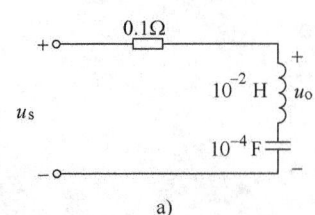
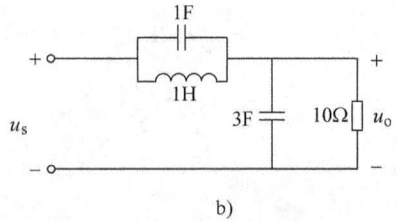

图 13-9　题 13-4 图

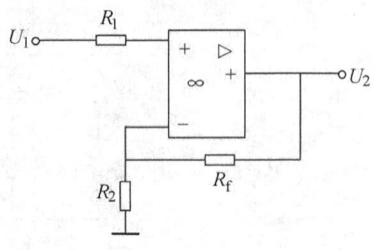
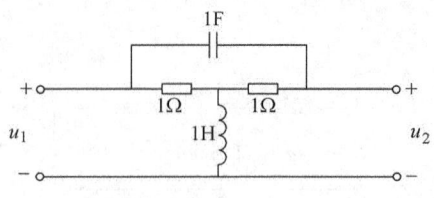

图 13-10　题 13-5 图　　　　　　图 13-11　题 13-6 图

13-7　证明：当 $R_1C_1 = R_2C_2$ 时，图 13-12 所示正弦稳态电路的转移电压比与频率无关。

13-8　求图 13-13 所示电路的网络函数 $H(s) = U_C(s)/U_s(s)$。

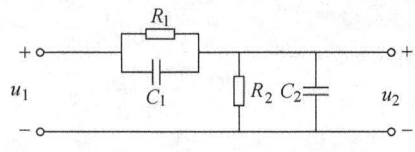
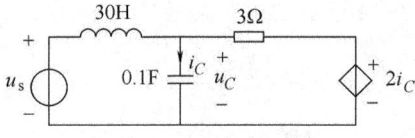

图 13-12　题 13-7 图　　　　　　图 13-13　题 13-8 图

13-9　电路如图 13-14 所示，已知 $R = 200\Omega$，$L = 1\text{mH}$，$C = 0.1\mu\text{F}$。(1) 求网络函数 $U_C(s)/U_s(s)$；(2) 若 $u_s(t) = 0.1\delta(t)\text{V}$，求零状态响应 $u_C(t)$；(3) 若 $u_s(t) = \varepsilon(t)\text{V}$，求零状态响应 $u_C(t)$。

13-10　电路如图 13-15 所示，试求：(1) i 的单位冲激响应；(2) i 的单位阶跃响应。

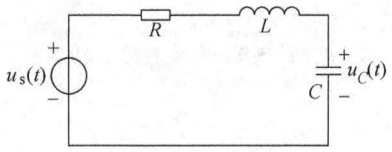
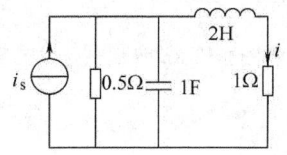

图 13-14　题 13-9 图　　　　　　图 13-15　题 13-10 图

13-11　求下列网络函数的零点和极点。

(1) $H(s) = \dfrac{6s+18}{s^2+6s+25}$；　(2) $H(s) = \dfrac{1}{s^2+2s+5}$

13-12　电路如图 13-16 所示，在 s 平面上画出转移电压比 $U_L(s)/U_s(s)$ 的零极点分布图。

13-13　试在 s 平面上画出图 13-17 所示电路转移阻抗 $U_o(s)/I_s(s)$ 的零极点分布图。

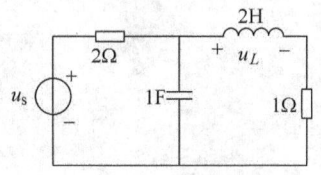
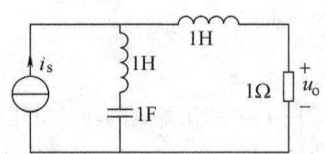

图 13-16　题 13-12 图　　　　　　图 13-17　题 13-13 图

第 14 章 电路的矩阵分析法

历史人物小传

凯利(1821～1895)，出生于英国里士满，卒于英国剑桥，英国数学家。1859年当选为伦敦皇家学会会员。他发表了近1000篇论文，得到了他所处时代科学家可能得到的几乎所有重要荣誉。

凯利和西尔维斯特同是不变量理论的奠基人。他首创代数不变式的符号表示法，首次引入 n 维空间和矩阵的概念，规定了矩阵的符号及名称，讨论矩阵性质，得到凯利－哈密顿定理，成为矩阵理论的先驱。他的矩阵理论和不变量思想产生了很大影响，特别对现代物理的量子力学和相对论的创立起到推动作用。

凯 利

本章介绍了电路图论的初步概念，在图的基本概念的基础上介绍了关联矩阵、网孔矩阵、回路矩阵和割集矩阵，并导出了用这些矩阵表示的 KCL 和 KVL 方程。

14.1 电路的图

基尔霍夫定律分别说明了电路中各支路电流之间和各支路电压之间的约束关系。它们的约束关系都只与电路的结构有关，而与支路上所接元件的性质无关。只要电路的结构不变，参考方向不变，所列出的 KCL 和 KVL 方程是不变的。在图 14-1a 所示的电路中，若抛开元件的性质，将各条支路抽象地用线段表示，可得到如图 14-1b 所示的点和线段的集合，称为网络的线图，简称图(graph)，它能反映出原电路的各支路的连接关系和几何结构。数学上研究几何图形的分支叫做图论，将图论知识应用于电网络称为网络图论。下面对电网络中要用到的图的一些基本概念分别进行介绍。

(1) 边和顶点　图 14-1b 中，任意两点之间的连线都叫做边，每条边的两个端点都叫做顶点，因此，图是边和顶点的集合。边数和顶点数分别用字母 b 和 n 来表示，图 14-1b 所示的图中，$b=6$，$n=4$。电路中，把边和顶点分别称为支路和节点。

(2) 有向图　图分为有向图与无向图。如果将图 14-1b 中的所有节点和支路分别进行编

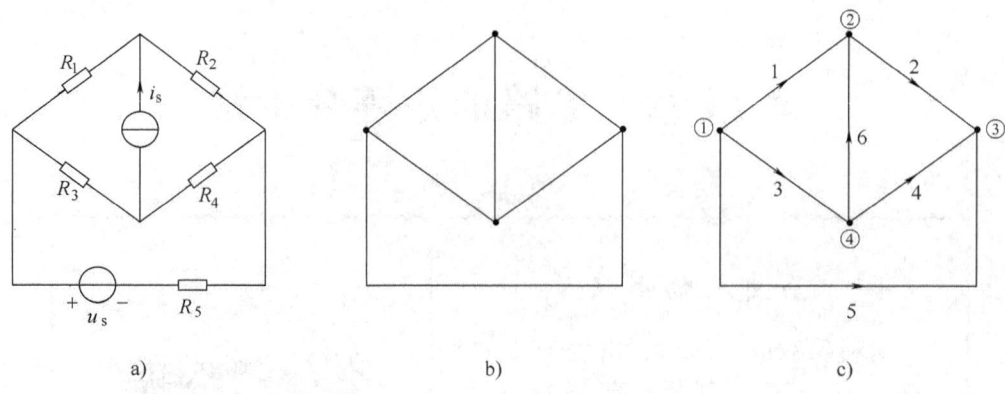

图 14-1 电路的图

号,并用箭头表示出各支路电流与电压的参考方向(两者取关联参考方向),赋予支路方向的图称为有向图(oriented graph),如图 14-1c 所示。本章中所有的有向图均视为关联参考方向。电网络中讨论的图一般都是有向图,通常简称为电路的"图"。

(3)子图 设有图 G,由图 G 的部分支路和节点所组成的图形,称为图 G 的子图(subgraph),用 G_i 来表示。只要移去图 G 的部分支路或部分节点,或者同时移走部分支路和节点,就可以得到它的子图。一个图的子图有很多种,如图 14-2 所示,列出了图 14-1b 的 4 个子图。特殊的,如果子图只含原图的一个节点,如图 14-2c 所示,称为退化子图;另一种子图若包含原图的所有节点,如图 14-2d 所示,称为生成子图。

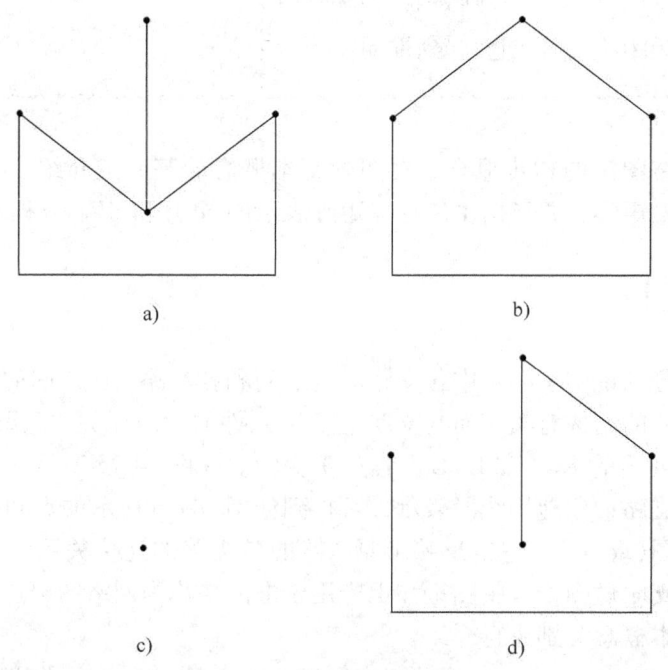

图 14-2 图 14-1b 的部分子图

(4)连通图 从图 G 的一个节点出发沿着一些支路连续移动到达另一节点所经过的支路构成路径。若一个图的任意两个节点之间至少存在一条路径,则称此图为连通图(connected graph)。图 14-1b 和图 14-3a 都是连通图。图 14-2 则是图 14-1b 的四个连通子图。

如果一个图中只要存在两个节点之间无路径连接的情况，都称为非连通图（unconnected graph）。如图 14-3b 所示，图形被分离为两个部分，左右两部分的节点之间无路径连接，因此，它为非连通图。

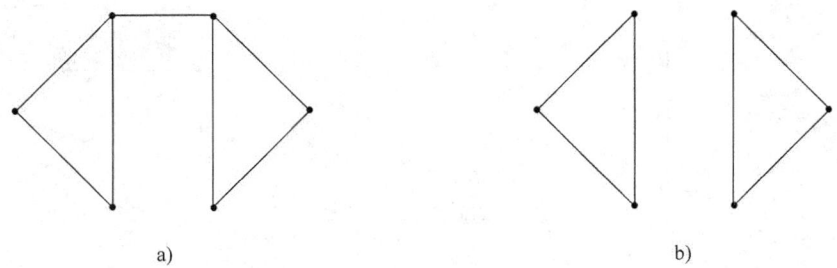

图 14-3 连通图与非连通图
a）连通图 b）非连通图

（5）树 树（tree）是连通子图，它包含原图的所有节点，但不含任何回路。如图 14-4b、c 是图 14-4a 的树，而图 14-4d~f 则不是图 14-4a 的树。

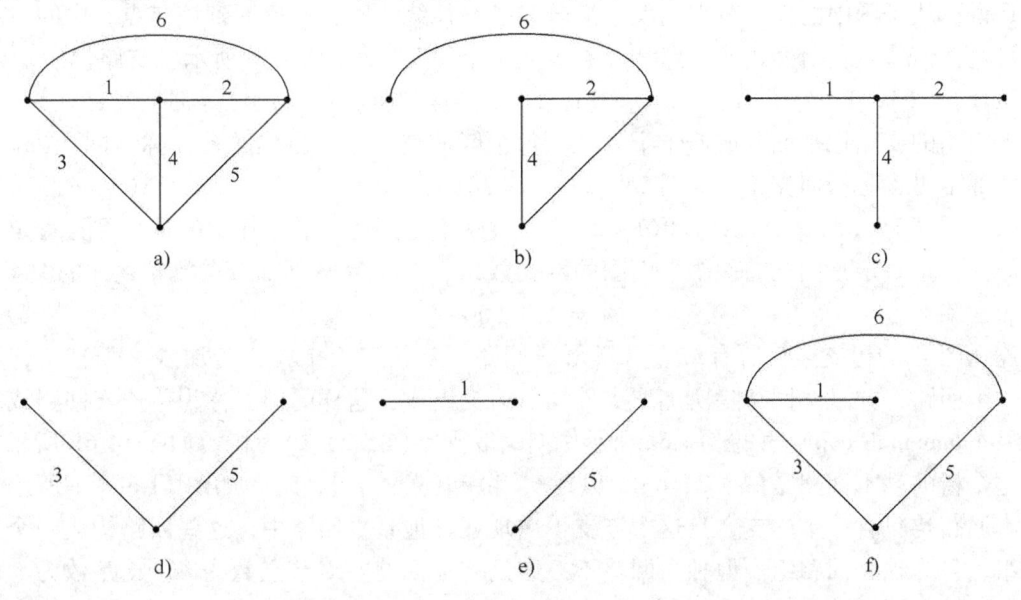

图 14-4 树的定义

对于一个连通图，在选定树之后，构成树的支路称为树支（tree branches），树支数用 b_t 表示；其余的不是树支的支路则称为连支（links），连支数用 b_l 表示。在图 14-4b 中，（2，4，6）为树支，（1，3，5）为连支；图 c 中（1，2，4）为树支，（3，5，6）为连支。

树支和连支都是对选取的某个树而言的。一个连通图的树有多种选取的方法，但是每种树的树支数目是一定的。若要把一个连通图的 n 个节点用支路全部连通起来，只需要 $n-1$ 条支路，因此，每种树的树支数为

$$b_t = n - 1 \tag{14-1}$$

除树支外的支路都是连支，所以，连支数为

$$b_l = b - b_t = b - (n - 1) \tag{14-2}$$

(6)平面图与非平面图　　如果把一个图画在平面上，它的各条支路除了相交于节点外，不再交叉，这样的图称为平面图(planar graph)。反之，对于一个图，若保持连接关系不变，无论如何改画，总会出现支路交叉，则称为非平面图。如图 14-5a、b 为平面图，而图 14-5c 为非平面图。

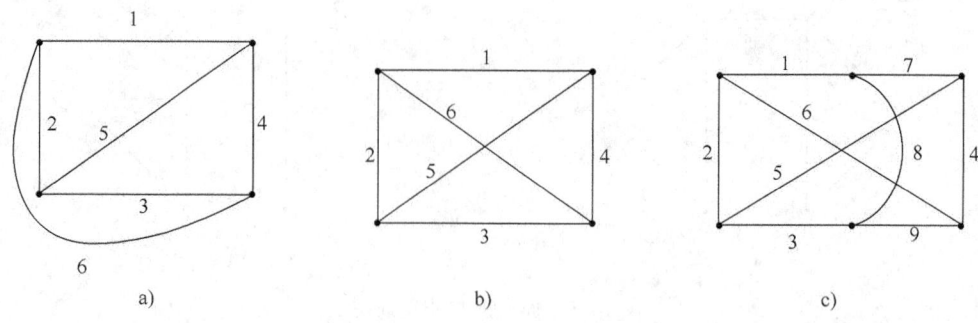

图 14-5　平面图与非平面图

(7)回路与网孔　　回路(loop)是原图的一个连通子图，每个节点只与两条支路相连接。也就是说，从子图中的任一节点出发，沿着某条路径绕一圈，然后回到该节点，中间过程不重复经过任何节点，所经过的支路和节点组成一个回路。如图 14-5a 所示，支路(1，2，5)、(2，3，6)、(3，4，5)、(1，4，6)、(1，5，3，6)和(1，2，3，4)等都是回路。

平面图的支路把平面分成若干个区域，每个区域就是一个自然的孔，称为网孔(mesh)，网孔内部不再含有任何支路。如图 14-5a 中，支路(1，2，5)、(2，3，6)和(3，4，5)是网孔，(1，4，6)、(1，5，3，6)和(1，2，3，4)则不是网孔。需要注意的是，网孔肯定是回路，但回路不一定是网孔。一个平面图的网孔数 m 与其支路数 b 和节点数 n 之间的关系为

$$m = b - (n - 1) \tag{14-3}$$

连通图 G 的树支连接所有节点且不形成回路，对任意一个树，若加入一个连支，则会形成一个回路，并且此回路除所加连支外均由树支组成，这样的回路称为单连支回路或基本回路(fundamental loop)。如图 14-6a 所示图 G，取支路(1，2，3)为树，如图 14-6b 所示，对应于这个树的基本回路是(1，2，6)、(1，3，4)和(1，2，3，5)，如图 14-6c~e 所示。每个基本回路均只含一个连支，且这个连支不出现在其他基本回路中，这些回路构成一个基本回路组，且为独立回路组。但独立回路不一定是基本回路。对节点数为 n，支路数为 b 的连通图，其独立回路数等于连支数，即

$$l = b - (n - 1) \tag{14-4}$$

根据基本回路列出的 KVL 方程组是独立方程组。以图 14-6 为例，分别列出图 14-6c~e 所示三个基本回路的 KVL 方程为

$$u_1 + u_4 - u_3 = 0$$
$$u_1 + u_2 - u_5 - u_3 = 0$$
$$u_1 + u_2 - u_6 = 0$$

由于这三个基本回路中分别含有 4、5 和 6 这三条不同的支路，它们各自的 KVL 方程中就相应的含有 u_4、u_5 和 u_6 这三个不同的参数，因此，它们的 KVL 方程为独立方程组，即 KVL 方程的独立数为 $b - (n - 1)$ 个。

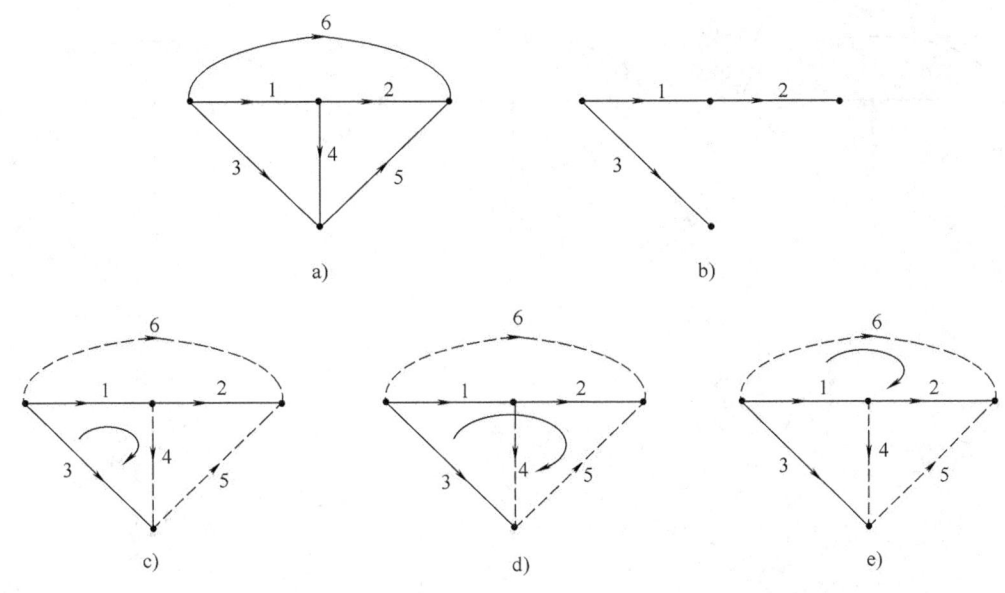

图 14-6 基本回路

综上所述，KVL 方程的独立数、基本回路数、连支数和网孔数的数目均为 $b-(n-1)$，读者一定要牢记这个结论。

(8) 割集　割集(cut set)是连通图 G 的一个支路集合，把这些支路移去(支路两端的节点仍保留)后，将使 G 被分割成两部分，若少移去其中任一支路，图仍然是连通的。对于图 14-7a 所示连通图，支路集合(1, 3, 6)、(1, 2, 4)、(2, 5, 6)、(3, 4, 5) 和 (1, 2, 3, 5) 都是它的割集，如图 14-7b ~ f 中虚线所示的支路。而 (1, 2, 3, 4) 不是割集，因为少移走支路 3，G 仍被分割成两部分；(1, 2, 3, 5, 6) 也不是割集，因为移走这些支路后，G 被分割成三部分。

在确定割集时，通常是在连通图 G 上作闭合面，使闭合面包围一个或几个节点，与闭合面相切割的所有支路即可构成一个割集。图 14-7 用虚线圈出了闭合面与割集支路相切割的情况，移走这些支路，正好可以保证将图 G 分割成圈内和圈外两部分。

KCL 方程不仅可以针对节点来列写，还适用于任何一个闭合面，所以，对图 14-7 所示的割集都可以列写 KCL 方程，即割集数与 KCL 方程的个数相等，但这些方程不一定是独立的。对应一组线性独立的 KCL 方程的割集称为独立割集。

前面介绍了用树来确定独立回路，类似的，也可以采用树来确定独立割集。

对于一个连通图，任选一个树，则其连支不能构成割集，因为把连支移走后，剩下的都是树支，图仍然是连通的。但是，若能移走一条树支和一些相应的连支，则可构成割集，因为把树支移走后，就把树分割成了两部分。如图 14-8a 所示连通图，仍然选 (1, 2, 3) 为树，若每次将一条树支和相应连支移走，则可把图分割成两部分，如图 14-8c ~ e 所示。这种由一条树支与相应的连支组成的割集称为单树支割集或基本割集(fundamental cut set)。

对节点数为 n，支路数为 b 的连通图，其树支数为 $n-1$，因此，它有 $n-1$ 个单树支割集，称为基本割集组。基本割集组是独立割集组，但是独立割集不一定是单树支割集。根据 $n-1$ 个单树支割集列出的 KCL 方程肯定是独立方程组。

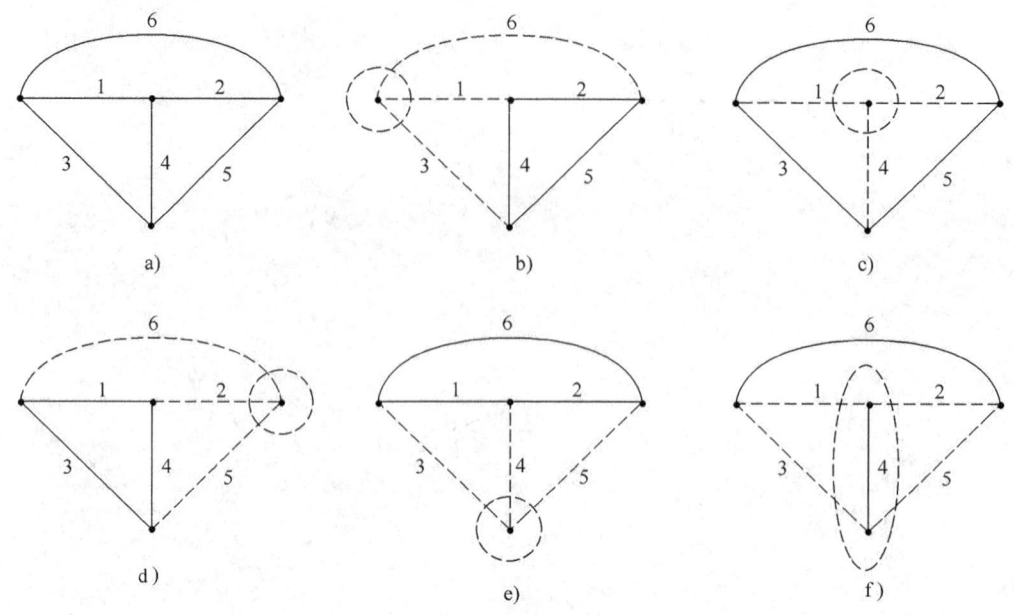

图 14-7 割集的定义

综上所述,KCL 方程的独立数、基本割集数与树支数均为 $n-1$ 个。

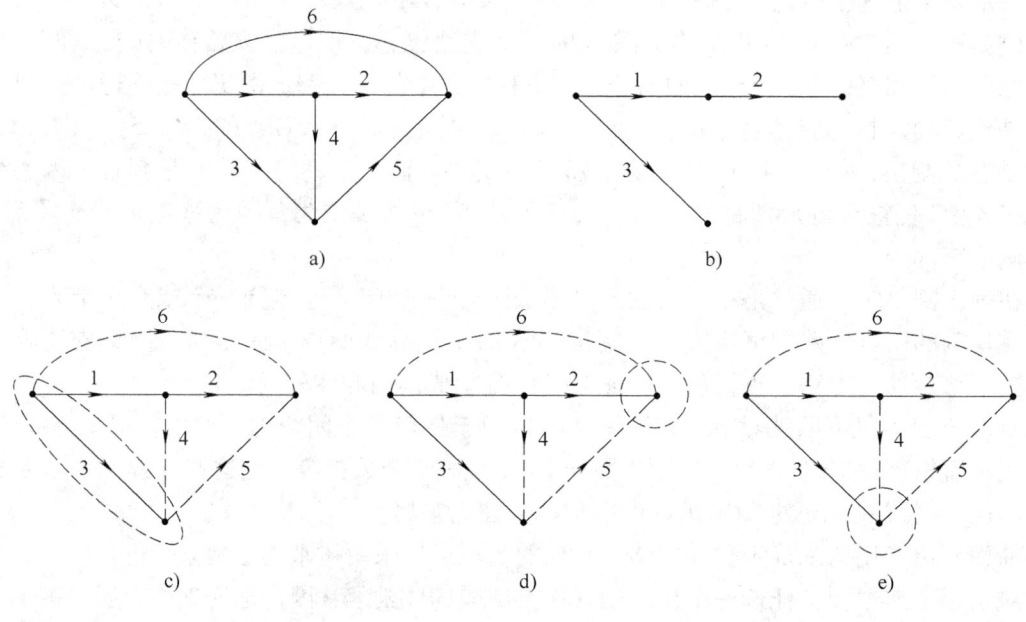

图 14-8 基本割集

14.2 有向图的矩阵表示

在本书前几章已经介绍过回路法和节点电压法等分析电路的方法。当电路结构较简单,支路和节点较少时,可用观察法列写方程。但是在大规模、复杂的电网络中,为了便于用计算机辅助进行电路分析和解方程,有必要将这些方程用矩阵形式来表示。

抛开元件的性质，将电路图用其拓扑结构来描述，并给每条支路标上参考方向，即成为该电路的有向图。有向图的性质可用关联矩阵、回路矩阵和割集矩阵来描述，以下对这些矩阵分别进行介绍。

1. 关联矩阵

若一条支路与某两个节点相连，则称该支路与这两个节点相关联，其关联性质可用矩阵来描述。对于 n 个节点 b 条支路的有向图，把所有节点与支路分别进行编号，则该矩阵有 n 行 b 列，即 $n \times b$ 个元素。将矩阵记为 $\boldsymbol{A}_a$，它的行对应节点，列对应支路，并对矩阵第 j 行第 k 列的元素 a_{jk} 作如下规定：

1) $a_{jk} = +1$，表示支路 k 与节点 j 关联，且参考方向背离节点；
2) $a_{jk} = -1$，表示支路 k 与节点 j 关联，且参考方向指向节点；
3) $a_{jk} = 0$，表示支路 k 与节点 j 无关联。

矩阵 $\boldsymbol{A}_a$ 充分反映了节点与支路的关联情况。如图 14-9 所示，按照上述规定，可将该有向图各节点与支路的关系用矩阵表示为

$$\boldsymbol{A}_a = \begin{array}{c} \\ 1 \\ 2 \\ 3 \\ 4 \end{array} \begin{pmatrix} 1 & 2 & 3 & 4 & 5 & 6 \\ 1 & 0 & 1 & 0 & 1 & 0 \\ -1 & 1 & 0 & 0 & 0 & -1 \\ 0 & -1 & 0 & -1 & -1 & 0 \\ 0 & 0 & -1 & 1 & 0 & 1 \end{pmatrix}$$

为了分析直观，矩阵中标出了与行和列分别对应的节点和支路的编号。该矩阵每列都只含有两个非零元素，且分别为 $+1$ 和 -1。因为每列所对应的支路仅有两个端点，该支路的方向必然背离某个节点，而指向另一节点。

如果把该矩阵所有行的元素按列相加，则得到全零的行，即 $\boldsymbol{A}_a$ 的行不是彼此独立的，它的任一行必能从其他 $n-1$ 行导出。如果把 $\boldsymbol{A}_a$ 中的任一行划去，剩下的 $(n-1) \times b$ 矩阵用 $\boldsymbol{A}$ 来表示，矩阵 $\boldsymbol{A}$ 同样能充分描述有向图的连接关系，矩阵 $\boldsymbol{A}$ 称为降价关联矩阵，简称为关联矩阵（incidence matrix）。被划去的行所对应的节点即为参考节点，图 14-9 中若以节点④为参考节点，把 $\boldsymbol{A}_a$ 中的第 4 行划去，可得其关联矩阵为

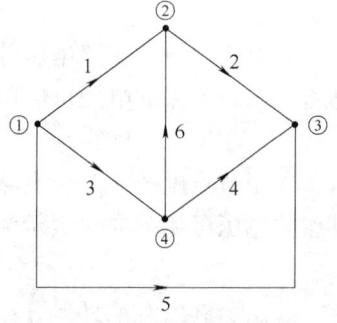

图 14-9 节点与支路的关联性质

$$\boldsymbol{A} = \begin{array}{c} \\ 1 \\ 2 \\ 3 \end{array} \begin{pmatrix} 1 & 2 & 3 & 4 & 5 & 6 \\ 1 & 0 & 1 & 0 & 1 & 0 \\ -1 & 1 & 0 & 0 & 0 & -1 \\ 0 & -1 & 0 & -1 & -1 & 0 \end{pmatrix}$$

关联矩阵 $\boldsymbol{A}$ 的每一行都是独立的，即行与行之间是线性无关的，矩阵 $\boldsymbol{A}$ 的秩等于矩阵的行数 $n-1$。关联矩阵可以由给定的有向图得出，同样的，当给定关联矩阵 $\boldsymbol{A}$ 后，也可画出它所对应的有向图。根据对矩阵元素 a_{jk} 的定义可知，关联矩阵的每一行反映了该节点的电流平衡关系式，因此，$\boldsymbol{A}$ 中线性独立的 $n-1$ 行分别代表了网络中 $n-1$ 个节点的电流平衡关系。

设网络各支路电流为 $i_1, i_2, \cdots, i_b$，支路电流方向与有向图支路参考方向一致，则电路中 b 条支路的电流可以用一个 b 阶列向量来表示，即

$$i = (i_1 \quad i_2 \quad \cdots \quad i_b)^T$$

若用矩阵 A 左乘该电流向量，则乘积为 $n-1$ 阶列向量，且有 $Ai = 0$，即

$$Ai = \begin{pmatrix} \text{节点 1 上的} \sum i \\ \text{节点 2 上的} \sum i \\ \cdots \\ \text{节点}(n-1) \text{ 上的} \sum i \end{pmatrix} = 0 \tag{14-5}$$

式(14-5)称为用关联矩阵表示的矩阵形式的 KCL 方程，也可以称为矩阵形式的基尔霍夫电流定律。例如，列出图 14-9 的矩阵形式的 KCL 方程为

$$Ai = \begin{pmatrix} 1 & 0 & 1 & 0 & 1 & 0 \\ -1 & 1 & 0 & 0 & 0 & -1 \\ 0 & -1 & 0 & -1 & -1 & 0 \end{pmatrix} \begin{pmatrix} i_1 \\ i_2 \\ i_3 \\ i_4 \\ i_5 \\ i_6 \end{pmatrix} = \begin{pmatrix} i_1 + i_3 + i_5 \\ -i_1 + i_2 - i_6 \\ -i_2 - i_4 - i_5 \end{pmatrix} = \begin{pmatrix} 0 \\ 0 \\ 0 \end{pmatrix}$$

可见，Ai 的乘积列向量也就是这 $n-1$ 个节点的 KCL 方程。

在正弦稳态交流电路中，矩阵形式的基尔霍夫电流定律可表示为

$$Ai = 0$$

类似的，设各支路电压分别为 u_1，u_2，$\cdots$，u_b，支路电压方向与支路参考方向一致，则电路中 b 条支路的电压可以用一个 b 阶列向量来表示，即

$$u = (u_1 \quad u_2 \quad \cdots \quad u_b)^T$$

在用节点电压法分析电路时，要先选取参考节点，参考节点的电压为零，其余 $n-1$ 个节点的电压可用列向量表示为

$$u_n = (u_{n1} \quad u_{n2} \quad \cdots \quad u_{n(n-1)})^T$$

若用关联矩阵的转置 A^T 左乘节点电压列向量 u_n，可得一个 b 行的列向量，该列向量即为支路电压向量 u，即

$$u = A^T u_n \tag{14-6}$$

式(14-6)反映了节点电压与支路电压之间的关系，这正是节点电压法的基本思想，可看做是用矩阵 A 表示的 KVL 方程的矩阵形式。

例如，对于图 14-9，若以节点④为参考节点，则有

$$\begin{pmatrix} u_1 \\ u_2 \\ u_3 \\ u_4 \\ u_5 \\ u_6 \end{pmatrix} = \begin{pmatrix} 1 & -1 & 0 \\ 0 & 1 & -1 \\ 1 & 0 & 0 \\ 0 & 0 & -1 \\ 1 & 0 & -1 \\ 0 & -1 & 0 \end{pmatrix} \begin{pmatrix} u_{n1} \\ u_{n2} \\ u_{n3} \end{pmatrix} = \begin{pmatrix} u_{n1} - u_{n2} \\ u_{n2} - u_{n3} \\ u_{n1} \\ -u_{n3} \\ u_{n1} - u_{n3} \\ -u_{n2} \end{pmatrix}$$

在正弦稳态交流电路中，式(14-6)的矩阵形式可表示为

$$\dot{U} = A^T \dot{U}_n$$

2. 回路矩阵

关联矩阵 A 反映了电路中节点与支路之间的连接关系，并由此建立了矩阵形式的基尔霍夫电流定律。类似的，可以用回路电流去分析电路，建立回路与支路之间的关系。若一个回路由某些支路组成，则称这些支路与该回路相关联。支路与回路的关联性质可以用回路矩阵 B_a 来描述。回路矩阵 B_a 的行对应于某一回路，列对应于某条支路，并对矩阵第 j 行第 k 列的元素 b_{jk} 作如下规定：

1) $b_{jk} = +1$，表示支路 k 包含在回路 j 中，且方向与回路绕行方向一致；
2) $b_{jk} = -1$，表示支路 k 包含在回路 j 中，且方向与回路绕行方向相反；
3) $b_{jk} = 0$，表示支路 k 不包含在回路 j 中。

矩阵 B_a 可以充分反映回路与支路的关联情况。但对于某一电路，可以选择许多不同的回路，选取正确合适的独立回路是关键。如图 14-10a 所示的有向图，可选择 7 个不同回路，那么矩阵 B_a 就会出现 7 个不同的行，这样列出的矩阵中的行肯定是线性相关的。

在电路分析中，建立回路方程时，只有一组线性独立的回路方程才有意义。根据上节内容，独立回路可以选取单连支回路。选择单连支回路来建立的回路矩阵，称为基本回路矩阵 (fundamental loop matrix)，用 B_f 来表示。

如图 14-10a 所示网络，若选取支路 (1, 2, 6) 作为树（树枝与连支分别用实线和虚线表示），其三个基本回路分别如图 14-10b~d 所示。可以写出它的基本回路矩阵为

$$B_f = \begin{matrix} & 1 & 2 & 3 & 4 & 5 & 6 \\ 1 \\ 2 \\ 3 \end{matrix} \begin{pmatrix} 1 & 0 & 1 & 0 & 0 & -1 \\ 0 & -1 & 0 & 1 & 0 & -1 \\ -1 & -1 & 0 & 0 & 1 & 0 \end{pmatrix}$$

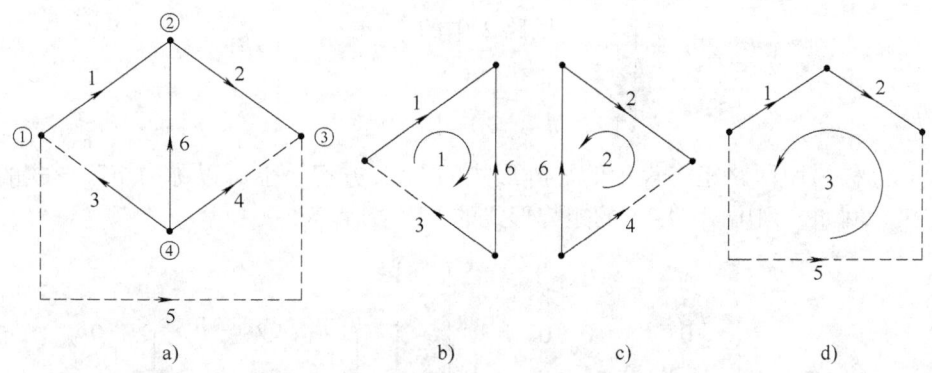

图 14-10 回路与支路的关联性质

基本回路矩阵为 $b-(n-1)$ 行 b 列的矩阵。在编写矩阵时，若将连支排在左边列，树支排在右边列，矩阵可改写为

$$B_f = \begin{matrix} & 3 & 4 & 5 & 1 & 2 & 6 \\ 1 \\ 2 \\ 3 \end{matrix} \begin{pmatrix} 1 & 0 & 0 & 1 & 0 & -1 \\ 0 & 1 & 0 & 0 & -1 & -1 \\ 0 & 0 & 1 & -1 & -1 & 0 \end{pmatrix}$$

这样建立的基本回路矩阵 B_f 的左边列是与连支对应的 $b-(n-1)$ 阶的单位阵，可记为 I_l；右边列是与树支对应的子矩阵，记为 B_t，即

$$B_f = (I_l \vdots B_t) \tag{14-7}$$

式中，下标 l 和 t 分别表示与连支和树支对应的部分。显然，基本回路矩阵 B_f 是满秩矩阵，其秩为 $b-(n-1)$，等于连支数目。

对于平面电路，另一种选取独立回路的方法是选择网孔回路，由网孔回路建立的回路矩阵称为网孔矩阵，用 B_m 来表示。如图 14-11 所示的网络，可列出其网孔回路矩阵为

$$B_m = \begin{matrix} & 1 & 2 & 3 & 4 & 5 & 6 \\ 1 & \begin{pmatrix} 1 & 0 & 1 & 0 & 0 & -1 \\ 2 & 0 & 1 & 0 & -1 & 0 & 1 \\ 3 & 0 & 0 & -1 & 1 & -1 & 0 \end{pmatrix} \end{matrix}$$

回路矩阵的每一行元素反映了该回路中所包含的支路及其参考方向。设各支路电压分别为 $u_1, u_2, \cdots, u_b$，支路电压方向与支路参考方向一致，则电路中 b 条支路的电压可以用一个 b 阶列向量来表示，即

$$u = (u_1 \quad u_2 \quad \cdots \quad u_b)^T$$

若用基本回路矩阵 B_f 左乘该电压向量 u，可得含 $b-(n-1)$ 个元素的列向量，其中每一行包含了该回路中所有支路电压的代数和。由基尔霍夫电压定律可知，$B_f u = 0$。类似的，若用网孔矩阵 B_m 左乘该电压向量 u，可得 $B_m u = 0$。因此，各回路与支路电压之间的关系满足

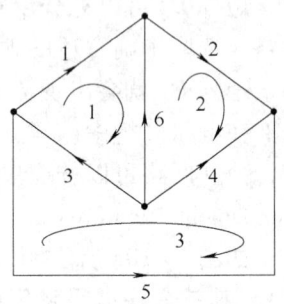

图 14-11 网孔回路与支路的关联性质

$$Bu = \begin{pmatrix} \text{回路 1 中的 } \sum u \\ \text{回路 2 中的 } \sum u \\ \cdots \\ \text{回路 } b-(n-1) \text{ 中的 } \sum u \end{pmatrix} = 0 \tag{14-8}$$

式(14-8)称为用回路矩阵表示的矩阵形式的 KVL 方程，也可以称为矩阵形式的基尔霍夫电压定律。例如，列出图 14-11 的矩阵形式的 KVL 方程为

$$Bu = \begin{pmatrix} 1 & 0 & 1 & 0 & 0 & -1 \\ 0 & -1 & 0 & 1 & 0 & -1 \\ -1 & -1 & 0 & 0 & 1 & 0 \end{pmatrix} \begin{pmatrix} u_1 \\ u_2 \\ u_3 \\ u_4 \\ u_5 \\ u_6 \end{pmatrix} = \begin{pmatrix} u_1 + u_3 - u_6 \\ -u_2 + u_4 - u_6 \\ -u_1 - u_2 + u_5 \end{pmatrix} = \begin{pmatrix} 0 \\ 0 \\ 0 \end{pmatrix}$$

可见，Bu 的乘积列向量也就是这 $b-(n-1)$ 个回路的 KVL 方程。

在正弦稳态交流电路中，矩阵形式的基尔霍夫电流定律可表示为

$$B\dot{U} = 0$$

类似的，各独立回路的电流可用一个 $b-(n-1)$ 阶列向量来表示，即

$$\boldsymbol{i}_1 = (i_{l1}, i_{l2}, \cdots, i_{l(b-n+1)})^{\mathrm{T}}$$

若用回路矩阵的转置 $\boldsymbol{B}^{\mathrm{T}}$ 左乘 $\boldsymbol{i}_1$ 后，可得一个 b 行的列向量，该向量的每一行恰为流过该支路的所有回路电流的代数和，且回路电流方向与支路方向一致时为正，反之为负。由回路电流法可知，该列向量即为支路电流向量 $\boldsymbol{i}$，即

$$\boldsymbol{i} = \boldsymbol{B}^{\mathrm{T}} \boldsymbol{i}_1 \tag{14-9}$$

式(14-9)反映了回路电流与支路电流之间的关系，这正是回路电流法的基本思想，可看做是用矩阵 $\boldsymbol{B}$ 表示的 KCL 方程的矩阵形式。

例如，对于图14-10a，若选取支路(1，2，6)作为树，则有

$$\begin{pmatrix} i_1 \\ i_2 \\ i_3 \\ i_4 \\ i_5 \\ i_6 \end{pmatrix} = \begin{pmatrix} 1 & 0 & -1 \\ 0 & -1 & -1 \\ 1 & 0 & 0 \\ 0 & 1 & 0 \\ 0 & 0 & 1 \\ -1 & -1 & 0 \end{pmatrix} \begin{pmatrix} i_{l1} \\ i_{l2} \\ i_{l3} \end{pmatrix} = \begin{pmatrix} i_{l1} - i_{l3} \\ -i_{l2} - i_{l3} \\ i_{l1} \\ i_{l2} \\ i_{l3} \\ -i_{l1} - i_{l2} \end{pmatrix}$$

在正弦稳态交流电路中，式(14-6)的矩阵形式可表示为

$$\dot{\boldsymbol{I}} = \boldsymbol{B}^{\mathrm{T}} \dot{\boldsymbol{I}}_1$$

3. 割集矩阵

若一个割集由某些支路构成，则称这些支路与该割集关联。支路与割集的关联性质可用割集矩阵来描述。对于 n 个节点 b 条支路的有向图，独立割集数为 $(n-1)$。将所有支路和基本割集都加以编号，并指定一个割集方向(移去割集的所有支路，G 被分离为两部分后，从其中一部分指向另一部分的方向，即为割集的方向，每一个割集只有两个可能的方向)，则割集矩阵为一个 $(n-1) \times b$ 的矩阵。将矩阵记为 $\boldsymbol{Q}$，它的行对应着割集号，列对应支路，并对矩阵第 j 行第 k 列的元素 q_{jk} 作如下规定：

1) $q_{jk} = +1$，表示支路 k 与割集 j 关联，且方向一致；
2) $q_{jk} = -1$，表示支路 k 与割集 j 关联，且方向相反；
3) $q_{jk} = 0$，表示支路 k 与割集 j 无关联。

这样建立的矩阵 $\boldsymbol{Q}$ 称为割集矩阵。但对于某一电路，可以选择许多不同的割集，而只有一组独立的割集电压方程才有意义。因此，与选择独立回路相类似，常选单树支割集作为一组独立的割集来建立割集矩阵。用单树支割集建立的割集矩阵称为基本割集矩阵(fundamental cut set matrix)，用 $\boldsymbol{Q}_{\mathrm{f}}$ 来表示。

如图 14-12a 所示网络，若选取支路(1，2，3)作为树，可作出单树支割集及方向如图 14-12c~e 所示。由于基本割集为单树支割集，所以，可以直接将树支的参考方向选取为割集的方向。写出其基本割集矩阵为

$$\boldsymbol{Q}_{\mathrm{f}} = \begin{matrix} & \begin{matrix} 1 & 2 & 3 & 4 & 5 & 6 \end{matrix} \\ \begin{matrix} 1 \\ 2 \\ 3 \end{matrix} & \begin{pmatrix} 1 & 0 & 0 & -1 & 1 & 1 \\ 0 & 1 & 0 & 0 & 1 & 1 \\ 0 & 0 & 1 & 1 & -1 & 0 \end{pmatrix} \end{matrix}$$

基本割集矩阵为 $n-1$ 行 b 列的矩阵。在编写矩阵时，若将 $n-1$ 条树支依次排列在对应

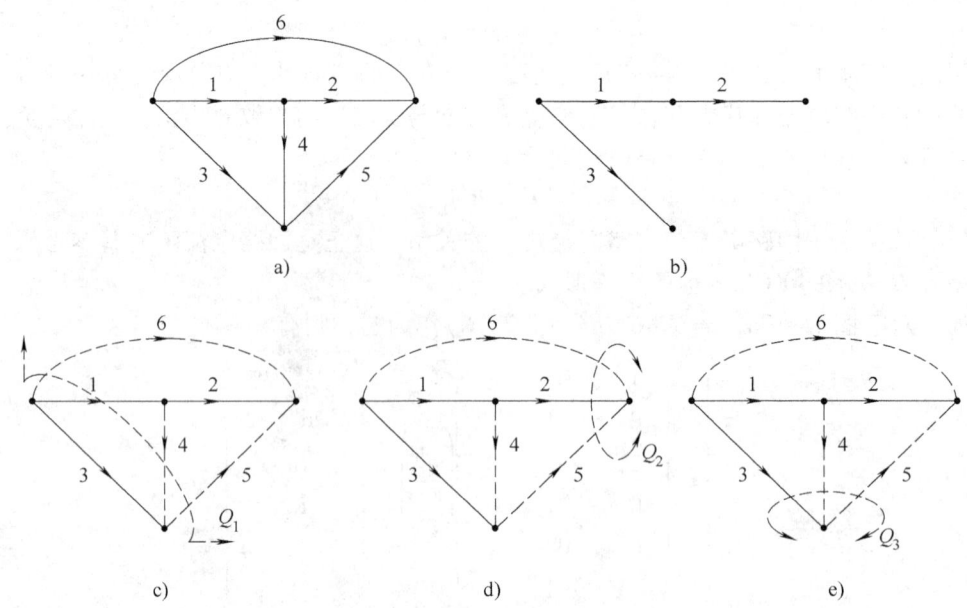

图 14-12 割集与支路的关联性质

于 Q_f 的左边 $n-1$ 列,连支排在右边列,取每一单树支割集的序号与相应树支编号相同,且割集方向与相应树支方向一致,这样建立的基本割集矩阵的左边列是与树支对应的 $n-1$ 阶的单位阵,记为 I_t,右边列是与连支对应的子矩阵,记为 Q_l,即

$$Q_f = (I_t \vdots Q_l) \tag{14-10}$$

式中,下标 t 和 l 分别表示与树支和连支对应的部分。基本割集矩阵 Q_f 是满秩矩阵,其秩为 $n-1$,等于树支数目。

在割集矩阵中,每一行元素反映了穿过该割集表面的所有支路及其方向。割集可以看成是一个广义的节点,属于一个割集的所有支路电流的代数和等于零。若用 Q_f 左乘支路电流列向量 i,则其乘积的每一行之和恰为穿过该割集表面的支路电流的代数和。由基尔霍夫定律可知,任一广义节点(割集所包围的部分)的电流代数和为零,因此,有

$$Q_f i = 0 \tag{14-11}$$

式(14-11)即为广义节点的矩阵形式的基尔霍夫电流定律。

例如,对于图 14-12a 所示有向图,根据图示的基本割集,可以列出用矩阵 Q_f 表示的矩阵形式的 KCL 方程为

$$Q_f i = \begin{pmatrix} 1 & 0 & 0 & -1 & 1 & 1 \\ 0 & 1 & 0 & 0 & 1 & 1 \\ 0 & 0 & 1 & 1 & -1 & 0 \end{pmatrix} \begin{pmatrix} i_1 \\ i_2 \\ i_3 \\ i_4 \\ i_5 \\ i_6 \end{pmatrix} = \begin{pmatrix} i_1 - i_4 + i_5 + i_6 \\ i_2 + i_5 + i_6 \\ i_3 + i_4 - i_5 \end{pmatrix} = \begin{pmatrix} 0 \\ 0 \\ 0 \end{pmatrix}$$

类似于节点电压,电路中 $n-1$ 个树支电压可用 $n-1$ 阶列向量表示为

$$u_t = (u_{t1} \quad u_{t2} \quad \cdots \quad u_{t(n-1)})^T$$

若选择单树支割集为基本割集，则树支电压即为割集电压。所以，列向量 u_t 即为该单树支割集组的割集电压列向量。若用基本割集矩阵的转置 Q_f^T 左乘该割集电压列向量 u_t，可得一个 b 行的列向量，该列向量即为支路电压向量 u，即

$$u = Q_f^T u_t \tag{14-12}$$

式(14-12)反映了树支电压（割集电压）与支路电压之间的关系，这正是后面将要介绍的割集电压法的基本思想。

例如，对于图 14-12a 所示有向图，选图示单树支割集为基本割集，则割集电压列向量为

$$u_t = (u_{t1} \quad u_{t2} \quad u_{t3})^T$$

所以，由式(14-12)得

$$\begin{pmatrix} u_1 \\ u_2 \\ u_3 \\ u_4 \\ u_5 \\ u_6 \end{pmatrix} = \begin{pmatrix} 1 & 0 & 0 \\ 0 & 1 & 0 \\ 0 & 0 & 1 \\ -1 & 0 & 1 \\ 1 & 1 & -1 \\ 1 & 1 & 0 \end{pmatrix} \begin{pmatrix} u_{t1} \\ u_{t2} \\ u_{t3} \end{pmatrix} = \begin{pmatrix} u_{t1} \\ u_{t2} \\ u_{t3} \\ -u_{t1}+u_{t3} \\ u_{t1}+u_{t2}-u_{t3} \\ u_{t1}+u_{t2} \end{pmatrix}$$

14.3 矩阵 A、B_f、Q_f 之间的关系

对于同一个电路，若保持各支路、节点的编号及其方向均不变时，列写出的关联矩阵、回路矩阵和割集矩阵之间存在着一定的联系。

对于任一个连通图 G，由于 $u = A^T u_n$，且 $Bu = 0$，当支路排列顺序相同时，两式中的 u 完全相同，所以有

$$Bu = BA^T u_n = 0$$

可得，矩阵 A 和 B 的关系为

$$AB^T = 0 \quad \text{或} \quad BA^T = 0 \tag{14-13}$$

类似的，当支路排列顺序相同时，矩阵 Q 和 B 之间有如下关系

$$QB^T = 0 \quad \text{或} \quad BQ^T = 0 \tag{14-14}$$

选择连通图 G 的一个树，按照先树支，后连支的相同支路顺序排列，分别写出 A、B_f 和 Q_f 这三个矩阵，且它们的形式如下

$$A = (A_t \quad \vdots \quad A_l), B_f = (B_t \quad \vdots \quad 1_l), Q_f = (1_t \quad \vdots \quad Q_l)$$

由于

$$AB_f^T = (A_t \quad \vdots \quad A_l)\begin{pmatrix} B_t^T \\ 1_l \end{pmatrix} = 0$$

所以

$$A_t B_t^T + A_l = 0 \quad \text{或} \quad B_t^T = -A_t^{-1} A_l \tag{14-15}$$

同理，根据

$$Q_f B_f^T = (1_t \quad \vdots \quad Q_l)\binom{B_t^T}{1_l} = 0$$

可得

$$B_t^T + Q_l = 0 \quad \text{或} \quad Q_l = -B_t^T = A_t^{-1} A_l \tag{14-16}$$

14.4 回路电流方程的矩阵形式

在列矩阵形式的电路方程时，必须有一组支路约束方程。因此需要规定一条支路的结构和内容，通常可采用"复合支路"，如图14-13所示。

图14-13中，下标 k 表示第 k 条支路；$\dot{U}_{sk}$ 和 $\dot{I}_{sk}$ 分别表示独立电压源和独立电流源；Z_k（或 Y_k）表示阻抗（或导纳），且规定它只能是单一的电阻、电感或电容，而不能是它们的组合，即

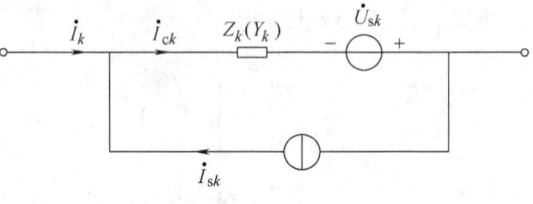

图 14-13 复合支路

$$Z_k = \begin{cases} R_k \\ j\omega L_k \\ 1/j\omega C_k \end{cases}$$

"复合支路"规定了一条支路最多可以包含的不同元件数及其连接方式，但并不表示每条支路都必须包含这些元件。另外，图14-13所示的复合支路是用相量形式画出的，若要用运算法分析电路，也可以采用相应的运算模型。

下面分三种不同情况推导整个电路的支路方程的矩阵形式。

（1）当电路中无受控源，且电感之间无耦合时，对于第 k 条支路有

$$\dot{U}_k = Z_k(\dot{I}_k + \dot{I}_{sk}) - \dot{U}_{sk} \tag{14-17}$$

假设

$\dot{U}_s = (\dot{U}_{s1} \quad \dot{U}_{s2} \quad \cdots \quad \dot{U}_{sb})^T$，表示支路电压源的电压列向量；

$\dot{I}_s = (\dot{I}_{s1} \quad \dot{I}_{s2} \quad \cdots \quad \dot{I}_{sb})^T$，表示支路电流源的电流列向量；

$\dot{U} = (\dot{U}_1 \quad \dot{U}_2 \quad \cdots \quad \dot{U}_b)^T$，表示支路电压列向量；

$\dot{I} = (\dot{I}_1 \quad \dot{I}_2 \quad \cdots \quad \dot{I}_b)^T$，表示支路电流列向量；

则对整个电路有

$$\begin{pmatrix} \dot{U}_1 \\ \dot{U}_2 \\ \vdots \\ \dot{U}_b \end{pmatrix} = \begin{pmatrix} Z_1 & & & 0 \\ & Z_2 & & \\ & & \ddots & \\ 0 & & & Z_b \end{pmatrix} \begin{pmatrix} \dot{I}_1 + \dot{I}_{s1} \\ \dot{I}_2 + \dot{I}_{s2} \\ \vdots \\ \dot{I}_b + \dot{I}_{sb} \end{pmatrix} - \begin{pmatrix} \dot{U}_{s1} \\ \dot{U}_{s2} \\ \vdots \\ \dot{U}_{sb} \end{pmatrix}$$

即
$$\dot{U} = Z(\dot{I} + \dot{I}_s) - \dot{U}_s \tag{14-18}$$

式中，Z 称为支路阻抗矩阵，它是一个对角阵。

(2) 当电路中无受控电压源，但电感之间含有耦合时，还应考虑互感的作用。

假设第 $1 \sim g$ 条支路互相之间均有耦合，则支路电压与支路电流之间的关系可用矩阵形式表示为

$$\begin{pmatrix} \dot{U}_1 \\ \dot{U}_2 \\ \vdots \\ \dot{U}_g \\ \dot{U}_h \\ \vdots \\ \dot{U}_b \end{pmatrix} = \begin{pmatrix} Z_1 & \pm j\omega M_{12} & \cdots & \pm j\omega M_{1g} & 0 & \cdots & 0 \\ \pm j\omega M_{21} & Z_2 & \cdots & \pm j\omega M_{2g} & 0 & \cdots & 0 \\ \vdots & \vdots & \ddots & \vdots & \vdots & & \vdots \\ \pm j\omega M_{g1} & \pm j\omega M_{g2} & \cdots & \pm Z_g & 0 & \cdots & 0 \\ 0 & 0 & \cdots & 0 & Z_h & \cdots & 0 \\ \vdots & \vdots & & \vdots & \vdots & \ddots & \vdots \\ 0 & 0 & \cdots & 0 & 0 & \cdots & Z_b \end{pmatrix} \begin{pmatrix} \dot{I}_1 + \dot{I}_{s1} \\ \dot{I}_2 + \dot{I}_{s2} \\ \vdots \\ \dot{I}_g + \dot{I}_{sg} \\ \dot{I}_h + \dot{I}_{sh} \\ \vdots \\ \dot{I}_b + \dot{I}_{sb} \end{pmatrix} - \begin{pmatrix} \dot{U}_{s1} \\ \dot{U}_{s2} \\ \vdots \\ \dot{U}_{sg} \\ \dot{U}_{sh} \\ \vdots \\ \dot{U}_{sb} \end{pmatrix}$$

即
$$\dot{U} = Z(\dot{I} + \dot{I}_s) - \dot{U}_s$$

式中，支路阻抗矩阵 Z 的主对角线元素为各支路阻抗，其他元素是相应的支路之间的互阻抗。

(3) 当电路中含有与无源元件串联的受控电压源，且第 k 条支路中含有受控电压源，并受第 j 条支路中无源元件上的电压或电流的控制时，复合支路如图 14-14 所示。图中 $\dot{U}_{dk}$ 表示受控电压源。

同样可得支路方程的矩阵形式仍为
$$\dot{U} = Z(\dot{I} + \dot{I}_s) - \dot{U}_s$$

此时，支路阻抗矩阵 Z 的非主对角线元素将可能是与受控电压源的控制系数有关的参数。

根据 KCL 和 KVL 方程的矩阵形式
$$\dot{I} = B^T \dot{I}_l, \quad B\dot{U} = 0$$

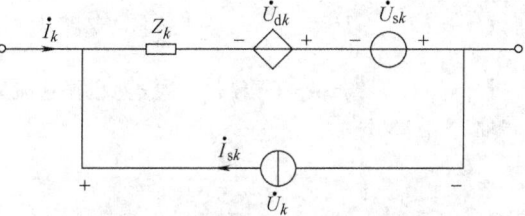

图 14-14 含受控电压源复合支路

将式(14-18)代入可得

$$B\dot{U} = B[Z(\dot{I} + \dot{I}_s) - \dot{U}_s] = B[Z(B^T \dot{I}_l + \dot{I}_s) - \dot{U}_s]$$
$$= BZB^T \dot{I}_l + BZ\dot{I}_s - B\dot{U}_s = 0$$

即
$$BZB^T \dot{I}_l = B\dot{U}_s - BZ\dot{I}_s \tag{14-19}$$

式(14-19)即为回路电流方程的矩阵形式。由于 BZ 的乘积为 l 行 b 列的矩阵,所以乘积 BZB^T 是一个 l 阶的方阵,乘积 $B\dot{U}_s$ 和 $BZ\dot{I}_s$ 都是 l 阶列向量。设 $Z_l = BZB^T$,Z_l 称为回路阻抗矩阵。

14.5 节点电压方程的矩阵形式

在列写矩阵形式的回路电流方程时,必须选择一组独立回路,一般用基本回路组,选树来处理。而实际的复杂电路,独立节点数往往少于独立回路数,多采用节点法。对于节点电压法,可采用图 14-15 所示的复合支路。

图 14-15 中,下标 k 表示第 k 条支路;$\dot{U}_{sk}$ 和 $\dot{I}_{sk}$ 分别表示独立电压源和独立电流源;$\dot{I}_{dk}$ 表示受控电流源;Y_k(或 Z_k)表示导纳(或阻抗),且只能是单一的电阻、电感或电容。

下面分三种不同情况推导整个电路的支路方程的矩阵形式。

(1)当电路中无受控电流源(即 $\dot{I}_{dk}=0$),且电感之间无耦合时,对于第 k 条支路有

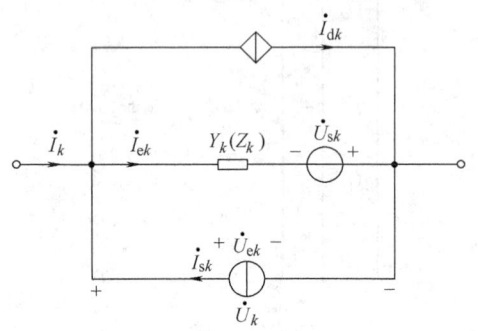

图 14-15 复合支路

$$\dot{I}_k = Y_k \dot{U}_{ek} - \dot{I}_{sk} = Y_k(\dot{U}_k + \dot{U}_{sk}) - \dot{I}_{sk}$$

假设

$\dot{U}_s = [\dot{U}_{s1} \quad \dot{U}_{s2} \quad \cdots \quad \dot{U}_{sb}]^T$,表示支路电压源的电压列向量;

$\dot{I}_s = [\dot{I}_{s1} \quad \dot{I}_{s2} \quad \cdots \quad \dot{I}_{sb}]^T$,表示支路电流源的电流列向量;

$\dot{U} = [\dot{U}_1 \quad \dot{U}_2 \quad \cdots \quad \dot{U}_b]^T$,表示支路电压列向量;

$\dot{I} = [\dot{I}_1 \quad \dot{I}_2 \quad \cdots \quad \dot{I}_b]^T$,表示支路电流列向量;

则对整个电路有

$$\begin{pmatrix} \dot{I}_1 \\ \dot{I}_2 \\ \vdots \\ \dot{I}_b \end{pmatrix} = \begin{pmatrix} Y_1 & & & 0 \\ & Y_2 & & \\ & & \ddots & \\ 0 & & & Y_b \end{pmatrix} \begin{pmatrix} \dot{U}_1 + \dot{U}_{s1} \\ \dot{U}_2 + \dot{U}_{s2} \\ \vdots \\ \dot{U}_b + \dot{U}_{sb} \end{pmatrix} - \begin{pmatrix} \dot{I}_{s1} \\ \dot{I}_{s2} \\ \vdots \\ \dot{I}_{sb} \end{pmatrix}$$

即

$$\dot{I} = Y(\dot{U} + \dot{U}_s) - \dot{I}_s \tag{14-20}$$

式中,Y 称为支路导纳矩阵,它是一个对角阵。

(2)当电路中无受控源,但电感之间含有耦合时,还需考虑互感的作用。令支路导纳矩

阵

$$Y = Z^{-1}$$

由于 $\dot{U} = Z(\dot{I} + \dot{I}_s) - \dot{U}_s$，所以有

$$Y\dot{U} = \dot{I} + \dot{I}_s - Y\dot{U}_s$$

即

$$\dot{I} = Y(\dot{U} + \dot{U}_s) - \dot{I}_s$$

该式与式(14-20)形式相同，但此时 Y 不再是对角阵。

(3) 当电路中含有受控电流源，且第 k 条支路中含有受控电流源，并受第 j 条支路中无源元件上的电压或电流的控制时，对第 k 条支路有

$$\dot{I}_k = Y_k(\dot{U}_k + \dot{U}_{sk}) + \dot{I}_{dk} - \dot{I}_{sk}$$

其中，

$$\dot{I}_{dk} = \begin{cases} g_{kj}(\dot{U}_j + \dot{U}_{sj}) & \text{(VCCS)} \\ \beta_{kj}(\dot{U}_j + \dot{U}_{sj})Y_j & \text{(CCCS)} \end{cases}$$

即

$$Y_{kj} = \begin{cases} g_{kj} \\ \beta_{kj}Y_j \end{cases}$$

所以，支路方程的矩阵形式为

$$\begin{pmatrix} \dot{I}_1 \\ \dot{I}_2 \\ \vdots \\ \dot{I}_j \\ \vdots \\ \dot{I}_k \\ \vdots \\ \dot{I}_b \end{pmatrix} = \begin{pmatrix} Y_1 & & & & & & \\ 0 & Y_2 & & & & & \\ \vdots & \vdots & \ddots & & 0 & & \\ 0 & 0 & \cdots & Y_j & & & \\ \vdots & \vdots & & \vdots & \ddots & & \\ 0 & 0 & \cdots & Y_{kj} & \cdots & Y_k & \\ \vdots & \vdots & & \vdots & & \vdots & \ddots \\ 0 & 0 & \cdots & 0 & \cdots & 0 & \cdots & Y_k \end{pmatrix} \begin{pmatrix} \dot{U}_1 + \dot{U}_{s1} \\ \dot{U}_2 + \dot{U}_{s2} \\ \vdots \\ \dot{U}_j + \dot{U}_{sj} \\ \vdots \\ \dot{U}_k + \dot{U}_{sk} \\ \vdots \\ \dot{U}_k + \dot{U}_{sb} \end{pmatrix} - \begin{pmatrix} \dot{I}_{s1} \\ \dot{I}_{s2} \\ \vdots \\ \dot{I}_{sj} \\ \vdots \\ \dot{I}_{sk} \\ \vdots \\ \dot{I}_{sb} \end{pmatrix}$$

即

$$\dot{I} = Y(\dot{U} + \dot{U}_s) - \dot{I}_s$$

该式仍与式(14-20)形式相同，只是支路的导纳矩阵 Y 发生了变化。

节点法以节点电压为变量，并列出足够的 KCL 独立方程。由于描述支路与节点关联性质的是矩阵 A，因此，这里用以 A 表示的 KCL 和 KVL 推导节点电压方程的矩阵形式。

根据 KCL 和 KVL 方程的矩阵形式

$$A\dot{I} = 0, \quad \dot{U} = A^T \dot{U}_n$$

将式(14-20)代入可得

$$A\dot{I} = A[Y(\dot{U} + \dot{U}_s) - \dot{I}_s] = A[Y(A^T\dot{U}_n + \dot{U}_s) - \dot{I}_s]$$

$$= AYA^T\dot{U}_n + AY\dot{U}_s - A\dot{I}_s = 0$$

即

$$AYA^T\dot{U}_n = A\dot{I}_s - AY\dot{U}_s \tag{14-21}$$

式(14-21)即为节点电压方程的矩阵形式。由于 AY 的乘积为 $n-1$ 行 b 列的矩阵,所以乘积 AYA^T 是一个 $n-1$ 阶的方阵,乘积 $A\dot{I}_s$ 和 $AY\dot{U}_s$ 都是 $n-1$ 阶列向量。

若设 $Y_n = AYA^T, \dot{J}_n = A\dot{I}_s - AY\dot{U}_s$,则式(14-21)可改写为

$$Y_n\dot{U}_n = \dot{J}_n \tag{14-22}$$

式中,Y_n 称为节点导纳矩阵;$\dot{J}_n$ 是由独立电源引起的注入节点的电流列向量。

例 14-1 电路如图 14-16a 所示,图中元件的下标代表支路编号,图 14-16b 是它的有向图,试列出节点电压方程的矩阵形式。

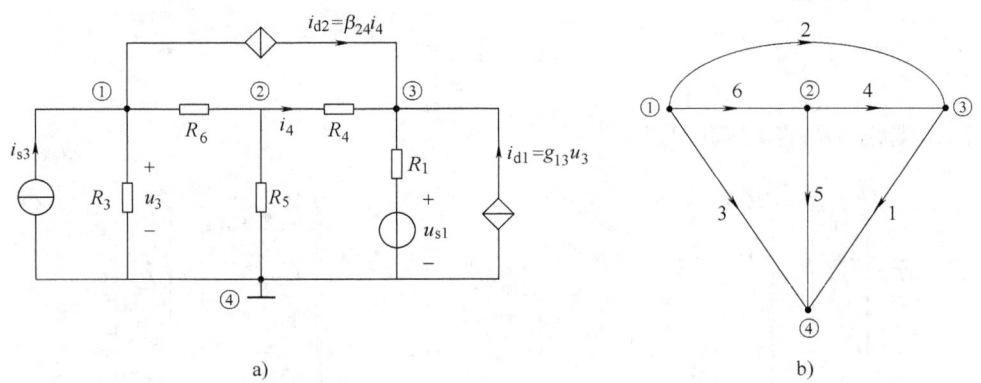

图 14-16 例 14-1 图

解:选取节点④为参考节点,则关联矩阵为

$$A = \begin{pmatrix} 0 & 1 & 1 & 0 & 0 & 1 \\ 0 & 0 & 0 & 1 & 1 & -1 \\ 1 & -1 & 0 & -1 & 0 & 0 \end{pmatrix}$$

电压源列向量为

$$\dot{U}_s = (-\dot{U}_{s1} \quad 0 \quad 0 \quad 0 \quad 0 \quad 0)^T$$

电流源列向量为

$$\dot{I}_s = (0 \quad 0 \quad \dot{I}_{s3} \quad 0 \quad 0 \quad 0)^T$$

支路导纳矩阵为

$$Y = \begin{pmatrix} \dfrac{1}{R_1} & 0 & -g_{13} & 0 & 0 & 0 \\ 0 & 0 & 0 & \dfrac{\beta_{24}}{R_4} & 0 & 0 \\ 0 & 0 & \dfrac{1}{R_3} & 0 & 0 & 0 \\ 0 & 0 & 0 & \dfrac{1}{R_4} & 0 & 0 \\ 0 & 0 & 0 & 0 & \dfrac{1}{R_5} & 0 \\ 0 & 0 & 0 & 0 & 0 & \dfrac{1}{R_6} \end{pmatrix}$$

若设节点电压列向量为

$$\dot{U}_n = (\dot{U}_{n1} \quad \dot{U}_{n2} \quad \dot{U}_{n3})^{\mathrm{T}}$$

则

$$Y_n = AYA^{\mathrm{T}} = \begin{pmatrix} \dfrac{1}{R_3} + \dfrac{1}{R_6} & \dfrac{\beta_{24}}{R_4} - \dfrac{1}{R_6} & -\dfrac{\beta_{24}}{R_4} \\ -\dfrac{1}{R_6} & \dfrac{1}{R_4} + \dfrac{1}{R_5} + \dfrac{1}{R_6} & -\dfrac{1}{R_4} \\ -g_{13} & -\dfrac{\beta_{24}+1}{R_4} & \dfrac{1}{R_1} + \dfrac{\beta_{24}+1}{R_4} \end{pmatrix}$$

$$\dot{J}_n = A\dot{I}_s - AY\dot{U}_s = \begin{pmatrix} \dot{I}_{s3} \\ 0 \\ 0 \end{pmatrix} - \begin{pmatrix} 0 \\ 0 \\ -\dfrac{\dot{U}_{s1}}{R_1} \end{pmatrix}$$

节点电压方程的矩阵形式为 $Y\dot{U}_n = \dot{J}_n$,即

$$\begin{pmatrix} \dfrac{1}{R_3} + \dfrac{1}{R_6} & \dfrac{\beta_{24}}{R_4} - \dfrac{1}{R_6} & -\dfrac{\beta_{24}}{R_4} \\ -\dfrac{1}{R_6} & \dfrac{1}{R_4} + \dfrac{1}{R_5} + \dfrac{1}{R_6} & -\dfrac{1}{R_4} \\ -g_{13} & -\dfrac{\beta_{24}+1}{R_4} & \dfrac{1}{R_1} + \dfrac{\beta_{24}+1}{R_4} \end{pmatrix} \begin{pmatrix} \dot{U}_{n1} \\ \dot{U}_{n2} \\ \dot{U}_{n3} \end{pmatrix} = \begin{pmatrix} \dot{I}_{s3} \\ 0 \\ 0 \end{pmatrix} - \begin{pmatrix} 0 \\ 0 \\ -\dfrac{\dot{U}_{s1}}{R_1} \end{pmatrix}$$

14.6 割集电压方程的矩阵形式

由前面介绍的割集的定义和公式 $u = Q_f^{\mathrm{T}} u_t$ 可知,电路中所有支路电压可以用树支电压来表示,所以,对于单树支割集构成的独立割集组,树支电压可以作为电路的独立变量。这种用割集电压作为电路的独立变量,对电路进行分析的方法称为割集电压法。

与节点电压方程的矩阵形式类似,根据图 14-15 所示复合支路,可得式(14-20)所示的支路电压与支路电流的关系,即

$$\dot{I} = Y(\dot{U} + \dot{U}_s) - \dot{I}_s$$

由于电路中各支路的电流或电压可用割集矩阵分别表示为

$$Q_f \dot{I} = 0, \quad \dot{U} = Q_f^T \dot{U}_t$$

所以,由上述三式可得

$$Q_f \dot{I} = Q_f [Y(\dot{U} + \dot{U}_s) - \dot{I}_s] = Q_f [Y(Q_f^T \dot{U}_t + \dot{U}_s) - \dot{I}_s]$$
$$= Q_f Y Q_f^T \dot{U}_t + Q_f Y \dot{U}_s - Q_f \dot{I}_s = 0$$

即

$$Q_f Y Q_f^T \dot{U}_t = Q_f \dot{I}_s - Q_f Y \dot{U}_s \tag{14-23}$$

式(14-23)即为割集电压方程的矩阵形式。显然,乘积 $Q_f Y Q_f^T$ 为 $n-1$ 阶的方阵,乘积 $Q_f \dot{I}_s$ 和 $Q_f Y \dot{U}_s$ 都为 $n-1$ 阶列向量。

设 $Y_t = Q_f Y Q_f^T$,Y_t 称为割集导纳矩阵,则割集电压方程可改写为

$$Y_t \dot{U}_t = Q_f \dot{I}_s - Q_f Y \dot{U}_s$$

割集电压法是节点电压法的推广,反之,节电电压法即为割集电压法的特殊情况。若选择独立割集组时,使每个割集均由汇集在某个相应节点上的支路构成,则割集电压法便成为节点电压法。

例 14-2 电路如图 14-17a 所示,图中储能元件均为零状态,试以运算形式写出电路割集电压方程的矩阵形式。

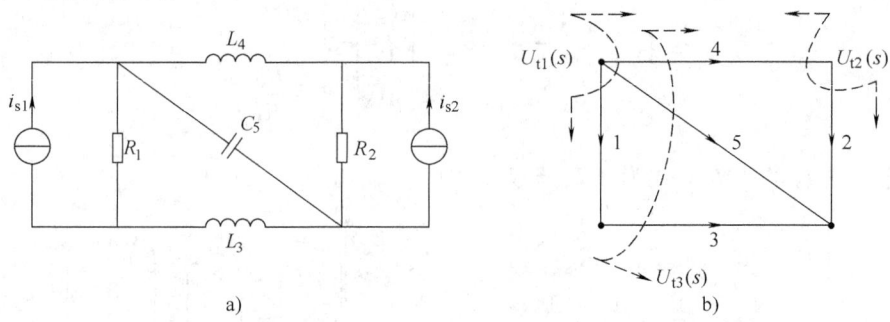

图 14-17 例 14-2 图

解:作出电路的有向图,如图 14-17b 所示。选取支路(1,2,3)为树支,并作出 3 个单树支割集,割集的方向与树支方向一致,如图中虚线所示,则树支电压 $U_{t1}(s)$、$U_{t2}(s)$ 和 $U_{t3}(s)$ 即为割集电压。

基本割集矩阵为

$$Q_f = \begin{pmatrix} 1 & 0 & 0 & 1 & 1 \\ 0 & 1 & 0 & -1 & 0 \\ 0 & 0 & 1 & 1 & 1 \end{pmatrix}$$

电压源列向量为
$$U_s(s) = 0$$
电流源列向量为
$$I_s(s) = (I_{s1}(s) \quad I_{s2}(s) \quad 0 \quad 0 \quad 0)^T$$
支路导纳矩阵为
$$Y(s) = \text{diag}\left(\frac{1}{R_1} \quad \frac{1}{R_2} \quad \frac{1}{sL_3} \quad \frac{1}{sL_4} \quad sC_5\right)$$

由式(14-23)可得,所求割集电压方程的矩阵形式为

$$\begin{pmatrix} \frac{1}{R_1}+\frac{1}{sL_4}+sC_5 & -\frac{1}{sL_4} & \frac{1}{sL_4}+sC_5 \\ -\frac{1}{sL_4} & \frac{1}{R_2}+\frac{1}{sL_4} & -\frac{1}{sL_4} \\ \frac{1}{sL_4}+sC_5 & -\frac{1}{sL_4} & \frac{1}{sL_3}+\frac{1}{sL_4}+sC_5 \end{pmatrix} \begin{pmatrix} U_{t1}(s) \\ U_{t2}(s) \\ U_{t3}(s) \end{pmatrix} = \begin{pmatrix} I_{s1}(s) \\ I_{s2}(s) \\ 0 \end{pmatrix}$$

习 题 14

14-1 写出图 14-18 所示网络的任意 5 种可能的树,并写出该网络的一组独立回路。

14-2 写出图 14-19 所示网络的一组独立回路。

14-3 图 14-20 所示网络中,以(1,2,4,9)为树,写出其基本割集。

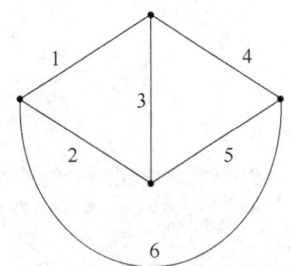

图 14-18 题 14-1 图

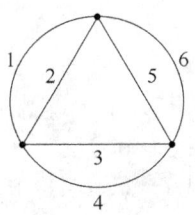

图 14-19 题 14-2 图

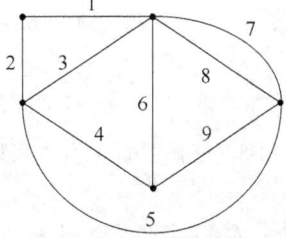

图 14-20 题 14-3 图

14-4 写出图 14-21 所示网络的关联矩阵 A。

14-5 已知图 G 的关联矩阵如下,画出图 G。

$$(1) \; A = \begin{matrix} & 1 & 2 & 3 & 4 & 5 & 6 & 7 & 8 \\ 1 \\ 2 \\ 3 \\ 4 \end{matrix} \begin{pmatrix} 1 & 0 & 0 & 0 & 1 & 0 & 0 & -1 \\ -1 & 1 & 0 & 0 & 0 & 0 & -1 & 0 \\ 0 & -1 & 1 & 0 & -1 & 1 & 0 & 0 \\ 0 & 0 & -1 & 1 & 0 & 0 & 1 & 0 \end{pmatrix};$$

$$(2) \; A = \begin{matrix} & 1 & 2 & 3 & 4 & 5 & 6 & 7 \\ 1 \\ 2 \\ 3 \end{matrix} \begin{pmatrix} 1 & 1 & 0 & 0 & 0 & 0 & -1 \\ -1 & 0 & -1 & 1 & 0 & 0 & 0 \\ 0 & 0 & 0 & -1 & -1 & 1 & 1 \end{pmatrix}$$

14-6 图 G 中以(2,4,5,8)为树,写出其基本回路矩阵 B_f。

14-7 图 14-23a 中以(1,3,5)为树,图 14-23b 中以(2,4,5,8)为树,分别写出其基本割集矩阵 Q_f。

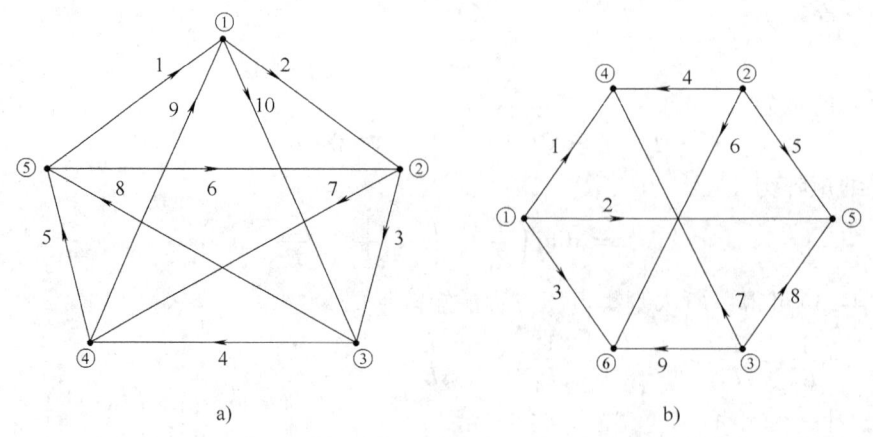

图 14-21 题 14-4 图

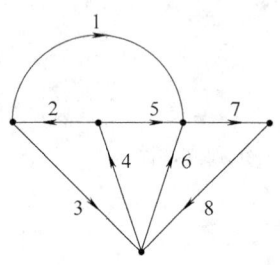

图 14-22 题 14-6 图

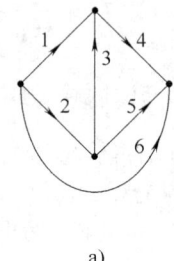

图 14-23 题 14-7 图

14-8 已知图 G 的基本回路矩阵 $\boldsymbol{B}_f = \begin{matrix} & 1 & 2 & 3 & 4 & 5 & 6 & 7 & 8 \\ 1 \\ 4 \\ 5 \end{matrix} \begin{pmatrix} 1 & -1 & -1 & 0 & 0 & 0 & 0 & 0 \\ 0 & 0 & 1 & 1 & 0 & -1 & -1 & 0 \\ 0 & 0 & -1 & 0 & 1 & 1 & 0 & 0 \end{pmatrix}$,求对应同一树的基本割集矩阵 $\boldsymbol{Q}_f$。

14-9 已知图 G 的基本割集矩阵 $\boldsymbol{Q}_f = \begin{matrix} & 1 & 2 & 3 & 4 & 5 & 6 & 7 & 8 \\ 2 \\ 3 \\ 6 \\ 7 \\ 8 \end{matrix} \begin{pmatrix} 1 & 1 & 0 & 0 & 0 & 0 & 0 & 0 \\ 1 & 0 & 1 & -1 & 1 & 0 & 0 & 0 \\ 0 & 0 & 0 & 1 & -1 & 1 & 0 & 0 \\ 0 & 0 & 0 & 1 & 0 & 0 & 1 & 0 \\ 0 & 0 & 0 & 0 & 0 & 0 & 0 & 1 \end{pmatrix}$,求对应同一树的基本回路矩阵 $\boldsymbol{B}_f$。

14-10 图 14-24 所示电路以(2,3,5)支路为树,试用矩阵法建立电路的回路电流方程。

14-11 图 14-25 所示电路以(1,3,5)支路为树,试用矩阵法建立电路的回路电流方程。

14-12 用矩阵法建立图 14-26 所示电路的节点电压方程。

14-13 用矩阵法建立图 14-27 所示电路的节点电压方程。

14-14 图 14-28 所示电路中,每个电阻均为 1Ω,且 $U_s = 1V$,$I_s = 1A$,以 R_1、R_2、R_4 所在支路为树,用矩阵法写出割集电压方程的矩阵形式。

14-15 图 14-29 中各电阻均为 1Ω,$I_s = 1A$,以 R_1、R_4、R_5 所在支路为树,用矩阵法写出割集电压方程的矩阵形式。

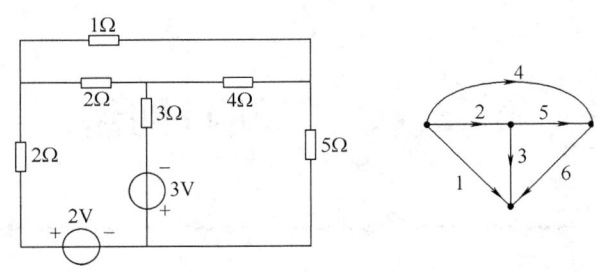

图 14-24　题 14-10 图

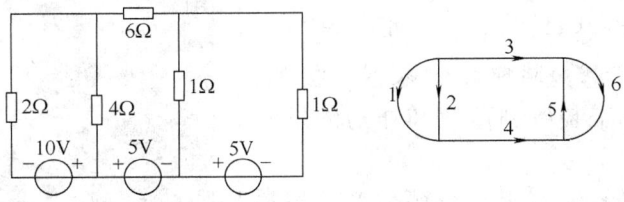

图 14-25　题 14-11 图

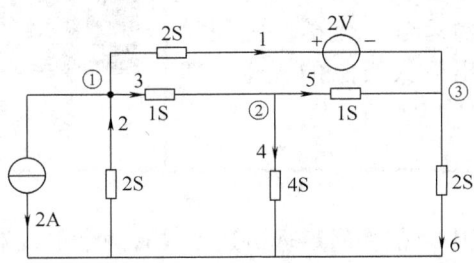

图 14-26　题 14-12 图

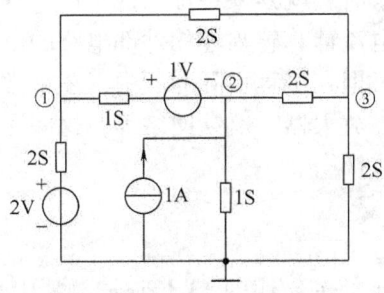

图 14-27　题 14-13 图

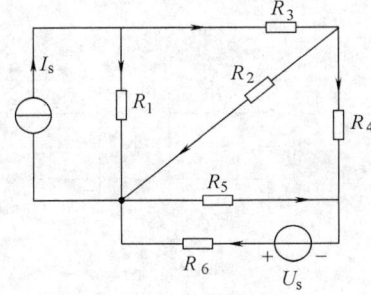

图 14-28　题 14-14 图

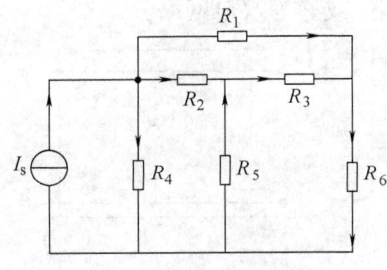

图 14-29　题 14-15 图

第15章 二端口网络

历史人物小传

诺贝尔(1833~1896),生于瑞典首都斯德哥尔摩,瑞典化学家、工程师、发明家、军工装备制造商和炸药的发明者。

诺贝尔经营油田和炸药生产,积累了巨大财富。他逝世时将遗产大部分作为基金,奖给在物理学、化学、生理学等方面对人类作出巨大贡献的人士,即诺贝尔奖。

诺贝尔

在直流电路的分析过程中,戴维南定理讲述了具有两个引线端的电路的分析方法,这种具有两个引线端的电路称为一端口网络。一个一端口网络,不论其内部电路简单或复杂,如果只关心某个支路电路工作关系时,就其外特性来说,可以等效为一个电压源和电阻的串联组合,再根据端口上的电压、电流计算感兴趣的外部电路的电压、电流。这种分析方法非常有用,可以大大简化分析过程。但在工程实际问题中,还常常涉及到有4个端子与外电路联系的网络,如变压器、滤波器、放大器、反馈网络等,这些网络称为二端口网络。

15.1 二端口网络的定义

当一个电路具有4个外引线端子,如图15-1所示,其中左、右两对端子都满足:从一个引线端流入电路的电流与另一个引线端流出电路的电流相等的条件,这样组成的电路可称为二端口网络(或称为双口网络)。

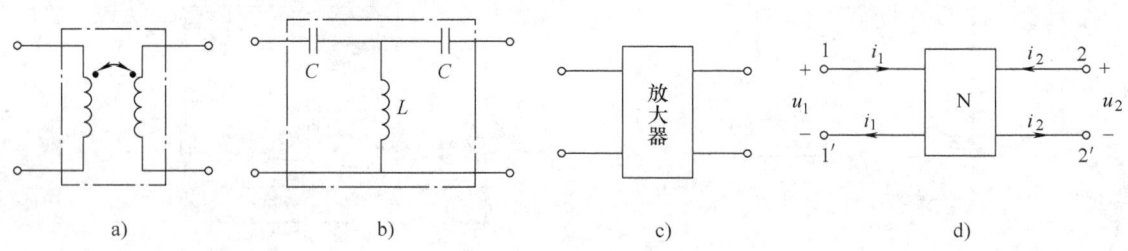

图15-1 二端口电路示意图

当一个二端口网络的端口处电流与电压满足线性关系时，则此二端口网络称作线性二端口网络。通常线性二端口网络内的所有元件都是线性元件，如电阻、电容、电感等。否则，称为非线性网络。

如果一个二端口网络内部不含有任何独立电源和受控源，则称其为无源二端口网络，否则称为有源二端口网络。本章只讨论无源线性二端口网络。

对于二端口网络，人们比较关注的是一个端口的电压、电流与另一端口的电压及电流之间的关系。这两个端口的电压、电流关系可以用 Y 参数、Z 参数、H 参数及 T 参数来描述。

15.2 二端口参数

如图 15-2a 所示的线性无源二端口网络，端口电压、电流按正弦稳态情况进行分析，端口处电压电流的参考方向如图所示。假设两个端口处的电压 $\dot{U}_1$ 和 $\dot{U}_2$ 是已知的，则根据替代定理可将端口处的两个电压看成是电压为 $\dot{U}_1$ 和 $\dot{U}_2$ 的独立电压源，如图 15-2b 所示。$\dot{I}_1$ 和 $\dot{I}_2$ 可看成是这两个独立源共同作用产生的，根据叠加定理可得其端口特性方程为

$$\begin{aligned} \dot{I}_1 &= Y_{11}\dot{U}_1 + Y_{12}\dot{U}_2 \\ \dot{I}_2 &= Y_{21}\dot{U}_1 + Y_{22}\dot{U}_2 \end{aligned} \tag{15-1}$$

方程中的 4 个系数由线性无源网络 N 的内部结构参数决定，由于其具有导纳的单位，所以用导纳的表示符号 Y 加以表示。式(15-1)又可写成如下的矩阵形式

$$\begin{pmatrix} \dot{I}_1 \\ \dot{I}_2 \end{pmatrix} = \begin{pmatrix} Y_{11} & Y_{12} \\ Y_{21} & Y_{22} \end{pmatrix} \begin{pmatrix} \dot{U}_1 \\ \dot{U}_2 \end{pmatrix} = Y \begin{pmatrix} \dot{U}_1 \\ \dot{U}_2 \end{pmatrix} \tag{15-2}$$

其中，系数矩阵

$$Y = \begin{pmatrix} Y_{11} & Y_{12} \\ Y_{21} & Y_{22} \end{pmatrix} \tag{15-3}$$

式(15-3)称为二端口 N 的 Y 参数矩阵，Y_{11}、Y_{12}、Y_{21}、Y_{22} 就称为该二端口的 Y 参数。

当 N 仅由 R、L、C 构成时，根据互易定理可以证明，$Y_{12} = Y_{21}$ 总是成立的，此时 4 个 Y 参数中只有 3 个是独立的。如果除了 $Y_{12} = Y_{21}$ 外，还有 $Y_{11} = Y_{22}$，则称该二端口网络在电气上对称的，简称对称二端口，此时 4 个 Y 参数中只有两个是独立的。在结构上对称的二端口网络肯定是对称二端口，但对称二端口并不一定在结构上都是对称的。

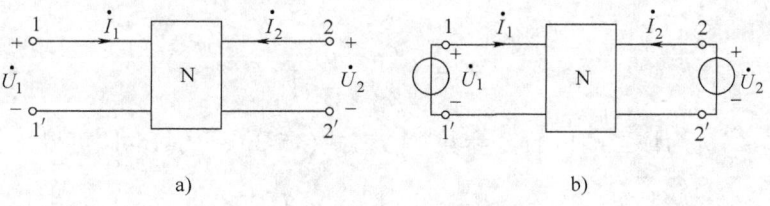

图 15-2 线性二端口的电流-电压关系

对于简单的二端口网络，可以根据二端口的内部电路建立电路方程，消掉中间变量后，将方程整理成式(15-1)的形式，方程的系数矩阵即为该二端口的 Y 参数矩阵。下面介绍另一种计算方法。

由式(15-1)可见，当令 $1-1'$ 端口处接电压源 $\dot{U}_1$ 而 $2-2'$ 端口短路(即 $\dot{U}_2=0$)时，如图 15-3a，可得 Y_{11} 和 Y_{21} 的计算式为

$$Y_{11} = \left.\frac{\dot{I}_1}{\dot{U}_1}\right|_{\dot{U}_2=0}, \quad Y_{21} = \left.\frac{\dot{I}_2}{\dot{U}_1}\right|_{\dot{U}_2=0} \tag{15-4}$$

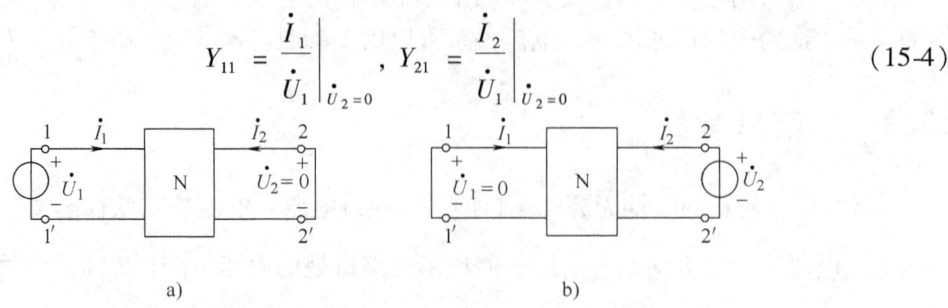

图 15-3 二端口网络 Y 参数的测定

同理，当令 $2-2'$ 端口接电压源 $\dot{U}_2$ 而 $1-1'$ 端口短路(即 $\dot{U}_1=0$)时，如图 15-3b 所示，可得 Y_{12} 和 Y_{22} 的计算式为

$$Y_{12} = \left.\frac{\dot{I}_1}{\dot{U}_2}\right|_{\dot{U}_1=0}, \quad Y_{22} = \left.\frac{\dot{I}_2}{\dot{U}_2}\right|_{\dot{U}_1=0} \tag{15-5}$$

上述计算方法也提供了通过实验测定 Y 参数的依据。由于 Y 参数都是在一个端口短路情况下通过计算或测试求得的，所以又称 Y 参数为短路导纳参数。

如图 15-4 所示的二端口网络，若以 $\dot{I}_1$、$\dot{I}_2$ 为自变量，$\dot{U}_1$、$\dot{U}_2$ 为因变量，其端口方程可写为如下形式：

$$\begin{aligned}\dot{U}_1 &= Z_{11}\dot{I}_1 + Z_{12}\dot{I}_2 \\ \dot{U}_2 &= Z_{21}\dot{I}_1 + Z_{22}\dot{I}_2\end{aligned} \tag{15-6}$$

方程中的 4 个系数由于具有阻抗的单位，故用阻抗的字母 Z 加以表示。式(15-6)写成矩阵的形式为

$$\begin{pmatrix}\dot{U}_1 \\ \dot{U}_2\end{pmatrix} = \begin{pmatrix}Z_{11} & Z_{12} \\ Z_{21} & Z_{22}\end{pmatrix}\begin{pmatrix}\dot{I}_1 \\ \dot{I}_2\end{pmatrix} = \mathbf{Z}\begin{pmatrix}\dot{I}_1 \\ \dot{I}_2\end{pmatrix} \tag{15-7}$$

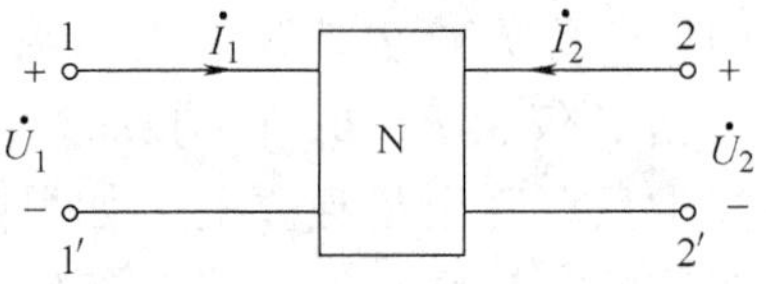

图 15-4 二端口网络示意图

其中，系数矩阵

$$\mathbf{Z} = \begin{pmatrix}Z_{11} & Z_{12} \\ Z_{21} & Z_{22}\end{pmatrix} \tag{15-8}$$

Z_{11}、Z_{12}、Z_{21}、Z_{22} 称为该二端口的 Z 参数。参考式(15-3)、式(15-4)可得：

$$Z_{11} = \left.\frac{\dot{U}_1}{\dot{I}_1}\right|_{\dot{I}_2=0} \quad Z_{21} = \left.\frac{\dot{U}_2}{\dot{I}_1}\right|_{\dot{I}_2=0} \quad Z_{12} = \left.\frac{\dot{U}_1}{\dot{I}_2}\right|_{\dot{I}_1=0} \quad Z_{22} = \left.\frac{\dot{U}_2}{\dot{I}_2}\right|_{\dot{I}_1=0} \tag{15-9}$$

对于图 15-4 所示的二端口网络，若以 $\dot{U}_2$、$-\dot{I}_2$ 为自变量，$\dot{U}_1$、$\dot{I}_1$ 为因变量，其端口方程可写为如下形式

$$\begin{aligned}\dot{U}_1 &= A\dot{U}_2 - B\dot{I}_2 \\ \dot{I}_1 &= C\dot{U}_2 - D\dot{I}_2\end{aligned} \tag{15-10}$$

其矩阵的形式为

$$\begin{pmatrix}\dot{U}_1 \\ \dot{I}_1\end{pmatrix} = \begin{pmatrix}A & B \\ C & D\end{pmatrix}\begin{pmatrix}\dot{U}_2 \\ -\dot{I}_2\end{pmatrix} = \boldsymbol{T}\begin{pmatrix}\dot{U}_2 \\ -\dot{I}_2\end{pmatrix}$$

其中，

$$\boldsymbol{T} = \begin{pmatrix}A & B \\ C & D\end{pmatrix}$$

称为该二端口的 T 参数矩阵，A、B、C、D 称为该二端口的 T 参数。在使用 T 参数时应特别注意 $\dot{I}_2$ 前的负号。由 T 参数建立的方程主要用于研究网络传输问题。

$$A = \left.\frac{\dot{U}_1}{\dot{U}_2}\right|_{\dot{I}_2=0} \quad B = \left.\frac{\dot{U}_1}{-\dot{I}_2}\right|_{\dot{U}_2=0} \quad C = \left.\frac{\dot{I}_1}{\dot{U}_2}\right|_{\dot{I}_2=0} \quad D = \left.\frac{\dot{I}_1}{-\dot{I}_2}\right|_{\dot{U}_2=0} \tag{15-11}$$

若已知图 15-4 所示的二端口网络的输出电压 $\dot{U}_2$ 和输入电流 $\dot{I}_1$，则二端口网络的输入电压 $\dot{U}_1$ 和输出电流 $\dot{I}_2$ 可表示为

$$\begin{aligned}\dot{U}_1 &= h_{11}\dot{I}_1 + h_{12}\dot{U}_2 \\ \dot{I}_2 &= h_{21}\dot{I}_1 + h_{22}\dot{U}_2\end{aligned} \tag{15-12}$$

式(15-12)称为二端口网络的 H 参数方程。当二端口网络为无源线性网络时，H 参数之间有 $h_{12} = -h_{21}$ 成立，H 参数中有 3 个是独立的。如果网络是对称的，则 $h_{11}h_{22} - h_{12}h_{21} = 1$，这时 H 参数中只有两个是独立的。

H 参数的计算可以参考式(15-13)，由 H 参数建立的方程主要用于模拟电路中晶体管低频放大电路的分析。

$$h_{11} = \left.\frac{\dot{U}_1}{\dot{I}_1}\right|_{\dot{U}_2=0} \quad h_{21} = \left.\frac{\dot{I}_2}{\dot{I}_1}\right|_{\dot{U}_2=0} \quad h_{12} = \left.\frac{\dot{U}_1}{\dot{U}_2}\right|_{\dot{I}_1=0} \quad h_{22} = \left.\frac{\dot{I}_2}{\dot{U}_2}\right|_{\dot{I}_1=0} \tag{15-13}$$

各参数之间的关系可以用表 15-1 来表示。

表 15-1　Z、Y、H、T 参数之间的关系

参数类型＼参数类型	Z	Y	H	T
Z	$\begin{pmatrix}Z_{11} & Z_{12} \\ Z_{21} & Z_{22}\end{pmatrix}$	$\begin{pmatrix}\dfrac{Y_{22}}{\Delta Y} & -\dfrac{Y_{12}}{\Delta Y} \\ -\dfrac{Y_{21}}{\Delta Y} & \dfrac{Y_{11}}{\Delta Y}\end{pmatrix}$	$\begin{pmatrix}\dfrac{\Delta H}{H_{22}} & \dfrac{H_{12}}{H_{22}} \\ -\dfrac{H_{21}}{H_{22}} & \dfrac{1}{H_{22}}\end{pmatrix}$	$\begin{pmatrix}\dfrac{A}{C} & \dfrac{\Delta T}{C} \\ \dfrac{1}{C} & \dfrac{D}{C}\end{pmatrix}$

(续)

参数类型＼参数类型	Z	Y	H	T
Y	$\begin{pmatrix} \dfrac{Z_{22}}{\Delta Z} & -\dfrac{Z_{12}}{\Delta Z} \\ -\dfrac{Z_{21}}{\Delta Z} & \dfrac{Z_{11}}{\Delta Z} \end{pmatrix}$	$\begin{pmatrix} Y_{11} & Y_{12} \\ Y_{21} & Y_{22} \end{pmatrix}$	$\begin{pmatrix} \dfrac{1}{H_{11}} & -\dfrac{H_{12}}{H_{11}} \\ \dfrac{H_{21}}{H_{11}} & \dfrac{\Delta H}{H_{11}} \end{pmatrix}$	$\begin{pmatrix} \dfrac{D}{B} & -\dfrac{\Delta T}{B} \\ -\dfrac{1}{B} & \dfrac{A}{B} \end{pmatrix}$
H	$\begin{pmatrix} \dfrac{\Delta Z}{Z_{22}} & \dfrac{Z_{12}}{Z_{22}} \\ -\dfrac{Z_{21}}{Z_{22}} & \dfrac{1}{Z_{22}} \end{pmatrix}$	$\begin{pmatrix} \dfrac{1}{Y_{11}} & -\dfrac{Y_{12}}{Y_{11}} \\ \dfrac{Y_{21}}{Y_{11}} & \dfrac{\Delta Y}{Y_{11}} \end{pmatrix}$	$\begin{pmatrix} H_{11} & H_{12} \\ H_{21} & H_{22} \end{pmatrix}$	$\begin{pmatrix} \dfrac{D}{B} & -\dfrac{\Delta T}{B} \\ -\dfrac{1}{B} & \dfrac{A}{B} \end{pmatrix}$
T	$\begin{pmatrix} \dfrac{Z_{11}}{Z_{21}} & \dfrac{\Delta Z}{Z_{21}} \\ \dfrac{1}{Z_{21}} & \dfrac{Z_{22}}{Z_{21}} \end{pmatrix}$	$\begin{pmatrix} -\dfrac{Y_{22}}{Y_{21}} & -\dfrac{1}{Y_{21}} \\ -\dfrac{\Delta Y}{Y_{21}} & -\dfrac{Y_{11}}{Y_{21}} \end{pmatrix}$	$\begin{pmatrix} -\dfrac{\Delta H}{H_{21}} & -\dfrac{H_{11}}{H_{21}} \\ -\dfrac{H_{22}}{H_{21}} & -\dfrac{1}{H_{21}} \end{pmatrix}$	$\begin{pmatrix} A & B \\ C & D \end{pmatrix}$

例 15-1 求图 15-5 所示二端口的 Y 参数。

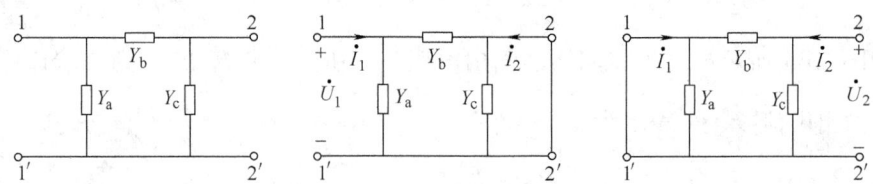

图 15-5 例 15-1 图

解：(1) 把端口 2-2′短路，则

$$\dot{I}_1 = \dot{U}_1(Y_a + Y_b) \quad Y_{11} = \left.\dfrac{\dot{I}_1}{\dot{U}_1}\right|_{\dot{U}_2=0} = Y_a + Y_b$$

$$-\dot{I}_2 = \dot{U}_1 Y_b \quad Y_{21} = \left.\dfrac{\dot{I}_2}{\dot{U}_1}\right|_{\dot{U}_2=0} = -Y_b$$

(2) 把端口 1-1′短路，则

$$\dot{I}_2 = \dot{U}_2(Y_c + Y_b) \quad Y_{22} = \left.\dfrac{\dot{I}_2}{\dot{U}_2}\right|_{\dot{U}_1=0} = Y_c + Y_b$$

$$-\dot{I}_1 = \dot{U}_2 Y_b \quad Y_{12} = \left.\dfrac{\dot{I}_1}{\dot{U}_2}\right|_{\dot{U}_1=0} = -Y_b$$

15.3 二端口网络的互连

二端口网络之间可以以某种方式连接在一起,构成一个新的二端口网络。一个复杂的二端口网络,也可以看做由几个简单的二端口网络通过某种连接形成的。本节主要讨论两个二端口网络的串联、并联。

1. 二端口网络的串联

如图 15-6 所示的二端口网络的连接称为二端口网络的串联。对于二端口网络的串联,用 Z 参数表示比较方便。

由图 15-6 所示,可得新的 Z 参数方程如式(15-23)所示。

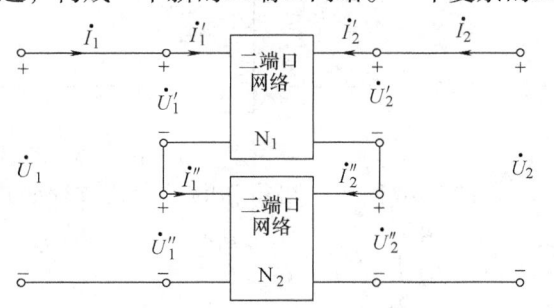

图 15-6 二端口网络的串联

$$\begin{pmatrix}\dot{U}_1\\\dot{U}_2\end{pmatrix}=\begin{pmatrix}\dot{U}'_1\\\dot{U}'_2\end{pmatrix}+\begin{pmatrix}\dot{U}''_1\\\dot{U}''_2\end{pmatrix}=\mathbf{Z}'\begin{pmatrix}\dot{I}'_1\\\dot{I}'_2\end{pmatrix}+\mathbf{Z}''\begin{pmatrix}\dot{I}''_1\\\dot{I}''_2\end{pmatrix}=(\mathbf{Z}'+\mathbf{Z}'')\begin{pmatrix}\dot{I}_1\\\dot{I}_2\end{pmatrix}=\mathbf{Z}\begin{pmatrix}\dot{I}_1\\\dot{I}_2\end{pmatrix} \quad (15\text{-}14)$$

2. 二端口网络的并联

如图 15-7 所示的二端口网络的连接称为二端口网络的并联。对于二端口网络的并联,用 Y 参数表示比较方便。

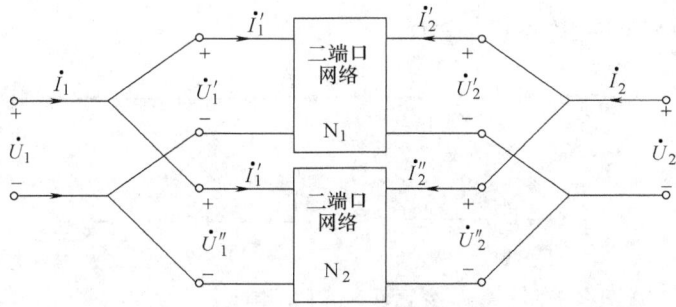

图 15-7 二端口网络的并联

由图 15-7 所示,可得新的 Y 参数方程如式(15-24)所示。令 N_1 和 N_2 的 Y 参数分别为

$$\mathbf{Y}'=\begin{pmatrix}Y'_{11}&Y'_{12}\\Y'_{21}&Y'_{22}\end{pmatrix},\quad \mathbf{Y}''=\begin{pmatrix}Y''_{11}&Y''_{12}\\Y''_{21}&Y''_{22}\end{pmatrix}$$

则 $\begin{pmatrix}\dot{I}'_1\\\dot{I}'_2\end{pmatrix}=\begin{pmatrix}Y'_{11}&Y'_{12}\\Y'_{21}&Y'_{22}\end{pmatrix}\begin{pmatrix}\dot{U}'_1\\\dot{U}'_2\end{pmatrix}=\mathbf{Y}'\begin{pmatrix}\dot{U}'_1\\\dot{U}'_2\end{pmatrix},\quad \begin{pmatrix}\dot{I}''_1\\\dot{I}''_2\end{pmatrix}=\begin{pmatrix}Y''_{11}&Y''_{12}\\Y''_{21}&Y''_{22}\end{pmatrix}\begin{pmatrix}\dot{U}''_1\\\dot{U}''_2\end{pmatrix}=\mathbf{Y}''\begin{pmatrix}\dot{U}''_1\\\dot{U}''_2\end{pmatrix}$

$$\begin{pmatrix}\dot{I}_1\\\dot{I}_2\end{pmatrix}=\begin{pmatrix}\dot{I}'_1\\\dot{I}'_2\end{pmatrix}+\begin{pmatrix}\dot{I}''_1\\\dot{I}''_2\end{pmatrix}=\mathbf{Y}'\begin{pmatrix}\dot{U}'_1\\\dot{U}'_2\end{pmatrix}+\mathbf{Y}''\begin{pmatrix}\dot{U}''_1\\\dot{U}''_2\end{pmatrix}=(\mathbf{Y}'+\mathbf{Y}'')\begin{pmatrix}\dot{U}_1\\\dot{U}_2\end{pmatrix}=\mathbf{Y}\begin{pmatrix}\dot{U}_1\\\dot{U}_2\end{pmatrix}$$

$$\therefore\ \mathbf{Y}=\mathbf{Y}'+\mathbf{Y}'' \quad (15\text{-}15)$$

3. 二端口网络的级联

如图 15-8 所示的二端口网络的连接称为二端口网络的级联。对于二端口网络的级联，用 T 参数表示比较方便。

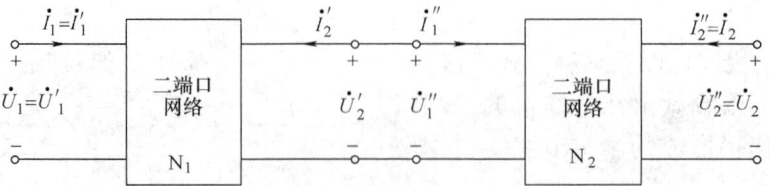

图 15-8 二端口网络的级联

由图 15-8 所示，可得新的 T 参数方程如式（15-25）所示。令 N_1 和 N_2 的 T 参数分别为 $\boldsymbol{T}' = \begin{pmatrix} A' & B' \\ C' & D' \end{pmatrix}, \boldsymbol{T}'' = \begin{pmatrix} A'' & B'' \\ C'' & D'' \end{pmatrix}$

则 $\begin{pmatrix} \dot{U}'_1 \\ \dot{I}'_1 \end{pmatrix} = \begin{pmatrix} A' & B' \\ C' & D' \end{pmatrix} \begin{pmatrix} \dot{U}'_2 \\ -\dot{I}'_2 \end{pmatrix} = \boldsymbol{T}' \begin{pmatrix} \dot{U}'_2 \\ -\dot{I}'_2 \end{pmatrix}, \begin{pmatrix} \dot{U}''_1 \\ \dot{I}''_1 \end{pmatrix} = \begin{pmatrix} A'' & B'' \\ C'' & D'' \end{pmatrix} \begin{pmatrix} \dot{U}''_2 \\ -\dot{I}''_2 \end{pmatrix} = \boldsymbol{T}'' \begin{pmatrix} \dot{U}''_2 \\ -\dot{I}''_2 \end{pmatrix}$

$\begin{pmatrix} \dot{U}_1 \\ \dot{I}_1 \end{pmatrix} = \begin{pmatrix} \dot{U}'_1 \\ \dot{I}'_1 \end{pmatrix} = \boldsymbol{T}' \begin{pmatrix} \dot{U}'_2 \\ -\dot{I}'_2 \end{pmatrix} = \boldsymbol{T}' \begin{pmatrix} \dot{U}''_1 \\ \dot{I}''_1 \end{pmatrix} = \boldsymbol{T}'\boldsymbol{T}'' \begin{pmatrix} \dot{U}''_2 \\ -\dot{I}''_2 \end{pmatrix} = \boldsymbol{T}'\boldsymbol{T}'' \begin{pmatrix} \dot{U}_2 \\ -\dot{I}_2 \end{pmatrix} = \boldsymbol{T} \begin{pmatrix} \dot{U}_2 \\ -\dot{I}_2 \end{pmatrix}$

$$\therefore \boldsymbol{T} = \boldsymbol{T}'\boldsymbol{T}'' \tag{15-16}$$

习 题 15

15-1 求如图 15-9 所示各网络的 Y、Z 参数。

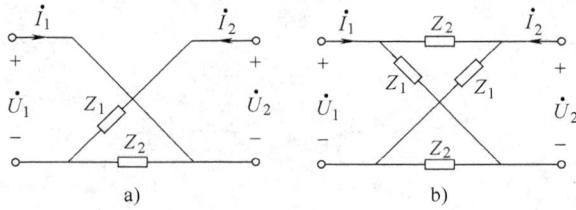

图 15-9 题 15-1 图

15-2 已知二端口的 H 参数矩阵为 $\begin{pmatrix} 10^3 \Omega & 0.0015 \\ 100 & 10^{-4} \text{S} \end{pmatrix}$，求该网络二端口的 Z 参数。

15-3 写出图 15-10 所示二端口网络的传输参数方程。

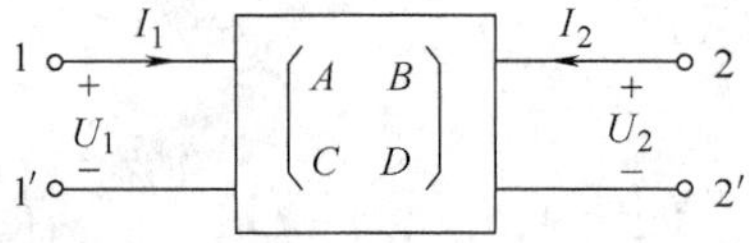

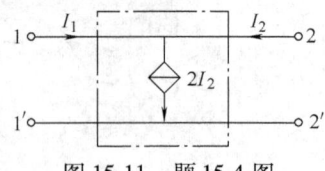

图 15-10 题 15-3 图

15-4 求图 15-11 所示二端口网络的传输参数矩阵。

图 15-11 题 15-4 图

15-5 求图 15-12 所示网络的 Y 参数。

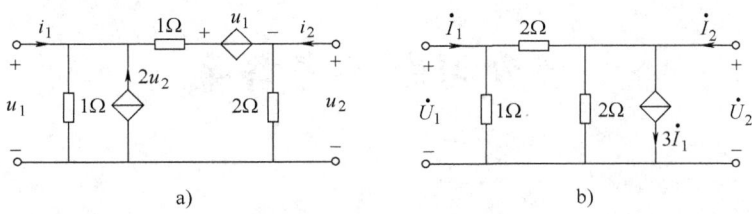

图 15-12 题 15-5 图

15-6 试求图 15-13 所示二端口网络的传输参数。

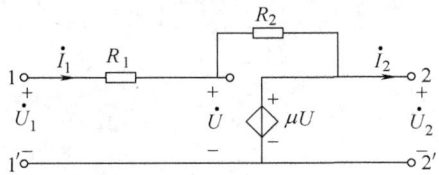

图 15-13 题 15-6 图

15-7 已知二端口网络的 Y 参数矩阵为 $\begin{pmatrix} 3 & -2 \\ -1 & 2 \end{pmatrix}$ S，试用线性电阻及受控源画出该网络的一种等效电路。

15-8 图 15-14 为不含独立源对称互易二端口网络 N，当 $I_2 = 0$ 时，$U_2 = 12\text{V}$，$I_1 = 2\text{A}$。若在输出端接一电阻 $R = 3\Omega$，试求 I_1 和 I_2。

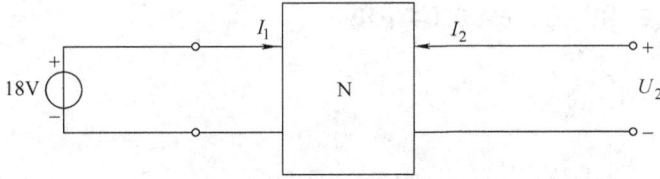

图 15-14 题 15-8 图

部分习题参考答案

习题 1

1-1　D、B　1-2　A　1-3　D　1-4　C、D　1-5　A

1-6　A　　　1-7　C　1-8　C

1-9　20W

1-10　14.4kW·h

1-11　关联

1-12　不影响

习题 2

2-1　-18V

2-2　关联 1A，非关联 -1A

2-3　1.5kΩ

2-6　(1)0.01μF　(2)5.6μF　(3)4.7μF

2-8　(1)1000μH　(2)10^5μH　(3)0.047μH

2-9　不变

2-10　不变

2-11　12V

2-12　C

2-13　120Ω，300Ω，240Ω，1.2kΩ

2-14　-10V，-1A

2-15　50pF，0.03672J

2-16　$2.5\cos t$

2-17　$0.2(\cos 2t - 1)$

2-18　30V

习题 3

3-1　a) $U = RI + U_s$　　b) $-U = RI - U_s$　　c) $U = RI - U_s$　　d) $U = -U_s - RI$

3-2　-40W，-14W，30W

3-5　a)1.5Ω　b)30Ω　c)40Ω　d)0.1R　e)1.5R　f)1.269Ω　g)7.5Ω　h)1.5Ω

3-6　a)10Ω　b) 6Ω

习题 4

4-1　$I_1 = 0.625$A，$I_2 = -5.625$A，$I_3 = 6.25$A

4-2　-0.956A

4-3　0A, 6A

4-4　70W, 72W

4-6　−4A, 1A, −1A, 2A, 2A

4-7　−0.25A

4-8　0A

4-9　6A

4-12　$I_1=0.4A$, $I_2=0.2A$, $I_3=0.1A$, $I_4=0.3A$, $I_5=-0.1A$, $I_6=0.2A$

4-14　−150W, 35W, 5W, −5500W

4-15　15A, 34.5W

4-16　−6V

4-17　14W, 吸收

4-18　14W, 吸收

4-19　3060W

4-20　1W, 吸收；−20W, 发出；−10W, 发出

习题5

5-1　18V

5-2　0.167A

5-3　−4V

5-4　1A

5-5　8.67V

5-6　190mA

5-7　1.4A

5-8　1.5A, 3.5V

5-9　2.8V, 14W, −21.6W, 12.32W

5-10　0.2Ω

5-11　45Ω

5-12　a) 16V, 3Ω　b) 102.5V, 0.75Ω

5-13　1.2A

5-14　0.1A

5-16　45W

5-17　1.2A

5-18　1A

5-19　4A

5-21　0.75A

5-22　1.5A

5-23　4V

5-24　52W, 78W

习题 6

6-1 a) $u_C(0^+) = R_2 I_s$, $i_C(0^+) = -\dfrac{R_1 + R_2}{R_1} I_s$

b) $i_L(0^+) = -2A$, $u_R(0^+) = 20V$,

c) $i_L(0^+) = 2A$, $u_C(0^+) = 90V$, $u_L(0^+) = 0$, $i_C(0^+) = 2A$

d) $u_1(0^+) = 9V$, $u_2(0^+) = 2.25V$, $u_3(0^+) = 9V$

6-2 5A, 16V, 3A/s, 0

6-6 $i_L(t) = 3.33 + 0.447\sin(2t + 116.6°) - 3.40e^{-t}$ A

6-7 $u_C(t) = 1 - 3.75e^{-2t} + 3.75e^{-3t}$ V

6-9 $u_C(t) = 12 - 10e^{-t}$ V

6-10 $i_0(t) = (-10 + 3e^{-0.1t})\varepsilon(t)$ A

6-11 $i(t) = 2e^{-2t}$ A, $u(t) = -16e^{-2t}$ V,

6-12 $u'(t) = 6e^{-10t}$ V, $t > 0$

6-13 $2 - e^{-2t}$ A, $3 - 2e^{-2t}$ A, $5 - 3e^{-2t}$ A

6-14 $10(1 - e^{-10t})$ V, e^{-10t} mA

习题 7

7-1 (1) $10\sqrt{2}$ V, 10V, 6.28×10^{-2} s, 15.92Hz, 100rad/s

7-2 (1) $i_1 = 9.1\sin(\omega t + 51.3°)$ A; (2) $i_2 = 30\sqrt{2}\sin(\omega t + 60°)$ A; (3) $u_1 = 18\sin(\omega t + 56.5°)$ V (4) $u_2 = 41\sqrt{2}\sin(\omega t + 45°)$ V

7-3 $70.7\sqrt{6}\cos\omega t$ V

7-4 $5\sqrt{2}\sin(\omega t + 83.13°)$ A

7-5 电阻元件，5Ω

7-6 (1) $8.69\mu F$；(2) 6A

7-7 $(130 + j100)\Omega$

7-8 $(4 + j4)\Omega$

7-9 容性

7-10 $\beta = -41$

7-11 $(3 + j4)$ A 或 $5\underline{/53.1°}$ A，$(7 + j)$ A

7-12 3A

7-13 $i = \sin(100t + 45°)$ A，$u_R = 100\sin(100t + 45°)$ V，$u_C = 100\sin(100t - 45°)$ V

7-14 $i = 4\sqrt{2}\cos(5000t - 53.13°)$ A，$60\underline{/-53.13°}$ V，$240\underline{/36.87°}$ V，$160\underline{/-143.13°}$ V

7-15 1A, 14.4V

7-16 4.5Ω，0.06H

7-17 220V，11A，22A，11A，10Ω，31.8mH，$159\mu F$

7-18 $I = 10A$，$X_C = 15\Omega$，$R_2 = X_L = 7.5\Omega$

7-19 19.6Ω，0.133H

7-20 $(25-j25)$A，$-j25$A，25A

7-21 $0.8944\underline{/26.6°}$A

习题 8

8-1 $27.73\underline{/-56.31°}$A，$32.35\underline{/-115.35°}$A，$29.87\underline{/11.90°}$A

8-2 $5\sqrt{2}\underline{/45°}$A，$5\sqrt{2}\underline{/-45°}$A

8-3 $(0.5-j1.5)$A

8-5 $4.46\underline{/25.56°}$V，$10\underline{/53°}$V，$6.31\underline{/-18.44°}$A

8-6 $2\underline{/0°}$A

8-7 $1.13\underline{/81.87°}$A，$61.11\underline{/48.18°}$V

8-8 $(2-j2)$A

8-9 $(0.5-j1.5)$A

8-10 $0.74\underline{/-138°}$A

8-11 $\dot{U}_{oc}=3\underline{/0°}$V，$Z_0=3\underline{/0°}\Omega$

8-12 $2\underline{/0°}$A

8-13 $20.52\underline{/44.7°}$A，1750W

8-14 $\sqrt{5}\underline{/63.4°}$V，$3$W，$1$var，$0.95$

8-15 25W，-25var，$25\sqrt{2}$V·A，0.707

8-16 5Ω，0.01H，2400V·A，1327var，0.83

8-17 4800W，$800\sqrt{3}$var，4996V·A，0.96

8-18 $(1882-j1424)$V·A，$(768+j1920)$V·A，$(1113-j3345)$V·A

8-19 40Ω，53μF

8-20 10Ω，$1/2\pi\sqrt{5}$H，$1/500\pi$F

8-21 30Ω，0.127H

8-22 12Ω，16mH

8-23 167μF

8-24 （1）0.5 （2）0.844

8-25 6.05Ω，33mH，152μF

8-26 $(3+j4)\Omega$，20.8W

8-27 1W

8-28 $2\underline{/17°}\Omega$

8-29 （1）0.5A，2500V（2）0.025A，112.5V

8-30 157Ω，0.1H

8-31 $5\sqrt{2}\Omega$，$2.5\sqrt{2}\Omega$，$5\sqrt{2}\Omega$

习题 9

9-1 13.914$\underline{/-18.44°}$A, 13.914$\underline{/-138.44°}$A, 13.914$\underline{/101.56°}$A, 7.63$\underline{/120°}$A, 7.63$\underline{/0°}$A, 7.63$\underline{/120°}$A

9-2 11$\underline{/-83.1°}$A, 6.33$\underline{/36.9°}$A, 10.96$\underline{/-66.9°}$A, 21.78$\underline{/-75°}$A

9-3 428.24$\underline{/28.73°}$V

9-4 6.85$\underline{/-36.24°}$A, 8.17$\underline{/176°}$A, 4.4$\underline{/53.1°}$A

9-5 22A, 12.7A, 269.4V

9-9 (1) 8718W, 11611V·A, 14520V·A (2) 26002W, 34632V·A, 43306V·A

9-10 14.8A, 2.98kW, 5.62kW

9-11 191V

9-12 220V, 380V, 17.73A, 7.33A, 6.33A

习题 10

10-1 ~ 10-5 BCBBC

10-7 (1) 11.18A (2) 10.05A (3) 14.3A (4) 15.17A

10-8 (1) 18V, 11.7V (2) 108W, 52.2W

习题 11

11-2 a) $\frac{1}{2}R + j\omega L$ b) $R/2$

11-3 -60V

11-4 a) $j15\Omega$ b) $-j10\Omega$

11-6 $0.2\cos(2t - 43.7°)$A, $0.126\cos(2t - 152.1°)$A

11-7 4.4$\underline{/-36.9°}$A

11-8 20$\underline{/36.9°}$A, 40$\underline{/36.9°}$V

11-9 3.13$\underline{/38.7°}$V

11-10 $\cos(10t)$V, $-0.2\cos(10t)$V

11-11 $-1.82\sin(2t + 39.9°)$A

11-12 10, 2.5W

11-13 (1) 50$\underline{/53.1°}$V (2) 0.1$\underline{/0°}$A (3) 3W

11-14 2.24$\underline{/-63.4°}$V, 4.48$\underline{/-63.4°}$V

习题 12

12-1 (1) $\dfrac{a}{s(s+a)}$ (2) $\dfrac{1-e^{-sT}}{s}$ (3) e^{-sT} (4) $\dfrac{2s^2+s+1}{s^2(s+1)}$ (5) $\dfrac{s\cos a - \omega\sin a}{s^2+\omega^2}$

(6) $\dfrac{\omega}{(s+a)^2+\omega^2}$

12-2 (1) $e^{-t} - e^{-3t}$ (2) $21e^{-3t} - 12e^{-2t}$ (3) $\dfrac{1}{3} - e^{-t} + \dfrac{5}{3}e^{-3t}$ (4) $e^{-t}\cos(3t)$

(5) $\sin t - \frac{1}{2}\sin(2t)$ (6) $\delta(t) + e^{-t} - 4e^{-2t}$

12-4 $0.4e^{-32t}\varepsilon(t)$ V

12-5 $(24 + 96e^{-\frac{t}{4}})\varepsilon(t)$ V

12-6 (1) $(0.2e^{-500t} - 0.2e^{-1000t})\varepsilon(t)$ A (2) $\left[-50e^{-10^3 t} + \frac{100}{\sqrt{2}}\cos(10^3 t - 45°)\right]\varepsilon(t)$ mA

12-7 $[1.2e^{-50t} + 0.8\cos(100t) + 1.6\sin(100t)]\varepsilon(t)$ A

12-8 $(4 - 2000te^{-1000t} - 4e^{-1000t})\varepsilon(t)$ V

12-9 $(e^{-6t} - e^{-5t} + te^{-5t})\varepsilon(t)$ A

12-10 $(e^{-t} + te^{-t})$ A

12-11 $(30 - 31.25e^{-10t} + 1.25e^{-50t})\varepsilon(t)$ V

12-12 $(5e^{-5t} - 4e^{-6t})$ V

12-13 $(8e^{-3t} - 6e^{-4t})$ V

12-14 $(4 - 8e^{-3t} + 6e^{-4t})\varepsilon(t)$ V

12-15 $[7.2 + 7.58e^{-2t}\cos(t + 161.57°)]\varepsilon(t)$ V

习题 13

13-1 a) $\dfrac{30s^2 + 54s + 20}{2s^2 + 5s + 2}$ b) $\dfrac{s^3 + s^2 + s + 1}{s(s^2 + s + 2)}$ c) 1

13-2 a) $\dfrac{2s^2 + 5s + 2}{30s^2 + 54s + 20}$ b) $\dfrac{2s^2 + 1}{s^3 + s}$ c) $\dfrac{3s}{2s^2 + 1}$

13-3 (1) $\dfrac{s(s^2 + 1)}{2s^2 + s + 1}$ (2) $\dfrac{s(2s + 1)}{4s^2 + 4s + 3}$

13-4 a) $\dfrac{s^2 + 10^6}{s^2 + 10s + 10^6}$ b) $\dfrac{s^2 + 1}{4s^2 + 0.1s + 1}$

13-5 $(R_2 + R_f)/R_2$

13-6 $\dfrac{-\omega^2 + j\omega}{0.5 - \omega^2 + j\omega}$

13-8 $\dfrac{1}{s^2 + 10s + 1}$

13-9 (1) $\dfrac{10^{10}}{s^2 + 2\times 10^5 s + 10^{10}}$ (2) $10^9 te^{-10^5 t}\varepsilon(t)$ V (3) $1 - (1 + 10^5 t)e^{-10^5 t}$ V

13-10 (1) $(e^{-t} - e^{-1.5t})\varepsilon(t)$ (2) $\left(\dfrac{1}{3} + 1.5e^{-1.5t} - e^{-t}\right)\varepsilon(t)$

13-11 (1) -3, $-3 + j4$、$-3 - j4$; (2) 无, $-1 + j2$、$-1 - j2$

习题 14

14-1 树: 124, 125, 126, 134, 135, 136, 145, 156, 234, 235, 236, 245, 246, 346, 356, 456; 独立回路: (1, 2, 3), (1, 2, 4, 5), (1, 4, 6)

14-2 (1, 4, 5), (1, 2), (3, 4), (2, 3, 6)

14-3　(1, 3, 6, 7, 8), (2, 3, 6, 7, 8), (4, 5, 6, 7, 8), (5, 7, 8, 9)

14-4

a) $\mathbf{A} = \begin{array}{c} \\ 1 \\ 2 \\ 3 \\ 4 \end{array} \begin{pmatrix} 1 & 2 & 3 & 4 & 5 & 6 & 7 & 8 & 9 & 10 \\ -1 & 1 & 0 & 0 & 0 & 0 & 0 & 0 & -1 & 1 \\ 0 & -1 & 1 & 0 & 0 & -1 & 1 & 0 & 0 & 0 \\ 0 & 0 & -1 & 1 & 0 & 0 & 0 & 1 & 0 & -1 \\ 0 & 0 & 0 & -1 & 1 & 0 & -1 & 0 & 1 & 0 \end{pmatrix}$

b) $\mathbf{A} = \begin{array}{c} \\ 1 \\ 2 \\ 3 \\ 4 \\ 5 \end{array} \begin{pmatrix} 1 & 2 & 3 & 4 & 5 & 6 & 7 & 8 & 9 \\ 1 & 1 & 1 & 0 & 0 & 0 & 0 & 0 & 0 \\ 0 & 0 & 0 & 1 & 1 & 1 & 0 & 0 & 0 \\ 0 & 0 & 0 & 0 & 0 & 0 & 1 & 1 & 1 \\ -1 & 0 & 0 & -1 & 0 & 0 & -1 & 0 & 0 \\ 0 & -1 & 0 & 0 & -1 & 0 & 0 & -1 & 0 \end{pmatrix}$

14-5

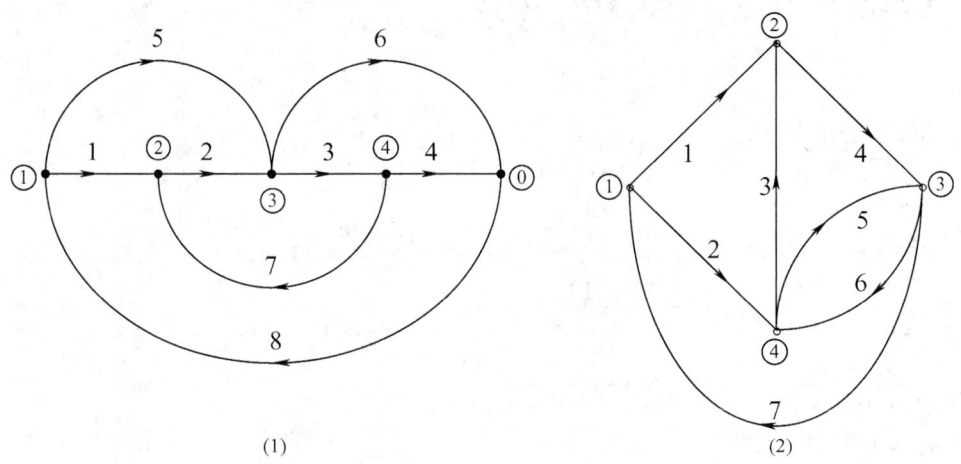

14-6

$\mathbf{B}_f = \begin{array}{c} \\ 1 \\ 3 \\ 6 \\ 7 \end{array} \begin{pmatrix} 1 & 2 & 3 & 4 & 5 & 6 & 7 & 8 \\ 1 & 1 & 0 & 0 & -1 & 0 & 0 & 0 \\ 0 & 1 & 1 & 1 & 0 & 0 & 0 & 0 \\ 0 & 0 & 0 & -1 & -1 & 1 & 0 & 0 \\ 0 & 0 & 0 & 1 & 1 & 0 & 1 & 1 \end{pmatrix}$

14-7

a) $\mathbf{Q}_f = \begin{array}{c} \\ 1 \\ 3 \\ 5 \end{array} \begin{pmatrix} 1 & 2 & 3 & 4 & 5 & 6 \\ 1 & 1 & 0 & 0 & 0 & 1 \\ 0 & -1 & 1 & -1 & 0 & -1 \\ 0 & 0 & 0 & 1 & 1 & 1 \end{pmatrix}$

b) $\mathbf{Q}_f = \begin{array}{c} \\ 2 \\ 4 \\ 5 \\ 8 \end{array} \begin{pmatrix} 1 & 2 & 3 & 4 & 5 & 6 & 7 & 8 \\ -1 & 1 & -1 & 0 & 0 & 0 & 0 & 0 \\ 0 & 0 & -1 & 1 & 0 & 1 & -1 & 0 \\ 1 & 0 & 0 & 0 & 1 & 1 & -1 & 0 \\ 0 & 0 & 0 & 0 & 0 & 0 & -1 & 1 \end{pmatrix}$

14-8 $Q_f = \begin{array}{c} \\ 2 \\ 3 \\ 6 \\ 7 \\ 8 \end{array} \begin{matrix} 1 & 2 & 3 & 4 & 5 & 6 & 7 & 8 \end{matrix} \\ \begin{pmatrix} 1 & 1 & 0 & 0 & 0 & 0 & 0 & 0 \\ 1 & 0 & 1 & -1 & 1 & 0 & 0 & 0 \\ 0 & 0 & 0 & 1 & -1 & 1 & 0 & 0 \\ 0 & 0 & 0 & 1 & 0 & 0 & 1 & 0 \\ 0 & 0 & 0 & 0 & 0 & 0 & 0 & 1 \end{pmatrix}$

14-9 $Q_f = \begin{array}{c} 1 \\ 4 \\ 5 \end{array} \begin{matrix} 1 & 2 & 3 & 4 & 5 & 6 & 7 & 8 \end{matrix} \\ \begin{pmatrix} 1 & -1 & -1 & 0 & 0 & 0 & 0 & 0 \\ 0 & 0 & 1 & 1 & 0 & -1 & -1 & 0 \\ 0 & 0 & -1 & 0 & 1 & 1 & 0 & 0 \end{pmatrix}$

14-10 $\begin{pmatrix} 7 & 2 & 3 \\ 2 & 7 & -4 \\ 3 & -4 & 12 \end{pmatrix} \begin{pmatrix} I_{l1} \\ I_{l2} \\ I_{l3} \end{pmatrix} = \begin{pmatrix} -5 \\ 0 \\ -3 \end{pmatrix}$

14-11 $\begin{pmatrix} 6 & -2 & 0 \\ -2 & 9 & 1 \\ 0 & 1 & 2 \end{pmatrix} \begin{pmatrix} I_{l1} \\ I_{l2} \\ I_{l3} \end{pmatrix} = \begin{pmatrix} -10 \\ -5 \\ 5 \end{pmatrix}$

14-12 $\begin{pmatrix} 5 & -1 & -2 \\ -1 & 6 & -1 \\ -2 & -1 & 5 \end{pmatrix} \begin{pmatrix} U_{n1} \\ U_{n2} \\ U_{n3} \end{pmatrix} = \begin{pmatrix} 2 \\ 0 \\ -4 \end{pmatrix}$

14-13 $\begin{pmatrix} 5 & -1 & -2 \\ -1 & 4 & -2 \\ -2 & -2 & 6 \end{pmatrix} \begin{pmatrix} U_{n1} \\ U_{n2} \\ U_{n3} \end{pmatrix} = \begin{pmatrix} 5 \\ 0 \\ 0 \end{pmatrix}$

14-14 $\begin{pmatrix} 2 & -1 & 0 \\ -1 & 4 & -2 \\ 0 & -2 & 3 \end{pmatrix} \begin{pmatrix} U_{g1} \\ U_{g2} \\ U_{g3} \end{pmatrix} = \begin{pmatrix} 1 \\ -1 \\ 1 \end{pmatrix}$

14-15 $\begin{pmatrix} 3 & -2 & -1 \\ -2 & 4 & 2 \\ -1 & 2 & 3 \end{pmatrix} \begin{pmatrix} U_{g1} \\ U_{g2} \\ U_{g3} \end{pmatrix} = \begin{pmatrix} 1 \\ 0 \\ 0 \end{pmatrix}$

习题 15

15-2 -500Ω, 15Ω, $10^6\Omega$, $10^4\Omega$

15-8 $3A$, $-1.5A$

参 考 文 献

[1] 颜秋容,谭丹. 电路理论[M]. 北京:电子工业出版社,2009.
[2] 邱关源. 电路[M]. 4版. 北京:高等教育出版社,1999.
[3] 艾武,李承,等. 电路与磁路[M]. 2版. 武汉:华中科技大学出版社,2002.
[4] 胡伟轩,周鑫霞. 电工技术[M]. 武汉:华中科技大学出版社,1997.
[5] 李瀚荪. 电路分析基础(上、下册)[M]. 4版. 北京:高等教育出版社,2006.
[6] Thomas L Floye. 电路原理[M]. 7版. 罗雄伟,译. 北京:电子工业出版社,2005.
[7] James W Nission. 电路[M]. 6版. 冼立勤,等,译. 北京:电子工业出版社,2002.
[8] 周守昌. 电路原理(上、下)[M]. 北京:高等教育出版社,1999.
[9] Chua L O, Desoer C A, Kuh E S. Linear and Nonlinear Circuits [M]. NewYork:McGraw-Hill, Inc., 1987.
[10] 吴大正,王松林,王玉华. 电路基础[M]. 2版. 西安:西安电子科技大学出版社,2000.